U0107815

信息系统基础

杨孔雨　主编

郁红英　王晓敏　副主编

清华大学出版社

北京

内 容 简 介

本书在完全涵盖"管理信息系统"课程内容的基础上,将"计算机组成原理"、"软件技术基础"、"计算机应用基础"等信息系统开发所必需的计算机技术基础的内容集成进来,作为信息管理与信息系统专业低年级学生学习计算机硬件和软件技术基础的补充。本书主要由两大逻辑部分组成:第一部分为信息系统的技术基础,内容包括计算机硬件技术基础和软件技术基础;第二部分为信息系统的开发与应用基础,即管理信息系统,内容包括信息系统导论、现代典型信息系统的应用、信息系统的建设与开发和信息系统的管理。

本书适合作为高等学校管理科学与工程类、工商管理类、公共管理类以及非计算机类专业本科生、研究生教材,也可作为信息系统开发人员的参考用书。

图书在版编目(CIP)数据

信息系统基础/杨孔雨主编. —北京:清华大学出版社,2010.10
(21世纪高等学校规划教材·信息管理与信息系统)
ISBN 978-7-302-23641-2

Ⅰ. ①信… Ⅱ. ①杨… Ⅲ. ①信息系统 Ⅳ. ①G202

中国版本图书馆 CIP 数据核字(2010)第 160071 号

责任编辑:索 梅
责任校对:李建庄
责任印制:何 芊

出版发行:清华大学出版社   地   址:北京清华大学学研大厦 A 座
          http://www.tup.com.cn   邮   编:100084
        社 总 机:010-62770175   邮   购:010-62786544
        投稿与读者服务:010-62795954,jsjjc@tup.tsinghua.edu.cn
        质 量 反 馈:010-62772015,zhiliang@tup.tsinghua.edu.cn
印 刷 者:北京富博印刷有限公司
装 订 者:北京市密云县京文制本装订厂
经   销:全国新华书店
开   本:185×260 印 张:24 字 数:597 千字
版   次:2010 年 10 月第 1 版   印   次:2010 年 10 月第 1 次印刷
印   数:1~3000
定   价:36.00 元

产品编号:038444-01

出 版 说 明

随着我国改革开放的进一步深化,高等教育也得到了快速发展,各地高校紧密结合地方经济建设发展需要,科学运用市场调节机制,加大了使用信息科学等现代科学技术提升、改造传统学科专业的投入力度,通过教育改革合理调整和配置了教育资源,优化了传统学科专业,积极为地方经济建设输送人才,为我国经济社会的快速、健康和可持续发展以及高等教育自身的改革发展做出了巨大贡献。但是,高等教育质量还需要进一步提高以适应经济社会发展的需要,不少高校的专业设置和结构不尽合理,教师队伍整体素质亟待提高,人才培养模式、教学内容和方法需要进一步转变,学生的实践能力和创新精神亟待加强。

教育部一直十分重视高等教育质量工作。2007年1月,教育部下发了《关于实施高等学校本科教学质量与教学改革工程的意见》,计划实施“高等学校本科教学质量与教学改革工程(简称‘质量工程’)”,通过专业结构调整、课程教材建设、实践教学改革、教学团队建设等多项内容,进一步深化高等学校教学改革,提高人才培养的能力和水平,更好地满足经济社会发展对高素质人才的需要。在贯彻和落实教育部“质量工程”的过程中,各地高校发挥师资力量强、办学经验丰富、教学资源充裕等优势,对其特色专业及特色课程(群)加以规划、整理和总结,更新教学内容、改革课程体系,建设了一大批内容新、体系新、方法新、手段新的特色课程。在此基础上,经教育部相关教学指导委员会专家的指导和建议,清华大学出版社在多个领域精选各高校的特色课程,分别规划出版系列教材,以配合“质量工程”的实施,满足各高校教学质量和教学改革的需要。

为了深入贯彻落实教育部《关于加强高等学校本科教学工作,提高教学质量的若干意见》精神,紧密配合教育部已经启动的“高等学校教学质量与教学改革工程精品课程建设工作”,在有关专家、教授的倡议和有关部门的大力支持下,我们组织并成立了“清华大学出版社教材编审委员会”(以下简称“编委会”),旨在配合教育部制定精品课程教材的出版规划,讨论并实施精品课程教材的编写与出版工作。“编委会”成员皆来自全国各类高等学校教学与科研第一线的骨干教师,其中许多教师为各校相关院、系主管教学的院长或系主任。

按照教育部的要求,“编委会”一致认为,精品课程的建设工作从开始就要坚持高标准、严要求,处于一个比较高的起点上;精品课程教材应该能够反映各高校教学改革与课程建设的需要,要有特色风格、有创新性(新体系、新内容、新手段、新思路,教材的内容体系有较高的科学创新、技术创新和理念创新的含量)、先进性(对原有的学科体系有实质性的改革和发展,顺应并符合21世纪教学发展的规律,代表并引领课程发展的趋势和方向)、示范性(教材所体现的课程体系具有较广泛的辐射性和示范性)和一定的前瞻性。教材由个人申报或各校推荐(通过所在高校的“编委会”成员推荐),经“编委会”认真评审,最后由清华大学出版社审定出版。

目前，针对计算机类和电子信息类相关专业成立了两个"编委会"，即"清华大学出版社计算机教材编审委员会"和"清华大学出版社电子信息教材编审委员会"。推出的特色精品教材包括：

（1）21世纪高等学校规划教材·计算机应用——高等学校各类专业，特别是非计算机专业的计算机应用类教材。

（2）21世纪高等学校规划教材·计算机科学与技术——高等学校计算机相关专业的教材。

（3）21世纪高等学校规划教材·电子信息——高等学校电子信息相关专业的教材。

（4）21世纪高等学校规划教材·软件工程——高等学校软件工程相关专业的教材。

（5）21世纪高等学校规划教材·信息管理与信息系统。

（6）21世纪高等学校规划教材·财经管理与计算机应用。

（7）21世纪高等学校规划教材·电子商务。

清华大学出版社经过二十多年的努力，在教材尤其是计算机和电子信息类专业教材出版方面树立了权威品牌，为我国的高等教育事业做出了重要贡献。清华版教材形成了技术准确、内容严谨的独特风格，这种风格将延续并反映在特色精品教材的建设中。

清华大学出版社教材编审委员会
联系人：魏江江
E-mail：weijj@tup. tsinghua. edu. cn

前 言

　　管理信息系统是一门综合性的学科,它涉及计算机科学、管理科学、系统工程等多门骨干学科。管理信息系统又是一种借助信息技术、应用现代管理方法帮助管理者进行管理信息的收集、存储、加工、处理以及决策支持的系统,是当前各种组织内众多计算机信息系统中最为典型和核心的应用系统。管理信息系统课程已成为管理类学生学习信息管理与信息系统相关知识最重要和必不可少的课程,教育部管理科学与工程类学科教学指导委员会已将其列为该学科下属专业的5门核心课程之一。

　　不同于其他版本的《管理信息系统》教材,本书定名为《信息系统基础》,在完全涵盖管理信息系统课程内容的基础上,将"计算机组成原理"、"软件技术基础"、"计算机应用基础"等信息系统开发所必需的计算机技术基础的内容集成进来,作为信息管理与信息系统专业低年级学生学习计算机硬件和软件技术基础的补充。通过使用本书,力图使低年级学生形成对高年级核心课程体系的全面认知,加强引导性学习,从而培养学生的学习兴趣,尽快熟悉本专业的教学体系,为后续专业课程的学习打下先修基础;同时又实现了对信息管理与信息系统专业5门核心课程之一"管理信息系统"的全面学习。

　　本书是为教学研究型大学面向应用型培养目标的本科新生编写的,用作信息管理与信息系统及相关专业群的引导型课程——"信息系统基础"的教材。这类专业群(如信息管理与信息系统、管理科学、工业工程、电子商务、计算机审计、信息与计算科学、工商管理类专业等)的本科生一般不单独开设"计算机组成原理"等核心硬件课程,但又要求有一定的硬件技术基础素养,如果仅仅开设传统的"管理信息系统"课程,势必会造成对计算机技术基础内容的学习不够充分,又会与后续课程"信息系统分析与设计"的内容有一定重叠。因此,通过为低年级开设该课程,选用本书,既能弥补硬件基础的不足,又可作为高年级的专业课(如"计算机软件技术"、"数据库系统"、"计算机网络"),特别是"信息系统分析与设计"、"信息系统项目管理"等核心课程的先修和引导,达到对信息管理类专业学生的专业教育或者帮助学生建立课程体系的目的。综合我们两年多来对本课程内容的改革情况和实践效果来看,这套教学内容已获得学生的普遍欢迎和认可。

　　本书还可以作为面向非信息管理类(如人文、社科、经济和公共管理类)以及非计算机类专业(如通信、信息安全、自动化等)本科生设置的"管理信息系统"选修课程教材使用。通过本课程的教学,使学生懂得开发和利用信息系统的重要性,较系统地掌握管理信息系统的基本概念和工作原理,了解信息系统与组织生存和发展的关系,了解各类组织(尤其是企业)应如何规划、建设和管理自己的信息系统,掌握常用的信息系统开发理论和方法,为今后从事信息系统的规划、应用和管理等相关工作打好基础。

　　本书是北京信息科技大学教学改革立项教材,在涵盖所有经济管理类及其他非计算机类专业本科生"管理信息系统"课程教学内容的同时,又集成了计算机的硬件和软件技术基础的主要内容。因此,全书逻辑上可分为两部分。第一部分为信息系统的技术基础,包括第

1 篇计算机硬件技术基础和第 2 篇计算机软件技术基础。通过本部分的学习,读者可掌握计算机硬件系统的基本组成及其工作原理以及计算机软件的主要技术基础知识,为学习信息管理与信息系统专业的其他相关课程打下良好基础。第二部分为信息系统的开发与应用基础,即管理信息系统。该部分为教育部管理科学与工程类学科教学指导委员会确定的 5 门核心课程之一,内容包括导引篇信息系统导论、第 3 篇现代典型信息系统的应用、第 4 篇信息系统的建设与开发和第 5 篇信息系统的管理。通过本部分学习,读者可掌握信息系统及其应用开发的基本概念和基础知识,达到由教育部管理科学与工程类学科教学指导委员会制定的《全国普通高等学校管理科学与工程类学科核心课程及专业主干课程》教学的基本要求。

本书建议课堂授课 40 学时,上机实验 8 学时,专业实践可根据实际需要安排 1 周或 20 学时左右。鉴于使用者不同的教学要点和授课学时,教学内容可根据实际需要有所选择,其他内容可作为学生课后阅读材料。

本书是多位具有多年本课程教学经验的教师集体劳动的成果。全书内容包括 1 篇导引和 5 篇正文,共 15 章。其中第 1 章和第 8 章由杨孔雨编写;第 2～4 章由郁红英编写;第 5 章和第 6 章由赵庆聪编写;第 7 章由康海燕编写;第 9、11 两章由孙志恒编写;第 10 章由王晓蓉编写;第 12 章、第 13 章和第 15 章由王晓敏编写;第 14 章由宋燕林编写。全书由杨孔雨教授和郁红英副教授统稿。由于成书时间仓促,加之本课程改革实践的时间和编者水平所限,本书体系结构和部分内容必然会有不尽合理甚至错误和缺陷之处,诚请各界学者、专家、读者和选用本书的教师、学生不吝指正。

鉴于该课程基础理论和应用实践的多年积累,相关基本概念和基础知识已经比较成熟,因此为避免基础知识和基本概念的歧义,书中引述了许多著名学者和专家相关教材的原创性内容,其中大部分已征得相关专家的认可。但由于各种原因仍有大量引述未能当面征求原编著者意见,书中已尽量做出明确标注,在此对这些作者包括所有参考文献作者表示衷心感谢,未尽事宜敬请谅解。同时感谢北京信息科技大学信息管理学院的所有教师、领导和出版社编辑人员的大力支持和帮助。

编　者

2010.9

目　录

导引篇　信息系统导论

第1篇　计算机硬件技术基础

第 3 篇　现代典型信息系统的应用

第 4 篇　信息系统的建设与开发

第 5 篇　信息系统的管理

导引篇

信息系统导论

第1章
信息、信息管理与信息系统

　　信息技术引领信息社会,信息社会基于信息化建设,而信息化建设离不开信息管理与信息系统。作为信息时代和处于信息化大背景中的当代大学生,首先要了解一个既古老又崭新的领域,这就是信息、信息管理和信息系统的研究和应用领域。本章就信息的概念、信息科学与信息技术的理论基础,信息管理的概念、学科基础及其相关组织方法,以及作为信息化和信息管理重要应用手段和系统形式的信息系统的概念、学科体系及其技术基础等内容做一综述,作为信息系统基础课程的导言和概论。

1.1 信息的基本概念

1.1.1 信息的定义

　　在我国,"信息"一词最早出自南唐诗人李中的《暮春怀故人》,其中有"梦断美人沉信息,目穿长路倚楼台"的诗句。南宋词人李清照的《上枢密韩侂胄诗》中也有诗句"不乞随珠与和璧,只乞乡关新信息"。这里信息的涵义是指音信或消息。

　　在英文科技文献中,Information(信息)和 Message(消息)也常互相换用;日语中与信息最接近的词是"情报";而数字概念较强的人则常将信息理解为"数据"(Data),现在又将信息看作知识(Knowledge)的原材料。

　　其实,信息就是一种消息,它与通信问题密切相关。1948 年,贝尔研究所的香农在题为《通信的数学理论》的论文中系统地提出了关于信息的论述,创立了信息论。1951 年美国无线电工程学会承认信息论这门学科,此后得到迅速发展。到 20 世纪 70 年代,由于数字计算机的广泛应用,通信系统的能力也有很大提高,如何更有效地利用和处理信息成为日益迫切的问题。目前,人们已把早先建立的有关信息的规律与理论广泛应用于物理学、化学、生物学等学科中去。一门研究信息的产生、获取、变换、传输、存储、处理、显示、识别和利用的信息学科正在形成。

　　关于信息的定义,国内外有多种不同的理解和说法,譬如以下几种。

　　(1) 信息是用以消除不确定性的东西(信息论创始人香农,C. E. Shannon)。

　　(2) 信息是人与外界交换内容的名称(控制论创始人维纳,Norbert Wiener)。

　　(3) 没有物质,任何东西都不存在;没有能量,任何事情都不会发生;没有信息,任何东西都没有意义(安东尼·G. 欧廷格)。

（4）没有物质的世界是虚无的世界，没有能源的世界是死寂的世界，没有信息的世界是混乱的世界。

（5）信息是选择的自由度。

（6）消息是信息的外壳，信息是消息的内核。

（7）信息既不是物质，又不是能量，信息就是信息。

（8）信息是独立于物质和能量之外存在于客观世界的第三要素。

这么多说法都有各自的侧重，但也有"以偏概全"的缺陷，它们都没有"分清层次"。中国人工智能学会理事长钟义信教授则认为信息概念是有层次的，他依据最重要的两个层次，对信息分别给出了如下定义：

- 基于本体论的定义　在没有任何约束条件的客观本体论层次，信息可定义为事物运动的状态及其改变的方式。
- 基于认识论的定义　在受主体约束的主观认识论层次，信息可定义为主体感知或主体所表述的事物运动的状态及其改变的方式。

在认识论层次的信息定义中再引入认识深度这一约束条件，认识论层次信息就可以进一步扩展为 3 个层次：语法信息、语义信息和语用信息，如图 1-1 所示。

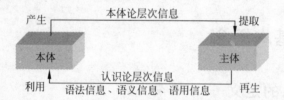

图 1-1　本体论信息与认识论信息的关系

认识论信息 3 个层次的定义如下：

- 语法信息　信息的外在形式，由主体感知。
- 语义信息　信息的逻辑涵义，由主体理解。
- 语用信息　信息的效用，由主体根据目的来判断。

例如，在交通红绿灯表达的信息中，关于交通的语法信息是"红灯信号点亮"；语义信息是"让人们停止前进的涵义"；而语用信息则是为了"保证正常的运行和安全"。

语法、语义和语用信息共同构成认识论层次的全部信息，即全信息。当人们获得了某事物的全信息时，才有可能正确把握事物、对待事物和处理事物。

最后给出一种教科书中的传统定义：信息是经过加工后的数据，它会对接收者的行为和决策产生影响，对决策者增加知识具有现实的或潜在的价值。

1.1.2　信息相关概念

1. 数据与信息

数据是信息的表达形式，信息是数据表达的内容。数据是对客观事物状态和运动方式记录下来的符号（数字、字符、图形等），不同的符号可以有相同的含义。数据处理后仍是数据，处理数据是为了便于更好地解释数据，只有经过解释，数据才有意义，才能成为信息。

2．情报与信息

情报是信息的一个特殊的子集，是具有机密性质的一类特殊信息。情报要从很多信息中挖掘出来。

3．知识与信息

知识是具有抽象和普遍意义的一类特殊信息。信息是知识的原材料，知识是信息加工的产物。知识是反映各种事物的信息进入人们大脑，对神经细胞产生作用后留下的痕迹。

例如，气温器上的温度指示"0"是一种数据，其中表达的信息是今天最低气温为 0℃，所包含的知识是水在 0℃会结冰，而蕴含的情报则是今年冬天平均气温非常低，燃料将短缺。

可见，对数据进行整理和预测后可得到信息，而信息中一部分为情报；对信息进行提炼和挖掘后可以得到知识。

4．信息资源与信息

信息与物质、能量并称为三大资源，因此认为信息是一种可以开发和利用的资源。

所谓信息资源，就是把信息作为人类社会发展的一种重要的可供利用的资源，它是从物质和能量上对信息的确认，是从信息功能上对信息的描述。

对于信息资源有两种理解。一种是狭义的理解，认为信息资源是指人类社会经济活动中经过加工处理有序化并大量积累后有用信息的集合。另一种是广义的理解，认为信息资源是人类经济社会活动中积累起来的信息、信息生产者、信息技术等信息活动要素的集合。

1.1.3 信息的特性

信息的物质性（本质属性）决定了它的一般属性，主要包括普遍性、客观性（事实性）、无限性、层次性（等级性）、相对性、依附性（可存储性）、动态性（时效性）、知识性、异步性、传递性（转移性）、共享性、转化性、可伪性、不完全性等。

(1) 普遍性。事物的普遍性与动态性决定了信息存在的普遍性，例如在人类出现之前，无人区也仍然存在着各种信息。

(2) 客观性，也称事实性。本体论信息是客观存在的，不以人的意志为转移；认识论信息经处理再生就成为一种高层次的客观存在，而不再受主体局限。例如，所谓"白纸黑字"就表示了信息存在的客观性。

(3) 无限性。物质的无限性、事物运动的无穷无尽决定了信息的无限性。因此就有"信息爆炸"的问题，需要我们花力气从信息海洋中寻找所需的信息。例如，浩如烟海的人文和科技文献说明了信息的无限性。

(4) 层次性，也称等级性。根据对信息施加的约束条件，信息可划分出不同的层次，本体论与主体论是两个最基本最重要的层次，约束越多，层次越低，应用范围越窄。例如，信息可分为语法、语义和语用信息，也可分成战略、战术和作业信息。

(5) 相对性。由于人们的认识能力、认识目的及其所储备的先验信息各不相同，我们从同一事物中获取的信息及信息量也不同，对相同的信息也会有不同的理解。例如，相对论对于理论物理学家和普通人,发货单对于发货员和记账员都会产生不同的理解。

(6) 依附性,即可存储性。我们看得见摸得着的是信息载体而非信息,信息只有依附于物质(载体)才能为人们所交流和共享。例如各种书籍、磁盘、载波都是信息的载体。

(7) 动态性,也称为时效性。信息提取出以后,事物仍在不停地运动,信息会渐渐失去效用;只有充分重视与发挥信息的时效性,才能将信息转化为时间与金钱。例如,气象预报、股市行情等都是随时间不停变化的。

(8) 知识性。信息可使认识主体对事物的状态及其变化方式由不知到知道,由知之甚少到知之较多,一定的积累可逐渐加工成真正的知识。例如,科学研究可以掌握客观规律,而专业学习可以获取更多的知识等。

(9) 异步性。异步性反映在滞后性与超前性两个方面。信息输入、处理、传递和输出的过程中,源物质发生了新变化,这些信息就"过时"了;而通过计划、预测等方式测知未来的信息,则可超前于现实。例如,新闻具有一定的滞后性,而人口增长预测则具有一定的超前性。

(10) 传递性。信息可经历时间在空间中传递或转移。信息脱离开源物质而附着于另一事物,并通过后者的运动在空间传递;信息的储存则是一种时间传递活动。例如可以通过摄像机、硬盘、数据库和因特网等来储存和传递信息。

(11) 共享性。一个信息源的信息可被多个信息接收者接收并且多次使用,还可以由接收者继续传递。一般情况下,共享不会造成信息源信息的丢失,也不会改变信息的内容。但是信息的共享有其两面性,一方面它有利于信息资源的充分利用,另一方面也可能造成信息的贬值,不利于保密。

(12) 变换性。信息可以有多种载体,信息载体可以变换,但它不会改变信息的内容。例如,一部影视作品既可摄制在胶片上,也可变换为数字形式存放在磁盘上。

(13) 价值性。信息是经过加工且对生产经营活动产生影响的数据,是劳动创造的,是一种资源。从辩证观点看,信息可转化为物质、能量、资金、人力与时间,因此认为信息是一种具有价值的资源。例如,索取一份经济情报,或者利用大型数据库查阅文献所付费用就是信息价值的部分体现。

(14) 转化性。信息的使用价值必须经过转化才能得到。通过正确合理而有效地利用信息,可创造更多更好的物质财富,可开发和节约更多的物质与能量,节省更多的时间。例如,所谓"知识就是力量",还有客户需求信息通过信息服务业就可将信息转化为价值。

(15) 及时性。信息的价值还体现在及时性上,"时间就是金钱"可以理解为及时获得有用的信息,信息资源就转换为物质财富。如果时过境迁,知道了也没有用,信息也就没有什么价值了。例如,管理者要善于及时获取信息,去实现信息的最大价值。

(16) 可伪性。信息脱离源物质后与源物质失去联系,人们容易通过主观想象产生虚假信息,动机不纯易形成伪信息。例如,所谓假情报、被篡改的遗嘱等提供的是虚假信息。

(17) 不完全性。受人认识能力的限制,关于客观事实的信息是不可能全部得到的,因此认识论信息总是不完全的。

信息的上述特性都是显而易见的,我们可以根据现实生活中的各种实例来理解和见证这些性质,从而帮助我们更深入地理解信息的实质。

1.1.4　信息的分类

从不同的角度看待信息,有不同的信息分类方法。如按管理层次可分为战略信息、战术信息、作业信息;按信息来源可分为企业内部信息、企业外部信息;按应用领域可分为管理信息、社会信息、科技信息;按加工顺序可分为一次信息、二次信息、三次信息;按反映形式可分为数字信息、图像信息、声音信息等。

下面重点讨论两种信息的分类形式。

1. 管理信息的划分

管理信息通常被分为战略级、战术级和作业级 3 类信息。

战略信息是关系本部门目标、且为达到目标水平而针对资源的获得和分配使用的决策信息,制定战略需要大量的外部信息与内部信息相结合。例如,关于整体经济或行业经济的统计结果和发展预测结果,企业人财物可用资源状况,历年经营状况,企业中长期发展规划等都属于战略信息。

战术信息即管理控制信息,用来掌握资源利用情况,以便采取措施更有效地分配资源。战术信息主要是内部信息,也称管理信息。例如销售计划、生产计划及其落实情况等。

作业信息是与组织日常活动相关,保证切实完成任务所需要的信息,是内部信息。例如库存进出明细账、生产台账、财务日记账等。

2. 企业信息的划分

从企业信息来源不同,可将信息分为内部信息与外部信息两类。

企业内部信息指由企业内部产生的关于经营活动状态和发展的各种信息。

企业外部信息指政策法规、经济统计数据、市场信息、客户信息、同行信息、供货商信息与科技情报等。企业的生存与发展关键要靠外部信息的开发与利用。

上述两种信息的划分及其相互关系可通过图 1-2 加以比较。

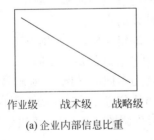

(a) 企业内部信息比重

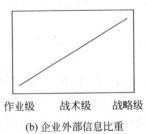

(b) 企业外部信息比重

图 1-2　两种信息划分比较

1.1.5　信息的度量

信息的度量源于哈特莱关于选择自由度的信息度量公式的推导,成熟于香农概率熵公式的确立。香农的信息度量公式为信息论乃至信息科学的创立奠定了坚实的理论基础。

香农对收到的某消息的信息量定义为:

获得的信息量 ＝收到信息前关于某事件发生的不确定性

— 收到信息后关于某事件发生的不确定性

＝不确定性的减少量

设事物 A 有两种可能的状态,用一位二进制数(0 或 1)即可表示。当得知 A 已经处于某状态时,即获得了 1 bit 的信息。

例 1-1　经理问销售员,某客户洽谈订货了吗？是订还是未订,为 1bit 的信息量。

设事物 B 有 4 种可能的等概率的状态,则要用两位二进制数(00、01、10、11)来表示。当得知 B 处于某状态后,即获得了 2bit 的信息。

例 1-2　在 4 种产品中,已知客户订了某种产品的信息,为 2bit 的信息量。

例 1-3　设产品有 8 种价格,以某价格成交的概率相等,则以某种价格成交的信息为 3bit 的信息量。

当 n 种可能状态中各状态出现的概率不等时,可用形式化公式表示。设 n 种可能状态中各状态出现的概率为 $P(i)$,则信息量 H 为:

$$H = \sum_{i}^{n} P(i) \log_2 \frac{1}{P(i)} = -\sum_{i}^{n} P(i) \log_2 P(i)$$

在信息量公式中,信息的计量单位取决于对数所取的底。若以 2 为底,信息量单位称比特(bit);若以 e 为底,信息量单位称奈特(nat);若以 10 为底,信息量单位称哈特(hart)。

例 1-4　客户选 4 种产品 X1、X2、X3、X4 的概率分别为 0.1、0.1、0.3、0.5,则客户订某产品的信息量为:

$$H = -(0.1 \times \log_2 0.1 + 0.1 \times \log_2 0.1 + 0.3 \times \log_2 0.3 + 0.5 \times \log_2 0.5)$$
$$= 1.685 (\text{bit})$$

显然,事物各状态等概率出现时信息量最大。当事物的状态有许多种或无穷多时,可用概率分布函数来计算信息量。

信息描述事物多个状态中的某状态,计算出的量为平均信息量,平均信息量被称为信息源的熵,表示事物不确定性的程度。熵本来用于表示能量分布的均匀程度,能量分布越均匀,熵越大。信息的度量借用熵的概念,但必须用负熵。事物越不确定,熵越大。

特别要注意的是,人们平时讲的信息量与信息源的熵是两回事。例如,为方便安排硬盘空间而计算 1 年订单的信息量,实际上是计算信息载体的占用量。

例如,设每张订单有 5 行,每行 100 个数字位,每年 1000 张。则有 $5 \times 100 \times 1000 = 500000$ 字节＝500KB。但根据信息熵的概念,订单中各信息的熵是不同的。

信息量从不同的信息层次来看,所表达的意义也是不同的。例如,对于等概率事件中出现 0 和 1 的二择一问题,获得 0 或 1 的信息指的是语法信息;对具体的生男生女问题、投硬币问题等,得到的结果是语义信息;而男女比例是否失调的信息、投硬币决定某一方发球的信息则是语用信息。

1.2　信息科学与信息技术

1.2.1　信息科学

信息科学是信息管理与信息系统的学科基础,为信息管理与信息系统提供了基础理论。

信息科学是建立在信息论、控制论和系统论基础上的新兴学科。作为专业学术名词，"信息科学"一词出现在20世纪70年代，标志着信息科学理论的研究达到了一定的高度。但由于信息科学自身的深邃、广泛和复杂性，其体系、内涵、研究内容及覆盖范围一直在不断地发展和变化之中。国内外众多学者对信息科学的认识和理解有着自己独到的见解。下面列举有关著作和文章中的几种描述。

（1）信息科学是研究信息现象及其运动规律和应用方法的科学，它是以信息论、控制论和系统论为理论基础，以电子计算机为主要工具的一门新兴学科。信息科学涉及与信息有关的一切领域，如计算机科学、仿生学、人工智能等。它包括对信息的描述和测度、信息传递理论、信息再生理论、信息调节理论、信息组织理论、信息认识理论等内容；信息科学研究信息提取、信息识别、信息交换、信息传递、信息存储、信息检索、信息处理、信息再生、信息表示、信息检测、信息实施等一系列问题和过程。信息科学是社会生产和科学研究发展到一定阶段的必然产物。

（2）信息科学是一个交叉的学科领域，它关注理论和实际的观念，涉及知识迁移和信息的来源、产生、组织、表示、处理、分布、通信与信息利用的技术、法律和产业，以及用户之间的通信、用户寻求满足他们信息需要的表现等。

（3）信息科学是研究信息性质和表现、控制信息流的力量以及为获得最适应的访问性而进行信息处理的方法的科学。它关注的是信息的起源、收集、组织、存储、检索、解释、传递、转换和利用的知识。它既有纯理论科学的部分（即探索学科的内涵而不管它的应用），也有应用科学的部分（即开发信息服务和产品）。

（4）信息科学是以信息作为主要研究对象、以信息的运动规律作为主要研究内容、以信息方法论作为主要研究方法、以扩展人的信息功能特别是智力功能作为主要研究目标的一门综合性学科。它的基础是哲学、数理化和生物科学，主体是信息论、控制论和系统论，主要工具是电子科学和计算机科学。

（5）信息科学是人们在对信息的认识与利用不断扩大的过程中，在信息论、电子学、计算机科学、人工智能、系统工程学、自动化技术等多学科基础上发展起来的一门边缘性新学科。它的任务主要是研究信息的性质，研究机器、生物和人类关于各种信息的获取、变换、传输、处理、利用和控制的一般规律，设计和研制各种信息机器和控制设备，实现操作自动化，以便尽可能地把人脑从自然力的束缚下解放出来，提高人类认识世界和改造世界的能力。

综合上述多种形式、不尽相同的表述，可以将信息科学归纳出以下几个共同点。

（1）信息科学的研究对象是信息、信息现象和信息运动规律。

（2）信息科学的产生基础和理论基础是信息论、控制论和系统论。

（3）信息科学的研究内容是信息的产生、识别、提取、收集、变换、传递、组织、存储、检索、处理、表示、检测、再生、实施和利用等。

（4）信息科学的研究方法是信息方法论，研究目标是扩展人的信息功能乃至智力功能，最终目的是帮助人们认识信息和利用信息。

我国著名学者、信息科学和人工智能领域专家钟义信教授对信息科学有如下精辟的阐述：信息科学是以信息作为主要研究对象、以信息过程的运动规律作为主要研究内容、以信息科学方法论作为主要研究方法、以扩展人的信息功能（全部信息功能形成的有机整体就是智力功能）作为主要研究目标的一门学科。

1.2.2　信息科学的理论基础

信息科学虽然是一门新兴学科,但其理论基础却是严密和深厚的,而且具有悠久的发展历史,其中20世纪40年代后期相继诞生的信息论、控制论和系统论成为现代信息科学的最重要的理论基础。本小节对这三大理论的基本内容做简单介绍。

1. 信息论

信息论(Information Theory)是一门用数理统计方法来研究信息的度量、传递和变换规律的科学。它运用概率论与数理统计的方法研究信息、信息熵、通信系统、数据传输、密码学、数据压缩等问题,主要是研究通信和控制系统中普遍存在的信息传递的共同规律以及研究最佳解决信息的获限、度量、变换、储存和传递等问题的基础理论。

信息论将信息的传递作为一种统计现象来考虑,给出了估算通信信道容量的方法。信息传输和信息压缩是信息论研究中的两大领域。这两个方面又由信息传输定理、信源-信道隔离定理相互联系。

香农(C. E. Shannon)被称为"信息论之父"。人们通常将香农于1948年10月发表于《贝尔系统技术学报》上的论文 *A Mathematical Theory of Communication*(《通信的数学理论》)作为现代信息论研究的开端。这篇文章部分基于哈里·奈奎斯特和拉尔夫·哈特利先前的成果。在该文中,香农给出了信息熵的定义:

$$H = \sum_{i}^{n} P(i) \log \frac{1}{P(i)} = -\sum_{i}^{n} P(i) \log P(i)$$

这一定义可以用来推算传递经二进制编码后的原信息所需的信道带宽。熵度量的是消息中所含的信息量,其中去除了由消息的固有结构所决定的部分,比如语言结构的冗余性以及语言中字母、词的使用频度等统计特性。

信息论中熵的概念与物理学中的热力学熵有着紧密的联系。玻耳兹曼与吉布斯在统计物理学中对熵做了很多的工作,信息论中的熵也正是受之启发。

互信息(Mutual Information)是另一种有用的信息度量,它是指两个事件集合之间的相关性。两个事件 X 和 Y 的互信息定义为:

$$I(X,Y) = H(X) + H(Y) - H(X,Y)$$

其中 $H(X,Y)$ 是联合熵(Joint Entropy),其定义为:

$$H(X,Y) = -\sum_{x,y} P(x,y) \log P(x,y)$$

信息论被广泛应用在编码学、密码学与密码分析学、数据传输、数据压缩、检测理论、估计理论等研究领域。信息论的研究范围极为广阔,一般把信息论分成以下3种不同类型。

(1) 狭义信息论是一门应用数理统计方法来研究信息处理和信息传递的科学。它研究在通信和控制系统中普遍存在着的信息传递的共同规律,以及如何提高各信息传输系统的有效性和可靠性的一门通信理论。

(2) 一般信息论主要是研究通信问题,但还包括噪声理论、信号滤波与预测、调制与信息处理等问题。

(3) 广义信息论不仅包括狭义信息论和一般信息论的问题,而且还包括所有与信息有关的领域,如心理学、语言学、神经心理学、语义学等。

2. 控制论

控制论(Control Theory)是研究各类系统的调节和控制规律的科学。它是自动控制、通信技术、计算机科学、数理逻辑、神经生理学、统计力学、行为科学等多种科学技术相互渗透形成的一门横断性学科。它研究生物体和机器以及各种不同基质系统的通信和控制的过程,探讨它们共同具有的信息交换、反馈调节、自组织、自适应的原理和改善系统行为、使系统稳定运行的机制,从而形成了一大套适用于各门科学的概念、模型、原理和方法。

1943年底,在纽约召开了有生物学家、数学家、社会学家、经济学家等共同参加的学术会议,他们从各自角度对信息反馈问题发表意见,以后又连续举行这样的讨论会,对控制论的产生起了推动作用。1948年,维纳(Norbert Wiener)的《控制论》出版,宣告了这门科学的诞生。维纳在《控制论》一书的副标题上标明,控制论是"关于在动物和机器中控制和通信的科学"。

控制论的研究表明,无论自动机器,还是神经系统、生命系统,以至经济系统、社会系统,撇开各自的质态特点,都可以看作是一个自动控制系统。在这类系统中有专门的调节装置来控制系统的运转,维持自身的稳定和系统的目的功能。控制机构发出指令,指令作为控制信息传递到系统的各个部分(即控制对象)中去,由它们按指令执行之后再把执行的情况作为反馈信息输送回来,并作为决定下一步调整控制的依据。

由此我们看到,整个控制过程就是一个信息流通的过程,控制就是通过信息的传输、变换、加工、处理来实现的。反馈对系统的控制和稳定起着决定性的作用,无论是生物体保持自身的动态平稳(如温度、血压的稳定),或是机器自动保持自身功能的稳定,都是通过反馈机制实现的。反馈是控制论的核心问题。控制论就是研究如何利用控制器,通过信息的变换和反馈作用,使系统能自动按照人们预定的程序运行,最终达到最优目标的学问。

控制论具有十分重要的理论意义和实践意义,它体现了现代科学的整体化发展趋势,为现代科学技术提供了新的思路和科学方法。我国在20世纪60年代初就开始翻译介绍控制论的著作,但是,直到近年来才开始对它进行广泛而深入的研究。在经济、人口、能源、生产管理等方面,开始运用控制论建立数学模型,如投入产出模型、人口模型等,在运用中都取得了良好的效果。

在控制论中,"控制"的定义是:为了"改善"某个或某些受控对象的功能或发展,需要获得并使用信息,以这种信息为基础而选出的、于该对象上的作用,就称为控制。由此可见,控制的基础是信息,一切信息传递都是为了控制,进而任何控制又都有赖于信息反馈来实现。信息反馈是控制论的一个极其重要的概念。通俗地说,信息反馈就是指由控制系统把信息输送出去,又把其作用结果返送回来,并对信息的再输出发生影响,起到控制的作用,以达到预定的目的。

从控制系统的主要特征出发来考察管理系统,可以得出这样的结论:管理系统是一种典型的控制系统。管理系统中的控制过程在本质上与工程的、生物的系统是一样的,都是通过信息反馈来揭示成效与标准之间的差,并采取纠正措施,使系统稳定在预定的目标状态上。因此,从理论上说,适合于工程的、生物的控制论理论与方法,也适合于分析和说明管理控制问题。

维纳在阐述他创立控制论的目的时说:"控制论的目的在于创造一种综合技术,使我们有效地研究一般的控制和通信问题,同时也寻找一套恰当的思想和技术,以便通信和控制问题的各种特殊表现都能借助一定的概念加以分类。"的确,控制论为其他领域的科学研究提供了一套思想和技术,以致在维纳的《控制论》一书发表后的几十年中,各种冠以控制论名称的边缘学科如雨后春笋般生长出来,例如工程控制论、生物控制论、神经控制论、经济控制论以及社会控制论等。而管理更是控制论应用的一个重要领域,甚至可以这样认为,人们对控制论原理最早的认识和最初的运用是在管理方面。从这个意义上说,控制论对于管理恰似青出于蓝,用控制论的概念和方法分析管理控制过程,更便于揭示和描述其内在机理。

3. 系统论

系统论(System Theory)是研究系统的一般模式、结构和规律的科学,它研究各种系统的共同特征,用数学方法定量地描述其功能,寻求并确立适用于一切系统的原理、原则和数学模型,是具有逻辑和数学性质的一门新兴的科学。

系统思想源远流长,但作为一门科学的系统论,人们公认是由美籍奥地利人、理论生物学家 L. V. 贝塔朗菲(L. Von. Bertalanffy)创立的。早在 1937 年他就提出了一般系统论原理,奠定了这门科学的理论基础。但是他的论文《关于一般系统论》到 1945 年才公开发表,他的理论到 1948 年在美国再次讲授"一般系统论"时,才得到学术界的重视。他在 1952 年发表"抗体系统论",提出了系统论的思想。确立这门科学学术地位的是 1968 年贝塔朗菲发表的专著《一般系统理论、基础、发展和应用》(General System Theory, Foundations, Development and Applications),该书被公认为是这门学科的代表作。

系统一词来源于古希腊语,是由部分构成整体的意思。通常把系统定义为:由若干要素以一定结构形式联结而构成的具有某种功能的有机整体。在这个定义中包括了系统、要素、结构、功能 4 个概念,表明了要素与要素、要素与系统、系统与环境三方面的关系。

系统论认为,整体性、关联性,等级结构性、动态平衡性、时序性等是所有系统的共同的基本特征。这些既是系统所具有的基本思想观点,而且也是系统方法的基本原则,表现了系统论不仅是反映客观规律的科学理论,而且具有科学方法论的含义,这正是系统论这门科学的特点。贝塔朗菲对此曾做过说明,英语 System Approach 直译为系统方法,也可译成系统论,因为它既可代表概念、观点、模型,又可表示数学方法。他说:"我们故意用 Approach 这样一个不太严格的词,正好表明这门学科的性质特点"。

系统论的核心思想是系统的整体观念。贝塔朗菲强调,任何系统都是一个有机的整体,它不是各个部分的机械组合或简单相加,系统的整体功能是各要素在孤立状态下所没有的新质。他用亚里士多德的"整体大于部分之和"的名言来说明系统的整体性,反对那种认为"要素性能好,整体性能一定好"以局部说明整体的机械论的观点。同时认为,系统中各要素不是孤立地存在着,每个要素在系统中都处于一定的位置上,起着特定的作用。要素之间相互关联,构成了一个不可分割的整体。要素是整体中的要素,如果将要素从系统整体中割离出来,它将失去要素的作用。正像人手在人体中是劳动的器官,一旦将手从人体中砍下来,那时它将不再是劳动的器官一样。

系统论的基本思想方法是把所研究和处理的对象当作一个系统,分析系统的结构和功能,研究系统、要素、环境三者的相互关系和变动的规律性,并优化系统。以系统观点看问题,世界上任何事物都可以看成是一个系统,系统是普遍存在的。大至渺茫的宇宙,小至微观的原子,一粒种子、一群蜜蜂、一台机器、一个工厂、一个学会团体等都是系统,整个世界就是系统的集合。

系统是多种多样的,可以根据不同的原则和情况来划分系统的类型。按人类干预的情况可划为分自然系统、人工系统;按学科领域可分成自然系统、社会系统和思维系统;按范围划分则有宏观系统、微观系统;按与环境的关系划分则有开放系统、封闭系统、孤立系统;按状态划分则有平衡系统、非平衡系统、近平衡系统、远平衡系统等。此外,还有大系统、小系统的相对区别。

系统论的任务不仅在于认识系统的特点和规律,更重要地还在于利用这些特点和规律去控制、管理、改造或创造系统,使它的存在与发展合乎人的目的需要。也就是说,研究系统的目的在于调整系统结构,协调各要素关系,使系统达到优化目标。

系统论的出现使人类的思维方式发生了深刻变化。以往研究问题,一般是把事物分解成若干部分,抽象出最简单的因素来,然后再以部分的性质去说明复杂事物,这是笛卡儿奠定理论基础的分析方法。这种方法的着眼点在局部或要素,遵循的是单项因果决定论,虽然这是几百年来在特定范围内行之有效、人们最熟悉的思维方法,但是它不能如实地说明事物的整体性,不能反映事物之间的联系和相互作用,它只适于认识较为简单的事物,而不胜任对复杂问题的研究。在现代科学的整体化和高度综合化发展的趋势下,在人类面临许多规模巨大、关系复杂、参数众多的复杂问题时,就显得无能为力了。正当传统分析方法束手无策的时候,系统分析方法却能站在时代前沿,高屋建瓴,综观全局,别开生面地为现代复杂问题提供了有效的思维方式。所以系统论连同控制论、信息论等其他横断科学一起所提供的新思路和新方法,为人类的思维开拓新路,它们作为现代科学的新潮流,促进着各门科学的发展。

系统论反映了现代科学发展的趋势,反映了现代社会化大生产的特点,反映了现代社会生活的复杂性,所以它的理论和方法能够得到广泛应用。系统论不仅为现代科学的发展提供了理论和方法,而且也为解决现代社会中的政治、经济、军事、科学、文化等方面的各种复杂问题提供了方法论的基础,系统观念正渗透到各个领域。

当前系统论发展的趋势和方向是朝向统一各种各样的系统理论,建立统一的系统科学体系的目标前进。有的学者认为:"随着系统运动而产生出各种各样的系统(理)论,而这些系统(理)论的统一业已成为重大的科学问题和哲学问题。"

1.2.3　信息技术

1. 信息技术的概念

在生产力和生产社会化程度很低的时候,人们仅凭自身的天赋信息器官的能力,就足以满足当时认识世界和改造世界的需要了。但随着生产斗争和科学实验活动在深度和广度两方面的不断发展,特别是自蒸汽机的发明和应用以来,人类的信息器官功能已明显滞后于行为器官的功能了。这时,人类把自己关注的焦点转到扩展和延长自己信息器官的功能方面,于是发展信息科学技术就成了这一时期的中心任务。

对信息技术(Information Technology,IT)的描述有多种,因为范围太广,很难统一。最一般的定义是：信息技术是能够延长或扩展人类信息器官功能的技术(钟义信)。

因使用目的、范围或场合不同,信息技术具有以下特定的涵义。

(1) 指物化的产物,即有形的物质手段,如望远镜、电视机、电子计算机等。

(2) 指抽象的智力成果,即信息活动中所使用的各种方法。

2. 信息技术的分类

信息技术可以从不同的角度进行分类,常见的信息技术分类包括以下几种。

(1) 类似于计算机技术的硬件和软件之分,可以根据信息技术是否有实物的表示形式而将信息技术分成"硬"信息技术和"软"信息技术两大类。"硬"信息技术如同计算机硬件一样,是已经转化成具体信息设备的信息技术,如复印机、电话机、数码相机、电子计算机和通信卫星等;"软"信息技术类似计算机软件,是人类在长期信息活动中积累形成的有关信息采集、处理、检索等方面的经验、知识、方法与技能,如语言、文字、信息调查技术、信息组织技术、统计技术、预测与决策技术和信息标准化技术等。

(2) 按照专业信息工作的基本环节或流程可将信息技术划分为信息获取技术、信息传递技术、信息存储技术、信息检索技术、信息加工技术和信息标准化技术等。

(3) 按照人们日常所使用的信息设备种类或用途可将信息技术划分为电话技术、电报技术、电视技术、广播技术、缩微技术、复制技术、卫星技术和电子计算机技术等。

(4) 根据人的信息器官(或信息功能)种类来划分,信息技术可按表 1-1 划分为 4 大类:感测技术、通信技术、计算机技术和控制技术,如图 1-3 所示。

表 1-1 信息技术与信息器官和功能的对应关系

信息器官	感觉器官	神经器官	思维器官	效应器官
信息功能	获取信息	传递信息	处理信息	使用信息
信息技术	感测技术	通信技术	计算机技术	控制技术

图 1-3 信息技术分类及其关系

- 感测技术 包括测量、传感与识别,用于信息获取,其扩展的是感觉器官采集信息的能力,它可以将人类的感觉延伸到人力所不及的微观世界和宏观世界中来提取信息。

- 通信技术 包括通信与存取,用于信息传递,其扩展的是传导神经系统传递信息的能力,包括信息的时间和空间的传递。

- 计算机技术 包括计算与智能,用于信息认知和再生,其扩展的是思维器官处理信息和决策的能力,包括计算机硬件和软件技术、人工智能、专家系统和人工神经网络等技术。

- **控制技术** 包括控制与显示,用于信息执行,其扩展的是效应器官的应用信息的能力,包括服务调节技术和自动控制技术。

（5）按照信息技术的产品和实施内容,信息技术又可分为计算机系统、数据库技术、通信技术和网络技术,如图 1-4 所示。

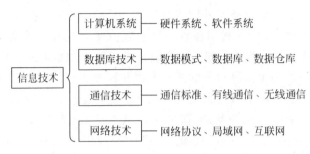

图 1-4　信息技术按产品和实施内容分类

3. 信息技术的层次

根据信息技术的定义和分类可以看出,信息技术由一个庞大的技术群组成。为了研究的条理性和系统性,可以根据每种技术的作用和相互之间的关系,将信息技术分成不同的层次,并且在分层次的基础上,构建信息技术的体系结构。

广义的信息技术由信息技术的基础技术、支撑技术、主体技术和应用技术组成。

其中,主体技术是延伸人类信息器官的感测技术、通信技术、计算机技术和控制技术,也称作 4C 技术或 3C 技术。4C 是根据采集（Collection）、通信（Communication）、计算机（Computer）和控制（Control）四个英语名词的第一个字母而来,这里采集是代表感测,因为采集是感测的基本作用。3C 是将 4C 中的控制归纳到计算机中,由采集（Collection）、通信（Communication）、计算机（Computer）组成。

应用技术是针对各种领域或行业的实际需要,由主体技术衍生的各种应用技术群,包括主体技术通过合成、分解和应用生成的各种具体的实用信息技术。

基础技术是新材料和新能源技术,信息技术在性能、水平等方面的提高有赖于这两类技术的进步。

支撑技术是指机械技术、电子技术、激光技术、空间技术和生物技术等,信息技术的主体技术总是通过各种支撑技术才能实现。而在实际工作中,人们将利用机械技术实现的信息技术称为机械信息技术,如算盘、计算尺和手摇计算机等;把利用电子技术实现的信息技术称为电子信息技术,如广播电视、电话、电报和电子计算机等;把利用激光技术实现的信息技术称为激光信息技术,如激光光纤通信、激光控制和激光计算机;把利用空间技术实现的信息技术称为空间信息技术,如通信卫星和行星探测器等;把利用生物技术实现的信息技术称为生物信息技术,如生物传感器和生物计算机等。

主体技术和应用技术是直接延长人类信息器官功能的,将其称为狭义的信息技术,而直接为信息管理与信息系统的形成和发展提供技术支持的,主要是支撑技术中的电子技术和主体技术中的感测技术、通信技术和计算机技术。

- 电子技术是电子学研究的主要内容。在信息技术的主体技术中,电子技术为其发展提供了强有力的技术手段,如计算机、通信网、广播电视网、雷达、遥感技术等,极大地增强了人类感官和人脑的作用,使现代人类社会的生产活动、经济活动和社会活动的效率大大提高。

- 感测技术包括传感(Sensing)、遥感(Remote Sensing)和遥测(Remote Measuring)技术。传感技术亦称传感器技术,主要是开发和研究能感知外界信息的人造器官;遥感技术是指从远距离高空及外层空间(几公里至几百公里,甚至于上千公里)的各种运载工具即遥感平台上,利用各种传感器接收来自地球表面各类地物的电磁波信息;遥测技术是对被测对象的某些参数进行远距离测量的一种信息获取技术,具体应用中由传感器测出被测对象的某些参数并转换成电信号,然后应用多路通信和数据传输技术将这些电信号传到远处遥测终端进行记录、处理和显示。

- 通信技术以电子学方法为基础,研究实现从点到点(人与人、人与机器或机器与机器)的信息传输的原理、技术和系统。通信技术为计算机网络化提供了技术支持。

- 计算机技术研究用电子学方法实现数值计算、数据处理、过程控制、信号与信号处理、计算机辅助设计、专家系统等原理、技术和系统,包括硬件和软件技术。

4. 信息技术的发展与规律

信息技术是快速发展和更新的技术,自 1946 年电子计算机发明以来发展异常迅速,从单机系统到局域网、广域网,从 Internet 到无线移动网,如图 1-5 所示。

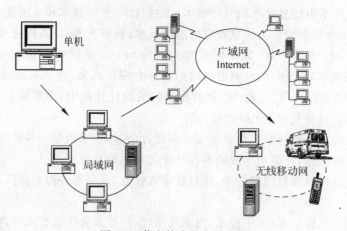

图 1-5　信息技术的发展成果

信息技术的发展过程中通过研究得出一些规律或结论,其中著名的有摩尔定律、梅尔卡夫法则、信息技术环境三时期变化的表述等。

(1) 摩尔定律

Intel 公司创始人摩尔提出:计算机芯片的功能每 18 个月就翻一番,计算机芯片的价格每 18 个月减半。

例如,从微型计算机核心部件 CPU 的速度看,从 80286 到 80386 经过了四年、从 80386 到 80486 用了两年、而从 80486 升级到 80586 只用了一年;便携机在 20 世纪 90 年代前半期价值 10 多万元人民币,到 20 世纪 90 年代后半期下降到 5 万元,现在的价格则不到 1 万元。

（2）梅尔卡夫法则

3COM 公司的创始人梅尔卡夫提出：网络随着网络接入点的增加而价值得以加速提升，也即信息网络具有扩张效应。

例如，一段时期内，Internet 的用户每隔半年就增加一倍，而 Internet 的通信量则每隔 100 天就翻一番。Internet 快速扩张给我们带来的好处是：网络价值是网络结点数的平方。

（3）新摩尔定律

我们享受的 Internet 功能越来越强，而花费却越来越低。

例如，Internet 的规模每 9 个月翻一番，而 Internet 的成本每 9 个月下降 50%。

1.3 信息管理与管理科学

1.3.1 信息资源管理与信息管理

1. 信息资源管理

要理解信息管理的概念，首先要理解"信息管理"与"信息资源管理"之间的关系。国外一般将"信息管理"与"信息资源管理"看做是同一概念。如在北美，往往只提信息资源管理。他们将"信息资源管理"定义为：用于描述侧重于信息，而将数据处理技术（软件和硬件）放在第二位的信息处理的概念。而在英国，则常以信息管理替代信息资源管理。

国内的研究学者对"信息管理"与"信息资源管理"的概念存在三种不同的观点。第一种观点是将信息管理与信息资源管理视为同义词，认为两者之间存在着等同关系；第二种观点认为信息管理与信息资源管理是从属关系，也就是说信息资源管理是信息管理的组成部分，他们认为"信息处于动态过程之中，信息管理更多的是对动态过程的管理，资源管理只是它的一个环节或一个部分"；第三种观点认为信息资源管理是信息管理的一个发展阶段。

可以看出，不论何种观点，信息管理与信息资源管理都密切相关。可以认为信息管理也有广义和狭义两个概念之分。狭义的信息管理相对于狭义的信息资源管理，局限于对信息本身的管理。而广义的信息管理则是等同于广义的信息资源管理，包括对信息、信息技术（信息系统、信息产业）和信息人才的管理。因此，在本书中将采纳信息管理与信息资源管理等同的观点。

2. 信息管理

（1）信息管理的层次

一般意义上的信息管理可划分为宏观管理、中观管理和微观管理 3 个层次。

宏观层次的信息管理是一种战略管理，一般由国家信息管理部门运用经济、法律和必要的行政手段加以实施。它由对广义信息资源的管理和对信息产业的管理构成，对社会信息事业及其环境因素进行综合性地规划、协调、指导，以推动信息产业和信息经济的发展，最终实现社会信息化的战略目标。

中观层次的信息管理是介于宏观和微观之间的一种管理层次，具有承上启下的功能，是针对本地区、本行业范围的信息资源开发利用而言的，具有明显的区域或行业性质。它也是对广义信息资源的管理,对涉及信息活动的各种要素(信息、技术、人员、机构等)进行合理地计划、集成、控制,以实现信息资源的充分开发和有效利用,从而有效地满足社会信息需要。

微观层次的信息管理是基层的信息管理,是企业管理的重要内容。它是对狭义信息资源的管理,是对信息本身的管理,完成对信息的搜集、加工、组织工作。

(2) 信息管理的内容

在刘红军主编的《信息管理基础》一书中对信息管理的内容概括如下。

① 信息资源开发、调配与组织管理。这是最基本的信息管理工作,其内容包括:非文献信息和文献信息资源的开发,科技、经济、政治、军事、文化等专门领域信息资源的社会调配,各类信息资源的布局,信息资源的利用组织等。

② 信息传递与交流组织。基本内容包括信息传递与社会秩序的建立与维持,各种信息传递与交流业务的开展,以及社会各有关部门信息传递与交流关系的确立等。

③ 信息研究、咨询与决策。这是一种高层次的信息管理,其目的是为管理工作提供决策方案,主要包括决策管理及信息识别、组织、分析、整理和加工,通过有针对性的研究,得出未知的结论,待确认其可靠性后应用于管理实践。

④ 信息技术管理。这部分管理分为硬技术管理和软技术管理两个方面。硬技术管理主要是围绕计算机、通信和其他信息设施及产品的研制技术来进行的;软技术管理是围绕各种信息技术设施及产品的使用来进行的。

⑤ 信息系统管理。信息系统是由信息工作人员、技术、设施、信息及其载体、用户以及系统环境等基本要素组成的。信息系统的管理除了对这些基本要素进行管理外,还要对系统的组织和运行进行管理和控制。

⑥ 信息服务与用户管理。由于各种信息管理业务的开展均以用户信息需求为依据,所以信息服务与用户管理的内容不仅包括服务和用户方面,还贯穿于信息管理业务工作的全过程。信息服务与用户管理的内容是综合性的,管理方法是系统的。

1.3.2 信息管理的理论基础

中南财经政法大学宋克振教授在《信息管理导论》一书中指出:信息管理的理论基础包括信息科学、管理科学、经济学和计算机科学。其中信息科学是信息管理的学科理论,管理科学是信息管理的方法理论,经济学是信息管理的应用理论,计算机科学是信息管理的技术理论。

信息科学是信息管理的学科理论,它以信息本身为研究对象,研究信息自身的运动和处理方法,建立了信息管理的基本概念,如信息、信息的特征、信息的分类、信息的作用等;同时也提供信息管理的一些基本方法,如信息的度量、信息的传输等。

管理科学是信息管理的方法理论,它提供了信息的管理理论和基本方法。信息管理,一是信息,二是管理,这从名称上直观地说明了管理理论在信息管理中的重要性。另一方面,管理的核心是计划、组织、协调、控制和决策,其中哪一个方面都离不开信息的基础。因此,管理离不开控制,而控制不能没有信息。信息管理需要应用管理的理论、技术和方法实现对信息的有效管理。

经济学是信息管理的应用理论,因为经济领域是信息管理的主要应用领域,企业和组织是信息管理的主要服务对象,企业和组织的战略规划、市场营销、竞争分析等都离不开信息管理与信息系统。经济学产生的动力就是:解决资源的贫乏性,合理地配置资源和应用资源。信息管理也是信息资源的管理，因此必须掌握和借鉴经济学的基本原理和理论，才能实现对信息资源的有效、合理、持续地管理。其次，经济信息管理是信息管理的主要内容和组成部分。企业资源规划(Enterprise Resource Plan，ERP)、客户关系管理(Customers Relation Management，CRM)、供应链管理(Supply Chain Management，SCM)和电子商务(Electronic Commerce，EC)等都是信息管理与信息系统在企业中的典型应用。

计算机科学是信息管理的技术理论。众所周知，信息管理的技术——信息技术、信息管理的系统——信息系统都是以计算机科学技术为主要技术基础的。信息管理历史悠久，但信息管理作为一个独立的概念得以飞速发展是始于20世纪60年代，而数字电子计算机的广泛应用也在同一时期，可以说计算机科学与技术的发展推动了信息技术和信息系统的发展，从而促进了信息管理的发展。

1.3.3　管理科学对信息管理的作用

信息管理是信息科学的主体之一，从学科的划分角度，信息管理又可以归属到管理科学与工程的学科分类下，这表明信息管理是信息科学与管理科学的交叉点。从某种意义上，信息管理源于管理领域，它从诞生之日起就大量地吸取管理科学的养分来充实自己。

管理科学在信息管理中的作用和重要性可以从下面几个方面来理解。

(1) 管理离不开控制，控制不能没有信息。管理科学是对管理活动的一般规律的概括和总结。现代管理科学研究管理思想的现代化、管理方法的科学化、管理手段的自动化，强调信息是重要的管理工具。信息系统是管理的"神经系统"，信息系统的有效性是管理效益提高的重要保证。

(2) 信息管理是一类管理活动。信息管理虽然具有自己的特色，但离不开管理的一般理论、技术和方法。管理科学研究管理要素、系统管理和管理成效，这些理论同样可以用来指导信息管理。只有学习和掌握了管理科学的基本理论、技术和方法，才能对信息实现合理的、有效的、综合的管理。

(3) 信息系统既然是管理的"神经系统"，体现了信息系统是服务于管理的，管理是信息系统服务的对象。对服务对象了解得越清楚，就能服务得越好。

因此，从事信息管理与信息系统专业领域的人们，学习基本的管理理论和知识，掌握管理的普遍规律是必要和重要的。

1.3.4　信息管理的发展

宋克振在《信息管理导论》一书中，将信息管理分成4个阶段或时期，即传统管理阶段、技术管理阶段、资源管理阶段和知识管理阶段。

1. 传统管理阶段

这一阶段(古代到20世纪40、50年代)以图书馆文献管理为特征，包括图书馆、档案馆、博物馆和情报所，涉及书籍、档案、情报资料和实物等信息源的管理。

古代图书馆一般是封闭的藏书楼，以收藏和保存图书为主要目的，其管理者大多具有渊博的知识，是当时知名的学者。他们凭借个人的知识和经验，采用手工方式对书籍进行收藏、整理和保存。

到了近代,为了满足社会发展的需要,古代封闭的藏书楼转变为近代的图书馆。它们面向社会公众开放,重视读者服务,加强图书在社会上的传播和利用,成为知识和文献收藏、整理和提供利用的社会信息交流中心。图书馆成为一个独立的机构,图书馆工作开始成为一个专门的职业。图书馆除研究文献本身的收集和管理外,还包括对机构、人、文献整理和提供过程的管理,同时还加强了对文献的传播的研究和实践,形成了一个专门的学科和专业,即图书馆学。

在20世纪初期,科学技术飞速发展,科技信息数量呈指数增长,图书馆管理模式不能满足社会对信息的需求,科技领域出现了一类新兴的专职信息服务机构——科技信息机构,在我国一般称为科技情报研究所。这类机构的任务是对科技情报进行收集、加工、存储、检索和提供利用,工作实质仍是文献管理工作,工作内容主要是进行文献的二次加工,提供服务的方式主要是文献信息的多向主动传递。同时,也形成了特有的职业——科技情报管理员和对应的专业——科技情报管理专业。

这一阶段的信息管理模式是手工管理的模式,不论是图书馆还是科技信息机构,在从事以文献为载体的信息收集、加工、存储、检索和提供时都是由手工完成。

2. 技术管理阶段

随着第一台计算机的问世,计算机科学技术飞速发展,带动了信息技术和信息系统的迅速发展。信息管理由原来手工方式的传统阶段,进入到以自动化、系统化和网络化为代表的新阶段(20世纪50年代~80年代)。这一阶段的信息管理以信息技术和信息系统为特征,涉及对信息生命周期的过程控制和管理。

信息技术最早是应用于图书馆和情报中心的文献加工和管理。例如1954年,美国海军兵器中心把文献号和少量索引词输入计算机,形成人类的第一个计算机信息检索系统。与此同时,信息技术也被广泛地应用于企业和组织机构的数据处理。如行政记录处理、财务数据处理、经营业务处理(账目管理、库存管理、报表统计、销售分析)等。

随着数据库技术的发展,数据处理量不断加大,处理速度不断加快,处理范围也不断扩展,简单操作层面的信息管理已经不能满足企业和组织对信息利用的需求。因此,需要从系统的角度全面地管理企业和组织的数据(信息),系统地解决信息的收集、加工、存储、检索、传输和利用等问题。由此促使了信息系统(Information System,IS)的出现和发展。

在信息系统的发展过程中,经历了三个标志性时期:事务处理系统(Transaction Processing System,TPS)、管理信息系统(Management Information System,MIS)、决策支持系统(Decision Support System,DSS)。并且随着网络技术的发展和应用,信息系统从大型集中式向小型分散式和网络化转变。

相应地,图书馆也从传统的图书馆向自动图书馆、网络图书馆和数字图书馆转变,出现了交互式联机检索系统、在线图书资料数据库和光盘数字图书资源等新形式。

由于这个阶段技术起主导作用,所以称之为技术管理阶段。

3. 资源管理阶段

随着社会的发展,特别是信息技术的飞速发展,信息系统的广泛应用,信息在人类的社会活动中的作用越来越明显,越来越重要;信息资源在人类发展三大资源中的地位发生了变化,由原来不被人们所认识和注重,逐渐成为超过物质资源和能量资源的第一资源;人们对信息管理的理解和认识也逐渐加深,信息管理从技术管理阶段发展到资源管理阶段(20世纪80年代以后)。

信息技术和信息系统的应用为信息管理提供了强有力的工具、手段和系统,使信息的产生、收集、处理、传播、存储、利用在方式、效率、范围、数量等方面发生了革命性的变化,促进了信息管理的发展。但随之也带来了诸如信息爆炸、信息霍乱、信息犯罪的负面影响,出现如何保护信息安全,如何保护知识产权、个人隐私、企业机密和国家主权等问题。实践证明,这些影响和问题仅用技术的手段加以解决是远远不够的,因为这不能从根本上解决问题。这需要从政府的角度、法律的角度和伦理道德的角度来加以管理和解决,因此,信息管理需要人文管理,包括信息政策和信息法律的制订和执行。信息伦理道德的教育和倡导、信息技术的迅猛发展和应用使得信息从人类社会的三大资源的末位跃居首位,社会的经济形态逐步形成以信息经济为主体的信息经济时代。

因此,信息管理不仅是对信息本身的管理,而且也应该是对信息(信息产品)、信息技术(信息系统)、信息人员(组织、产业和社会)所形成的信息资源的管理。

4. 知识管理阶段

20世纪90年代起,信息的资源管理克服信息技术管理的局限性,在技术管理的同时,强调了信息管理的社会、经济和人文的因素,使信息管理上升到一个新的层次。但信息资源管理与前两个阶段一样仍然存在较大的局限性,表现在以下几个方面。

(1)仅仅关注显性知识尤其是记录型信息的管理,而忽略了对另一类十分重要的知识——隐性知识的管理,从而大大限制了其管理范围和信息管理效能的发挥。

(2)仅仅关注人类智力劳动的最终成果——记录型信息,但对获得这一成果的学习与创新过程却视而不见,因而无法将信息的吸收与创造(生产)过程纳入管理范畴,不能实现全方位的信息管理。

(3)仅仅关注将信息提供给利用者,但对利用者需求信息的根本原因重视不够,致使它难以将信息升华为知识,从而限制了信息效用价值的实现。

(4)仅仅关注信息在组织内部的免费流动,但未能将信息看做一种资产,以资产管理的方式来管理和运作信息,从而忽视了信息的增值问题,影响了组织对信息的评价。

知识管理正是在克服信息管理固有缺陷的基础上发展起来的,是一种重视与人打交道的信息管理活动,其实质是将结构化与非结构化的信息与人们利用这些信息的规则联系起来。知识管理重视学习、知识资产、竞争优势和创新,知识管理意味着独创性、创新能力、灵活性、适应性,重视智力的作用,并试图增强组织在这些方面的能力。它关注重要的思想、创新、关系及对新思想新观点的开放态度、行为模式、能力以及员工之间的交流与协作,支持群体、团队和个人的学习。知识管理重视团队成员的联合,并鼓励经验和知识的共享,尽管知识管理也大量采用现代信息技术支持员工之间的交流,但其核心是知识的创造、应用、学习、理解和协商。

信息的内涵和价值是知识,信息经济实质是知识经济。信息的知识管理就是从过去以信息为基础开展竞争、谋取收益,转向现在的更强调知识创新,不仅重视信息及其集成的作用,而且更重视信息使用者对信息集成的反应和运用,力求把信息转化为知识。例如,数据挖掘技术就是从知识管理的角度,试图在海量的信息中发现和挖掘出其内涵的、隐藏的知识模式,以便更好地利用信息资源。

知识管理的实现必须以相应的信息技术和系统为基础,如人工智能、神经网络、专家系统和数据挖掘等技术或系统为知识的发现和管理提供了工具和方法,由于这些技术和系统的发展和应用,出现了知识挖掘、知识表达、知识工程等知识管理中的基础性概念。

1.4 信息系统与信息系统工程

1.4.1 系统与信息系统

1. 系统的概念与特点

在现实世界中,"系统"一词被广泛使用。自然界存在宇宙系统、生态系统,生物系统等;人体内部有血液循环系统、呼吸系统、神经系统等。这些系统是自然形成的,属于自然系统。它也是系统,它利用人、资金、原料、设备等资源,达到盈利的目的。对企业对象实施管理的系统是企业管理系统,该系统是由销售、生产、财务、人事、后勤等相互联系、相互作用的各部分结合而成的有机整体,目的是为了完成经营计划。在管理过程中使用的信息系统是由人、计算机、软件与信息组成的,可以进行信息的收集、存储、处理、检索和传输,目的是为有关人员提供信息服务。

一般系统论的创立者 L. V. Bertalanffy 把系统定义为"相互作用的诸要素的复合体"。有学者认为,系统是处于一定的环境中,为达到某种目的,由相互联系和相互作用的若干组成部分(元素)组成的有机整体。

关于系统的含义,也有人理解为:系统是由若干部分组成的,这里的部分可能是一些个体、元件、零件,也可能本身就是一个系统(称为子系统)。系统和子系统是相对的。系统具有一定的结构,指系统的各个要素之间相对稳定地保持着某种秩序,是系统组成各要素间相互联系、相互作用的内在方式;系统具有一定的功能,指系统在存在和运动过程中所表现的功效、作用和能力,实现某一目的,就需要一定的功能。虽然系统的定义各异,但都隐含这几个方面的含义。

根据系统的含义,可以归纳得出系统的 5 个特征。

(1) 整体性

整体性是系统的基本属性。一个系统至少要由两个或更多的、可以相互区别的要素或子系统进行有机结合,形成具有一定结构和功能的整体。系统的整体目标要靠系统的各个部分的共同作用才能实现。

(2) 目的性

任何系统都具有明确的目的性。所谓目的就是系统运行要达到的预期目标,它表现为系统所要实现的各项功能。不同的系统目的可以不同,但系统的结构都是按系统的目的建立的,系统目的或功能决定着系统各要素的组成和结构。因此,在建设系统的过程中,首先要明确系统目的,然后选取达到目的的若干途径,从中找出最好的途径,实施并且监控、修正,最后达到目的。

（3）层次性

系统有大有小,任何复杂的系统都有一定的层次结构。一方面,系统是上一级的子系统（元素）,而二级系统又是更上一级系统的元素;另一方面,系统可以进一步分成若干个子系统（元素）。以此类推,可将一个系统逐层分解,体现出系统的层次性。由于系统的层次性,人们在实现一个系统时可以采用分解的方法,先把一个系统合理、正确地划分为若干层次。从较高层进行分析,可以宏观了解一个系统的全貌;从较低层分析,则可深入了解一个系统每个部分的细节。

（4）相关性

相关性指系统内的各要素相互制约、相互影响、相互依存的关系。构成系统的各个部分虽然是相互联系、相互独立的,但它们并不是孤立地存在于系统之中,而是在运动过程中相互联系、相互依存。这里所说的联系包括结构联系、功能联系与因果联系等。这些联系决定了整个系统的运行机制,分析这些联系是构筑一个系统的基础。

（5）环境适应性

任何一个系统的存在和运行都受到环境的约束和限制,系统在环境中运转。环境是一种更高层次的系统。系统与其环境相互交流,相互影响,进行物质的、能量的或信息的交换。不能适应环境变化的系统是没有生命力的。

2. 信息系统

信息系统是以加工处理信息为主的系统,它由人、硬件、软件和数据资源组成,目的是及时、正确地收集、处理、存储、传输和提供信息。广义上说,任何进行信息加工处理的系统都可视为信息系统,如生命信息系统、企业信息系统、文献信息系统、地理信息系统等。我们讨论的信息系统是狭义的概念,是基于计算机、通信技术等现代化信息技术手段且服务于管理领域的信息系统,即计算机信息管理系统。

信息系统的功能是对信息进行采集、处理、传输、存储、检索和输出,并且能向有关人员提供有用的信息。

（1）信息的采集

这是信息系统其他功能的基础。采集的作用是将分布在不同信息源的信息收集起来。在原始数据收集过程中,应当坚持目的性、准确性、适用性、系统性、纪实性和经济性等原则。信息的采集一般要经过明确采集目的,形成并且优化采集方案,制定采集计划,采集和分类汇总等环节。

（2）信息的处理

通过各种途径和方法收集到的原始数据,须经综合加工处理,才能成为对企业有用的信息。信息处理一般须经真伪鉴别、排错校验、分类整理与加工分析等4个环节。信息处理的方式包括排序、分类、归并、查询、统计、结算、预测、模拟,以及进行各种数学运算。现代化的信息处理系统都是以计算机为基础来完成信息处理工作的,其处理能力越来越强。

（3）信息的传输

从信息采集地采集的数据需要传送到处理中心,经过加工处理后传送到使用者手中,这些都涉及信息的传输问题。信息通过传输形成信息流。信息流具有双向流特征,也就是信息传输包括正向传输和反馈两个方面。企业信息传输既有不同管理层之间的信息垂直传输,也有同一管理层各部门之间的信息横向传输。为了提高传输速度和效率,企业应当合理设置组织机构,明确规定信息传输的级别、流程、时限,以及接收方和传递方的职责。还应尽量采用先进的工具,如电话、传真、计算机网络通信等,尽量减少人工传递。

(4) 信息的存储

数据进入信息系统后,经过加工处理形成对管理有用的信息。由于不同信息的属性和时效不同,加工处理后的信息,有的立即利用,有的暂时不用;有的只有一次性利用的价值,但绝大多数信息具有多次、长期利用的价值。因此,必须将这些信息进行存储保管,以便随时调用。当组织相当庞大时,所需存储的信息量也非常人,这时就要依靠先进的信息存储技术。信息的存储包括物理存储和逻辑组织两个方面,物理存储是指将信息存储在适当的介质上;逻辑组织是指按信息的内在联系组织和使用数据,把大量的信息组织成合理的结构。

(5) 信息的检索

信息存储的目的是为了信息的再利用。存储于各种介质上的庞大数据要方便使用者检索,为用户提供便捷的查询方式。信息检索和信息存储属于同一问题的两个方面,两者密切相关。迅速准确的检索应以先进科学的存储为前提。为此,必须对信息进行科学的分类与编码,采用先进的存储媒体和检索工具。信息检索一般需要用到数据库技术和方法。数据库的处理方式和检索方式决定着检索速度的快慢。

(6) 信息的输出

信息管理的目的是按管理职能的要求,保质保量地输出信息。衡量信息管理有效性的关键不在于信息收集、加工、存储、传输等环节,而在于信息输出的实效、精度与数量等能否充分满足管理的要求。信息输出还要根据信息的特点,选择合适的输出媒体、输出格式、输出方式,以确保信息传递便捷准确、使用方便以及保密需要等。

1.4.2　信息系统的发展

信息系统的发展与计算机技术、通信技术和管理科学的发展紧密相关。虽然信息系统和信息处理在人类文明开始就已存在,但直到电子计算机问世、信息技术的飞跃以及现代社会对信息需求的增长,才迅速发展起来。半个世纪以来,信息系统的发展经历了由单机到网络;由电子数据处理到管理信息系统,再到决策支持系统;由数据处理到智能处理的过程,且呈相互交叉的关系。这个发展过程大致经历了以下三个阶段。

1. 电子数据处理阶段

在电子数据处理(Electronic Data Processing,EDP)阶段,计算机主要用于支持企业运行层的日常具体业务,所处理的问题位于管理工作的底层,所处理的业务活动有记录、汇总、综合与分类等,主要的操作是排序、列表、更新和生成等。其目的是迅速、及时、正确地处理大量数据,提高数据处理的效率,实现数据处理的自动化,将人们从繁重的手工数据处理工作中解放出来,从而提高工作效率。从发展阶段来看,它可分为单项数据处理和综合数据处理两个阶段。

（1）单项数据处理阶段

这一阶段是电子数据处理的初级阶段，时间从 20 世纪 50 年代中期到 20 世纪 60 年代中期，主要是用计算机部分地代替手工劳动，进行一些简单的单项数据处理工作，如工资计算、统计产量等。

（2）综合数据处理阶段

这一阶段从 20 世纪 60 年代中期到 20 世纪 70 年代初期。这一时期的计算机技术有了很大发展，出现了大容量直接存取的外存储器；一台计算机能够带动若干终端，可对多个过程的有关业务数据进行综合处理。这时，各类信息报告系统（管理信息系统的雏形）应运而生。其特点是按事先规定提供各类状态报告，如生产状态报告、服务状态报告、研究状态报告等。

2．管理信息系统阶段

20 世纪 70 年代初，随着数据库技术、网络技术和科学管理方法的发展，计算机在管理中的应用日益广泛，管理信息系统（Management Information System，MIS）逐渐成熟起来。

管理信息系统将管理学的理论和管理方法融入计算机处理过程中，提供信息，支持企业或组织的运行、管理和决策功能。管理信息系统有着非常广泛的内涵：它不仅是一个计算机系统，而且是包括设备、人、信息资源、管理手段和管理方法等多方面因素的一个复杂的信息系统。管理信息系统最大的特点是高度集中，能将组织中的数据和信息集中起来，进行快速处理，统一使用。有一个中心数据库和计算机网络系统是 MIS 的重要标志。MIS 的处理方式是在数据库和网络基础上的分布式处理。随着计算机网络和通信技术的发展，不仅能把组织内部的各级管理联结起来，而且能够克服地理界限，把分散在不同地区的计算机网互联，形成跨地区的各种业务信息系统和管理信息系统。

3．决策支持系统阶段

决策支持系统（Decision Support System，DSS）产生于 20 世纪 70 年代初，其产生源于管理信息系统应用中存在的问题：由于在应用过程中缺乏对企业组织机构和不同层次管理人员决策行为的深入研究，忽视了人在管理决策过程中不可替代的作用。因而在辅助企业高层管理决策时，面对一些复杂的决策问题，管理信息系统往往无能为力，未能达到预定的效果。为了解决应用中存在的问题，人们对管理信息系统的应用模式和有关的理论问题进行了深入研究，提出决策支持系统的概念。

决策支持系统是把数据库处理与经济管理数学模型的优化计算结合起来，具有管理、辅助决策和预测功能的管理信息系统。决策支持系统面向组织中的高层管理人员，以解决半结构化问题为主：强调决策过程中人的作用，系统对人的决策只起辅助和支持的作用；更重要的是决策过程的支持以应用模型为主，系统模型反映了决策制定原则和机理。在结构上，决策支持系统由数据库、模型库、方法库和相关的部分组成。

综上所述，EDP、MIS 和 DSS 各自代表了信息系统发展过程中的某个阶段，至今仍各自不断地发展着，而且呈现出相互交叉的作用关系：EDP 是面向业务的信息系统，MIS 是面向管理的信息系统，DSS 则是面向决策的信息系统。DSS 在组织中可能是一个独立的系统,也可能作为 MIS 的一个高层子系统而存在。

1.4.3 管理信息系统

管理信息系统是一门正在发展的新兴的边缘学科,因此,管理信息系统是一个不断发展的概念。从发展过程来看,管理信息系统是在传统的电子数据处理系统的基础上发展起来的。它避免了电子数据处理系统在管理领域应用中的弊端,在处理方法、手段、技术等方面都有较大的发展,而且有着广泛的应用领域。

1. 管理信息系统的概念

虽然国内外学者对管理信息系统所下的定义不完全统一,但却反映出人们对管理信息系统的认识在逐步加深,其定义也同样在逐渐发展和成熟。大体上可从广义和狭义两个方面理解管理信息系统。

（1）广义的管理信息系统

从系统论和管理控制论的角度,认为管理信息系统是存在于任何组织内部,为管理决策服务的信息收集、加工、存储、传输、检索和输出系统,即任何组织和单位都存在一个管理信息系统。

（2）狭义的管理信息系统

指按照系统思想建立起来的以计算机为工具为管理决策服务的信息系统。主要基于现代管理科学、系统科学,利用计算机技术及通信技术,向各级管理者提供经营和管理决策的支持,强调管理信息系统的预测和决策功能,是一个综合的人-机系统。

管理信息系统既能进行一般的事务处理工作,代替信息管理人员的繁杂劳动,又能为组织决策人员提供辅助决策功能,为管理决策科学化提供应用技术和基本工具。因此,管理信息系统也可以理解为一个以计算机为工具,具有数据处理、预测、控制和辅助决策功能的信息系统。管理信息系统首先是一个信息系统,应当具备信息系统的基本功能,同时管理信息系统又具备它特有的预测、计划、控制和辅助决策的功能。可以说,管理信息系统体现了管理现代化的标志,即系统观点、数学方法和计算机技术这三大要素。

2. 管理信息系统的学科体系

综上所述,管理信息系统是一门综合管理科学、信息科学、系统科学、行为科学、计算机科学和通信技术的新兴学科,对应目前我国专业设置中的信息管理与信息系统专业。随着这些学科的飞速发展,管理信息系统博采诸多学科之长,如市场学、运筹学、经济学、行为科学、系统论、信息论、控制论、决策科学、软件工程、通信技术、数据库技术、网络技术等,逐渐形成了具有自身特点的、多学科融合和交叉的一门学科体系。

（1）管理信息系统学科的三要素

管理信息系统学科的形成依赖于管理科学和技术科学的发展,其三要素即系统观点、数学方法和计算机技术,是管理现代化的标志。

系统观点即把研究对象作为整体而不是局部来考虑,着眼于整体的优化;数学方法就是用定量技术研究对象,采用各种数学模型和运行模型分析系统;计算机技术则是建立模型、分析模型、实现优化的工具。

管理信息系统与当今飞速发展的电子信息技术密切相关。从广义上说，任何企业不论是否使用计算机，都要进行信息的收集、加工和使用。只有在企业中实际应用计算机，管理信息系统才能显示其功能；只有现代计算机硬件、软件、网络和通信技术的高度发展，管理信息系统才能像今天这样，受到越来越广泛的重视。

（2）管理信息系统学科设置

我国许多综合性大学都在管理学院或经济管理学院设置了信息管理与信息系统专业，其他管理类专业也都开设有各类信息系统课程。信息管理与信息系统作为管理科学与工程学科下面的二级学科，具有很大的发展潜力。信息管理与信息系统专业的目标是培养系统分析员，它培养的学生应当善于帮助企业领导分析企业环境，确定企业目标，抓住关键因素，改进企业系统；善于提出计算机系统的解决方案，选购和运行系统硬件，选购或开发应用软件，管理信息资源。信息管理与信息系统属于管理类专业，它应具有管理专业所共有的知识和技能。该专业培养的学生不仅要有丰富的知识，而且应有很好的素质。同时，系统分析员还应具有主动精神、创新精神、求是精神、协作精神和刻苦钻研的精神。

1.4.4 信息系统工程

1. 信息工程与信息系统工程

所谓工程，就是将数学和其他科学的原理与知识应用于解决科研、生产、建设、经营管理和社会发展的实际问题。工程的类型十分广泛，例如科研开发工程、建筑工程、管理工程、社会工程、信息系统工程等。

所谓信息工程，就是指以信息为研究和处理对象，应用工程的方法和多种手段，为达到预定的目标，而对信息进行研究、开发、管理、应用的各种事务的集合。信息工程从目前的专业划分上来看，有侧重于工业控制领域中电子信息采集和处理的电子信息工程，也有侧重于管理领域中组织信息系统开发和应用的管理信息工程，本书讨论的是后者。

从管理信息工程的角度，信息工程是以数据为中心，将信息系统开发的业务系统规划方法、结构化生命周期法、原型法以及面向对象方法和面向群体的分析方法与设计方法有机地融合在一起，形成大中型企业信息系统的工程化方法。因此，管理信息工程所讨论的就是以信息系统开发为主，兼顾系统应用、维护的工程方法。

所谓信息系统工程，一般是对建设企业级管理信息系统工程的简称。它是指在一个组织或者一个大型组织的某个部门中，应用相互关联的正规化、自动化的成套技术对信息系统进行规划、分析、设计和实施的过程。

2. 信息系统工程的特点

基于管理信息系统建设的信息系统工程具有如下特点。

（1）从涉及范围的角度来看，信息系统工程着眼于整个企业的范围，从总体的角度来考虑系统的建设。

（2）从建设步骤的角度考虑，信息系统工程是按照自顶向下的方式，通过信息系统战略规划、系统分析、系统设计、系统实施4个步骤逐步进行的。

（3）从所表述的信息角度来看，信息系统工程需要建立一个用于存储企业有关数据模型、过程模型和系统设计的各种信息的一个不断发展的信息库。

（4）从参与人员来看，信息系统工程需要各个层次人员的参与，尤其需要企业高级管理人员的参与。

（5）从使用的工具来看，信息系统工程需要计算机化的系统工具，有利于系统的开发效率和开发质量的提高。

（6）基于信息工程的信息系统开发十分看重信息系统应该满足企业长期战略的需要，应该具有足够的韧性和灵活性，以满足企业不断变化的需要。

总之，信息系统的建设与开发是一项系统工程，要在企业中建设一个成功的信息系统，需要具备4个基本要素：系统科学的建设开发方法，合理的系统建设目标，精良的系统建设队伍，遵循系统工程的建设开发步骤。

1.5　信息系统的技术基础

信息系统既是信息管理的对象之一，也是信息管理的主要支撑系统。要建立适合于各种不同管理需要的信息系统，首先就要了解和掌握作为信息系统技术基础的计算机技术、数据通信技术、计算机网络与 Internet 技术以及信息系统开发和建设必不可少的核心技术——数据库技术。下面对这几项基本技术的内容做简单介绍，在后续的两篇中我们将分硬件技术基础和软件技术基础两大部分对这些信息系统的技术基础做详细的阐述。

1.5.1　计算机技术

如同蒸汽机的发明标志着人类社会由农业社会迈入工业社会一样，计算机的出现也标志着人类社会从工业社会开始进入了信息社会。半个多世纪以来，以信息获取、表示、存储、处理、控制为主要研究对象的计算机科学与技术已经深入到人类活动的各个领域。在信息社会，信息资源之所以能取代能量、物质而居于人类社会三大资源之首，是同半个世纪以来计算机科学与技术的迅猛发展分不开的。计算机科学与技术是信息技术的基础核心，是信息管理的理论工具，是信息系统的技术基础。

作为信息管理与信息系统的专业人员，对计算机学科的主要知识、方法和工具的学习是专业知识的主要内容。因此，有必要首先全面地了解计算机学科的发展和其学科知识体系，来指导随后的涉及计算机学科的各个专业课程的学习。

自 20 世纪 40 年代第一台电子计算机问世以来，计算机学科一直在高速发展。在开始时，计算机学科一般都叫做计算机科学（Computer Science，CS），二者是等价的。但发展到 21 世纪，计算机科学已经不能完全覆盖计算机学科新的发展。目前，世界上通用的叫法是计算学科（Computing Discipline，CD）或计算科学（Computing Science，CS），包括计算机科学、计算机工程（Computer Engineering，CE）、软件工程（Software Engineering，SE）和信息系统（Information Systems，IS）四大分支。

在计算机学科的基础知识体系方面，包括从计算机学科发展的早期的数学、电子学、高级语言和程序设计的主要支撑专业基础知识，到 20 世纪 60—70 年代的数据结构与算法、计算机原理、基本逻辑、编译技术、操作系统、高级语言与程序设计、数据库原理等主要专业基础知识,再到 20 世纪 80 年代之后的并行技术、分布计算、网络技术、软件工程等主要关注的热点内容。

1.5.2　数据通信技术

数据通信就是利用通信介质在通信设备之间传输信息的技术,也称为数据传输。数据通信可以发生在传统的通信设备之间,如电话机、电报收发机等。但随着信息技术和信息产品的发展,现代数据通信更多地发生在计算机与计算机、计算机与终端以及终端与终端等数字设备之间,因此数据通信技术是计算机网络的重要技术基础。

我们来考察一个最简单的数据通信系统模型。如图 1-6 所示,信息在计算机中首先以二进制数据的形式被组织成一定的格式,如文件、数据库等。这些数据要从源端发送到目的端,必须首先进行各种各样的数据信号编码,然后转换为电磁或光学信号的形式沿通信线路进行传递。接收端接收到这些信号后,按相应的规则进行译码、处理,恢复为原来的数据格式,从而获得原始信息,完成通信过程。

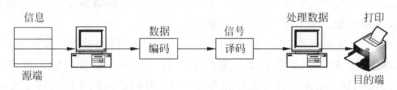

图 1-6　数据通信系统模型

数据通信有多种分类方法,可按信号方式分类、按通信原理分类、按线路工作方式分类等,但普遍为大众所接受的是按照通信介质进行分类,可分为有线通信、无线通信和移动通信三种方式。

有线通信就是利用有形的通信线缆进行通信,如利用传统的通信电缆、现代化的数字双绞线、通信光缆等,在这些有线介质上既可进行模拟的语音通信,也可进行计算机等数字化设备间的数字通信;无线通信是指利用电磁波作为传输介质的通信,将数据信息加载到电磁波上在空间传播,不需要有形的传输线缆,例如无线广播、无线电视、卫星通信和平流层通信等;随着通信技术的发展,利用蜂窝无线技术进行的移动通信越来越受到人们的青睐,如利用手机,通过小区的基站和公用电话系统(PSTN)将无线和有线结合起来进行各种数据通信,这就是移动通信技术。

1.5.3　计算机网络与 Internet 技术

计算机作为信息处理的工具,已经渗透到社会生活的各个方面。人们一方面要利用计算机进行信息的采集、存储和处理,另一方面,相互之间还需要进行信息交流,共享各种资源(包括软件资源和硬件资源)。随着社会信息化的推进,数据的分布处理、资源共享、信息交流以及各种协同应用的需要推动了计算机技术朝着群体化方向发展,促使当代计算机技术和通信技术相互结合。计算机网络就是计算机技术与通信技术高度发展、紧密结合的产物。现在,计算机网络已经成为社会生活中一种不可缺少的信息处理和通信工具,成为人类生活的重要组成部分。网络技术的进步不仅对当前信息产业的发展产生着重要的影响,而且代表着计算机体系结构的发展方向。由于它是一门新兴科学,因而其理论、方法和实现手段均处于不断发展和逐步完善之中,当前计算机网络的研究与应用主要集中在 Internet 技术、高速网络技术与网络信息安全等领域。

计算机网络的发展历史虽然不长,但发展速度很快。它是从简单的为解决远程计算、信息收集处理而形成的专用联机系统开始的,随着计算机技术和通信技术的发展,又在联机系统广泛使用的基础上,发展到把多台中心计算机连接起来,组成以共享资源为目的的计算机网络。这样就进一步扩大了计算机的应用范围,促进了包括计算机技术、通信技术和网络计算在内的各个领域的飞速发展。总之,计算机网络经历了一个从简单到复杂、从低级到高级的发展过程,这个过程可分为以下 4 个阶段。

第一阶段:20 世纪 50 年代,结合数据通信技术形成面向终端的计算机网络。

第二阶段:20 世纪 60 年代,美国 ARPAnet 的研究以及分组交换网络的产生。

第三阶段:20 世纪 70 年代,标准化的网络体系结构和通信协议的研究促使广域网、局域网和公用数据通信网络技术的发展和成熟。

第四阶段:20 世纪 90 年代,随着 Internet 的兴起,高速网络通信技术、宽带城域网与接入网技术以及网络与信息安全技术得到迅速发展。

20 世纪 80 年代末期以来,在计算机网络领域最引人注目的就是起源于美国的 Internet 的飞速发展,Internet 的本来意思就是互联网。现在 Internet 已发展成为世界上最大的国际性计算机互联网,Internet 对世界的冲击非常之大,影响到人们生活的各个方面。

现在,Internet 已经成为世界上规模最大和增长速率最快的计算机网络,没有人能够准确地说出 Internet 究竟有多大。Internet 的迅猛发展始于 20 世纪 90 年代,由欧洲原子核研究组织 CERN 开发的万维网 WWW(World Wide Web)被广泛使用在 Internet 上,大大方便了广大非网络专业人员对网络的使用,成为 Internet 按指数级增长的主要驱动力。

近年来,高速通信网络技术的发展主要表现在:宽带综合业务数字网(B-ISDN)、异步传输模式(ATM)、高速局域网、交换局域网与虚拟网络等方面。其中以高速以太网(Ethernet)和 ATM 为代表的高速网络技术发展尤为迅速。目前,速率为 100Mb/s 的 Fast Ethernet 与 1Gb/s 速率的 Gigabit Ethernet 已成为主流,传输速率为 10Gb/s 的 Ethernet 网也已进入实用阶段;交换式局域网与虚拟局域网技术发展也十分迅速;基于光纤通信技术的宽带城域网与接入网技术、全光网技术已经成为当前研究、应用与产业发展的热点之一。

同时,移动网络计算、网络多媒体计算、网络并行计算、网格计算、存储区域网络与网络分布式对象计算等各种网络计算技术正在成为网络新的研究与应用热点。在 Internet 广泛应用和网络技术快速发展的基础上,网络计算将成为未来重要的网络应用与研究方向。

总之,未来的计算机网络将覆盖所有的企业、学校、科研部门、政府及家庭,其覆盖范围可能要超过现有的电话通信网。为了支持各种信息的传输,网上电话、视频会议等应用对网络传输的实时性要求将大大提高。未来的网络必须具有足够的带宽、很好的服务质量与完善的安全机制,以满足电子政务、电子商务、远程教育、远程医疗、分布式计算、数字图书馆与视频点播等不同应用的需求。

1.5.4　数据库技术

数据库是指存储在一起的有组织、可共享的数据集合。这些数据不存在冗余,可为多种应用服务,数据的存储独立于使用它的程序。数据库管理系统是管理数据库数据的一组软件,负责数据的定义、装载、修改、检索和维护等功能。一个数据库系统应具备以下 6 种性能。

(1) 数据的逻辑独立性

数据的逻辑独立性是指数据逻辑组织的改变不影响或很少影响原来的应用程序执行,如数据模型中增加新的记录,某个记录中增添了新的数据项等。

(2) 数据模型的复杂性

数据模型的复杂性是指数据库必须有能力描述客观事物及其联系的复杂性。常用的数据模型主要有层次模型、网状模型和关系模型,每个数据库系统只能使用一种模型。

(3) 数据的共享性

数据的共享性是指允许多个用户同时存取数据库中的数据,也允许通过多种高级语言程序或命令文件使用数据。数据库可用最优方式,满足多个用户和应用程序的需要。

(4) 数据的安全保密性

数据要被多个用户共享,就必须保护数据,防止不合法的使用。常常采用一些安全保密措施,如用口令或其他手段验证用户身份,以检查用户能否对数据进行存取。

(5) 数据的完整性

数据的完整性包括数据的正确性、有效性和兼容性。正确的数据不一定有效,系统必须有检验措施,以控制数据在一定范围内有效,或者这一部分数据与另一部分数据必须满足一定的关系。

(6) 良好的人机界面

为满足用户和数据打交道的需要,系统必须有良好的人机界面,使用户容易掌握,使用方便。系统的响应速度要快,数据库在单位时间内的吞吐量要大。

习题 1

1. 为什么说信息也分层次?说明各层次信息的特点。
2. 简述知识、信息和数据的区别与联系。
3. 信息的特性有哪些?试举例说明。
4. 简述企业内部信息与企业外部信息的区别。
5. 举例说明信息度量公式的信息量含义。
6. 寻找相关文献,深入了解信息科学的三大基础理论。
7. 信息技术的一般解释是什么?举例说明。
8. 列举生活中的各种事例,探讨信息技术在现代社会中的重要意义。
9. 信息管理与信息系统涉及哪些学科理论?它们起到什么作用?
10. 简述管理信息系统的学科体系。
11. 信息系统的主要技术基础有哪些?

第 1 篇

计算机硬件技术基础

第 2 章

计算机概论

2.1 计算机的诞生与发展

2.1.1 计算机的诞生

计算机的诞生源于人类对计算工具的需求。在人类文明发展的早期就遇到了计算问题,在古人类生活过的石洞里发现有刻痕,说明他们在计数和计算。随着人类文明的发展,算盘等计算工具出现了。工业革命的到来使得各种计算需求越来越多、越来越复杂,因而对高性能计算设备的需求也日益迫切。1642 年,法国物理学家帕斯卡发明了机械的齿轮式加减法式计算器,1673 年,德国数学家莱布尼兹发明了乘除法计算器,英国数学家巴贝奇在 1884 年设计了一种程序控制的通用分析机。这台分析机虽然已经描绘出有关程序控制方式计算机的雏形,但限于当时的技术条件而未能实现。巴贝奇的设想提出以后的一百多年内,电磁学、电工学、电子学不断取得重大进展,在元件、器件方面接连发明了真空二极管和真空三极管;在系统技术方面,相继发明了无线电报、电视和雷达。所有这些成就为现代计算机的发展准备了充分的技术和物质条件。

与此同时,数学、物理也相应地蓬勃发展。20 世纪 30 年代,物理学的各个领域经历着定量化的阶段,描述各种物理过程的数学方程相继出现,其中有的用经典的分析方法已很难解决。于是,数值分析受到了重视,研究出各种数值积分、数值微分以及微分方程数值解法,把计算过程归结为巨量的基本运算,从而奠定了现代计算机的数值算法基础。社会上对先进计算工具的迫切需要,是促使现代计算机诞生的根本动力。20 世纪以后,各个科学领域和技术部门的计算困难堆积如山,已经阻碍了学科的继续发展。特别是第二次世界大战爆发前后,军事科学技术对高速计算工具的需要尤为迫切。在此期间,德国、美国、英国都在进行计算机的开拓工作,几乎同时开始了机电式计算机和电子计算机的研究。

德国的朱赛最先采用电气元件制造计算机。他在 1941 年制成的全自动继电器计算机 Z-3,已具备浮点记数、二进制运算、数字存储地址的指令形式等现代计算机的特征。在美国,1940—1947 年间也相继制成了继电器计算机 MARK-1、MARK-2、Model-1、Model-5 等。不过,继电器的开关速度大约为 1/100 秒,使计算机的运算速度受到很大限制。电子计算机的开拓过程,经历了从制作部件到整机、从专用机到通用机、从"外加式程序"到"存储程序"的演变。1938 年,美籍保加利亚学者阿塔纳索夫首先制成了电子计算机的运算部件。1943 年,英国外交部通信处制成了"巨人"电子计算机。这是一种专用的密码分析机,在第二次世界大战中得到了应用。

1946 年 2 月美国宾夕法尼亚大学莫尔学院制成的大型电子数字积分计算机(Electronic Numerical Integrator And Computer,ENIAC),最初也专门用于火炮弹道计算,后经多次改进而成为能进行各种科学计算的通用计算机。这台完全采用电子线路执行算术运算、逻辑运算和信息存储的计算机,运算速度比继电器计算机快 1000 倍。这就是人们常常提到的世界上第一台电子计算机。ENIAC 由 18 000 个电子管和 1500 个继电器组成,重达 30t,功耗 150kW,只有 20 个寄存器能存储数据,运算速度只有 5000 千次/秒,没有软件,需要靠 6000 个开关和众多插座来编程进行运算。ENIAC 有两个主要缺点,一是存储容量极小,只能存储 20 个数据;二是采用十进制数,构成 10 个稳定状态的元器件相对比较复杂,且稳定性也不高。

任何新生技术的产生都有其发展过程,计算机的诞生也是这样。在计算机的诞生过程中,有两位杰出的科学家奠定了现代计算机的基础,他们是阿兰·图灵(Alan Mathison Turing)和冯·诺依曼(John Von Neumann)。

阿兰·图灵是计算机理论的奠基人。他的著名论文《论可计算数在判定问题中的应用》以布尔代数为基础,将逻辑中的任意命题(即可用数学符号)用一种通用的机器来表示和完成,并能按照一定的规则推导出结论。这篇论文被誉为现代计算机原理的开山之作,其描述了一种假想的可实现通用计算的机器,即"图灵机"。这种假想的机器由一个控制器和一个工作带组成。工作带被划分成一个个大小相等的方格,方格内记载着给定字母表上的符号。控制器带有读写头并能在工作带上按要求左右移动。随着控制器的移动,其上的读写头可读出或修改方格内的符号。这种机器不仅可以进行计算,还可以证明一些著名的定理。这就是最早的通用计算机的模型。尽管图灵机当时还是一纸空文,但其思想奠定了整个现代计算机发展的理论基础,第一次回答了计算机是怎样一种机器以及它是如何工作的。

阿兰·图灵的突出贡献在于他不仅指出了图灵机的工作原理,还进一步指出通用图灵机的概念。他告诉人们,没有必要一个一个地制造加法机器、乘法机器、最大公约数机器等,只要有一个通用图灵机,就可以完成所有的功能。按照某种确定的步骤,通过一系列的简单计算操作便可以完成复杂的计算过程,这就是人们所说的"算法"。只要有了能进行最简单计算的一位数加(减)法、进位、移位运算的机器,其他的计算使用这台机器来实现。例如多位数乘法可以通过多次的加法和移位来实现,这样一来,所有计算问题就能迎刃而解了。阿兰·图灵的工作对计算机领域的发展奠定了理论基础,为了纪念和表彰他的贡献,计算机领域最高奖项用他的名字命名,这就是著名的"图灵奖"。

"图灵奖"是美国计算机协会(Association for Computer Machine,ACM)于 1966 年设立,专门奖励在计算机科学研究与推动计算机技术发展方面有卓越贡献的杰出科学家。设立的初衷是因为计算机技术的飞速发展在 20 世纪 60 年代已经成为一个独立的有影响的学科,信息产业也逐步形成,但这一产业却没有一项类似"诺贝尔奖"的奖项来促进计算机学科的发展。为了弥补这一缺憾,于是设立了"图灵奖",它被公认为是计算机界的"诺贝尔奖"。而用图灵命名的理由是为了纪念计算机科学的先驱——美国科学家阿兰·图灵。

奠定了现代计算机的基础的另一位杰出的科学家就是冯·诺依曼(John von Neuman),他被称为计算机奠基人。冯·诺依曼为首的研制小组于 1946 年 6 月提出了"存储程序控制"的计算机结构,并进行了电子离散变量自动计算机(Electronic Discrete Variable Automatic Computer,EDVAC)的研制。冯·诺依曼发现用大量的开关、插头来编程十分费时,且极不灵活,他提出程序可以用数字形式和数据一起在计算机内存中表示,并提出用二进制数表示来替代十进制。

1951 年 EDVAC 问世。

存储程序概念可以简要地概括为以下几点。

(1) 计算机(指硬件)应由运算器、存储器、控制器、输入设备和输出设备 5 大基本部件组成。

(2) 计算机内部采用二进制来表示指令和数据。

(3) 将编好的程序和原始数据事先存入存储器中,然后再启动计算机工作。

冯·诺依曼设计的计算机由 5 个基本部分组成:存储器、运算器、控制器以及输入输出设备,如图 2-1 所示。首先将编好的程序和数据由输入设备送入存储器中解释分析,根据指令中的信息产生各种控制信号,自动控制计算机中所有部件,按时间顺序完成指令内容。这就是冯·诺依曼程序控制的概念,也是当今绝大多数计算机遵循的规则。

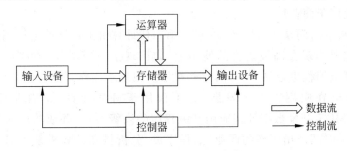

图 2-1 计算机的 5 大部件

冯·诺依曼对计算机的最大贡献在于"存储程序控制"概念的提出和实现。虽然计算机的发展速度是惊人的,但就其结构原理来说,目前大多数的计算机仍建立在存储程序概念的基础上。通常,把符合存储程序概念的计算机统称为冯·诺依曼型计算机。当然,现代计算机与早期计算机相比,在结构上有许多改进。本书中讨论的计算机的组成也是冯·诺依曼型计算机的结构组成。

2.1.2 计算机的发展历史

随着电子技术的发展,计算机先后经历了电子管、晶体管、集成电路、大规模集成电路以及超大规模集成电路 4 代的变革,每一代的变革在技术上都是一次新的突破,在性能上都是一次质的飞跃。

1. 第一代电子管计算机

1946 年 2 月,世界上第一台通用数字计算机 ENIAC 研制成功,ENIAC 的问世,宣告了人类从此进入了电子计算机时代。

ENIAC 的逻辑元件采用电子管,称为电子管计算机,也是人类的第一代计算机。第一代计算机硬件采用电子管(体积大,功耗大)为基本器件,软件主要为汇编语言。时间大致为

1946—1958 年。这一时间的计算机主要为军事与国防技术服务,重点发挥计算机的计算能力,帮助人们解决复杂的计算问题。

从 1953 年 IBM 公司开始研制计算机,并在几年时间里发展壮大,成为领头企业,到 1958 年推出了最后一台电子管大型机产品 709,IBM 是电子管计算机时代的领军企业。在第一代计算机中,IBM 的成功产品是 IBM 650 小型机,销售量超过千台,在当时很了不起。

中国在第一代电子管计算机发展后期的水平,用一句话总结为"跟上了"。1958 年,中科院计算所研制成功我国第一台小型电子管通用计算机 103 机(八一型)。

2. 第二代晶体管计算机

1948 年,晶体管代替了体积庞大的电子管,电子设备的体积开始不断减小。1956 年,晶体管在计算机中使用,晶体管和磁芯存储器导致了第二代计算机的产生。第二代计算机体积小、速度快、功耗低、性能更稳定。第二代计算机用晶体管代替电子管,还有现代计算机的一些部件,如打印机、磁带、磁盘、内存等。计算机中存储的程序使得计算机有很好的适应性,可以更有效地用于商业用途。

第二代计算机的时间从 1958—1965 年。第二代计算机不仅硬件上得到更新,软件上也有了大的发展,主要体现在高级语言的使用上,如出现了 ALGOL、COBOL 和 FORTRAN 高级语言,使计算机编程更容易。另外,某些机器上出现了操作系统。

第二代计算机在应用上有了发展,它不仅用于科学计算,还能进行数据处理,如 COBOL 语言就是用于开发数据处理应用高级程序的高级语言,并成功进入商业领域、大学和政府部门。这一时间产出了新的职业,如程序员、分析员和计算机系统专家。同时,整个软件产业由此诞生。

IBM 7094 是第二代计算机代表之一,在科学计算领域成为主力机型,它的机器周期为 $2\mu s$,有字长为 36 位的 32KB 核心内存。为了面向商业,IBM 开发了 IBM 1041 机型,比 IBM 7094 便宜很多,是商业领域主要机型,它能读写磁带、读卡和打卡,输出性能较好。

中国在第二代计算机发展阶段的情况用一句话总结"与日本同期水平相当"。1965 年,中科院研制成功第一台大型晶体管计算机 109 乙机,之后推出 109 丙机,该机在两弹试验中发挥了重要作用。

3. 第三代集成电路计算机

1958 年德州仪器的工程师 Jack Kilby 发明了集成电路(Integrated Circuit,IC),将 3 种电子元件结合到一片小小的硅片上,在单个芯片上可集成几十个晶体管,然后封装。这个发明在 1964 年开始大规模采用,当时集成水平能达到单个芯片上集成几十、几百晶体管,第三代计算机后期发展到单个芯片上能集成几千晶体管。集成电路的采用使计算机硬件体积变得更小、速度更快,可靠性有显著提高(焊点数成倍减少是原因之一)。集成电路按集成度划分,可分为小规模集成电路(SSI,数十器件/片)、中规模集成电路(MSI,数百器件/片)、大规模集成电路(LSI,数千器件/片)。

第三代集成电路计算机的时代大致为 1965—1973 年,不光硬件发生历史性突破,软件水平也大大提高,操作系统已普遍采用,应用领域已非常广泛。同时计算机开始走上通用化、系列化道路。IBM 360 系统是最早采用集成电路的通用计算机,也是影响最大的计算机,它为后来的计算机体系结构奠定了基础。

IBM 360 同时满足科学计算和商务处理两方面要求,避免了前面 IBM 7094 只能用于科学计算,而 IBM 1041 只能商业使用的单一化,走向了通用化。IBM 360 共有 6 种型号机型,但具有相同汇编语言,处理能力是递增的。为小型机写的软件在大型机上运行没有问题,反过来只存在内存不足问题,这样就产出了系列化。IBM 360 共有 30、40、50、60、65 和75 六个型号机型,30 型号对应前面的 IBM 1041,75 型号对应前面的 IBM 7094。

中国在第三代集成电路计算机发展期间,由于文化大革命的原因,几乎可以说是空白,这也在相当程度上影响到中国第四代计算机前半程的发展。

4. 第四代超大规模集成电路计算机

超大规模集成电路(VLSI,1 万以上器件/片)的出现使得在单个芯片上能集成几万、几十万、甚至百万个晶体管,目前达到几千万个晶体管。当然,早期的 VLSI 只能集成到几万个晶体管。有了 VLSI 技术后,可以把第三代计算机的运算器和控制器等部件,集中在一个芯片上,这就是后来的 CPU(中央处理器),CPU 芯片的出现开创了个人计算机 PC 的时代。

第四代超大规模计算机的时间大致从 1973 年开始,一直到现在,时间跨度非常大,集成度也有天壤之别。第四代计算机的性能提高可以使其运行大型软件,这样可以编写出有智能特性的软件,所以第四代计算机趋向智能化。正是因为有了智能化特征,使得人们期待的第五代计算机不再考虑硬件的集成度指标,而是定义为智能型计算机。从智能型计算机角度衡量,当前计算机还没达到智能机的要求,所以当前仍是第四代计算机。另外,第四代计算机的主存储器用半导体存储器取代了磁芯存储器,它的容量按照摩尔定律以每 18 个月翻一番的速度向前发展。

第四代计算机发展的伟大成就在于个人计算机的诞生。IBM 公司于 1981 年推出 IBM PC 计算机后,其马上成为历史上最畅销的计算机。由于 IBM PC 计算机设计的开放性,使许多公司可以克隆它,从而推动了新行业的发展,让成千上万人得到实惠,使计算机成为工薪阶层必备的家电产品。第四代计算机发展的另一成果是网络的出现,它的迅猛发展使得人们在生活方式、文化等许多方面发生了变化,网络正在成为人们生活的一部分。

随着第四代计算机的发展,这个领域的企业排序发生了变化,Intel 公司和更小的微软公司打败了世界历史上规模最大、最高、最有力量的 IBM 公司,此过程成为世界各地商学院课程内容。

中国在第四代计算机后期开始奋起直追,目前 CPU 技术可以做到 PⅢ水平,巨型机可以排进前 50 名,最重要的事情是联想公司收购了 IBM 的个人计算机业务部,这在以前是根本不可想象的事情。

2.1.3 超级计算机的发展

计算机自问世以来,一直采用冯·诺依曼体系,超级计算机也是沿用该体系向前发展的。超级计算机产生于 20 世纪 80 年代以后(超大规模集成电路出现以后),大致经历了以下 5 个阶段,称为五代。

1. 第一代超级计算机

指的是早期的单处理器系统。比如 ENIAC、Univac、CDC 7600、IBM 360 等,都是当时最好的计算机,CPU 由一个大机柜组成,而不是现在的 CPU 芯片(因为当时没有出现超大规模集成电路)。从现在角度看,它们只是计算机的雏形,但是当时堪称为另一代超级计算机。

2. 第二代超级计算机

指的是向量处理机。20 世纪 70 年代末到 20 世纪 80 年代初,向量处理机(Vector Processor)成为当时超级计算机的主流,在商业上取得很大成功,代表机型有 Cray-1、C90、T90、NEC-Sx2、XMP、中国的银河一号等,称为第二代超级计算机。Cray-1 首次引入了流水线概念,给后来的 RISC 体系结构一个重要启发。

3. 第三代超级计算机

指的是大规模并行处理系统(Massively Parallel Processor,MPP)。它是多计算机系统,采用标准的高性能 CPU,用几十台到几千台计算机组成一个超级计算机,并使用高性能专用互联网络连接,属于分布式体系结构。以 IBMsp2、Intel Option Red、Cray T3E、中国的曙光 3000 等为代表,称为大规模并行处理体系,也称第三代超级计算机。

4. 第四代超级计算机

指的是共享内存处理系统。它是多处理器系统,20 世纪 90 年代初期,这种新兴的共享内存结构开始出现并受到欢迎。多处理器系统把几十片 CPU 到几千片 CPU 组成一个超级计算机,CPU 共享一个地址空间,由一个操作系统管理。它主要存在内存一致性问题,如几个 CPU 某一时刻试图读一个字或者几个 CPU 试图写一个字的内存问题,代表机型有 Sun E1000/15000/、SGI Origin 2000/3000、中国的银河三号、神威一号等,称为第四代超级计算机。

5. 第五代超级计算机

指的是机群系统(也称集群系统)。20 世纪 90 年代中、后期,开始出现了许多用廉价组件拼凑起来的 Beowulf cluster,它也是多计算机系统,每个计算机系统用 Intel 公司或 AMD 公司的标准普通 CPU 和主板组成。集群系统最近几年的兴起,得益于 CPU、内存条、主板、网络等产品的小型化、高速性、低价格、通用性等的快速发展,代表机型有洛期阿拉莫斯宾实验室的 Avalon、中国的曙光 4000 系列等。

2.2 计算机的硬件组成

计算机硬件是指计算机系统所包含的各种机械的、电子的、磁性的设备,如运算器、控制器、显示器、磁盘、打印机等。每个设备各司其职,协调工作。硬件是计算机工作的物质基础,计算机的性能,如运算速度、存储容量、计算精度、可靠性等在很大程度上取决于硬件的配制。不同类型的计算机,其硬件组成是不同的。各种类型的计算机按照冯·诺依曼的设计思想进行设计,硬件上都是由运算器、控制器、存储器、输入设备和输出设备这 5 部分组成的。原始的冯·诺依曼计算机在结构上是以运算器为中心的,而计算机发展到今天,已转向以存储器为中心了,如图 2-2 所示。

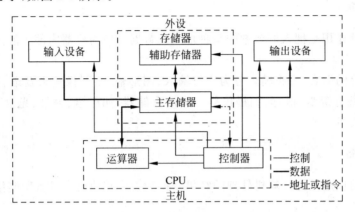

图 2-2　计算机硬件组成

通常运算器和控制器合称**中央处理器**(Central Processing Unit,CPU),在由超大规模集成电路构成的微型计算机中,往往将 CPU 制成一块芯片,称为微处理器。

中央处理器和主存储器(也称内存储器)称为**主机**,除去主机以外的其他设备,如输入设备、输出设备、辅助存储器统称为外围设备或**外部设备**。

主存储器和辅助存储器一起组成**存储系统**。

2.2.1　计算机的主要部件

1. 运算器

运算器是一个数据加工部件,主要完成二进制算术运算及逻辑运算,所以运算器又称为算术逻辑单元(Arithmetic Logical Unit,ALU)。

运算器能完成加、减、乘、除等算术运算、与、或、非逻辑运算及一些辅助操作,比较复杂的运算可以转化为一系列基本操作来完成。

运算器的核心是加法器,减法运算转换成加上一个“负数”进行,乘、除运算用加法和移位运算来实现。

2. 控制器

控制器是计算机的决策部件,通过指令译码产生各种操作控制信号,控制各部件有条不紊地工作。

计算机同时还具有响应外部突发事件的能力,控制器能在适当的时刻响应这些外部的请求,并做出处理。

3. 存储器

存储器指的是主存储器或内存储器,它是一个“记忆”设备,其功能是保存或“记忆”解题的原始数据和解题步骤。

计算机的存储器用来存储以二进制形式表示的数据和程序。运算前需要将参加运算的数据和程序代码通过输入设备送到存储器中保存起来。

4. 输入设备

输入设备的作用是把人们熟悉的某种形式的数据变换为机器内部所能接收和识别的二进制信息形式。

按输入信息的形态,可将输入分为字符输入、图形输入、图像输入及语音输入等。目前常见的输入设备有键盘、鼠标、扫描仪等。辅助存储器,如磁盘、磁带、光盘、U 盘等也可以被看成是输入设备。

5. 输出设备

输出设备的作用是把计算机处理的结果变换为人或其他机器设备所能接收和识别的信息形式。

目前常用的输出设备是显示器和打印机。辅助存储器,如磁盘、磁带、光盘、U 盘等也可以被看成是输出设备。

2.2.2 计算机的总线结构

许多计算机(如微型计算机)的各个基本部件之间是用总线(Bus)连接起来的。所谓总线是一组连接各个部件的公共通信线路,即两个或多个设备之间进行通信的路径,它是一种可以被共享的传输媒介。

最简单的总线结构是**单总线结构**,如图 2-3 所示。各大部件连接在单一的一组总线上,故称为单总线结构。CPU 与主存储器、外部设备之间可以通过总线进行信息交换,主存储器与外部设备、外部设备与外部设备之间也可以进行信息交换,而无须 CPU 的干预。

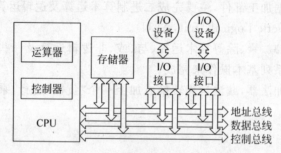

图 2-3　计算机单总线结构

单总线结构提高了 CPU 的工作效率,且外部设备连接灵活,易于扩充。但由于所有的设备都挂在一组总线上,而总线又只能分时工作,故同一时刻只允许一对设备或部件之间传送信息,因此传送的信息量受到限制。

总线不是一根信号线,按其传送的信息可分为地址总线、数据总线和控制总线。地址总线(Address Bus)由单方向的多根信号线组成,用于从 CPU 向主存储器、外部设备传输地址信息;数据总线(Data Bus)由双方向的多根信号线组成,CPU 沿这些信号线向主存储器、外部设备读入或写出信息；控制总线(Control Bus)上传输的是控制信息，包括CPU送出的控制命令，以及主存储器、外部设备返回给CPU的反馈信号。

2.2.3 大、中型计算机的典型结构

大、中型计算机系统的设计目标更着重于系统功能的扩充与效率的提高，图 2-4 所示为大、中型计算机的典型结构。在系统连接上分为 4 级：主机、通道、设备控制器和外部设备（简称外设）。

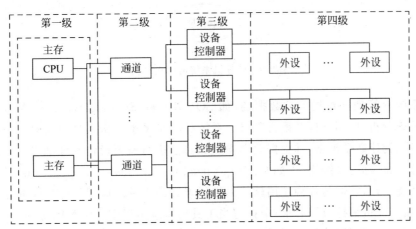

图 2-4　大、中型计算机 4 级结构

通道是承担 I/O 操作管理的主要部件，能使 CPU 的数据处理和与外部设备交换信息这两项操作同时进行。每个通道可以接一台或几台设备控制器，每个设备控制器又可连接一或几台外部设备，这样整个系统就可以连接很多的外部设备。这种结构具有较大的扩充余地。对于较小的系统，可以将外设和设备控制器合二为一，将通道和 CPU 合在一起；对于较大的系统，则可单独设置通道。

2.3 计算机系统

2.3.1 计算机系统的层次结构

从不同角度分析，计算机系统可以有几种层次的划分，本书只介绍最基本、最普遍的划分方法。计算机系统可分为硬件层、系统层和应用层三层，如图 2-5 所示。

硬件层是整个计算机系统的基础和核心，所有的功能最终由此层完成。系统层主要包括操作系统和编译程序、汇编程序、正文编辑程序及数据库管理系统。操作系统是一个最主要的系统软件，它控制了其他程序的运行，管理系统资源并且为用户提供操作界面，目前常用的操作系统如 Windows XP、Windows 7、Windows Vista、UNIX 和 Linux 等。正文编辑程序是用来编辑文章或程序的，如 Windows 系统的记事本、写字板等。用高级语言写的源程序可以通过编译程序转换成机器语言(目标程序)，编译程序也称为编译器。汇编程序是一种低级语言，它用人比较容易识别和记忆的英文缩写标识符来替代二进制机器语言。数

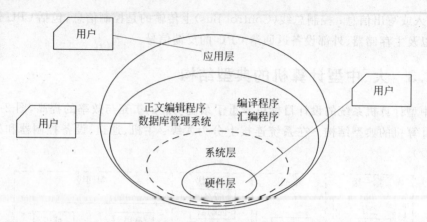

图 2-5　计算机系统的层次结构

据库管理系统是管理计算机中的数据的,如 SQL Server、Sybase、Oracle 及 Access 等。应用层包括系统分析、应用软件和语言工具。系统分析是系统分析人员根据对任务的需求分析,设计算法、构建数学模型,并根据数学模型和算法进行概要设计和详细设计。语言工具是程序设计语言,称为高级语言,如 C、C++、Visual C、C♯、Java、Delphi 和 Visual Basic 等,还有各种环境平台,它们为各种应用软件提供了丰富的工具。应用软件是面向用户应用的功能软件,编程人员根据应用要求,选择适当工具编写应用程序。如 MIS 系统(管理信息系统)、印刷排版软件、多媒体软件、数据处理软件、控制软件、事务处理软件、游戏软件等。

2.3.2　软件与硬件的关系

计算机系统由硬件与软件两部分组成,硬件是计算机系统的物质基础,软件是计算机系统的灵魂。硬件和软件是相辅相成、不可分割的整体。当前计算机的硬件和软件正朝着互相渗透、互相融合的方向发展,在计算机系统中没有一条明确的硬件与软件的分界线。硬件和软件之间的界线是浮动的。对于程序设计人员来说,硬件和软件在逻辑上是等价的。

硬件是看得见摸得着的东西。除了硬件,剩下的就是软件。在早期设计计算机系统时,硬件设计不考虑软件问题,只考虑一些硬件特性;而软件是当硬件开发完成后,针对当时具体硬件条件编写,所以,当硬件提升后,软件就不能用了,必须重新编写。自从 IBM 360 系列推出后,硬件与软件设计开始相互影响,硬件设计要考虑软件的继承性,软件设计要考虑充分发挥硬件特性及通用性。目前,CPU 的设计一定要考虑当今的软件技术,更好地配合软件来发挥 CPU 速度,反之也一样。

除去硬件和软件以外,还有一个固件(Firmware)的概念。固件是指那些存储在能永久保存信息的器件(如 ROM)中的程序,是具有软件功能的硬件。固件的性能指标介于硬件与软件之间,它吸收了软、硬件各自的优点,其执行速度快于软件,灵活性优于硬件,是软、硬件结合的产物,计算机功能的固化将成为计算机发展的一个趋势。

2.3.3　计算机的主要性能指标

衡量一台计算机的性能,主要考虑如下几个指标。

1．机器字长

机器字长是指参与运算的数的基本位数，它由运算器的位数决定。机器字长标志着计算的精度，机器字长越长，计算的精度越高。如果机器字长较短，又要计算位数较多的数据，就需要经过两次甚至更多次的运算才能完成，这势必影响计算机的计算速度。目前计算机的机器字长一般为 8 位、16 位、32 位或 64 位。

2．数据通路宽度

数据通路宽度是指计算机的数据总线一次所能并行传送信息的位数，它影响信息的传送能力，从而影响计算机的有效处理速度。

这里所说的数据通路宽度是指外部总线的宽度，它与 CPU 的内部总线宽度可能不同。

有些 CPU 的内、外数据总线相等，例如 Intel 8086（16）、80486（32）；有些 CPU 的外部数据总线小于内部数据总线，例如 Intel 8088；有些 CPU 的外部数据总线大于内部数据总线，例如 Intel Pentium。

3．存储器容量

存储器容量也称主存容量，即主存储器所能存储的全部信息量。通常以字节（Byte）来表示存储容量。在表示容量大小时，经常用到：KB（KiloByte）、MB（MegaByte）、GB（GigaByte）、TB（TeraByte）。它们换算关系如下：

$$1024B = 1KB$$
$$1024KB = 1MB$$
$$1024MB = 1GB$$
$$1024GB = 1TB$$

4．运算速度

计算机的运算速度与许多因素有关，如机器的主频、执行什么样的操作以及主存本身的速度等。对运算速度的衡量有不同的方法，微机常用主频这一概念，主频是指 CPU 的时钟频率，单位为赫兹（Hz），它决定了计算机的速度。

习题 2

1. 阿兰·图灵对计算机的诞生的主要贡献是什么？
2. 冯·诺依曼计算机的特点是什么？
3. 什么是总线？你使用的计算机是总线结构吗？
4. 计算机的硬件是由哪些部件组成的？每一部分的主要功能是什么？查看你使用的计算机的各个部件的位置。
5. 简述计算机的软件与硬件的关系。
6. 计算机的主要性能指标有哪些？查看你使用的计算机的指标。

第3章

数制与计算机编码

在计算机中，采用数字化方式来表示数据。也就是说，现实世界中的数字、文字、声音、图形、图像等，在计算机中都要用一串二进制数来表示。本章讨论在计算机中如何对现实世界中的数字、文字、声音、图形、图像等进行编码。

3.1 数制

日常生活中，人们习惯于使用十进制计数，但在计算机中则采用二进制进行计算。为了方便，有时也采用八进制或十六进制进行输入或输出。

为了区分各种不同的进制，我们采用下标表示法或后缀表示法表示不同的进制。

1. 下标表示法

用下标表示进制，例如：

$$(1010)_2 = (12)_8 = (A)_{16} = (10)_{10}$$

其中，$(1010)_2$ 是二进制数，$(12)_8$ 是八进制数，$(A)_{16}$ 是十六进制数，$(10)_{10}$ 是十进制数。

2. 后缀表示法

在数后面用一个英文字母表示该数的进制，例如：

$$101B = 5Q = 5H = 5D$$

其中，B 即 Binary 的首字母，它表示二进制数；由于八进制英文 Octad 的第一个字母 O 容易与数字零(0)相混淆，所以用字母 Q 取而代之；H 即 Hexadecimal 的首字母，它表示十六进制数；D 即 Decimal 的首字母，它表示十进制数。

3.1.1 进位计数制

1. 进位计数制

从低位到高位进位的方式进行计数，这种表示数据的方法叫做进位计数制，简称"数制"。在日常生活中，经常用到数制，通常以十进制进行计数。除了以十进制进行计数以外，在人们的生活中还有非十进制的计数方法。例如，12 支为 1 打，用的是十二进制计数法。计时用 60 秒为 1 分，60 分为 1 小时，用的是六十进制计数法。再如，1 个星期有 7 天，用的是七进制计数法。

数制可以有多种类型,但无论是哪一种,其计数和运算都有相同的规律和特点。进位计数制中有两个基本概念:基数和权。

2. 基数

每个数位所用到的不同数码的个数叫**基数**。例如,人们日常生活中用 0、1、2、3、4、5、6、7、8、9 共 10 个不同的符号来表示十进制数值,即数字字符的总个数有 10 个,它是十进制的基数,表示“逢十进一”。

3. 权

在一个数中,数码在不同的数位上所表示的数值是不同的。每个数码所表示的数值等于数码本身乘以一个与它所在位数有关的常数,这个常数叫做位权,简称**权**。

例如:对于数字 321.56,它的第一个数码“3”表示 300,该位的权为 100,即 3×100;第二个数码“2”表示 20,该位的权为 10,即 2×10;第三个数码“1”表示 1,该位的权为 1,即 1×1;而第四个数码“5”表示 0.5,该位的权为 0.1,即 5×0.1;第五个数码“6”表示 0.06,该位的权为 0.01,即 6×0.01。所以 321.56 可以表示为:

$$321.56 = 3 \times 100 + 2 \times 10 + 1 \times 1 + 5 \times 0.1 + 6 \times 0.01$$
$$= 3 \times 10^2 + 2 \times 10^1 + 1 \times 10^0 + 5 \times 10^{-1} + 6 \times 10^{-2}$$

对于任何一个十进制数 N,都可以用一个多项式来表示:

$$(N)_{10} = K_n \times 10^n + K_{n-1} \times 10^{n-1} + \cdots + K_0 \times 10^0 + K_{-1} \times 10^{-1} + \cdots + K_{-m} \times 10^{-m}$$

或

$$N = \sum_{i=-m}^{n} K_i \times 10^i$$

推广来看,对于任何一个 r 进制数 N,可以用以下多项式来表示:

$$(N)_r = K_n \times r^n + K_{n-1} \times r^{n-1} + \cdots + K_0 \times r^0 + K_{-1} \times r^{-1} + \cdots + K_{-m} \times r^{-m}$$

或

$$(N)_r = \sum_{i=-m}^{n} K_i \times r^i$$

其中,K_i 的取值为 $0, 1, \cdots, r-1$ 中的一个数码,m 和 n 为正整数。r^i 是第 i 位上的权,r 进制的进位原则是“逢 r 进一”。

3.1.2　二进制数

1. 二进制数的表示

按照上面的多项式表示法,二进制数可以表示为:

$$(N)_2 = K_n \times 2^n + K_{n-1} \times 2^{n-1} + \cdots + K_0 \times 2^0 + K_{-1} \times 2^{-1} + \cdots + K_{-m} \times 2^{-m}$$

或

$$(N)_2 = \sum_{i=-m}^{n} K_i \times 2^i$$

其中,K_i 的取值为“0”、“1”中的一个数码,基数为 2。2^i 是第 i 位上的权。二进制的进位原则是“逢二进一”。即每位计满 2 时向高位进 1。二进制数的特点是:数字的个数等于 2,最大数字为 1,最小数字为 0,即只有两个数“0”和“1”。在数值的表示中,每个数值都要乘以基数 2 的幂次,就是每一位被赋予的权。整数部分最小的一位的权为 2^0,其次为 2^1,第三位为

2^2,以此类推。同样,对于纯小数,小数点后面第一位的权为 2^{-1},第二位为 2^{-2},第三位为 2^{-3},以此类推。显然,幂次由所在的位置决定。

例如：$1101.101 = 1 \times 2^3 + 1 \times 2^2 + 0 \times 2^1 + 1 \times 2^0 + 1 \times 2^{-1} + 0 \times 2^{-2} + 1 \times 2^{-3}$

二进制数的性质是：小数点向右移一位,数就扩大 2 倍；反之,小数点向左移一位,数就缩小 2 倍。例如：1101.101 的小数点右移一位,变为 11011.01,比原来的数扩大 2 倍。把 1101.101 的小数点左移一位,变为 110.1101,比原来的数缩小 2 倍。

2. 计算机采用二进制的原因

计算机采用二进制进行计算,主要原因有以下几点。

(1) 容易实现。有 2 个稳定状态的物理器件即可。

(2) 运算简单：$0 + 0 = 0$；$0 + 1 = 1$；$1 + 0 = 1$；$1 + 1 = 10$。

(3) 工作可靠。

(4) 逻辑判断方便。0 表示"否",1 表示"是"。

因此,在计算机中,所有的数据、指令及符号都使用二进制表示。

3. 二进制数的算术运算

计算机中采用二进制数进行算术运算,二进制算术运算规则与十进制相似,同样可以进行四则运算。

二进制加法运算法则为"逢二进一",规则如下：

$$0 + 0 = 0$$
$$0 + 1 = 1$$
$$1 + 0 = 1$$
$$1 + 1 = 1$$

二进制减法运算法则为"借一当二",运算规则如下：

$$0 - 0 = 0$$
$$0 - 1 = -1$$
$$1 - 0 = 1$$
$$1 - 1 = 0$$

二进制乘法运算如下：

$$0 \times 0 = 0$$
$$0 \times 1 = 0$$
$$1 \times 0 = 0$$
$$1 \times 1 = 1$$

二进制除法运算如下：

$$0 \div 0 = 0$$
$$0 \div 1 = 0$$
$$1 \div 0 = 0(无意义)$$
$$1 \div 1 = 1$$

在进行两数相加时,与十进制加法一样,按从底位到高位的顺序,逐位相加即可。例如,求 01001 + 10001 的和：

$$
\begin{array}{r}
01001 \\
+\ 10001 \\
\hline
11010
\end{array}
$$

结果：01001 + 10001 = 11010。

二进制的减法、乘法及除法运算，与十进制一样，这里不再赘述。

4．二进制数的逻辑运算

计算机中的逻辑关系是一种二值逻辑，二值逻辑用二进制的"0"和"1"表示非常容易，运算结果的"条件成立"与"条件不成立"、"真"与"假"也可以采用二进制的"0"和"1"表示。

逻辑代数是实现逻辑运算的数学工具，逻辑代数也称布尔代数，逻辑代数以逻辑变量为研究对象，研究逻辑变量之间的逻辑运算关系。逻辑代数中共有三种最基本的逻辑运算："与"运算、"或"运算及"非"运算。

"与"运算所表示的思想是：当决定某一事件的所有条件同时具备时，结果才发生，称这种关系为"与"运算关系。运算符为"·"或"∧"，用逻辑表达式表示为：

$$F = A \cdot B$$
$$F = A \wedge B$$

"与"运算的运算规则如下：

$$0 \wedge 0 = 0$$
$$0 \wedge 1 = 0$$
$$1 \wedge 0 = 0$$
$$1 \wedge 1 = 1$$

例如，求 01001 ∧ 10001 的值：

$$
\begin{array}{r}
01001 \\
\wedge\ 10001 \\
\hline
00001
\end{array}
$$

结果：01001 ∧ 10001 = 00001。

"或"运算所表示的意思是：当决定某一事件的各个条件中只要有一个条件成立，结果就发生，称这种关系为"或"运算关系。运算符为"＋"或"∨"，用逻辑表达式表示为：

$$F = A + B$$
$$F = A \vee B$$

"或"运算的运算规则如下：

$$0 \vee 0 = 0$$
$$0 \vee 1 = 1$$
$$1 \vee 0 = 1$$
$$1 \vee 1 = 1$$

例如，求 01001 ∨ 10001 的值：

$$
\begin{array}{r}
01001 \\
\vee\ 10001 \\
\hline
11001
\end{array}
$$

结果：$01001 \vee 10001 = 11001$。

对单个变量进行逻辑否定称为"非"运算(not)，或叫"反相"运算。这样"非"运算的运算符通常为在逻辑变量的上面加一横线，如"非"A写成$\overline{A}$。

"非"运算的运算规则如下：

$$\overline{0} = 1$$

$$\overline{1} = 0$$

对一个二进制数求"非"运算，实际上就是对它的各位按位求反。

例如：$\overline{1001} = 0110$。

3.1.3 八进制数和十六进制数

虽然在计算机中采用二进制数进行计算，但对于稍大一些的数，用二进制表示时位数较多，不便于人们进行记忆和交流，因此当计算机中的数需要输入或输出时，常采用八进制数或十六进制数代替二进制数。因为$2^3 = 8$，所以三位二进制数可以用一个八进制数代替。同理，$2^4 = 16$，四位二进制数可以用一个十六进制数代替。例如：

$$(110)_2 = (6)_8 = (6)_{16}$$
$$(1100)_2 = (13)_{16} = (C)_{16}$$
$$(101011.111)_2 = (53.7)_{16} = (2B.7)_{16}$$

八进制的基数是8，用0,1,2,3,4,5,6,7表示。计数时"逢八进一"。例如，八进制数"506.7"按位权展开多项式为：

$$5 \times 8^2 + 0 \times 8^1 + 6 \times 8^0 + 7 \times 8^{-1}$$

十六进制的基数为16，用0,1,2,3,4,5,6,7,8,9,A,B,C,D,E,F表示，其中A,B,C,D,E,F分别表示10,11,12,13,14,15。计数时"逢十六进一"。例如"E6A.B"按位权展开多项式为：

$$E \times 16^2 + 6 \times 16^1 + A \times 16^0 + B \times 16^{-1}$$

表3-1总结了前面介绍的4种数值的基数及数字符号；表3-2则是这4种数制的数字符号对照表。

表 3-1　常用数制的基数和数字符号

	十进制	二进制	八进制	十六进制
基数	10	2	8	16
数字符号	0～9	0,1	0～7	0～9,A,B,C,D,E,F

表 3-2　各种数制对照表

十进制	二进制	八进制	十六进制	十进制	二进制	八进制	十六进制
0	0000	0	0	8	1000	10	8
1	0001	1	1	9	1001	11	9
2	0010	2	2	10	1010	12	A
3	0011	3	3	11	1011	13	B
4	0100	4	4	12	1100	14	C
5	0101	5	5	13	1101	15	D
6	0110	6	6	14	1110	16	E
7	0111	7	7	15	1111	17	F

3.2 不同数制之间的转换

由于计算机采用二进制进行计算和存储,而在日常生活中人们习惯使用十进制,因此使用计算机进行数据处理时就必须先把十进制数转换成计算机能够接受的二进制数,而计算机处理结束之后又需要把二进制数转换成人们习惯使用的十进制数进行输出。有时为了方便计算机专业人员分析计算机中的输出,需要将二进制数转换成八进制或十六进制数输出。实际上,不同进制之间的这种转换在计算机中是非常频繁的,人们在使用计算机的过程中并没有感觉到这种转换,是因为转换过程已经由计算机自行完成了。

3.2.1 二进制(八进制、十六进制)数转换为十进制数

把一个二进制(八进制、十六进制)数转换为十进制数比较简单,只要将二进制(八进制、十六进制)数按"权"展开相加即可。按照上节所学的知识,对于任何一个 r 进制数 N 可以用多项式来表示:

$$(N)_r = K_n \times r^n + K_{n-1} \times r^{n-1} + \cdots + K_0 \times r^0 + K_{-1} \times r^{-1} + \cdots + K_{-m} \times r^{-m}$$

其中,K_i 的取值为 $0,1,\cdots,r-1$ 中的一个数码,m 和 n 为正整数。r^i 是第 i 位上的权。

例如,对于二进制数 $(100011.1011)_2$,若要把它转换为十进制数,只要把它用多项式表示法展开,然后用十进制进行计算即可。

$$
\begin{aligned}
(100011.1011)_2 &= 1 \times 2^5 + 0 \times 2^4 + 0 \times 2^3 + 0 \times 2^3 + 1 \times 2^1 + 1 \times 2^0 \\
&\quad + 1 \times 2^{-1} + 0 \times 2^{-2} + 1 \times 2^{-3} + 1 \times 2^{-4} \\
&= 32 + 2 + 1 + 0.5 + 0.125 + 0.0625 \\
&= 35.6875
\end{aligned}
$$

因此,只要记住二进制数的权值,将二进制数转换成十进制数的计算非常快捷、方便,表 3-3 给出了常用二进制数的权值。

表 3-3 常用二进制数的权值

权	权 值	权	权 值
2^0	1	2^1	2
2^{-1}	0.5	2^2	4
2^{-2}	0.25	2^3	8
2^{-3}	0.125	2^4	16
2^{-4}	0.0625	2^5	32
2^{-5}	0.031 25	2^6	64
2^{-6}	0.015 625	2^7	128
2^{-7}	0.007 812 5	2^8	256
2^{-8}	0.003 906 25	2^9	512
2^{-9}	0.001 953 125	2^{10}	1024

同样,对于八进制(或十六进制)数转换为十进制数方法是完全相同的,例如:

$$(37.2)_8 = 3 \times 8^1 + 7 \times 8^0 + 2 \times 8^{-1}$$
$$= 24 + 7 + 0.25$$
$$= 31.25$$

再如:
$$(4E6C)_{16} = 4 \times 16^3 + 14 \times 16^2 + 6 \times 16^1 + 12 \times 16^0$$
$$= 4 \times 4096 + 14 \times 256 + 6 \times 16 + 12 \times 1$$
$$= 16\ 384 + 3584 + 96 + 12$$
$$= 20\ 076$$

3.2.2　十进制数转换为二进制(八进制、十六进制)数

将十进制数转换为二进制(八进制、十六进制)数需要将整数部分和小数部分分别进行处理。

1. 十进制整数转换成二进制(八进制、十六进制)整数

例如把十进制整数$(83)_{10}$转换成二进制整数,设$(83)_{10} = (K_n K_{n-1} K_{n-2} \cdots K_1 K_0)_2$

按照上一节所学的知识,可以用多项式表示法来表示转换后的二进制数。$(83)_{10}$可以写成:

$$(83)_{10} = (K_n \times 2^n + K_{n-1} \times 2^{n-1} + K_{n-2} \times 2^{n-2} + \cdots + K_1 \times 2^1 + K_0 \times 2^0)$$
$$= 2(K_n \times 2^{n-1} + K_{n-1} \times 2^{n-2} + K_{n-2} 2^{n-3} + \cdots + K_2 \times 2^1 + K_1 \times 2^0) + K_0$$

上式两边同时除以 2 得到:

$$(83/2)_{10} = (K_n \times 2^{n-1} + K_{n-1} \times 2^{n-2} + K_{n-2} \times 2^{n-3} + \cdots + K_2 \times 2^1 + K_1 \times 2^0) + K_0/2$$

该式表明 K_0 是 83/2 的余数,故 $K_0 = 1$。

此式又可以写成:

$$((83-1)/2)_{10} = (41)_{10} = 2(K_n \times 2^{n-2} + K_{n-1} \times 2^{n-3} + K_{n-2}$$
$$\times 2^{n-4} + \cdots + K_3 \times 2^1 + K_2 \times 2^0) + K_1/2$$

同理,可以求得 $K_1 = 1$。以此类推,可以求得 K_n。该方法就是所谓的"除基取余法",由于二进制数的基数是 2,所以要用 2 去除需要转换的十进制数,把得到的余数记录下来,再将商继续除以 2,直到得到的商为 0 为止。最后将所有得到的余数按最后一个余数为最高位,最早得到的余数为最低位的次序依此排列,即得到转换后的二进制数。例如上面的推理过程可以写成:

```
                        余数              低位
                                          ↑
    2 | 83    …………… 1    K_0            |
    2 | 41    …………… 1    K_1            |
    2 | 20    …………… 0    K_2            |
    2 | 10    …………… 0    K_3            |
    2 | 5     …………… 1    K_4            |
    2 | 2     …………… 0    K_5            |
    2 | 1     …………… 1    K_6           高位
        0
```

所以$(83)_{10} = (1010011)_2$

用同样的方法,可以把十进制整数转换成八进制整数和十六进制整数。不同的是,若要转换成八进制数,需要用 8 去除要转换的十进制数,因为八进制数的基数是 8;若要转换成十六进制整数,需要用 16 去除要转换的十进制整数,而十六进制数的基数是 16,取余数的方法与十进制整数转换成二进制整数相同。即先得到的余数是转换后八进制整数或十六进制整数的低位,后得到的余数是转换后八进制整数或十六进制整数的高位。例如:

$$
\begin{array}{r|l}
 & 余数低位\\
8 & 653 \cdots\cdots\cdots 5 \quad K_0 \\
8 & 81 \cdots\cdots\cdots 1 \quad K_1 \\
8 & 10 \cdots\cdots\cdots 2 \quad K_2 \\
8 & 1 \cdots\cdots\cdots 1 \quad K_3 \quad 高位\\
 & 0
\end{array}
$$

结果:$(653)_{10} = (1215)_8$。

$$
\begin{array}{r|l}
 & 余数低位\\
16 & 653 \cdots\cdots\cdots D \quad K_0 \\
16 & 40 \cdots\cdots\cdots 8 \quad K_1 \\
16 & 2 \cdots\cdots\cdots 2 \quad K_2 \quad 高位\\
 & 0
\end{array}
$$

结果:$(653)_{10} = (28D)_{16}$。

以上**"除基取余法"**的转换规则可以总结为**"除基取余,先余为低,后余为高"**。

2. 十进制小数转换成二进制(八进制、十六进制)小数

例如把十进制小数 $(0.6875)_{10}$ 转换成二进制小数,设 $(0.6875)_{10} = (0.K_{-1}K_{-2}K_{-3}\cdots K_{-m})_2$

按照上一节我们所学的知识,我们可以用多项式表示法来表示转换后的二进制数:

$$(0.6875)_{10} = K_{-1} \times 2^{-1} + K_{-2} \times 2^{-2} + K_{-3} \times 2^{-3} + \cdots + K_{-m} \times 2^{-m}$$

将上式两边同乘以 2 得到:

$$(1.375)_{10} = 2(K_{-1} \times 2^{-1} + K_{-2} \times 2^{-2} + K_{-3} \times 2^{-3} + K_{-4} \times 2^{-4} + \cdots + K_{-m}2^{-m})$$
$$= K_{-1} + (K_{-2} \times 2^{-1} + K_{-3} \times 2^{-2} + K_{-4} \times 2^{-3} + \cdots + K_{-m} \times 2^{-m+1})$$

该式右边括号内的数小于1,也就是说小数点后面的数小于1。所以:

$$K_{-1} = 1$$

$$(0.375)_{10} = K_{-2} \times 2^{-1} + K_{-3} \times 2^{-2} + K_{-4} \times 2^{-3} + \cdots + K_{-m} \times 2^{-m+1}$$

同样将上式两边同乘以 2 得到:

$$(0.75)_{10} = 2(K_{-2} \times 2^{-1} + K_{-3} \times 2^{-2} + K_{-4} \times 2^{-3} + \cdots + K_{-m} \times 2^{-m+1})$$
$$= K_{-2} + (K_{-3} \times 2^{-1} + K_{-4} \times 2^{-2} + \cdots + K_{-m} \times 2^{-m+2})$$

同样可以得到 $K_{-2} = 0$

$$(0.75)_{10} = K_{-3} \times 2^{-1} + K_{-4} \times 2^{-2} + \cdots + K_{-m} \times 2^{-m+2}$$

以此类推,可以求得 K_{-m}。该方法就是所谓的"乘基取整法",即用十进制小数不断地

乘以要转换进制的基数,直到小数的当前值为 0(或满足所要求的精度)为止,最后将所得到的乘积的整数部分按先得到的为高位,后得到的为低位的顺序排列即可。例如上面的推理过程可以写成:

$$
\begin{array}{r}
0.6875 \\
\times\ \ \ 2 \\
\hline
1.3750 \\
0.375 \\
\times\ \ \ 2 \\
\hline
0.750 \\
0.75 \\
\times 2 \\
\hline
1.50 \\
0.5 \\
\times 2 \\
\hline
1.0 \\
\end{array}
$$

......整数1 K_{-1} 高位

......整数0 K_{-2}

......整数1 K_{-3}

......整数1 K_{-4} 低位

结果:$(0.6875)_{10} = (0.1011)_2$。

即用 2 连续乘以十进制小数,直到乘积的小数部分等于 0 为止,顺序排列每次乘积的整数部分,即为所得。

用同样的方法,可以把十进制小数转换成八进制小数和十六进制小数。例如:

$$
\begin{array}{r}
0.6328125 \\
\times\ \ \ 8 \\
\hline
5.0625000 \\
0.0625 \\
\times\ \ \ 8 \\
\hline
0.5000 \\
0.5 \\
\times 8 \\
\hline
4.0 \\
\end{array}
$$

......整数5 K_{-1} 高位

......整数0 K_{-2}

......整数4 K_{-3} 低位

结果:$(0.632\,812\,5)_{10} = (0.504)_8$。

即用 8 连续乘以十进制小数,直到乘积的小数部分等于 0 为止,顺序排列每次乘积的整数部分,即为所得。

$$
\begin{array}{r}
0.6328125 \\
\times\ \ \ 16 \\
\hline
10.1250000 \\
0.125 \\
\times 16 \\
\hline
2.000 \\
\end{array}
$$

......整数A K_{-1} 高位

......整数2 K_{-2} 低位

结果:$(0.632\,812\,5)_{10} = (0.A2)_{16}$。

即用 16 连续乘以十进制小数,直到乘积的小数部分等于 0 为止,顺序排列每次乘积的整数部分,即为所得。

以上"**乘基取整法**"的转换规则可以总结为"**乘基取整,先整为高,后整为低**"。

通常,一个十进制小数并不一定能完全准确地转换成二进制(八进制、十六进制)小数,在用十进制小数不断地乘以二进制(八进制、十六进制)基数的过程中,经常出现乘积的小数部分永远不等于 0 的情况,此时可以根据精度要求转换到小数点后某一位为止,得到的这个二进制(八进制、十六进制)小数是十进制小数的近似值。例如:

$$
\begin{array}{r}
0.687 \\
\times\ 2 \\
\hline
1.374
\end{array}
\quad\cdots\cdots\text{整数1}\quad K_{-1}\quad\text{高位}
$$

$$
\begin{array}{r}
0.374 \\
\times\ 2 \\
\hline
0.748
\end{array}
\quad\cdots\cdots\text{整数0}\quad K_{-2}
$$

$$
\begin{array}{r}
\times\ 2 \\
\hline
1.496
\end{array}
\quad\cdots\cdots\text{整数1}\quad K_{-3}
$$

$$
\begin{array}{r}
0.496 \\
\times\ 2 \\
\hline
0.992
\end{array}
\quad\cdots\cdots\text{整数0}\quad K_{-4}
$$

$$
\begin{array}{r}
\times\ 2 \\
\hline
1.984
\end{array}
\quad\cdots\cdots\text{整数1}\quad K_{-5}
$$

$$
\begin{array}{r}
0.984 \\
\times\ 2 \\
\hline
1.968
\end{array}
\quad\cdots\cdots\text{整数1}\quad K_{-6}\quad\text{低位}
$$

根据计算过程,大家可以看出,继续计算下去小数部分永远不等于 0,此时可以根据精度要求计算到小数点后的某一位即可,可得 $(0.687)_{10}\approx(0.101011)_2$,转换后的二进制小数精度要求到小数点后第 6 位。

如果觉得上面十进制数转换为二进制数的转换方法太麻烦,可以使用下面简便的方法,但需要大家对二进制数的权值非常熟悉。例如将十进制数 83.75 转换为二进制数,可以写成:

$$
\begin{aligned}
(83.75)_{10} &= 64+16+2+1+0.5+0.25 \\
&= 2^6+2^4+2^1+2^0+2^{-1}+2^{-2} \\
&= 1\times2^6+1\times2^4+1\times2^1+1\times2^0+1\times2^{-1}+1\times2^{-2} \\
&= 1\times2^6+0\times2^5+1\times2^4+0\times2^3+0\times2^2+1\times2^1 \\
&\quad +1\times2^0+1\times2^{-1}+1\times2^{-2}
\end{aligned}
$$

按照二进制的多项式表示法,上式为:1010011.11,因此可得

$$
(83.75)_{10}=(1010011.11)_2
$$

至于将十进制数转换为八进制(十六进制)数的简便方法,可以用二进制数作为媒介,即用上面的简便方法,将十进制数转换为二进制数,再将二进制数转换为八进制(十六进制)数。二进制数转换为八进制(十六进制)数的转换方法见 3.2.3 节。

3.2.3　二进制、八进制、十六进制数之间的转换

计算机使用二进制进行数据处理,然而二进制数不便于人们进行读写。由于二进制数与八进制数、十六进制数之间的转换十分方便,所以常用八进制数或十六进制数代替二进制数。

1. 二进制数转换为八进制(十六进制)数

将二进制数转换为八进制(十六进制)数的方法是"3 位(4 位)并 1 位"。具体地说:以

小数点为界,整数部分从右向左每 3 位(4 位)二进制数为一组,转为 1 位八进制(十六进制)数,最高一组不足 3 位(4 位)时,在最左边添"0"补足 3 位(4 位);小数部分从左向右每 3 位(4 位)二进制数为一组,转为 1 位八进制(十六进制)数,最低一组不足 3 位(4 位)时,在最右边添"0"补足 3 位(4 位)。然后将各组的 3 位(4 位)二进制数按 2^2、2^1、2^0(十六进制 2^3、2^2、2^1、2^0)权展开后相加,得到 1 位八进制(十六进制)数。

例如,将二进制数 $(11011001.11001)_2$ 转换为八进制数。对于二进制数 $(11011001.11001)_2$,先以小数点为界,分别向左和向右每 3 位二进制数划为一组,位数不足时左右两边分别补"0",分组后的二进制数为 011 011 001.110 010,每组的 3 位二进制数再按其权 2^2、2^1、2^0 展开后相加,得到 $(331.62)_8$ 即为八进制数。即:

$$011 \quad 011 \quad 001 \quad\quad 110 \quad 010$$
$$\downarrow \quad\quad \downarrow \quad\quad \downarrow \quad\quad\quad \downarrow \quad\quad \downarrow$$
$$3 \quad\quad 3 \quad\quad 1 \quad . \quad 6 \quad\quad 2$$
$$(11011001.11001)_2 = (331.62)_8$$

同样,将二进制数 $(11011001.11001)_2$ 转换为十六进制数。对于二进制数 $(11011001.11001)_2$,先以小数点为界,分别向左和向右每 4 位二进制数划为一组,位数不足时左右两边分别补"0",分组后的二进制数为 1101 1001.1100 1000,每组的 4 位二进制数再按其权 2^3、2^2、2^1、2^0 展开后相加,得到 $(D9.C8)_{16}$ 即为十六进制数。

$$1101 \quad 1001 \quad . \quad 1100 \quad 1000$$
$$\downarrow \quad\quad \downarrow \quad\quad\quad \downarrow \quad\quad \downarrow$$
$$D \quad\quad 9 \quad . \quad C \quad\quad 8$$
$$(11011001.11001)_2 = (D9.C8)_{16}$$

2. 八进制(十六进制)数转换为二进制数

八进制(十六进制)数转换为二进制数的方法是"1 位拆 3 位(4 位)"。具体地说:小数点的位置不变,每 1 位八进制(十六进制)数转换为 3 位(4 位)二进制数。例如,将八进制数 $(452.27)_8$ 转换为二进制数:

$$(452.27)_8 = (100101010.010111)_2$$

又例如,将十六进制数 $(B4F.2A)_{16}$ 转换为二进制数:

$$(B4F.2A)_{16} = (101101001111.00101010)_2$$

3. 八进制数与十六进制数之间的转换

八进制数与十六进制数之间的转换,可以借助二进制数作为媒介,即先将要转换的数转换为二进制数,再将二进制数转换为要求的进制。例如,将八进制数 $(452.27)_8$ 转换为十六进制数时,先将八进制数 $(352.72)_8$ 转换为二进制数:

$$(352.72)_8 = (011\ 101\ 010.111\ 010)_2 = (11101010.11101)_2$$

这里,最高和最低位的"0"可以去掉,再将二进制数 $(11101010.11101)_2$ 转换为十六进制数:

$$(11101010.11101)_2 = (1110\ 1010.1110\ 1000)_2 = (EA.E8)_{16}$$

注意:这里不足 4 位的需要补齐 4 位后再进行转换。

表 3-4 总结了十进制、二进制、八进制、十六进制的常用数字对照关系。

表 3-4　常用十进制数与二进制、八进制、十六进制数对照表

十进制	二进制	八进制	十六进制	十进制	二进制	八进制	十六进制
0	0000	0	0	8	1000	10	8
1	0001	1	1	9	1001	11	9
2	0010	2	2	10	1010	12	A
3	0011	3	3	11	1011	13	B
4	0100	4	4	12	1100	14	C
5	0101	5	5	13	1101	15	D
6	0110	6	6	14	1110	16	E
7	0111	7	7	15	1111	17	F

3.3　数值数据的表示

3.3.1　无符号数和有符号数

1. 无符号数

计算机中的数据有无符号数和有符号数之分,所谓无符号数就是整个机器字长的全部二进制位均表示数值位,没有符号位,相当于数的绝对值。例如:

X = 01101　　　表示十进制数 13

Y = 11101　　　表示十进制数 29

机器字长为 $n+1$ 位的无符号数的表示范围是 $0 \sim (2^{n+1}-1)$,此时二进制数的最高位也是数值位,其权值等于 2^n。若字长为 8 位,则数的表示范围为 $0 \sim 255$。

2. 带符号数

在计算机中,大量用到的数据是带符号数,即正、负数。在现实世界中用"+"、"-"号加绝对值表示数值的大小,如:+9 或 -7。用这种形式表示的数值在计算机中称为"真值"。

对于数的符号"+"或"-",计算机是无法识别的,因此需要把正负号数字化,通常约定机器字长的最高位表示符号位,符号位为"0"表示正号,"1"表示负号。这种在计算机中使用的带符号数也称"机器数",常见的机器数有原码、补码、反码 3 种表示形式。例如,前例中的 X、Y 在这里的含义为:

X = 01101　　　表示十进制数 +13

Y = 11101　　　根据机器数的不同形式表示不同的值,如果是原码表示十进制数,则为
　　　　　　　　　-13,补码则为 -3,反码为 -2。

为了能正确地区别真值的各种机器数,本书用 X 表示真值,$[X]_原$ 表示原码,$[X]_补$ 表示补码,$[X]_反$ 表示反码。

3.3.2　原码表示法

原码表示法是一种最简单的机器数的表示方法,其最高位为符号位,符号位为"0"表示该数为正,符号位为"1"表示该数为负,数值部分与真值相同。

我们按纯小数和纯整数分别进行讨论。

1. 纯小数

纯小数是绝对值小于 1 的数,若有二进制小数的真值 $X = \pm 0. X_1 X_2 \cdots X_n$,则它的原码表示可记为:

$$[X]_\text{原} = X_0. X_1 X_2 \cdots X_n$$

其中 X_0 表示该小数的符号位,即:

$$X_0 = \begin{cases} 0 & X \geqslant 0 \\ 1 & X \leqslant 0 \end{cases}$$

可见,带符号二进制小数的原码表示与它的真值表示很相似,只要将它的真值表示中的数值部分左边加上符号位 0 或 1(对于正数,符号位为 0;对于负数,符号位为 1),即可得到原码表示形式,简称原码。例如:

真值 $X = + 0.1011$,$[X]_\text{原} = 0.1011$。

真值 $X = -0.1011$,$[X]_\text{原} = 1.1011$。

原码的形式可通过计算公式来表达,即:

$$[X]_\text{原} = \begin{cases} X & 1 > X \geqslant 0 \\ 1 - X & 0 \geqslant X > -1 \end{cases}$$

例如:　　　　$X = +0.1011$,则 $[X]_\text{原} = 0.1011$。

$X = -0.1011$,则 $[X]_\text{原} = 1 - (-0.1011) = 1.1011$。

2. 纯整数

若真值为纯整数,$X = \pm X_1 X_2 \cdots X_n$,则它的原码表示可记为:

$[X]_\text{原} = X_0 X_1 X_2 \cdots X_n$,原码的计算公式为:

$$[X]_\text{原} = \begin{cases} X & 2^n > X \geqslant 0 \\ 2^n - X = 2^n + |X| & 0 \geqslant X > -2^n \end{cases}$$

例如:$X = 1011$,则 $[X]_\text{原} = 01011$。

$X = -1011$,则 $[X]_\text{原} = 2^4 - (-1011) = 10000 + 1011 = 11011$

注意:真值 0 的原码表示有"$+0$"和"-0"之分,它的原码表示形式分别为

$[+0]_\text{原} = 00000$,　　$[-0]_\text{原} = 10000$

原码表示的优点是:(1)直观易懂;(2)机器数与原码之间的转换容易。

原码表示的缺点是实现加、减运算规则比较复杂,其符号位必须单独处理。

例如:将十进制数 $+9$ 与 -12 的原码直接相加。

$$X = + 1001,则 [X]_\text{原} = 01001$$
$$Y = -1100,则 [Y]_\text{原} = 11100$$

$$\begin{array}{r} 01001 \\ + 11100 \\ \hline 100101 \end{array}$$

其结果的第一位为"1",超出了数的表示范围,丢掉。第二位为"0",表示正数,真值为

"0101",即十进制数"5",这显然不正确。减法运算也同样不能得到正确的结果,大家可以自己验算。为了使原码运算得到正确的结果,符号位必须单独处理,只将数值位相加。对于上例,对两个数进行比较可知$|+9| < |-12|$,所以结果为负,将数值绝对值较大者减去绝对值较小者得到:

$$\begin{array}{r} 1100 \\ -\ 1001 \\ \hline 0011 \end{array}$$

真值为"0011",再加上符号位,得到十进制数"-3"。通过上面的例子可以看出,用原码进行加、减运算时,符号位需要单独处理,只将两个加数的数值位相加、减。得到结果后再将两个数比较后得到的正负结果加上,所以运算规则比较复杂。

3.3.3　补码表示法

1. 补码的引入

由前面讨论的原码可知,虽然原码直观易懂,转换容易,但实现加、减运算时其符号位必须单独处理,不能直接加、减。另外,我们还希望减法运算也可以用加上该减数的相反数转换成加法运算,这样一来,计算机中只要有一个加法器就行了,可以简化运算器的设计。

为了理解补码,首先引入模和同余两个概念。模是一个计量器的容量,可用 M 表示。

例如:一个 4 位的二进制计数器,当计数器从 0 计到 15 之后,再加 1,计数值又变为 0。这个计数器的容量 $M = 2^4 = 16$,即模为 16。由此可见,纯小数的模为 2,一个字长为 $n+1$ 位的纯整数的模为 2^{n+1}。

同余是指两整数 A 和 B 除以同一正整数 M,所得到的余数相同,则称 A 与 B 同余。即 A、B 在以 M 为模时是相等的。可写作:

$$A = B(\mathrm{mod}\ M)$$

例如:$16 = 0(\mathrm{mod}\ 16)$,$18 = 2(\mathrm{mod}\ 16)$。

现实生活中的模与同余的例子很多,比如时钟,时钟以 12 为计数单位,即 12 为模。14 点即下午 2 点,即 $2 = 14(\mathrm{mod}\ 12)$,这里 14 与 2 同余。17 点即下午 5 点,即 $5 = 17(\mathrm{mod}\ 12)$,17 与 5 同余。

现在时钟停在 8 点,而正确的时间是 6 点,校准时钟有两个方法:

(1) 将分针倒转两圈,时钟倒拨 2 小时:$8 - 2 = 6$,做减法。

(2) 将分针正转十圈,时钟正拨 10 小时:$8 + 10 = 6(\mathrm{mod}\ 12)$,做加法。

此时,$8 - 2 = 8 + 10(\mathrm{mod}\ 12)$,$-2$ 与 10 同余。同余的两个数,具有互补关系,-2 与 $+10$ 在模为 12 时互补,也就是说 -2 的补数是 10。

可见,只要确定了模,就可以找到一个与负数等价的正数来代替此负数,而该正数即为负数的补数,这样,就可以将减法用加法实现了。例如:

$$9 - 4 = 9 + (-4) = 9 + (12 - 4) = 9 + 8 = 5(\mathrm{mod}\ 12)$$

同理,可有:

$$55 - 25 = 55 + (-25) = 55 + (100 - 25) = 55 + 75 = 30(\mathrm{mod}\ 100)$$

2. 补码的表示

把补数的概念用在计算机中,便出现了补码这种机器数。对于正数来说,补码与原码的表示形式是完全相同的;对于负数,从原码转换到补码的规则是:"符号位不变(仍为 1),数值部分则是按位求反,最低位加 1",或简称"**求反加 1**"。

例如:$X = +0.1010$,$[X]_原 = 0.1010$,$[X]_补 = 0.1010$。

$X = -0.1010$,$[X]_原 = 1.1010$,$[X]_补 = 1.0110$。

对于纯小数 $X = \pm 0.X_1 X_2 \cdots X_n$,则补码的计算公式为:

$$[X]_补 = \begin{cases} X & 1 > X \geqslant 0 \\ 2+X = 2-|X| & 0 > X \geqslant -1 \end{cases} \quad (\bmod 2)$$

例如:$X = 0.1011$,则 $[X]_补 = X = 0.1011$。

$X = -0.1011$,则 $[X]_补 = 2 + X = 2 - 0.1011 = 10.0000 - 0.1011 = 1.0101$ 这里的"2"是十进制,转换为二进制为"10"。

对于纯整数 $X = \pm X_1 X_2 \cdots X_n$,则补码的计算公式为:

$$[X]_补 = \begin{cases} X & 2^n > X \geqslant 0 \\ 2^{n+1} + X = 2^{n+1} - |X| & 0 > X \geqslant -2^n \end{cases} \quad (\bmod 2^{n+1})$$

例如:$X = 1011$,则 $[X]_补 = X = 01011$。

$X = -01011$,则 $[X]_补 = 2^5 + X = 2^5 - 01011 = 100000 - 01011 = 10101$。

注意:它与原码不同,在补码表示中,真值 0 的补码是唯一的,即:

$$[+0]_补 = [-0]_补 = 00000$$

3. 补码的性质

(1)在补码表示中,最高位(符号位)表示数的正负,在形式上与原码相同,即 0 正 1 负。但补码的符号位是数值的一部分,它可以参与运算。

由负小数补码的定义:$[X]_补 = 2 + X = 2 - |X| (\bmod 2)$。

例如 $X = -0.1011$ $[X]_补 = 2 + (-0.1011) = 2 - 0.1011 = \mathbf{1}.0101$。

符号位"1"是运算所得,是数值的一部分。

(2)在补码表示中,真值 0 只有一种表示方法,$[+0]_补 = [-0]_补 = 00000$。而原码有两种表示方法,$[+0]_原 = 00000$,$[-0]_原 = 10000$。

(3)负数补码的表示范围比原码稍宽,多一种数码组合,如图 3-1 所示。

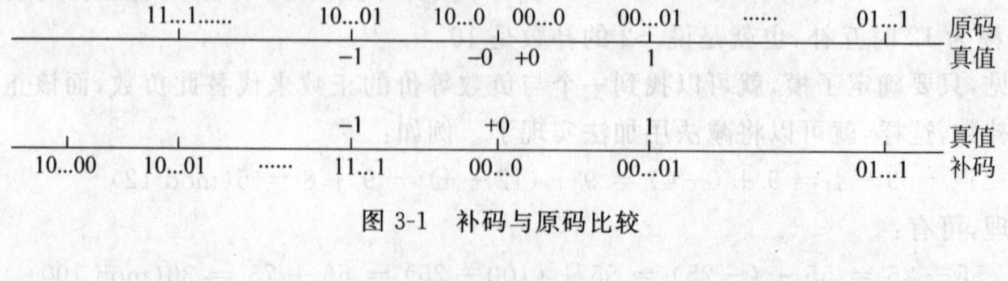

图 3-1 补码与原码比较

(4)将负数 X 的真值与其补码作一映射图(见图 3-2),可以看出,负数补码表示的实质是将负数映射到正数域,因而可实现"化减为加",达到简化运算的目的。

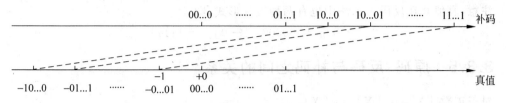

图 3-2 补码负数映射到正数域

3.3.4 反码表示法

另一种机器数表示法是反码表示法。在反码表示法中,符号位与原码表示的符号位一样,即对于正数,符号位为 0;对于负数,符号位为 1。但是反码数值部分的形成与它的符号位有关,对于正数,反码的数值部分与原码相同;对于负数,反码的数值部分是原码的按位求反(即 1 变 0,0 变 1),反码也因此而得名。

1. 纯小数

例如:$X = + 0.1001$,$[X]_原 = 0.1001$,$[X]_反 = 0.1001$。

$X = -0.1001$,$[X]_原 = 1.1001$,$[X]_反 = 1.0110$。

反码的形式也可以通过计算公式来表达,对于纯小数 $X = \pm 0.X_1 X_2 \cdots X_n$,则

$$[X]_反 = \begin{cases} X & 1 > X \geqslant 0 \\ (2 - 2^{-n}) + X & 0 \geqslant X > -1 \end{cases} \quad (\mathrm{mod}\ 2 - 2^{-n})$$

其中,n 代表二进制小数数值的位数。

例如:$X = + 0.1101$,则 $[X]_反 = x = 0.1101$。

$X = - 0.1101$,则:

$$\begin{aligned} [X]_反 &= (2 - 2^{-4}) + X \\ &= 10.0000 - 0.0001 + (- 0.1101) \\ &= 1.1111 - 0.1101 \\ &= 1.0010 \end{aligned}$$

2. 纯整数

对于纯整数 $X = \pm X_1 X_2 \cdots X_n$,则

$$[X]_反 = \begin{cases} X & 2^n > X \geqslant 0 \\ (2^{n+1} - 1) + X & 0 \geqslant X > -2^n \end{cases} \quad (\mathrm{mod}\ 2^{n+1} - 1)$$

其中,n 代表二进制小数数值的位数。

例如:$X = 1101$,则 $[X]_反 = X = 01101$。

$X = -1101$,则

$$\begin{aligned} [X]_反 &= (2^5 - 1) + X \\ &= (2^5 - 1) + (- 1101) \\ &= 11111 - 1101 \\ &= 10010 \end{aligned}$$

注意，真值 0 在反码表示法中也有两种表示形式，即：

$$[+0]_{反} = 00000 \quad [-0]_{反} = 11111$$

3.3.5　原码、反码与补码之间的关系

对于正数，$[X]_{原} = [X]_{反} = [X]_{补}$。

对于负数，$[X]_{反}$ 等于把 $[X]_{原}$ 除去符号位外的各位求反；$[X]_{补}$ 等于把 $[X]_{原}$ 除去符号位外的各位求反再加"1"。反之，已知负数的 $[X]_{反}$，也可以通过对除去符号位外的各位求反得到 $[X]_{原}$；已知负数的 $[X]_{补}$，可以通过对除去符号位外的各位求反再加"1"得到 $[X]_{原}$。

另外，对于负数，$[X]_{原}$ 与 $[X]_{补}$ 之间相互转换的另一种更为有效的方法是：自低位向高位，尾数的第一个"1"及其右边的"0"保持不变，左边的各位按位求反，符号位保持不变。例如：

$$[X]_{原} = 1.0111001000$$

$$[X]_{补} = \underset{不变}{1.} \underset{取反}{100011} \underset{不变}{1000}$$

图 3-3 给出了各种数值表示法之间的转换关系。

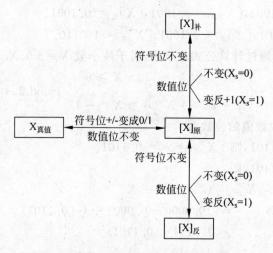

图 3-3　原码、反码与补码之间的转换关系

3.4　机器数的定点表示与浮点表示

3.4.1　定点表示法

1. 定点小数

小数点位置固定不变的表示法称为定点表示法。现代计算机定点数表示有两种：定点整数与定点小数。

定点小数即纯小数，小数点的位置固定在最高有效位之前，符号位之后。记作：$X_s. X_1 X_2 \cdots X_n$，如图 3-4 所示。定点小数的小数点的位置是隐含约定的，小数点并不需要占据一个二进制位。

图 3-4 定点小数

当 $X_s=0$ 时,表示正数;当 $X_1=X_2=\cdots=X_n=1$ 时,X 为最大正数,其真值等于:$X_{最大正数}=1-2^{-n}$;

当 $X_s=0$ 时,且当 $X_1=X_2=\cdots=X_{n-1}=0$ 时,若 $X_n=1$ 时,X 为最小正数,其真值等于:$X_{最小正数}=2^{-n}$。

当 $X_s=1$ 时,表示负数;若机器数用原码表示,$X_1=X_2=\cdots=X_n=1$ 时,X 为绝对值最大的负数,其真值等于:$X_{绝对值最大负数}=-(1-2^{-n})$;若机器数用补码表示,$X_s=1$,$X_1=X_2=\cdots=X_n=0$ 时,X 为绝对值最大的负数,其真值等于:$X_{绝对值最大负数}=-1$。

可以看出,对于原码和补码,绝对值最大的负数不是一个数,这是因为,补码的表示范围比原码在负数方向多表示一个数。

当机器字长为 $n+1$ 位时,原码定点小数的表示范围为:$-(1-2^{-n})\sim(1-2^{-n})$;补码定点小数的表示范围为:$-1\sim(1-2^{-n})$。

2. 定点整数

定点整数,即纯整数。小数点的位置固定在最低有效位之后,记作:$X_sX_1X_2\cdots X_n$,如图 3-5 所示。

图 3-5 定点整数

当 $X_s=0$ 时,表示正数;当 $X_s=0$,$X_1=X_2=\cdots=X_n=1$ 时,X 为最大正数,其真值等于:$X_{最大正数}=2^n-1$;

当 $X_s=0$,且 $X_n=1$,$X_s=X_1=X_2=\cdots=X_{n-1}=0$ 时,X 为最小正数,其真值等于:$X_{最小正数}=1$;

当 $X_s=1$ 时,表示负数;若机器数用原码表示,$X_1=X_2=\cdots=X_n=1$ 时,X 为绝对值最大的负数,若用原码表示,则其真值等于:$X_{绝对值最大负数}=-(2^n-1)$;若机器数用补码表示,$X_s=1$,$X_1=X_2=\cdots=X_n=0$ 时,X 为绝对值最大的负数,若用补码表示,则其真值等于:$X_{绝对值最大负数}=-2^n$。

当机器字长为 $n+1$ 位时,原码定点整数的表示范围是:$-(2^n-1)\sim(2^n-1)$;补码定点整数的表示范围为:$-2^n\sim(2^n-1)$。

如表 3-5 所示是一个字节八位二进制硬件分别表示定点整数和定点小数的典型数值。

表 3-5　定点数的典型值

	原码定点整数	原码定点小数
绝对值最大负数	$11111111 = -(2^7-1) = -127$	$11111111 = -(1-2^{-7})$
绝对值最小负数	$10000001 = -1$	$10000001 = -2^{-7}$
最大正数	$01111111 = 2^7-1 = 127$	$01111111 = 1-2^{-7}$
非零最小正数	$00000001 = +1$	$00000001 = 2^{-7}$
	补码定点整数	补码定点小数
绝对值最大负数	$10000000 = -(2^7) = -128$	$10000000 = -1$
绝对值最小负数	$11111111 = -1$	$11111111 = -2^{-7}$
最大正数	$01111111 = 2^7-1 = 127$	$01111111 = 1-2^{-7}$
非零最小正数	$00000001 = +1$	$00000001 = 2^{-7}$

采用定点数表示的缺点是数据表示范围小。例如用 16 位硬件表示整数,则补码表示的数的范围在 $-32768 \sim +32767$,表示范围非常小,很容易产生溢出,但表示数据的有效精度高,除了一位符号位,其余 15 位可全部用来表示数值位。

3.4.2　定点加减法运算

对两个数进行加减法运算时,计算机的实际操作是加还是减,不仅取决于指令要求的操作是什么,还取决于两个操作数的符号。例如,如果两个操作数异号,虽然指令要求做加法操作,但实际要做减法运算;同理,当两个操作数异号时,指令要求做减法操作,而实际要做加法运算。

在 3.3 节讨论机器数时曾经说过,采用补码进行加减法运算,对于计算机来讲最为方便。因为补码加减时,符号位可以直接参加运算,不必单独处理,所以目前大多数计算机采用补码进行运算。

1．二进制补码加法运算

两个补码表示的二进制数相加,符号位参加运算,两数和的补码等于两数补码之和。即:

$$[X+Y]_{补} = [X]_{补} + [Y]_{补}$$

例如:$X=0.1011, Y=-0.1110$,求 $X+Y$ 的值,则:

$$[X]_{补} = 0.1011, [Y]_{补} = 1.0010$$

$$\begin{array}{r} 01011 \\ + 10010 \\ \hline 11101 \end{array}$$

$$[X]_{补} + [Y]_{补} = [X+Y]_{补} = 1.1101$$

$$X+Y = -0.0011$$

2．二进制补码减法运算

二进制补码减法运算可以借用加法来实现,根据补码加法公式可以推出:

$$[X-Y]_{补} = [X]_{补} + [-Y]_{补}$$

从上式可知,只要求出$[-Y]_补$,二进制补码减法运算就完全可以用加法运算来实现了。$[-Y]_补$被称为$[Y]_补$的机器负数,由$[Y]_补$求$[-Y]_补$的过程称为对$[Y]_补$**"求补"**。"求补"的规则是不论该数的真值是正是负,一律连同符号位一起变反,末位加"1"。

例如:$X=0.1011,Y=-0.0010$,求$X-Y$的值。则:

$$[X]_补 = 0.1011, \quad [Y]_补 = 1.1110, \quad [-Y]_补 = 0.0010$$

$$\begin{array}{r} 01011 \\ +\ 00010 \\ \hline 01101 \end{array}$$

$$[X]_补 + [-Y]_补 = [X-Y]_补 = 0.1101$$
$$X - Y = 0.1101$$

3. 溢出判别

在二进制补码加减法运算过程中,有时会出现这样的情况,两个正数之和为负数或两个负数之和为正数。

例如:$X = 1011,Y = 0111$,求$X + Y$的值。则:

$$[X]_补 = 0.1011, \quad [Y]_补 = 0.0111$$

$$\begin{array}{r} 01011 \\ +\ 00111 \\ \hline 10010 \end{array}$$

$$[X]_补 + [Y]_补 = 1.0010$$
$$X + Y = -1110$$

运算结果显然是错误的,为什么出现这样的情况呢,原因在于运算结果超出了机器数的表示范围。在确定了机器字长和数据的表示方法后,机器所能表示数据的范围也就相应地确定了,一旦运算结果超出了这个范围,就会产生溢出。当机器字长为$n+1$时,补码定点整数的表示范围为:$-2^n \sim (2^n - 1)$。

为了便于判断溢出的发生,计算机进行二进制补码加减法运算时,一般采用双符号位补码。一个符号位只能表示正、负两种情况,当产生溢出时,符号位的含义就会发生混乱。如果将符号位扩充为两位(S_{S1}和S_{S2}),其所能表示的信息量就随之扩大,既能检测出是否溢出,又能指出运算结果的符号。双符号位的含义如下:

$S_{S1}\ S_{S2} = 00$,结果为正,无溢出。

$S_{S1}\ S_{S2} = 01$,结果正溢(即超出了正数的表示范围)。

$S_{S1}\ S_{S2} = 10$,结果负溢(即超出了负数的表示范围)。

$S_{S1}\ S_{S2} = 11$,结果为负,无溢出。

溢出判断条件是两个符号位"相异"。例如:$X = 1011,Y = 0111$,求$X + Y$的值。

如果采用双符号位,运算过程为:

$$[X]_补 = 00.1011, \quad [Y]_补 = 00.0111$$

$$\begin{array}{r} 001011 \\ +\ 000111 \\ \hline 010010 \end{array}$$

$$[X]_补 + [Y]_补 = 01.0010$$

$[X]_补+[Y]_补=01.0010$,其中两符号出现"01"情况,表示正溢。本例题数值位采用四位,最多能表示正 15D＝1111B,而 X＝1010B＝10D,Y＝0111B＝7D,10D＋7D＝17D,当然超出 1111B＝15D 的最大值,所以要溢出。

又例如,设 X＝－1100,Y＝－1000,求 $[X+Y]_补$ 的值。

运算过程中符号位采用双符号位,则

$$[X]_补=11.0100 \quad [Y]_补=11.1000$$

$$\begin{array}{r} 110100 \\ +\ 111000 \\ \hline 101100 \end{array}$$

$[X]_补+[Y]_补=10.1100$,其中两符号位出现"10"情况,表示负溢。本例题最多能表示－15D,而 －12D－8D＝－20D,当然超出－15D 的绝对值最大负数,所以溢出。

3.4.3　浮点表示法

1. 浮点数的表示

在定点数据编码中存在的一个问题是难以表示数值很大的数据和数值很小的数据。这是因为小数点只能定在某一个位置上,限制了数据表示范围。为了表示更大范围的数据,数学上通常采用科学记数法,把数据表示成一个小数乘以一个以 10 为底的指数的形式。在计算机的数据编码中,可以把表示这种数据的代码分成两段:一段表示数据的有效数值部分;另一段表示指数部分,也就是表示小数点的位置。当改变指数部分的数值时,也就相当于改变了小数点的位置,即小数点是浮动的,因此称为浮点数。

在计算机中的术语称指数部分为**阶码**,数值部分为**尾数**。格式如图 3-6 所示,阶码用定点整数表示,尾数用定点小数表示。

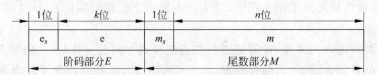

1位	k位	1位	n位
e_s	e	m_s	m
阶码部分E		尾数部分M	

图 3-6　浮点数的一般格式

浮点数的一般形式为:$N＝M×r^E$,其中 r 为浮点数阶码的底,通常 $r＝2$。E 为阶码,M 为尾数。在计算机中,阶码 E 为纯整数,常用移码或补码表示;尾数 M 为纯小数,用原码或补码表示。

浮点数的底是隐含的(为 2),在整个机器数中不出现,阶码的符号位为 e_s,阶码的大小反映了表示在数 N 中小数点的实际位置;尾数的符号位为 m_s,它是整个浮点数的符号位,表示了数的正、负。

2. 浮点数的表示范围

浮点数的表示范围主要由阶码的位数来决定,有效数字的精度主要由尾数的位数来决定。如图 3-6 所示,阶码为 $k+1$ 位,尾数为 $n+1$ 位,则浮点数表示范围如下。

负数范围:$-2^{2^k-1}\sim-2^{-2^k}\cdot(2^{-n})$。

正数范围：$2^{-2^k} \cdot 2^{-n} \sim 2^{2^k-1}(1-2^{-n})$。

假定硬件是一个 16 位的二进制形式，其中阶码 8 位，尾数 8 位，阶码、尾数均用补码表示，其浮点数表示范围如表 3-6 所示。

表 3-6　浮点数表示

	阶　码	尾　数	真　值
绝对值最大负数	0 1 1 1 1 1 1 1	1 0 0 0 0 0 0 0	$2^{2^7-1} \cdot (-1) = -2^{127}$
绝对值最小负数	1 0 0 0 0 0 0 0	1 1 1 1 1 1 1 1	$2^{-2^7} \cdot (-2^{-7}) = -2^{-135}$
最大正数	0 1 1 1 1 1 1 1	0 1 1 1 1 1 1 1	$2^{2^7-1} \cdot (1-2^{-7})$
非零最小正数	1 0 0 0 0 0 0 0	0 0 0 0 0 0 0 1	$2^{-2^7} \cdot 2^{-7} = 2^{-135}$

负数范围：$-2^{127} \sim -2^{-135}$。

正数范围：$2^{-135} \sim 2^{127}(1-2^{-7})$。

3. 尾数规格化

尾数规格化的目的是为了提高数的运算精度，让存放尾数的硬件充满有效数值位数。尾数存放格式要求以 $0.1\times\times\times\cdots\times$ 或 $1.0\times\times\times\cdots\times$（补码表示）两种形式出现。例如 $A=0.0011$，$B=0.0011$，$A\times B=0.00001001$，若尾数用 5 位表示，其中包含一位符号，则 $A\times B=0.0000$ 而"1001"被丢掉，显然结果为零是不对的。那么把 $A\times B=0.00001001$ 规格化成为 $A\times B=0.1001\times2^{-4}$ 就表示出了有效数值位，提高了尾数精度，阶码再作相应的减 4，就完成了规格化工作。目前所有 CPU 浮点数据都采用规格化形式表示数据。

规格化浮点数的尾数 M 的绝对值应在下列范围内：

$$\frac{1}{2} \leqslant |M| < 1$$

当尾数用原码表示时，规格化浮点数的尾数的最高位总等于 1；当尾数用补码表示时，规格化浮点数的尾数的最高位与符号位不同。

3.5　字符数据的表示

3.5.1　ASCII 字符的编码

在计算机中不仅要处理数值信息，还要处理文本和符号信息。对西方文字的编码，通常用 7 位或者 8 位二进制的数据表示字母、数字符号、标点符号和控制符号等，通常采用一个字节表示一个字符信息。文字字符的编码方案有许多，目前国际上普遍采用的一种字符编码系统是 ASCII 码（American Standard Code for Information Interchange），在这种编码标准中规定 8 个二进制位的最高一位为 0，余下的 7 位可以给出 128 个编码，表示 128 个不同的字符。其中的 95 个编码对应着英文字母、数字等可显示和可打印的字符。另外的 33 个字符的编码值为 0～31 和 127，表示一些不可显示的控制字符。代码定义如表 3-7 所示，其中 b0 到 b6 分别表示代码的第 0 位到第 6 位，第 7 位代码 b7 恒为 0。

表 3-7　ASCII 码表

b3b2b1b0 \ b6b5b4	000	001	010	011	100	101	110	111
0000	NUL	DLE	SP	0	@	P		p
0001	SOH	DC1	!	1	A	Q	a	q
0010	STX	DC2	"	2	B	R	b	r
0011	ETX	DC3	#	3	C	S	c	s
0100	EOT	DC4	$	4	D	T	d	t
0101	ENQ	NAK	%	5	E	U	e	u
0110	ACK	SYN	&	6	F	V	f	v
0111	BEL	TEB	'	7	G	W	g	w
1000	BS	CAN	(	8	H	X	h	x
1001	HT	EM	)	9	I	Y	i	y
1010	LF	SUB	*	:	J	Z	j	z
1011	VT	ESC	+	;	K	[	k	{
1100	FF	FS	,	<	L	\	l	|
1101	CR	GS	—	=	M	]	m	}
1110	SO	RS	.	>	N	^	n	~
1111	SI	US	/	?	O	-	o	DEL

表 3-7 中各种控制字符代表的意义如表 3-8 所示。

表 3-8　ASCII 码表中控制字符含义

NUL	空	EOT	发送结束
SOH	标题开始	ENQ	询问
STX	文本开始	ACK	应答
ETS	文本结束	BEL	响铃
BS	退格(backspace)	SYNC	同步(synchronous)
HT	横向制表	ETB	信息发送组结束
LF	换行(line feed)	CAN	删除
VT	纵向制表	EM	媒体结束
FF	格式走纸	SUB	代替
CR	回车(carriage return)	ESC	换码(escape)
SO	移出(shift out)	FS	文件分隔
SI	移入(shift in)	GS	组分隔
DLE	数据连接交换	RS	单位分隔
DC1-DC4	设备控制	SP	空格(space)
NAK	否定回答	DEL	删除(delete)

　　ASCII 码是 7 位的编码,但由于字节是计算机中存储信息的基本单位,因此一般仍以一个字节来存放一个 ASCII 字符。每个字节中的多余位可用于错误检验,也可置 0。ASCII 码已被国际标准化组织 ISO 和国际电报电话咨询委员会 CCITT(现改为国际电信联合会 ITU)采纳而成为一种国际通用的信息交换用标准代码。

3.5.2　汉字的表示

汉字在计算机中的表示分为输入码、机内码和输出码等形式。机内码是汉字在计算机内部进行存储和处理时采用的表示形式,它是一种二进制代码。

1．汉字国标码

1980 年国家标准总局公布了 GB2312—1980,即《信息交换用汉字编码字符集》,称为国标码,简称 GB 码,其中收录了 3755 个最常用汉字为一级汉字,3008 个较常用汉字为二级汉字,另外还有各种图形符号 682 个,共计 7445 个。根据这个标准,把这 6763 个汉字分成 94 个区,每区包含 94 个汉字。每个汉字的编码由两部分组成:第一部分指明该汉字所在的区,第二部分指明它在区中的位置。这两部分用二进制编码表示时各需要 7 位,像 ASCII 码一样,在计算机中实际各占 8 位,占两个字节。

2．汉字的输入码

计算机的键盘是为西文输入设计的。为了利用西文键盘输入汉字,需要建立汉字与键盘按键的对应规则,将每个汉字用一组键盘按键表示。这样形成的汉字编码称为汉字的输入码。汉字输入码要求规则简单、容易记忆,同时为了提高输入速度,输入码的编码应尽可能的短。常见的汉字输入码有数字码、拼音码和字形码等。数字码(如国标区位码)的特点是无重码,每个编码对应唯一一个汉字。拼音码根据汉字的拼音规则进行编码,具有简单易记的优点;缺点是重码多,因为汉字中有许多同音字。字形码的典型例子是五笔字型编码,它根据汉字的笔画规则进行编码。

3．汉字的机内码

汉字的**机内码**是用于汉字信息存储、交换、检索等操作的计算机内部代码,一般采用两个字节表示一个汉字。机内码是汉字在计算机内部进行存储和处理时采用的表示形式,它是一种二进制代码。

汉字的输入码通过汉字操作系统转换为机内码。每个汉字的机内码用 2 个字节表示,为与 ASCII 码有所区别,通常将第二个字节的最高位置"1",大约可表示 16 000 多个汉字。

4．汉字的输出码

汉字的输出码采用字模码,**字模码**是用点阵表示的汉字字形代码,它是汉字的输出形式。根据汉字输出的要求不同,点阵的多少也不同。简易型汉字为 16×16 点阵,提高型汉字为 24×24 点阵、32×32 点阵,甚至更高。字模点阵的信息量很大,所占存储空间也很大。以 16×16 点阵为例,每个汉字都要占用 32 个字节。

汉字库由字模点阵构成,如图 3-7 所示为汉

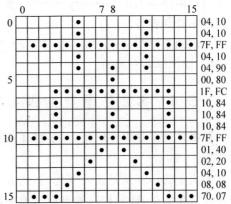

图 3-7　汉字字模码

字"英"的字模码。

3.5.3 统一代码

对于英文来说,ASCII 码 0～127 就足以代表所有字符。对于中文而言,则必须使用两个字节来代表一个汉字,且第一个字节必须大于 127(用于区分 ASCII 码和汉字)。虽然两个字节足以解决中英文字符混合使用问题,但对于不同字符系统而言,必须经过字符码转换,非常麻烦。例如:中英文混合情况,日文、韩文等。为解决这个问题,Apple、Xerox、Microsoft、IBM、Novell、Borland 等很多公司联合起来制订了一套可以适用于全世界所有国家的字符码,称为统一代码(Unicode)。

统一代码是一种全新的计算机编码方案,它能解决全世界 6800 种语言中的所有符号表示问题。Unicode 为每种语言中的每个字符设定了统一并且唯一的二进制编码,以满足跨语言、跨平台进行文本转换、处理的要求。Unicode 于 1990 年开始研发,1994 年正式公布。随着计算机工作能力的增强,Unicode 也在面世以来的十多年里得到普及。

Unicode 是国际组织制定的可以容纳世界上所有文字和符号的字符编码方案。Unicode 用数字 0-0x10FFFF 来映射这些字符,最多可以容纳 1 114 112 个字符,或者说有 1 114 112 个码位。码位就是可以分配给字符的数字个数。

Unicode 的最初目标是用 1 个 16 位的编码来为超过 65 000 字符提供映射。但这还不够。不能覆盖全部历史文字。因此 Unicode 用一些基本的保留字符制定了三套编码方案,它们分别是 UTF-8、UTF-16 和 UTF-32。

正如名字所示,在 UTF-8 中字符是以 8 位序列来编码的,用一个字节来表示一个字符。这种方式的最大好处是 UTF-8 保留了 ASCII 字符的编码作为它的一部分。例如,在 UTF-8 和 ASCII 中,字母"A"的编码都是 0x41。

UTF-16 和 UTF-32 分别是 Unicode 的 16 位和 32 位编码方式。即 UTF-16 用两个字节编码,UTF-32 用 4 个字节编码。UTF-32 根据最高位为 0 的最高字节分成 $2^7=128$ 个组(group)。每个组再根据次高字节分为 256 个平面(plane)。每个平面根据第 3 个字节分为 256 行(row),每行有 256 个码位(cell)。组 0 的平面 0 被称作 BMP(Basic Multilingual Plane)。将 UTF-32 的 BMP 去掉前面的两个零字节就得到了 UTF-16。

当用两字节表示 Unicode 字符时,使用的是 UTF-16 编码,它可以表示 $2^{16}=65\ 536$ 种不同的字符和符号。

当用四个字节表示 Unicode 字符时,使用的是 UTF-32 编码,它可以表示 2^{32}(约一百多万)种不同的字符和符号。

3.5.4 多媒体信息编码

多媒体是多种媒体的复合,多媒体信息是指以文字、图形、图像、动画、视频、音频为载体的信息。

生活中的许多量是连续变化的,比如开水的温度;同样,人听到的声音、看到的图像也是连续变化的量,通常把这种量称为模拟量。由于计算机只能处理二进制数据,要存储和处理声音、图像和视频等模拟量,必须将其数字化,也即进行二进制编码,这一过程被称为模数转换。

1. 音频编码

机械振动或气流扰动引起周围弹性媒质发生波动,产生声波。产生声波的物体为声源(如人的声带、乐器等),声波所及的空间范围称为声场。声波传到人耳,经过人类听觉系统的感知就是声音。声波可以用一条连续的曲线来表示,它在时间和幅度上都是连续的,称为模拟音频信号(见图 3-8)。

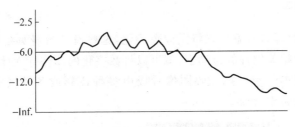

图 3-8 模拟声音信号的波形图

声波在空气媒质中传播,会使空气中的气压形成疏密的变化。声源完成一次振动,空气中的气压随之形成一次疏密变化,所经历的时间称为一个周期,记作 T,单位为秒(s)。1s内声源振动的次数或空气中气压疏密变化的次数,称为声源的频率,记作 f,单位为赫兹(Hz)。它是周期的倒数,即 $f=1/T$。

人类能分辨的声波频率范围是 20Hz~20kHz,称为音频信号(Audio)。

声音是人们用来表达和传递信息最常用的载体之一,声音是一种波,它是连续变化的模拟量。声音经由麦克风及相关的电压放大电路可以将声波转化为电压的波形,但它仍然是连续变化的模拟量。

计算机中声卡(见图 3-9)的作用就是采集声音信息,并进行模数转换。在声卡上有一块称为"模数转换器"的集成电路,它通过"采样"和"量化"来实现模数转换。

要把声波存储在计算机中,必须对模拟音频信号进行数字化。所谓数字化就是将连续信号变成离散信号(见图 3-10)。对音频信号,首先在时间上离散,记录有限个时间点上的幅度值,称为**采样**(Sampling)。然后在幅度上离散,将在有限个时间点上取到的幅度值限制到有限个值上(见图 3-11),称为**量化**

图 3-9 声卡

(Quantization)。再将得到的数据表示成计算机容易识别的格式,称为编码(Coding)。

在计算机中数字化后的音频信息由两个指标来衡量,采样频率和采样精度。**采样频率**是指一秒钟采样的次数。采样频率越高,单位时间内采集的样本数越多,得到的波形越接近于原始波形,音质就越好。**采样精度**用每个声音样本的位数表示,也叫样本精度或量化位数,它反映度量声音波形幅度的精度。

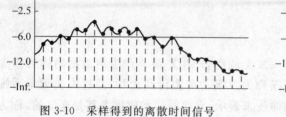

图 3-10　采样得到的离散时间信号

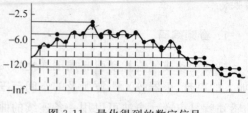

图 3-11　量化得到的数字信号

2. 图像、图形编码

扫描仪、数码相机等自身就可以将图像数字化,这些设备本身具备模数转换的功能,只需要在操作系统以及相关软件的帮助下,就可以将数字化的图像存入计算机中。

图像数字化的基本思想是把一幅图像看成由多种色彩或各种级别灰度的点组成(见图 3-12),这些点称为**像素**(pixel)。

图 3-12　图像像素

每个像素有深浅不同的颜色,单位面积内像素越多,排列越紧密,分辨率越高,图像越清晰。**分辨率**的单位是 dpi(display pixels/inch),表示每英寸显示的点数。图 3-13 给出了几种不同分辨率的图像对比。

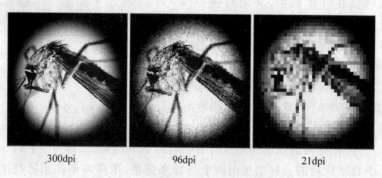

300dpi　　　　96dpi　　　　21dpi

图 3-13　分辨率与图像清晰度的关系

黑白照片称为灰度图像,一般每个像素用一个字节表示(清晰度要求比较高的可用两个字节),即可表示 2^8(256)种不同的灰度级别。彩色图像可以由红、绿、蓝 3 种基色混合起来,因此常用三个字节(清晰度要求比较高的可用六个字节)来表示,每个字节表示一种基色,共可表示 $2^8 \times 2^8 \times 2^8$(16 777 216)种颜色,基本满足了呈现客观世界丰富多彩颜色的需要,俗称"真彩色"。图像在计算机中的存储形式称为**位图**或点阵图。

彩色图像所占用的存储空间比较大,例如,分辨率为 1024×768,每个像素使用 3 个字节表示,图像的存储空间为 $1024 \times 768 \times 3$ 个字节,约 2.25MB。现在市场上的数码相机及扫描仪的分辨率更高,这将使得图像占用的空间更大。

在计算机中还可以处理另一类图,称为图形,它与图像的区别很大。**图形**是由点、直线或多边形等基于数学方程的几何图形构成,它的存储形式是矢量图,示例如图 3-14 所示。

矢量图与位图最大的区别是,它不受分辨率的影响。因此在印刷时,可以任意放大或缩小图形,而不会影响出图的清晰度,可以按最高分辨率显示到输出设备上。

3. 视频、动画编码

图 3-14 矢量图

视频、动画由多幅连续的画面组成,其中每个画面称为**一帧**(Frame)。帧是构成视频信息的最小、最基本的单位。与图像和图形的关系相对应,如果每帧画面是实际拍摄的图像,称为**视频**(Video);如果每帧画面是人工设计或计算机绘制的图形,称为**动画**(Animation)。

由于人眼的视觉暂留特性,当每帧画面按顺序快速显示时,就会形成连续变化的动态效果,例如,电影胶片标准为 24 帧/秒,我国电视采用 PAL 制,为 25 帧/秒。要存储一分钟的分辨率 720×576 的 PAL 制真彩色视频,就需要 $720 \times 576 \times 3 \times 25 \times 60$ 个字节,约 1.74GB,数据量非常惊人。

视频信息的数字化与音频信息的数字化相似,也由两个指标来衡量——采样频率和采样深度。**采样频率**是指单位时间内获取画面帧的数量,一般以每秒 $25 \sim 30$ 帧的速度对视频进行采样。**采样深度**是指经采样后每幅画面所包含的颜色数。例如,采样深度是 8 位,表示每幅画面有 2^8 种色彩。

4. 多媒体信息的压缩

由于声音、图像和视频等信息经数字化后数据量非常巨大,例如,分辨率为 1024×768 真彩色图像(24 位/像素),它的数据量约为每帧 2.25MB。若要达到每秒 25 帧的全动态显示要求,每秒所需的数据量为 56.25MB。

若用 16 位/样值的 PCM 编码,采样速率为 44.1kHz,则双声道立体声声音每秒将有 176KB 的数据量。由此可见音频、视频的数据量之大。如果不进行处理,计算机系统几乎无法对它进行存取和交换。因此,在多媒体计算机系统中,为了得到令人满意的图像、视频画面质量和听觉效果,必须解决视频、图像、音频信号数据的大容量存储和实时传输问题。解决的方法,除了提高计算机本身的性能及通信信道的带宽外,更重要的是对多媒体进行有效地压缩。

多媒体数据之所以能够压缩,是因为视频、图像、声音这些媒体具有很大的可压缩空间。

以目前常用的位图格式的图像存储方式为例,在这种形式的图像数据中,像素与像素之间无论在行方向还是在列方向都具有很大的相关性,因而整体上数据的冗余度很大,在允许一定限度失真的前提下,能对图像数据进行很大程度地压缩。

数据的压缩实际上是一个编码过程,即把原始的数据进行编码压缩。数据的解压缩是数据压缩的逆过程,即把压缩的编码还原为原始数据。因此数据压缩方法也称为编码方法。目前数据压缩技术日臻成熟,适应各种应用场合的编码方法不断产生。针对多媒体数据冗余类型的不同,相应地有不同的压缩方法。多媒体数据压缩方法按照压缩方法是否产生失真进行分类,根据解码后数据与原始数据是否完全一致进行分类,压缩方法可被分为有损压缩和无损压缩两大类。

有损压缩会减少信息量,而损失的信息是不能再恢复的,因此这种压缩法是不可逆的。无损压缩减少数据中的冗余,但这些冗余值是可以重新插入到数据中的,因此无损压缩是可逆的过程。

表 3-9 所示是多媒体信息的压缩标准或格式。

表 3-9   多媒体信息的压缩格式

类型	公司或组织	全称	缩写或扩展名	备 注
声音	ISO/IEC	略	MP3	
声音	Microsoft	略	WMA	
声音	Monkey's Audio	略	APE	无损压缩
图像	ISO/IEC	略	JPEG 或 JPG	
图像	CompuServe	略	GIF	最多 256 色
图像	Netscape	略	PNG	
视频	ISO/IEC	略	MPEG-1	用于 VCD
视频	ISO/IEC	略	MPEG-2	用于 DVD
视频	ISO/IEC	略	MPEG-4	
视频	Real Networks	略	RMVB	
视频	Microsoft	略	WMV	
视频	Flash Video	略	FLV	

习题 3

1. 将下列二进制数转换为十进制数。

(1) 10010101

(2) 11000011

(3) 10001111

2. 将下列十进制数转换为二进制数。

(1) 126

(2) 84

(3) 247

(4) 1023

(5) 78.63

3. 将下列二进制数转换为八进制和十六进制数。

(1) 10100111

(2) 11101011

(3) 01101101

(4) 11111111

4. 设机器数的字长为 8 位(含 1 位符号位),分别写出下列各数的二进制原码、反码和补码。

(1) 0

(2) -0

(3) 0.1000

(4) -0.1000

(5) 0.1111

(6) -0.1111

(7) 0.1101

(8) -0.1101

5. 写出下列各数的原码、反码和补码。

(1) 7/16

(2) $-7/16$

(3) 4/16

(4) $-4/16$

(5) 1/16

(6) $-1/16$

6. 设机器字长为 16 位,写出下列几种情况下所能表示的数的范围。

(1) 无符号整数。

(2) 原码表示定点小数。

(3) 补码表示定点小数。

(4) 原码表示定点整数。

(5) 补码表示定点整数。

7. 某浮点数字长 16 位,其中阶码 6 位,尾数 10 位,阶码、尾数均含 1 位符号位,并用规格化的补码表示,请写出下列几种情况下的浮点数。

(1) 非零最小整数。

(2) 最大整数。

(3) 绝对值最小负数。

(4) 绝对值最大负数。

8. 某人购买一部数码相机,最大分辨率为 4096×3072,当用最高设置拍摄一张照片时,所拍图像占用多大的存储空间? 换算成以 MB 为单位来表示。

9. 请使用 Windows 操作系统"附件"中的"画图"软件画一幅图,保存为 BMP 格式,再另存为 JPG 格式,比较它们的大小,然后计算一下压缩比。

第4章

计算机的硬件组成及功能

计算机的硬件是指计算机系统中可触摸到的设备实体。如第1章所述,计算机硬件是由运算器、控制器、存储器、输入设备和输出设备这5大部件组成的。

4.1　中央处理器

运算器和控制器合称中央处理器(CPU)。在早期的计算机结构中,运算器和控制器是相对独立的两个部分,如冯·诺依曼机制所描述的那样。现今,则常把它们组成一个整体。CPU是执行指令的核心部件,控制着数据流和控制流的操作。此外,它还向计算机系统的其他部件发出控制信息,收集各设备的状态信息,与其他部件交换数据信息。CPU是计算机硬件系统的核心。在微机中常将CPU集成于一块芯片之中,构成单片CPU,如图4-1所示。

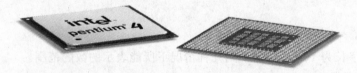

图4-1　CPU

4.1.1　CPU的功能和组成

CPU是整个计算机的核心,每台计算机至少有一块CPU。不同的计算机其性能的差别首先在于CPU的性能。

1. CPU的功能

若用计算机来解决某个问题,首先要编写解决问题的程序,而程序是指令的有序集合。按冯·诺依曼"存储程序"的概念,只要把程序装入到主存储器之后,计算机便可以自动地完成取出指令和执行指令的任务,而完成该任务的部件就是CPU。具体地说,CPU有以下功能。

(1) 指令控制:控制程序严格按规定的顺序执行,是CPU的首要任务。

(2) 操作控制:CPU管理并产生由内存取出的每条指令的操作信号,把各种操作信号送往相应的部件,从而控制这些部件按指令的要求进行动作。

（3）时间控制：对各种操作实施时间上的定时。

（4）数据加工：对数据进行算术运算和逻辑运算处理。

（5）中断处理：处理由设备发来的中断。

2．CPU 的组成

CPU 是由控制器、运算器两大部分组成的，如图 4-2 所示。

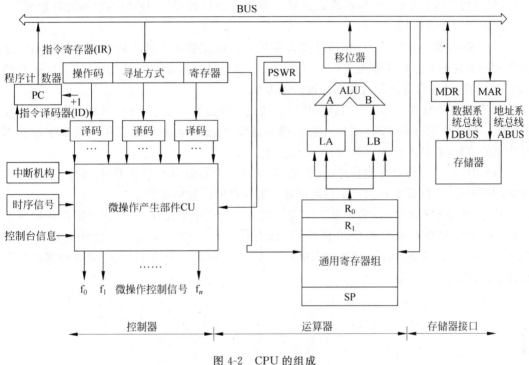

图 4-2　CPU 的组成

3．CPU 中的主要寄存器

CPU 中的寄存器用来暂时保存运算和控制过程的中间结果、最终结果以及控制/状态信息，它可分为通用寄存器和专用寄存器两种类型。

（1）通用寄存器

通用寄存器用来存放原始数据和运算结果，有时还可作为变址寄存器、计数器、地址指针等。通用寄存器可由用户编程访问。通用寄存器的数目少则几个，多则几十个，上百个。如图 4-3 所示是 80286 的 8 个 16 位寄存器。

（2）专用寄存器

专用寄存器是专门用来完成某种特殊功能的寄存器，一般不允许用户访问。常用的专用寄存器有程序计数器（Program Counter，PC）、指令寄存器（Instruction Register，IR）、存储器数据寄存器（Memory Data Register，MDR）、存储器地址寄存器（Memory Address Register，

AH	AL	AX累加寄存器
BH	BL	BX基址寄存器
CH	CL	CX计数寄存器
DH	DL	DX数据寄存器
SI		SI源变址寄存器
DI		DI目的变址寄存器
BP		BP基址指针寄存器
SP		SP堆栈指针寄存器

图 4-3　80286 的寄存器

MAR)、程序状态字寄存器(Program State Word Register,PSWR)。

① 程序计数器：程序计数器的作用是存放正在执行的指令地址或接着要执行的下条指令地址。

对于顺序执行的指令,PC 的内容应不断地自动加“1”,以控制指令的顺序执行。当遇到需要改变程序执行顺序的指令时,将转移的目的地址送至 PC,即可实现程序的转移。

② 指令寄存器：指令寄存器是用来保存当前正在执行的一条指令的。当执行一条指令时,先把它从内存取出,然后再传送至 IR。在指令执行过程中,IR 的内容不允许被修改,以保证指令的正确执行。

③ 存储器数据寄存器：存储器数据寄存器的功能是暂时存放由内存储器读出的一条指令或 个数据字。它的作用是 CPU 与内存、外部设备之间信息传送的中转站,以便补偿 CPU 和内存、外围设备之间在操作速度上的差别。

④ 存储器地址寄存器：存储器地址寄存器的功能是存放当前 CPU 所访问的内存单元的地址。由于在内存和 CPU 之间存在着操作速度上的差别,所以必须使用地址寄存器来保持地址信息,直到内存的读/写操作完成为止。

当 CPU 与主存储器交换信息时,无论是 CPU 向主存储器存放数据时,还是 CPU 从主存储器读出指令时,都要使用存储器地址寄存器和存储器数据寄存器。

⑤ 程序状态字寄存器：程序状态字寄存器的功能是用于存放 ALU 工作时产生的状态信息。PSWR 的特点是每一位单独使用,称为标志位。PSWR 中每一位的情况反映了 ALU 当前的工作状态或条件转移指令的转移条件。如图 4-4 所示是 8086 微处理器的程序状态字寄存器。

15	14	13	12	11	10	9	8	7	6	5	4	3	2	1	0
×	×	×	×	V	D	I	T	S	Z	×	A	×	P	×	C
				溢出标志位	方向标志位	中断允许标志位	单步标志位	结果符号位	零标志位		辅助进位位		奇偶标志位		进位标志位

图 4-4 8086 的程序状态字寄存器

程序状态字寄存器中的内容可分为两大部分,一是状态标志,如进位标志位(C)、奇偶标志位(P)、辅助进位位(A)、零标志位(Z)、结果符号位(S)及溢出标志位(V)。大多数指令的执行会影响到这些状态标志位。二是控制标志,如中断允许标志位(I)、单步标志位(T)及方向标志位(D)。

PSWR 的位数往往等于机器字长,各种计算机的程序状态字寄存器的位数和设置不尽相同。

4.1.2 控制器的功能和组成

控制器是计算机的指挥中心,它把运算器、存储器、输入输出设备等部件组成一个有机的整体,并根据指令的要求指挥整个计算机的工作。

控制器主要用于控制计算机各种操作的执行,如读取各种指令,并对指令进行分析,做出相应的控制。另外,CPU还需要协调I/O操作和内存访问。

1. 控制器的功能

控制器的主要功能有以下几个。

- 取指:从内存中取出一条指令,并指出下一条指令在内存中的位置。
- 译码:对指令进行译码或测试,并产生相应的操作控制信号,以便启动规定的动作。
- 控制:指挥并控制CPU、内存和输入输出设备之间数据流动的方向。

2. 控制器的组成

不同的计算机的控制器会略有差别,但其基本组成是相同的,如图4-5所示。控制器是由以下主要部件组成的。

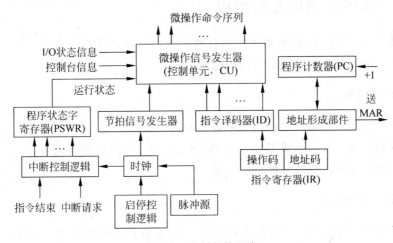

图 4-5　控制器的组成

(1) 指令部件

指令部件的主要任务是完成取指令并分析指令的任务。

指令部件由程序计数器、指令寄存器、指令译码器和地址形成部件组成。

指令译码器(Instruction Decoder,ID)又称为指令功能分析解释器。在指令执行时,存放在指令寄存器中的指令的操作码部分经过指令译码器译码之后,计算机才能识别出这是一条什么样的指令,之后产生相应的控制信号提供给微操作信号发生器。

地址形成部件根据指令寻址方式的不同,形成操作数的有效地址。在微机中可以不设专门的地址形成部件,由运算器来进行有效地址的计算。

(2) 时序部件

时序部件能产生一定的时序信号,以保证机器的各个功能部件有节奏地进行信息传送、加工及存储。

时序部件由脉冲源、启停控制逻辑和节拍信号发生器组成。

脉冲源用来产生具有一定频率和宽度的时钟脉冲信号,为整个机器提供基准信号。当计算机的电源接通后,脉冲源立即按规定的频率重复发出时钟脉冲信号,直到电源关闭为止。

启停控制逻辑的作用是根据计算机的需要,可靠地开放或封锁脉冲,控制时序信号的发生或停止,实现对整个机器的正确启动或停止。只有通过启停控制逻辑将计算机启动后,时钟脉冲才允许进入,并启动节拍信号发生器开始工作。

节拍信号发生器又称脉冲分配器。脉冲源产生的脉冲信号经过节拍信号发生器后产生出各个机器周期中的节拍信号,用以控制计算机完成每一步微操作。

（3）微操作信号发生器

一条指令的取出和执行可以分解成很多最基本的操作,这种最基本的不可再分割的操作称为微操作。微操作信号发生器也称为控制单元（Control Unit,CU）。不同的机器指令具有不同的微操作序列。

（4）中断控制逻辑

中断控制逻辑是用来控制中断处理的硬件逻辑。

4.1.3　运算器的功能和组成

运算器是在控制器的控制下实现其运算功能的。运算器不仅可以完成数据信息的算术/逻辑运算,还可以作为数据信息的传送通路。

1. 运算器的功能

运算器的主要功能是完成二进制算术运算及逻辑运算。

计算机中最基本的算术运算是加法运算,加、减、乘、除运算最终都可以归结为加法运算。运算器中的最基本的运算部件是**加法器**。

2. 运算器的基本组成

运算器包含以下几个部分:实现基本算术/逻辑运算功能的算术/逻辑单元（Arithmetic Logic Unit,ALU）,提供操作数与暂存结果的寄存器组,有关的判别逻辑和控制电路等。

运算器内的各功能模块之间的连接也广泛采用总线结构,这个总线称为运算器的内部总线,ALU 和各寄存器都挂在上面。运算器的内部总线是 CPU 的内部数据通路,因此只有数据线。

如图 4-6 所示是带多路选择器的运算器。各寄存器可以独立、多路地将数据送至 ALU 的多路选择器,使 ALU 有选择地同时获得两路输入数据。运算器的内部总线是一组单向传送的数据线,它将运算结果送往各寄存器,由寄存器的同步打入脉冲将内部总线上的数据送入某个通用寄存器。如果同时发出几个打入脉冲,则可将总线上的同一数据同时送入几个相关的寄存器中。

4.1.4　指令的执行过程

一条指令的执行过程可分为三个阶段:取指令阶段,分析取数阶段和执行阶段。

1. 取指令阶段

取指令阶段完成的任务是将现行指令从主存中取出来并送至指令寄存器中去,具体的操作如下。

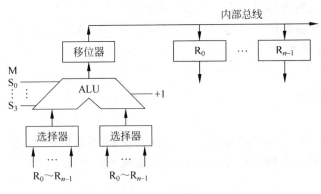

图 4-6 运算器的组成

（1）将程序计数器中的内容送至存储器地址寄存器，并送地址总线（Address Bus，AB）。

（2）由控制单元经控制总线（Control Bus，CB）向存储器发读命令。

（3）从主存中取出的指令通过数据总线（Data Bus，DB）送到存储器数据寄存器。

（4）将存储器数据寄存器的内容送至指令寄存器中。

（5）将程序计数器的内容递增，为取下一条指令做好准备。

以上这些操作对任何一条指令来说都是必须执行的操作，所以称为公共操作。

2．分析取数阶段

取出指令后，指令译码器可识别和区分出不同的指令类型。此时计算机进入分析取数阶段，以获取操作数。由于各条指令功能不同，寻址方式也不同，所以分析取数阶段的操作是各不相同的。

3．执行阶段

执行阶段完成指令规定的各种操作，形成稳定的运算结果，并将其存储起来。

计算机的基本工作过程就是取指令、取数、执行指令，然后再取下一条指令，如此周而复始，直至遇到停机指令或外来的干预为止。

下面以加法指令"ADD R_0，R_1"为例说明指令的执行过程。

加法指令"ADD R_0，R_1"的含义是将 R_0 的内容与 R_1 的内容相加，结果送回 R_0。该指令中的两个操作数由于都存放在寄存器中，所以不需要到主存储器取数。指令的执行只需要由取指令和执行指令两个阶段组成。

第一步　取指令阶段。

（1）将程序计数器的内容送至存储器地址寄存器，并送地址总线。

（2）由控制单元经控制总线向存储器发读命令。

（3）从主存中取出的指令通过数据总线送到存储器数据寄存器。

（4）将存储器数据寄存器的内容送至指令寄存器中。

（5）将程序计数器的内容递增，为取下一条指令做好准备。

第二步　执行阶段。

（1）将存放在通用寄存器（R_0）中的被加数送至暂存器 LA。

（2）将存放在通用寄存器（R_1）中加数送至暂存器 LB。

（3）控制单元向运算器发 ADD 控制信号，使暂存器 LA 的内容与暂存器 LB 的内容相加，将运算结果送至通用寄存器 R_0。

4.2　存储系统

我们总是希望计算机系统的容量大、存取速度快、成本价格低，但这几点往往是矛盾的。因此我们常把计算机的存储系统分成几个层次，如图 4-7 所示。

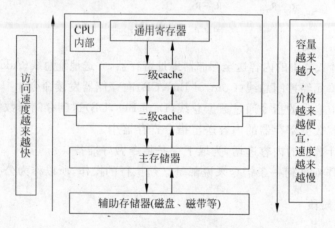

图 4-7　计算机的存储系统

随着计算机功能的迅速增加，需要执行、可执行的程序量日益增大，需要处理的数据量也越来越大。特别是应用于信息管理和知识处理的计算机系统，需要处理的信息量非常庞大。计算机的工作过程是读取和执行指令，当程序装入内存后，指令的执行主要是对主存储器读取或写入数据，因此要想提高程序的执行速度，构成主存储器的半导体存储器的存取速度是关键。但其速度与容量是一对矛盾，要扩大半导体存储器的容量，需增加元器件，但元器件的增多会导致电路连线上的分布电容增大，使工作速度降低。磁盘的容量较大，但其速度却难与半导体存储器相媲美。

因此，一方面努力改进制造工艺，寻求新的存储机理，以提高存储设备的性能。另一方面，将整个存储系统分成几个层次，让 CPU 直接访问的一级存储设备速度尽可能快，而容量相对有限；作为后援的存储设备则容量较大，而速度可以慢一些。经过合理的搭配组织，对用户来说，整个存储系统能够提供足够大的存储容量和较快的处理速度。表 4-1 对常用存储设备进行了各方面的比较。

表 4-1　常用存储设备比较

名　称	简称	用　　途	特　　点
高速缓冲存储器	cache	高速存取指令和数据	存取速度快，但存储容量小
主存储器	主存	存放计算机运行期间的大量程序和数据	存取速度较快，存储容量不大
辅助存储器	外存	存放系统程序和大型数据文件及数据库	存取速度慢，存储容量大，成本低

4.2.1　主存储器

主存储器是 CPU 直接编程访问的存储器,通常位于主机之内,所以常称为内存。

1. 对主存储器的要求

由于主存储器中存放的是正在运行的程序和数据,对主存储器的基本要求有以下三点。

(1) 随机访问

随机访问即对主存储器区域内的任何位置可以随机地进行访问。为了便于对主存储器区域进行访问,首先对主存储器进行编址,CPU 可以按地址直接访问任何一个存储单元,如可直接访问 0000 单元,也可直接访问 FFFF 单元,并且访问各存储单元所需要的时间与地址无关。

(2) 工作速度快

主存储器的工作速度要求与 CPU 的速度相匹配,目前个人计算机中主存储器的访问周期为几十到几百毫微秒(mμs),而 CPU 每秒可以执行数亿条指令。因此主存储器的速度远低于需要。为此,有些计算机中采用多存储体交叉访问的工作方式,使整体访问主存储器的速度与 CPU 相匹配。

(3) 具有一定的存储容量

如果主存储器过小,CPU 很难有效地运行大程序,过于频繁地在主存储器与外存储器之间进行切换,会增加系统开销,降低效率。因此主存储器需要有一定的容量要求。在早期的个人计算机中,主存储器容量受到地址线位数的制约,如 8086 的地址线是 16 位,其可直接访问的地址空间只有 64KB。从 80386、80486 到目前使用的奔腾系列的 CPU 芯片,其地址线都是 32 位的,理论上可直接访问的地址空间可达 4GB。一台计算机究竟配置多大的主存容量,取决于系统的设计规模,即对需要和成本两方面的考虑。

2. 主存储器的种类

主存储器是 CPU 可直接访问的存储器,目前计算机中的主存储器主要有以下两类。

(1) 随机存取存储器

随机存取存储器(Random Access Memory,RAM)是存储指令或数据的存储器,断电后该存储器中的数据会丢失。构成 RAM 的 DRAM 芯片由若干存储单元构成,通过对每个存储单元的电容的充电实现数据的存储。因为电容有自然放电的趋势,所以必须定时地刷新才能保持其上存储的数据不会丢失。

在微机中的 RAM 基本上以内存条(见图 4-8)的形式进行组织,其优点是扩展方便,用户可以根据需要随时增加内存。常见的内存条容量有 128MB、256MB、512MG 和 1GB等多种。

图 4-8　内存条

(2) 只读存储器

只读存储器(Read-Only Memory,ROM)是永久性、非易失性的存储器。只读存储器又可分为以下几种类型。

① 掩膜式只读存储器(Mask ROM,MROM):它的内容是由半导体生产厂商按用户提出的要求在芯片的生产过程中直接写入的,写入后任何人都无法改变其内容。MROM 的优点是可靠性高,集成度高,价格便宜;缺点是用户对生产厂商的依赖性大,灵活性差。

② 可编程只读存储器(Programmable ROM,PROM):PROM 允许用户用专门的设备(编程器)写入自己的程序,但写入后其内容无法改变。PROM 产品出厂时,所有存储单元均制成"0",用户可根据需要自行将其中某些存储单元改为"1",但数据只能修改一次,故称一次可编程只读存储器。

③ 可擦除可编程只读存储器(Erasable PROM,EPROM):EPROM 出厂时,存储的内容全为"1",用户可将其中的某些存储单元改为"0"。当需要更新存储内容时,可以将原来存储的内容擦除(恢复为全"1"),再重新写入。所以 EPROM 可以多次擦除、重新写入。

EPROM 分为 EEPROM 和 UVEPROM 两种。EEPROM 用电擦除原来写入的数据,但擦除、编程时均需要相对较高的电压。UVEPROM 用紫外线灯进行擦除,只能对整个芯片擦除,不能对芯片中的个别存储单元单独擦除。

需要注意的是,EPROM 的编程次数是有限的。另外,写入数据花费的时间比随机存取存储器(RAM)要长得多,大约为一百倍到一千倍。

4.2.2 高速缓冲存储器

CPU 和主存储器是用不同的材料制成的,它们之间在速度上是不匹配的。CPU 的速度平均每年提高 60%,而组成主存的 DRAM 的速度平均每年只改进 7%。为了解决主存储器与 CPU 速度不匹配的矛盾,在计算机的存储系统中引入了高速缓冲存储器(cache)。

1. cache 在存储系统中的位置

用 SRAM(Static RAM)组成的 cache 的运行速度接近于 CPU 的速度。cache 刚出现时,典型的计算机系统中只有一个 cache。而近年来的微机系统中普遍采用多个 cache。随着集成电路的发展,cache 被直接放在 CPU 芯片内,称为一级 cache,又叫片内 cache。一级 cache 以 CPU 核心的速度运行,CPU 可以直接访问,不必占有外部总线,其速度是最快的,但其容量小,通常只有几十 KB。安装在主板上的 cache 称为二级 cache。二级 cache 以主板的速度运行,其速度低于一级 cache,容量较大,从 256KB 到 2MB 不等。cache 在存储系统中的位置如图 4-9 所示。

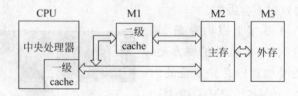

图 4-9 cache 的位置

2. cache 的功能与作用

cache 用来存放当前最常用的程序和数据,也就是说 cache 中存放的内容是内存中内容的子集。当CPU运行时,需要的数据可在cache和主存储器中同时寻找,由于cache的速度大大高于主存储器,所以先查找cache。如果在cache中找到,则停止在主存储器中的查找;如果在cache中没有找到,则继续在主存储器中查找。这样一来,保持cache中的数据"新鲜",使其保存CPU要访问的数据,就成为了提高程序运行速度的关键。

P. Denning提出了局部性原理,为保持cache中的数据"新鲜"提供了理论基础。局部性表现在以下两个方面。

(1)空间局部性。程序在执行时,访问的内存储单元通常会局限在一个比较小的范围内。这反映了程序顺序执行的特性,也反映了程序顺序访问数据结构的特性。

(2)时间局部性。程序中执行的某些指令会在不久后再次被执行,程序访问的数据结构也会在不久后被再次访问。产生时间局部性的原因是程序中存在着大量的循环操作。

基于局部性理论,程序在执行时常常会局限于某一存储单元附近。所以当程序运行时,把内存中CPU将要访问的局部的某一存储单元附近的一小部分内容放入cache,可以保证CPU的部分访问都在cache中,当程序访问不在cache的那部分程序和数据时,再将它调入cache。如果此时cache已满,无法装入新的程序和数据,可以将暂时不用的部分程序和数据置换出去,腾出cache空间后再将需要的程序和数据调入cache,使程序能继续运行。这样一来,可以使程序在一个比较小的cache空间上运行。

3．cache与主存储器的映射关系

为了把主存内容放到cache中,必须应用某种方法把主存地址定位到cache中,称为地址映射。映射一词的物理含义是确定位置的对应关系,能够将CPU访问主存时给出的主存地址自动变换成cache的地址,cache与主存储器的映射关系如图4-10所示。

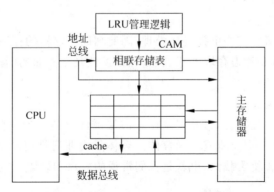

图4-10　cache与主存储器的映射关系

常用的映射方式有以下三种。

(1)全相联映射

全相联映射就是让主存中任何一个块均可以映像装入到cache中任何一个块的位置上。全相联映射方式比较灵活,cache的块冲突概率最低,空间利用率最高,但是地址变换速度慢,而且成本高,实现起来比较困难。

(2)直接映射

直接映射是指主存中的每一个块只能被放置到cache中唯一的一个指定位置。若这个

位置已有内容,则产生块冲突,原来的块将无条件地被替换出去。直接映像方式是最简单的地址映像方式,成本低,易实现,地址变换速度快,而且不涉及其他两种映射方式中的替换算法问题。但这种方式不够灵活,cache 的块冲突概率最高,空间利用率最低。

(3) 组相联映射

组相联映射将主存空间按 cache 大小等分成区后,再将 cache 空间和主存空间中的每一区都等分成大小相同的组。让主存各区中某组中的任何一块均可直接映射装入 cache 中对应组的任何一块位置上,即组间采取直接映射,而组内采取全相联映射。组相联映射实际上是全相联映射和直接映射的折中方案,所以其优点和缺点介于全相联映射和直接映射方式的优缺点之间。

4.2.3 辅助存储器

主存储器是决定计算机系统整体性能的重要因素,然而由于主存储器容量的限制,主存储器中可以容纳的指令和数据相对有限。但是计算机系统中通常需要存储更多的指令和数据,并需要存储的信息能够保留很长的时间,于是计算机系统中需要辅助存储器(Secondary Storage)。

辅助存储器是指主机以外的存储装置,又称为后援存储器。辅助存储器的读写就其本质来说也是输入或输出,所以可以认为辅助存储器也是一种输入输出设备。常见的辅助存储器有软盘、硬盘、磁带、光盘及 U 盘等。

辅助存储器与主存储器相比有以下优点:

* 非易失性。
* 容量大。
* 价格便宜。

但是,使用辅助存储器需要电控机械处理,因此辅助存储器的存取速度比主存储器慢得多。选择辅助存储器需要考虑存取方式、容量和便携性几个方面的问题。

1. 磁盘

硬磁盘存储器简称硬盘。信息是记录在一薄层磁性材料上的,这个薄层称为磁层。磁层与所附着的载体称为记录介质或记录媒体。载体是由非磁性材料制成的,根据载体的性质,又可分为软质载体和硬质载体,也就是我们常说的软盘和硬盘,如图 4-11 所示。

图 4-11 硬盘和软盘

(1) 硬盘

硬盘存储器的硬件包括硬盘控制器(适配器)、硬盘驱动器以及连接电缆。硬盘控制器

(Hard Disk Controller,HDC)对硬盘进行管理,并在主机和硬盘之间传送数据。硬盘控制器以适配卡的形式插在主板上或直接集成在主板上,然后通过电缆与硬盘驱动器相连;许多新型硬盘则已将硬盘控制器集成到驱动器单元中去了。硬盘驱动器(Hard Disk Driver,HDD)中有盘片、磁头、主轴电机(盘片旋转驱动机构)、磁头定位机构、读写电路和控制逻辑等。

为了提高单台驱动器的存储容量,在硬盘驱动器内使用了多个盘片,它们被叠装在主轴上(见图 4-12),构成一个盘组;每个盘片的两面都可用作记录面,所以一个硬盘的存储容量又称为盘组容量。

① 磁头(Header)。磁头是磁记录设备的关键部件之一,是一种电磁转换元件,能把电脉冲表示的二进制代码转换成磁记录介质上的磁化状态,即电磁转换;反过来,能把磁记录介质上的磁化状态转换成电脉冲,即磁电转换。在读写过程中,磁记录介质与磁头之间相对运动,一般是记录介质运动而磁头不动。通常看到的硬盘都是封装起来的,看不到内部的结构。在一个硬盘中,包含多个盘片,每个盘片分两面,每面有一个读写磁头。

② 柱面(Cylinder)。每个盘面上的存储介质同心圆圆环称为磁道(典型值为 500～2000 条磁道),磁道之间留有必要的间隙。通常,最外圈的磁道为 0 道,向内则磁道号逐步增加。一块硬盘的多个盘面同一位置上的磁道不仅存储密度相同,而且几何形状就像一个存储介质组成的圆柱一样,因此,将硬盘的多个盘面上的同一磁道称为柱面,如图 4-13 所示。引入柱面的概念是为了提高硬盘的存储速度。当要存储一个较大的文件,一条磁道存储不完时,应选择同一柱面上的其他磁道,这样,多个磁头同时定位,不需要变换磁道,省去了寻道时间。

③ 扇区(Sector)。为使磁盘的处理简单起见,在每条磁道上存储相同数目的二进制位。扇区是将磁道按照相同角度等分的扇形,每个磁道上的等分段都是一个扇区(典型值为10～100 个扇区),如图 4-14 所示。

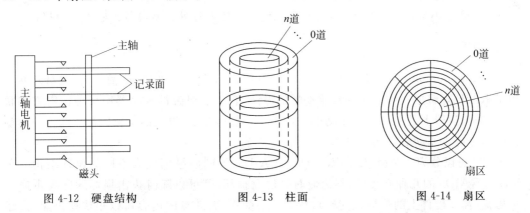

图 4-12 硬盘结构　　　图 4-13 柱面　　　图 4-14 扇区

主机向磁盘控制器送出有关寻址信息,磁盘地址一般表示为:驱动器号、圆柱面(磁道)号、记录面(磁头)号、扇区号。通常,主机通过一个硬盘控制器可以连接几台硬盘驱动器,所以需要送出驱动器号或台号。调用磁盘常以文件为单位,故寻址信息一般应当给出文件起始位置所在的圆柱面号与记录面号(这就确定了具体磁道)、起始扇区号,并给出扇区数(交换量)。

当向磁盘寻址时,一般表示为柱面(磁道)号、磁头(盘面)号、扇区号。在进行数据读/写时,通过磁头从磁盘中取出/存入数据。磁头是固定不动的,磁盘在其下面旋转。

(2) 软盘

软盘片都装在保护套中。工作时,盘片的夹紧机构夹住保护套使其不动,保护套不动,而盘片在主轴电机的驱动下旋转。保护套上开有一个长方形的读写槽,盘片旋转时,磁头通过读写槽对盘片进行读写操作。平时读写槽被遮住,以保护盘片,工作时才露出读写槽。

为了保护软盘片上已记录的信息不被删改,在软盘保护套上设置有写保护开关来实现只读不写的功能。一旦写保护的盘片插入驱动器,写保护检测电路即发出封锁写功能信号,不允许写入磁盘。

(3) 磁盘的存储容量

存储容量是指整个磁介质存储器所能存储的二进制信息的总量,一般以字节为单位表示,它与存储介质的尺寸和记录密度直接相关。磁介质存储器的存储容量有非格式化容量和格式化容量两种指标。非格式化容量是指磁记录介质上全部的磁化单元数;格式化容量是指用户实际可以使用的存储容量,也就是制造商给出的标称容量。格式化容量一般约为非格式化容量的 60%～70%左右。

磁盘的格式化分为两个层次,上面所述的格式化称为低级格式化,其任务是按照规定的格式为每个扇区填充格式控制信息。低级格式化一般由厂商在出厂之前完成。

磁盘格式化的另一个层次是高级格式化,其任务是在磁盘上建立文件系统。高级格式化由用户利用操作系统提供的工具完成。

(4) 磁盘的接口

硬盘的接口可分为 IDE 和 SCSI 两种。传统微机和便携机采用标准的 IDE 接口,而工作站和服务器则多采用 SCSI 接口。两种接口在物理上不兼容。

① IDE 接口也称 ATA 接口,适合于内置磁盘控制器的驱动器。采用 IDE 接口的硬盘具有价格低廉、稳定性好、标准化程度高等优点。

② SCSI 是小型计算机系统接口的缩写,是一种接入各种类型设备的通用快速接口。

2. RAID

RAID(Redundant Array of Independent Disk,独立冗余磁盘阵列)简称为"磁盘阵列"。可以把 RAID 理解成一种使用磁盘驱动器的方法,它将一组磁盘驱动器用某种逻辑方式联系起来,作为逻辑上的一个磁盘驱动器来使用。一般情况下,组成的逻辑磁盘驱动器的容量要小于各个磁盘驱动器容量的总和。

RAID 可以分为 7 个级别,即 RAID0～RAID6,不同的级别代表不同的设计结构。在 RAID1～RAID6 的几种方案中,不论何时有磁盘损坏,都可以随时拔出损坏的磁盘再插入好的磁盘(需要硬件上的热插拔支持),数据不会受损,失效盘的内容可以很快地重建,重建的工作由 RAID 硬件或 RAID 软件来完成。但 RAID0 不提供错误校验功能,所以有人说它不能算作是 RAID,其实这也是 RAID0 为什么被称为 0 级 RAID 的原因,0 本身就代表"没有"。

磁盘阵列具有容量大、速度快、可靠性高、造价低廉的特点,它是目前解决计算机 I/O 瓶颈的有效方法之一,有着广阔的发展前景。

3．磁带

磁带是一种覆盖着铁氧化物的聚酯薄膜，磁带上每个被磁化的部分存储一位数据。磁带是一种顺序存取设备，也就是说，假如要从一卷磁带的中间读取数据，那么位于所需数据段前面的磁带部分都要被顺序读过，这是磁带的一个很大的缺点，它的数据访问速度很慢，但磁带通常比磁盘便宜。

4．光盘

相对于利用磁化电流进行读写的磁盘而言，用光学方式读写信息的圆盘称为光盘，以光盘为存储介质的存储器称为光盘存储器。

（1）光盘的类型

光盘按其读写性质可分为以下几种类型。

* CD-ROM 光盘：CD-ROM 即只读型光盘，又称固定型光盘。它由生产厂家预先写入数据和程序，使用时用户只能读出，不能修改或写入新内容。CD-ROM 光盘的结构如图 4-15 所示。

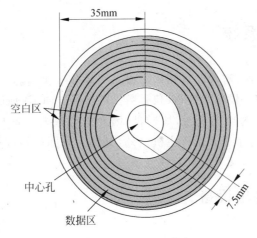

图 4-15　CD-ROM 光盘

* CD-R 光盘：CD-R 光盘采用 WORM 标准，光盘可由用户写入信息，写入后可以多次读出，但只能写入一次，信息写入后将不能再修改，所以称为只写一次型光盘。
* CD-RW 光盘：这种光盘是可以写入、擦除、重写的可逆性记录系统。这种光盘类似于磁盘，可重复读写。
* DVD-ROM 光盘：DVD 代表通用数字光盘，简称高容量 CD。事实上，任何 DVD-ROM 光驱都是 CD-ROM 光驱，即这类光驱既能读取 CD 光盘，也能读取 DVD 光盘。DVD 除了密度较高以外，其他技术与 CD-ROM 完全相同。

（2）光盘存储器的组成

光盘存储器由光盘控制器和光盘驱动器及接口组成。光盘控制器主要包括数据输入缓冲器、记录格式器、编码器、读出格式器、数据输出缓冲器等部分。光盘驱动器主要包括主轴电机驱动机构、定位机构、光头装置及电路等。其中光头装置部分最复杂，是驱动器的关键部分。

5. USB 盘

USB 盘简称 U 盘（见图 4-16），这是一种基于闪速存储介质和 USB 接口的移动存储设备，被称为移动存储的新一代产品。U 盘可长期保存数据，并具有写保护功能，擦写次数可达百万次以上。目前 U 盘已不满足于仅仅拥有移动存储的功能，许多 U 盘还具有特殊的功能。

与磁盘、光盘等传统存储产品相比，U 盘表现出更为旺盛的生命力。这种高速发展的半导体存储器属于非易失性存储器，在保存数据时不需要消耗能量，在一定的电压下可以改写内部数据。它与普通以字节存储的 RAM 不一样，是分块存储的。

U 盘采用 USB 接口，无需外接电源，可以实现即插即用。近年来随着 U 盘的快速发展，它大有取代传统软盘的势头。

图 4-16　U 盘

4.3　输入输出系统

从信息传送的角度看，输入设备和输出设备可算作一类，输入设备是将数据输入到主机，输出设备是由主机向外输出数据，仅仅是数据的传送方向不同而已。有一些设备既可以作为输入设备，又可以作为输出设备，如磁盘，因此常将输入设备与输出设备合称 I/O 设备。由于它们在逻辑划分上也是位于主机之外，又称为外围设备或外部设备。磁盘和磁带既属于存储系统的一部分，又可看成 I/O 设备。

4.3.1　输入输出设备

1. 键盘

键盘是计算机系统不可缺少的输入设备，人们通过键盘上的按键直接向计算机输入各种数据、命令及指令，从而使计算机完成不同的运算及控制任务。

键盘上的每个按键起一个开关的作用，故又称为键开关。键开关分为接触式和非接触式两大类。

（1）接触式键开关当键帽被按下时，两个触点被接通；当释放时，弹簧恢复原来触点断开的状态。这种键开关结构简单、成本低，但开关通断会产生触点抖动，而且使用寿命较短。

（2）非接触式键开关的特点是：开关内部没有机械接触，只是利用按键动作改变某些参数或利用某些效应来实现电路的通、断转换。这种键开关无机械磨损，不存在触点抖动现象，性能稳定，寿命长，已成为当前键盘的主流。

按照键码的识别方法，键盘可分为两大类型：编码键盘和非编码键盘。

（1）编码键盘是用硬件电路来识别按键代码的键盘，当某一键按下后，相应电路即给出一组编码信息（如 ASCII 码），并送至主机去进行识别及处理。编码键盘的响应速度快，但它以复杂的硬件结构为代价,并且其硬件的复杂程度随着键数的增加而增加。

(2) 非编码键盘通过较为简单的硬件和专门的键盘扫描程序来识别按键的位置,即当按某键以后并不给出相应的 ASCII 码,而是提供与按下键相对应的中间代码,然后再把中间代码转换成对应的 ASCII 码。非编码键盘的响应速度不如编码键盘,但是它通过软件编程可为键盘中某些键的重新定义提供更大的灵活性,因此得到广泛的使用。

2. 鼠标

鼠标按其内部结构的不同可分为机械式、光机式和光电式 3 大类。尽管结构不同,但从控制光标移动的原理上讲三者基本相同,都是把鼠标的移动距离和方向变为脉冲信号送给计算机,计算机再把脉冲信号转换成显示器光标的坐标数据,从而达到指示位置的目的。

目前许多便携式计算机或笔记本计算机上还经常配置轨迹球和跟踪点两类鼠标器。

(1) 轨迹球

轨迹球的结构颇像一个倒置的鼠标,好像在小圆盘上镶嵌一颗圆球。轨迹球的功能与鼠标相似,朝着指定的方向转动小球,光标就在屏幕上朝着相应的方向移动。

(2) 跟踪点

跟踪点是一个压敏装置,只有铅笔上的橡皮大小,所以可嵌在按键之间,用手指轻轻推它,光标就朝着推的方向移动。

3. 扫描仪

扫描仪是一种光、机、电一体化的高科技产品,它是将各种形式的图像信息输入计算机的重要工具,是继键盘和鼠标之后的第三代计算机输入设备,也是功能极强的一种输入设备。

扫描仪在工作时会发出强光,照射在稿件上,没有被吸收的光线将被反射到光学感应器上。光学感应器接收到这些信号后,将其传送到数模转换器,数模转换器再将其转换成计算机能够读取的信号,然后通过驱动程序转换成显示器上能看到的正确图像。

4. 打印机

打印机是计算机系统的主要输出设备之一,打印机的功能是将计算机的处理结果以字符或图形的形式印刷到纸上,转换为书面信息,便于人们阅读和保存。由于打印输出结果能永久性保留,故称为硬拷贝输出设备。

按照打印的工作原理不同,打印机分为击打式和非击打式两大类。

(1) 击打式打印机是利用机械作用使印字机构与色带和纸相撞击而打印字符的,它的工作速度不可能很高,而且不可避免地要产生工作噪声,但是设备成本低。

(2) 非击打式打印机是采用电、磁、光、喷墨等物理或化学方法印刷出文字和图形的,由于印字过程没有击打动作,因此印字速度快、噪声低,但一般不能复制多份。

打印机按照输出工作方式不同可分为串式打印机、行式打印机和页式打印机三种。

(1) 串式打印机是单字锤的逐字打印,在打印一行字符时,不论所打印的字符是相同或不同,均按顺序沿字行方向依次逐个字符打印,因此打印速度较慢。

(2) 行式打印机是多字锤的逐行打印,一次能同时打印一行(多个字符),打印速度较快。

(3) 页式打印机一次可以输出一页,打印速度最快。

5. 显示设备

显示设备是将电信号转换成视觉信号的一种装置。在计算机系统中,显示设备被用作输出设备和人机对话的重要工具。与打印机等硬拷贝输出设备不同,显示器输出的内容不能长期保存,当显示器关机或显示别的内容时,原有内容就消失了,所以显示设备属于软拷贝输出设备。

计算机系统中的显示设备若按显示对象的不同可分为字符显示器、图形显示器和图像显示器。

字符显示器是指能显示有限字符形状的显示器。图形和图像是既有区别又有联系的两个概念,图形是指以几何线、面、体所构成的图,而图像是指模拟自然景物的图,如照片等。从显示角度看,它们都是由像素(光点)所组成的。事实上,目前常用的 CRT 显示器都具有两种显示方式:字符方式和图形方式,所以它们既是字符显示器,又是图形显示器。

若按显示器件的不同可分为阴极射线管(CRT)、等离子显示器(PD)、发光二极管(LED)、场致发光显示器(ELD)、液晶显示器(LCD)、电致变色显示器(ECD)和电泳显示器(EPID)等。

4.3.2　输入输出接口

主机通过一组总线连接各种外围设备,在总线与各种外围设备之间还往往有一些起缓冲、连接作用的部件,称为输入输出接口(I/O 接口),简称接口。

输入输出接口是主机和外设之间的交接界面,通过接口可以实现主机和外设之间的信息交换。

主机和外设之间进行信息交换为什么一定要通过接口呢？这是因为主机和外设各自具有自己的工作特点,它们在信息形式和工作速度上具有很大的差异,接口正是为了解决这些差异而设置的。

1. 接口的功能

接口具有以下五大功能。

(1) 实现主机和外设的通信联络控制。

接口中的同步控制电路用来解决主机与外设的时间配合问题。

(2) 进行地址译码和设备选择。

任何一个计算机系统都配备有多种外设,同一种外设也可能配备多台,主机在不同时刻要与不同外设交换信息,当 CPU 送来选择外设的地址码后,接口必须对地址进行译码,以产生设备选择信息,使主机能和指定外设交换信息。

(3) 实现数据缓冲。

在接口电路中,一般设置有一个或几个数据缓冲寄存器,用于数据的暂存,以避免因速度不一致而丢失数据。在传送过程中,先将数据送入数据缓冲寄存器中,然后再送到输出设备或主机中去。

(4) 数据格式的变换。

在输入或输出操作过程中,为了满足主机或外设的各自要求,接口电路中必须具有实现各类数据相互转换的功能。例如：并-串转换、串-并转换、模-数转换、数-模转换以及二进制数和 ASCII 码的相互转换等。

（5）传递控制命令和状态信息。

当 CPU 要启动某一外设时，通过接口中的命令寄存器向外设发出启动命令；当外设准备就绪时，则有"准备好"状态信息送回接口中的状态寄存器，为 CPU 提供反馈信息，告诉 CPU，外设已经具备与主机交换数据的条件。当外设向 CPU 提出中断请求和 DMA 请求时，CPU 也应有相应的响应信号反馈给外设。

2．接口的基本组成

接口中要分别传送数据信息、控制信息和状态信息，这些信息都通过数据总线来传送。大多数计算机都把外部设备的状态信息视为输入数据，而把控制信息看成输出数据，并在接口中分设各自相应的寄存器，赋以不同的端口地址，各种信息分时地使用数据总线传送到各自的寄存器中去，如图 4-17 所示。

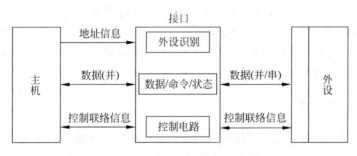

图 4-17　接口与主机、外设间的连接示意图

通常，一个接口中包含有数据端口、命令端口和状态端口。存放数据信息的寄存器称为数据端口，存放控制命令的寄存器称为命令端口，存放状态信息的寄存器称为状态端口。CPU 通过输入指令可以从有关端口中读取信息，通过输出指令可以把信息写入有关端口。

CPU 对不同端口的操作有所不同，有的端口只能写或只能读，有的端口既可以读又可以写。例如：对状态端口只能读，可将外设的状态标志送到 CPU 中去；对命令端口只能写，可将 CPU 的各种控制命令发送给外设。为了节省硬件，在有的接口电路中，状态信息和控制信息可以共用一个寄存器（端口），称之为设备的控制/状态寄存器。

4.3.3　输入输出控制方式

主机和外设之间的信息传送控制方式，经历了由低级到高级、由简单到复杂、由集中管理到各部件分散管理的发展过程，按其发展的先后次序和主机与外设并行工作的程度，可以分为四种。

1．程序查询方式

程序查询方式是一种程序直接控制方式，这是主机与外设间进行信息交换的最简单方式，输入和输出完全是通过 CPU 执行程序来完成的。一旦某一外设被选中并启动之后，主机将查询这个外设的某些状态位，看其是否准备就绪，若外设未准备就绪，主机将再次查询；

若外设已准备就绪,则执行一次 I/O 操作。

这种方式控制简单,但外设和主机不能同时工作,各外设之间也不能同时工作,系统效率很低,因此仅适用于外设数目不多、对 I/O 处理的实时性要求不高、CPU 的操作任务比较单一且并不很忙的情况。

2. 程序中断方式

在主机启动外设后,无须等待查询,而是继续执行原来的程序,外设在做好输入输出准备时,向主机发中断请求,主机接到请求后就暂时中止原来执行的程序,转去执行中断服务程序,对外部请求进行处理,在中断处理完毕后返回原来的程序继续执行。显然,程序中断不仅适用于外部设备的输入输出操作,也适用于对外界发生的随机事件的处理。

3. 直接存储器存取方式

直接存储器存取(Direct Memory Access,DMA)方式是在主存和外设之间开辟直接的数据通路,可以进行基本上不需要 CPU 介入的主存和外设之间的信息传送,这样不仅能保证 CPU 的高效率,而且能满足高速外设的需要。

DMA 方式只能进行简单的数据传送操作,在数据块传送的起始和结束时还须 CPU 及中断系统进行预处理和后处理。

4. I/O 通道控制方式

I/O 通道控制方式是 DMA 方式的进一步发展,在系统中设有通道控制部件,每个通道挂若干外设,主机在执行 I/O 操作时,只须启动有关通道,通道将执行通道程序,从而完成 I/O 操作。

通道是一个具有特殊功能的处理器,它能独立地执行通道程序,产生相应的控制信号,实现对外设的统一管理,及在外设与主存之间的数据传送。但它不是一个完全独立的处理器,它要在 CPU 的 I/O 指令指挥下才能启动、停止或改变工作状态,是从属于 CPU 的一个专用处理器。

4.4　总线

总线(bus)是一组连接各个部件的公共通信线路,即两个或多个设备之间进行通信的路径,是一种可被共享的传输媒介。

总线是中央处理器、内存、输入输出设备传递信息的公用通道,主机的各个部件通过总线相连接,外部设备通过相应的接口电路再与总线相连接,从而形成了计算机硬件系统。

4.4.1　系统总线的种类

1. 按总线的功能分类

总线按功能可分为三种类型:数据总线(Data Bus)、地址总线(Address Bus)和控制总线(Control Bus)。

有的系统中,数据总线和地址总线是复用的,即总线在某些时刻出现的信号表示数据,而另一些时刻表示地址。在有的系统中,数据总线与地址总线是分开的。

(1) 数据总线

数据总线用于传送数据信息。数据总线是双向的,即它既可以把 CPU 的数据传送到存储器或输入输出接口等其他部件,也可以将其他部件的数据传送到 CPU。

数据总线的位数是微型计算机的一个重要指标,通常与微处理器的字长相一致。例如 Intel 8086 微处理器字长为 16 位,其数据总线宽度也是 16 位。需要指出的是,数据的含义是广义的,它可以是真正的数据,也可以是指令代码或状态信息,有时甚至是一个控制信息。因此,在实际工作中,数据总线上传送的并不一定仅仅是真正意义上的数据。

(2) 地址总线

地址总线是专门用来传送地址的,由于地址只能从 CPU 传向辅助存储器或输入输出接口,所以地址总线总是单向的,这与数据总线不同。

地址总线的位数决定了 CPU 可直接寻址的内存空间大小,比如 8 位微机的地址总线为 16 位,则其最大可寻址空间为 $2^{16} = 64KB$。

(3) 控制总线

控制总线用来传送控制信号和时序信号。控制信号中,有的是微处理器送往存储器和输入输出接口电路的,如读/写信号、片选信号、中断响应信号等;也有是其他部件反馈给 CPU 的,比如中断申请信号、复位信号、总线请求信号、设备就绪信号等。因此,控制总线的传送方向由具体控制信号而定,一般是双向的,控制总线的位数要根据系统的实际控制需要而定。实际上,控制总线的具体情况主要取决于 CPU。

2. 按总线在微机系统中的位置分类

微机中的总线按其所处的位置可分为片内总线和片外总线两大类。

(1) 片内总线,又称内部总线,是微机内部各部件之间的连线。如 CPU 内部、寄存器之间和算术逻辑单元(ALU)与控制部件之间传输信息所用的总线称为内部总线,即片内总线。

(2) 片外总线,是指与外部设备接口的总线,实际上是一种外设的接口标准。

3. 按总线的通信方式分类

计算机的通信方式可分为并行通信和串行通信两种,相应的通信总线被称为并行总线和串行总线。

(1) 并行总线:并行总线通信速度快,实时性好,但由于占用的口线多,不适合小型化产品。

(2) 串行总线:串行总线通信速率低,但在数据通信量不是很大的微处理器电路中,显得更加简易、方便、灵活。

4.4.2 微机常见总线

在微机中,CPU 要与其他部件和各种外部设备相连,但如果将各部件和每一种外部设备都分别用一组线路与 CPU 直接连接,那么,连线将会错综复杂,甚至难以实现。为了简化电路设计、简化系统结构,常用一组线路配置适当的接口电路与各部件和外部设备连接,这组共用的连接线路就是总线。采用总线结构便于部件和设备的扩充,尤其是制定了统一的总线标准后就更容易使不同的设备之间实现互连。

微机中的总线按其所处的位置可分为片内总线和片外总线两大类,其中片外总线又分为系统总线和外部总线两类。

(1) 系统总线又称内总线或板级总线,是微机中各插件板与主板之间的连线,用于插件板一级的互联。例如 CPU 模块和存储器模块或 I/O 接口模块之间的传输通路。常用的系统总线有 ISA 总线、EISA 总线和 PCI 总线等。

(2) 外部总线是微机和外部设备之间的连线,微机作为一种设备,通过该总线和其他设备进行通信,它用于设备一级的互联。

1. 总线标准

为便于不同厂家生产的模块能灵活构成系统,形成了总线标准。一般情况下有两类标准,即正式公布的标准和实际存在的工业标准。

(1) 正式公布的标准由 IEEE(国际电气电子工程师学会)或 CCITT(国际电报电话咨询委员会)等国际组织正式确定和承认,并有严格的定义。

(2) 实际存在的工业标准首先由某一厂家提出,而又得到其他厂家广泛使用,这种标准可能还没有经过正式、严格的定义,也有可能经过一段时间后提交给有关组织讨论而被确定为正式标准。

2. 系统总线标准

系统总线同样包括地址线、数据线和控制线,用于 CPU 与接口卡的连接。为使各种接口卡能够在各种系统中实现"即插即用",系统总线的设计要与具体的 CPU 型号无关,因而要有自己统一的标准,以便按照这种标准设计各类适配卡。

现代微机中的多总线结构示意图如图 4-18 所示,其中的总线有 ISA 总线、PCI 总线及 AGP 总线等。图中的"北桥"、"南桥"是控制芯片组的两个部分。

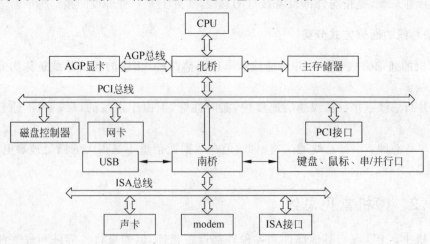

图 4-18　微机的总线结构

（1）ISA（Industry Standard Architecture）总线是 IBM 公司为 80286/AT 电脑制定的总线工业标准，也称为 AT 标准，它在 80286 至 80486 时代应用非常广泛，现在奔腾机中还保留有 ISA 总线插槽。

（2）PCI（Peripheral Component Interconnect）总线是当前最流行的总线之一，它是由 Intel 公司推出的一种局部总线。它定义了 32 位数据总线，且可扩展为 64 位。PCI 总线主板插槽的体积比原 ISA 总线插槽还小，其功能比 VESA、ISA 有极大改善，支持突发读写操作，最大传输速率可达 132MB/s，可同时支持多组外围设备。PCI 局部总线不能兼容现有的 ISA、EISA、MCA（Micro Channel Architecture）总线，但它不受制于处理器，是基于奔腾等新一代微处理器而发展的总线。

（3）AGP（Accelerated Graphics Port）总线是一种为了提高视频带宽而设计的总线规范。因为它是点对点连接，即连接控制芯片和 AGP 显示卡，因此严格来说，AGP 也是一种接口标准。

3. 外部总线标准

外部总线是指计算机主机与外部设备接口的总线，实际上是一种外设的接口标准。当前在微型计算机上常用的接口标准有 IDE（集成驱动器电子标准）、SCSI（小型计算机系统接口）、USB（通用串行总线）等。其中 IDE 和 SCSI 主要是与硬盘、光驱等设备连接的接口，USB 是一种新型外部总线，可以用来连接多种外部设备。传统的外部总线接口还有 RS-232C 串行总线和 IEEE488 并行总线。不过 RS-232C 串行总线和 IEEE488 并行总线的速度非常慢。

（1）IDE（Integrated Drive Electronics）称为集成驱动器电子标准，是现在普遍使用的外部接口，主要接硬盘和光驱。采用 16 位数据并行传送方式，体积小，数据传输快。一个 IDE 接口只能接两个外部设备。IDE 这一接口技术从诞生至今就一直在不断发展，性能也不断提高，拥有价格低廉、兼容性强等特点，目前具有其他类型硬盘无法替代的地位。

（2）SCSI（Small Computer System Interface）称为小型计算机系统接口，是一种较为特殊的接口总线，具备与多种类型的外设进行通信的能力。SCSI 采用 ASPI（Advanced SCSI，高级 SCSI 编程接口）的标准软件接口，使驱动器和计算机内部安装的 SCSI 适配器进行通信。SCSI 接口是一种广泛应用于小型机上的高速数据传输技术。SCSI 接口具有应用范围广、多任务、大带宽、CPU 占用率低、热插拔等优点。

（3）USB（Universal Serial Bus）称为通用串行总线，是由 Intel、Compaq、Digital、IBM、Microsoft、NEC、Northern Telecom 等 7 家计算机和通信公司共同推出的一种新型接口标准。它基于通用连接技术，实现与外设的简单快速连接，达到方便用户、降低成本、扩展 PC 连接外设范围的目的。USB 总线不像普通使用的串口、并口设备那样需要单独的供电系统，它可以为外设提供电源。另外，快速是 USB 技术的突出特点之一，USB 的最高传输速率可达 12Mbps，比串口快 100 倍，比并口快近 10 倍，而且 USB 还能支持多媒体。

（4）RS-232C 是美国电子工业协会（Electronic Industry Association，EIA）制定的一种串行物理接口标准。RS 是英文 Recommended Standard（推荐标准）的缩写，其中 232 为标识号，C 表示修改次数。RS-232C 标准规定的数据传输速率为每秒 50、75、100、150、300、600、1200、2400、4800、9600、19 200baud，设有 25 条信号线，包括一个主通道和一个辅助通道,在多数情况下主要使用主通道。对于一般双工通信,仅需几条信号线就可以实现,如一条发送线、一条接收线及一条地线。RS-232C 标准规定,驱动器允许有 2500pF 的电容负载,通信距离将受此电容限制,例如,采用 150pF/m 的通信电缆时,最大通信距离为 15m;若每米电缆的电容量减小,通信距离可以增加。RS-232C 属单端信号传送,存在共地噪声和不能抑制共模干扰等问题,因此一般用于 20m 以内的通信。

(5) IEEE-488 总线是并行总线接口标准。IEEE-488 总线用来连接系统,如微型计算机、数字电压表、数码设备、其他仪器仪表等设备。它按照位并行、字节串行双向异步方式传输信号,连接方式为总线方式,仪器设备直接并联于总线上,不需中介单元,但总线上最多可连接 15 台设备。最大传输距离为 20m,信号传输速度一般为 500KB/s,最大传输速度为 1MB/s。

习题 4

1. CPU 的功能有哪些? 它是由哪些部件组成的?
2. 控制器的功能有哪些? 它是由哪些部件组成的?
3. CPU 中有哪些寄存器? 它们分别有哪些功能?
4. 简述存储系统的结构,按速度和容量分别对存储系统中的部件排序。
5. 输入输出控制方式有哪几种? 它们的适用场合是什么?
6. 简述微机中常用的总线。

第2篇

计算机软件技术基础

第5章

计算机软件

计算机软件(Computer Software)是指运行时能够提供所要求功能和性能的指令或计算机程序集合及其相关文档。其中,程序是采用计算机语言对计算任务处理对象和处理规则的描述;文档是为了便于了解、使用程序所需的阐明性资料,包括在软件开发过程中形成的各类分析、设计文档以及最后提供给用户的软件使用手册等。程序≠软件,软件更加强调文档的重要性,文档为软件的设计、开发、维护提供了重要的依据和支持。

用户主要通过软件与计算机进行交流,软件是用户与硬件之间的接口界面。如果把计算机硬件看成是计算机的躯体,那么计算机软件就是计算机的灵魂。没有软件支持的计算机称为"裸机",只是一些物理设备的堆砌,几乎是不能工作的。

计算机软件总体分为系统软件和应用软件两大类。其中系统软件负责控制和管理计算机的软硬件资源,提供给用户一个便利的操作界面,也提供编制应用软件的资源环境。系统软件主要包括操作系统,另外还有程序设计语言的编译程序及一些实用工具等。应用软件是指为解决某一领域的具体问题而编制的软件产品,比如办公软件、图像处理软件、各类信息管理系统等。应用软件因其应用领域的不同而丰富多彩。

5.1 计算机语言

5.1.1 计算机语言及其发展

语言是人们描述现实世界、表达思想观念的工具。计算机语言就是计算机能读懂的语言,是人与计算机通信所使用的语言,即我们通常所说的程序设计语言。

计算机的数学理论基础是图灵于1937年提出的图灵机模型,而现代电子计算机的体系结构及实际计算模型则是来自冯·诺依曼1946年提出的"程序放入内存,顺序执行"的存储程序思想,因此,现代的计算机通常被称为冯·诺依曼计算机。计算机语言的发展历程也从此正式开始,计算机语言的使用人员也开始被称为程序员。

早期计算机都直接采用机器语言,即用"0"和"1"为指令代码来编写程序,不仅程序难写难读,而且编程效率极低。后来为了便于阅读,将机器代码以英文字符串来表示,于是出现了汇编语言。虽然提高了编程效率,但程序仍然不够直观简便。从1954年起,计算机界逐步开发了一批"高级语言",采用英文词汇、符号和数字,遵照一定的规则来编写程序。高级语言诞生后,软件业得到突飞猛进的发展。

1956 年，美国的计算机科学家约翰·巴科斯(J. Backus)在 IBM 公司的计算机上设计并实现了 Fortran 语言。Fortran 语言以它的简洁、高效性，成为此后几十年科学和工程计算的主流语言。除了 Fortran 以外，还有 ALGOL 60 等科学和工程计算语言。随着计算机应用的深入，产生了使用计算机来进行商业管理的需求，于是 Cobol 这类商业和行政管理语言出现了，并一直流行至今。早期的这些计算机语言都是面向计算机专业人员，为了普及计算机语言，使计算机更为大众化，后来出现了入门级的 Basic 语言。

20 世纪 70 年代初，结构化程序设计的思想孵化出两种结构化程序设计语言，一种是 Pascal 语言，另一种是 C 语言。这两种语言的语法结构基本上是等价的，它们都是通过函数和过程等语言特性来构成结构化程序设计的基础。但是二者很主要的区别在于：Pascal 语言强调的是语言的可读性，因此 Pascal 语言曾被认为是学习算法和数据结构等软件基础知识的最佳教学语言；而 C 语言强调的是语言的简洁性以及高效性，因此 C 语言成为之后几十年中主流的软件开发语言。

面向对象的思想可以追溯到 20 世纪 60 年代，但面向对象思想被普遍接受还是得益于面向对象语言的功劳。在众多的面向对象语言当中，最为突出的是 C++ 语言。C++ 语言是在 20 世纪 80 年代初由 AT&T 贝尔实验室 Bjarne Stroustrup 在 C 语言的基础上设计并实现的。C++ 语言继承了 C 语言的所有优点，如简洁性和高效性，同时引入了面向对象的思想，如类、封装、继承、多态等。C++ 语言的这些特性使得 C 程序员在学习面向对象思想的同时不必放弃已有的知识和经验，原有的软件积累同样可以利用，同时面向对象的设计开发方法使得软件的分析、设计、构造更为完美，因此，C++ 借助 C 语言的庞大程序员队伍，成为主流的面向对象语言，并促使面向对象的思想被普遍接受。在最早的面向对象语言中，除了 C++ 以外，还有一种纯面向对象语言也颇为流行，就是 SmallTalk 语言，产生并流行于 20 世纪 70 年代末 80 年代初。

Internet 诞生于 20 世纪 60 年代末，此后的二十几年一直在缓慢地发展，直到 20 世纪 90 年代，HTML 语言的出现使得 Internet 在此后十年间得到前所未有的发展。从 HTML 到 DHTML，再到 XML，Web 存储格式语言的出现为信息的发布和交流起了极大的作用。这些 Web 存储格式语言与以往的计算机语言有很大的不同，它们通过标签来标识内容和数据，从严格意义来说不应该称为计算机语言。在 Web 技术的发展过程中，真正可以称为计算机语言并得到极大普及的是 Java 语言。Java 是面向对象的网络语言，它独特的网络特性包括：平台独立性、动态代码下载、为多媒体功能而设计的多线程、为通过 Internet 快速传送而设计的紧凑的代码格式。Java 的工作方式与现有的桌面软件应用程序的工作方式不同。Java 程序不需要存储在 PC 上，而是存储在中央网络服务器中。当通过浏览器访问到一个带有 Java 小程序的 Web 页面时，Java 小程序就会自动被下载运行，因为 Java 程序通常都是很小的小程序，因此下载运行就会比大程序快得多。

在计算机语言的发展过程中，先后出现的语言至少有几千种，但是真正能普及应用的计算机语言却是屈指可数的。一种计算机语言要想流行普及，除了要有独有的特色以外，还要适合当时的应用需求。计算机语言不应该只是思维放大工具，事实上，计算机语言已经成为我们思维的一部分。计算机语言是朝着自然语言的方向发展，它的最终目标应该是成为人类与计算机之间的很自然的交流工具，人可以通过这样的语言将自己所具有的知识或者自己的思想、情感、愿望等表达给计算机，这样的语言可以称为知识语言或者是智能语言。到了这样的境界,"计算机"的名称就应该改成别的什么,因为它与人类智能的界限已经不那么明显了,这就是人工智能,是人类梦寐以求的最高境界。

5.1.2 计算机语言的分类

随着计算机硬件的发展和更新换代,计算机语言也经历了上述从机器语言、汇编语言到高级语言的发展历程。根据各个阶段计算机语言的级别和特点,计算机语言基本分为以下三类。

1. 机器语言

计算机所使用的是由"0"和"1"组成的二进制数,二进制是计算机的语言基础。机器语言是直接用二进制代码指令表达的计算机语言,指令是用"0"和"1"组成的一串代码,它们有一定的位数,并分成若干段,各段的编码表示不同的含义。如某种计算机的指令为"1011011000000000",表示让计算机进行一次加法操作;而指令"1011010100000000"则表示进行一次减法操作。它们的前八位表示操作码,而后八位表示地址码。

每台机器的指令,其格式和代码所代表的含义都是硬性规定的,故称之为面向机器的语言,也称为机器语言,它是第一代的计算机语言。机器语言对不同型号的计算机来说一般是不同的。使用机器语言是十分痛苦的,用机器语言进行程序设计的思维和表达方式与人们的习惯大相径庭,程序的可读性差,不便于交流与合作,特别是在程序有错需要修改时,更是如此。由于每台计算机的指令系统往往各不相同,所以,在一台计算机上执行的程序,要想在另一台计算机上执行,则必须另编程序,造成了重复工作。但由于计算机可以直接识别机器语言,不需要进行任何翻译,所以执行效率是非常高的。

2. 汇编语言

为了减轻使用机器语言编程的痛苦,人们对机器语言进行了一种有益的改进:用一些简洁的英文字母、符号串来替代一个特定的指令的二进制串,比如,用 ADD 代表加法、MOV 代表数据传递。这样一来,人们很容易读懂并理解程序在干什么,纠错及维护都变得方便了,这种程序设计语言就称为汇编语言,即第二代计算机语言。然而计算机是不认识这些符号的,需要一个专门的程序将这些符号翻译成二进制数的机器语言,这种翻译程序被称为汇编程序。

汇编语言同样十分依赖于机器硬件,移植性不好,但效率仍然很高,针对计算机特定硬件而编制的汇编语言程序,能准确发挥计算机硬件的功能和特长,程序精炼而质量高,所以至今仍是一种常用而强有力的软件开发工具。

3. 高级语言

从最初与计算机交流的痛苦经历中,人们意识到,应该设计一种这样的语言,这种语言接近于数学语言或人的自然语言,同时又不依赖于计算机硬件,编出的程序能在所有计算机上运行。经过努力,人们设计了接近自然语言的程序设计语言,这就是高级语言,因为它可以描述具体的算法,又称算法语言。高级语言尽管接近自然语言,但相互之间仍有较大差距,每种语言都有极为严格的语法规范,对采用的符号、语句格式等都有专门的规定。

用高级语言编写代码,思路接近于解决问题的方法,具有通用性,在一定程度上与机器无关。由此可见,高级语言易学、易用、易维护,对软件开发的效率和普及都起到了重要的作用。自 1954 年以来,共有几百种高级语言出现,有重要意义的有几十种,影响较大、使用较普遍的有 FORTRAN、ALGOL、COBOL、Basic、LISP、Pascal、C、C++、Visual C++、Visual Basic、Delphi、Java、C♯ 等。

随着计算机技术的进一步发展,目前人们对于计算机语言的级别分类有了一些新的想法和展望。

大量应用的需求使得软件开发效率提到日程上来。原有的高级语言如 Basic、Pascal 等结合可视化的界面编程技术、面向对象编程思想、数据库技术,产生了所谓的第四代语言,如 Visual Basic、Delphi 等。Visual Basic 的语言基础是 Basic、Delphi 的语言基础是 Pascal,这两种语言都是软件开发人员所熟知的语言。

人工智能一直是人们长期以来的梦想,从图灵开始,半个多世纪以来,计算机科学家们对人工智能进行了不懈的探索,这期间有两种主要的人工智能研究语言工具,一种是 LISP 表处理语言,另一种是 Prolog 语言。常有人称它们为第五代语言,但是这两种语言并没有为人工智能的研究带来实质上的进展,因此不应该称其为第五代语言,我们只能期待着真正的第五代语言的出现。

5.2　程序设计与算法

5.2.1　计算机程序概述

计算机程序(通常简称程序)是指一组指示计算机每一步动作的指令,通常用某种程序设计语言编写,运行于某种目标体系结构上。程序通常是具有特定功能的、可执行的指令集合。计算机能够存储并执行各种程序,来完成不同的任务。

1. 程序的组成及数据描述

程序一般由声明部分和执行部分组成,下面是一个求三角形面积的 C 语言程序:

```
/*功能:已知三角形的底和高,求面积*/
#include<stdio.h>              /*文件包含处理*/
void main()                    /*主函数首部*/
{ double a,h,s;
  scanf("%f,%f", &a, &h);      /*输入三角形的底和高*/
  s=a*h/2;                     /*计算面积*/
  printf("面积 = %.2f\n", s);  /*输出*/
}
```

上述程序中,"/*…*/"表示注释,添加注释的目的是为了方便人阅读或修改程序,程序在编译时它将被忽略,在运行时不起作用。注释可以添加在程序中的任何位置。

"double a,h,s"语句是程序的数据声明部分,在此语句中,定义了"a,h,s"三个变量。在程序运行中不变的数值称为常量,在程序运行中发生改变的数值称为变量。后面的三句为程序的执行部分,分别完成了从键盘输入变量值、计算面积、在屏幕显示计算结果三个操作。

2. 语言处理程序与程序执行

除了机器语言之外,任何其他语言编写的程序都不能直接在计算机上执行。若要在计算机上执行,需要先对它们进行适当的变换,而这个任务由语言处理程序承担。语言处理程序通常都包含一个翻译程序,它把一种语言的程序翻译成等价的另一种语言的程序。被翻译的语言和程序称为源语言和源程序,翻译生成的语言和程序则称为目标语言和目标程序。按照不同的翻译处理方法,翻译程序分为以下三类。

(1)汇编程序:从汇编语言到机器语言的翻译程序。

(2)解释程序:将源程序中的语句逐条翻译,并立即执行这条语句的翻译程序。

(3)编译程序:从高级语言到机器语言的翻译程序。

解释程序对源程序的语句从头到尾逐句扫描,逐句翻译,逐句执行。解释程序实现简单,但是运行效率比较低,对反复执行的语句,它也同样要反复翻译、解释和执行。编译程序对源程序进行一次或几次扫描后,最终形成可以直接执行的目标代码。编译程序实现的过程比较复杂,但是编译产生的目标代码可以重复执行,不需要重新编译,因此执行效率更高、更快。

除了翻译程序外,语言处理系统通常还包括正文编辑程序、链接程序和装入程序。其中正文编辑程序用于建立和修改源程序文件,而链接程序能将多个编译或汇编过的目标程序和库文件进行组合,装入程序则负责将链接好的可执行程序装入内存并启动执行。图 5-1 显示了编译型高级语言程序的整个处理过程。

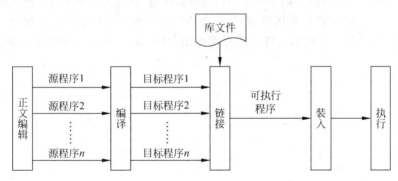

图 5-1 程序处理过程

如图 5-1 所示,开发一个高级语言程序包括以下 4 步。

(1)程序编辑

程序编辑也称程序设计。程序员用任一编辑软件(编辑器)将编写好的程序输入计算机,并以文本文件的形式保存在计算机的磁盘上。编辑的结果是建立高级语言源程序文件。

(2)程序编译

编译是指将编辑好的源文件翻译成二进制目标代码的过程。编译过程是使用语言处理程序(编译器)完成的。编译时,编译器首先要对源程序中的每一个语句进行语法错误检查,当发现错误时,就在屏幕上显示错误的位置和错误类型的信息。此时,要再次调用编辑器进行查错修改,然后再进行编译,直至排除所有语法和语义错误。正确的源程序文件经过编译后在磁盘上生成目标文件。

（3）程序链接

编译后产生的目标文件是可重定位的程序模块，不能直接运行。链接就是把目标文件和其他分别进行编译生成的目标程序模块（如果有的话）及系统提供的标准库函数链接在一起，生成可以运行的可执行文件的过程。链接过程使用 C 语言提供的链接程序（链接器）完成，生成的可执行文件保存在磁盘中。

（4）程序运行

生成可执行文件后，就可以在操作系统控制下运行。若执行程序后达到预期目的，则高级语言程序的开发工作到此完成。否则要进一步检查修改源程序，重复"编辑—编译—链接—运行"的过程，直到取得预期结果为止。

大部分高级语言都提供一个独立的集成开发环境，它可将上述 4 步贯穿在同一个集成开发环境之中。

5.2.2　程序设计方法

程序设计方法是指在程序设计过程中所采取的系统的研究观点和方法，目前主要有两种方法：面向过程的结构化程序设计和面向对象的程序设计。

1. 面向过程的结构化程序设计

结构化程序设计（Structured Programming）是进行以模块功能和处理过程设计为主的详细设计的基本原则。其概念最早由 E. W. Dijikstra 在 1965 年提出，是软件发展的一个重要的里程碑，它的主要观点是采用自顶向下、逐步求精的程序设计方法；它使用三种基本控制结构构造程序（如图 5-2 所示），任何程序都可由顺序、选择、循环三种基本控制结构构造。

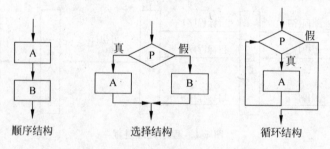

顺序结构　　　　选择结构　　　　循环结构

图 5-2　结构化程序设计的基本结构

上图中的 A、B 表示程序段，P 表示条件判断。顺序结构一般为简单的程序，执行程序时按语句的书写顺序依次执行；选择结构会根据条件的成立与否来选择执行不同的程序段，实现程序分支；循环结构会根据条件是否成立决定是否重复执行某段程序，这样可以避免重复书写需要多次执行的语句，减少程序的长度。

结构化程序设计的特点是将整个程序（软件系统）按功能划分为若干个基本模块，形成一个树状结构（示例如图 5-3 所示）；各模块间的关系尽可能简单，功能上相对独立；每一模块内部均是由顺序、选择和循环三种基本结构组成；其模块化实现的具体方法是使用子程序（或过程）。

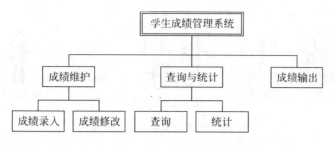

图 5-3　学生成绩管理系统的功能模块图

结构化程序设计的优点是有效地将一个较复杂的程序系统设计任务分解成许多易于控制和处理的子任务,便于开发和维护;缺点是可重用性差、数据安全性差、难以开发大型软件和图形界面的应用软件。

2. 面向对象的程序设计

面向对象程序设计(Object Oriented Programming,OOP)的基本概念如下。

(1) 对象

从概念上讲,对象是代表着正在创建的系统中的一个实体。从一本书到一家图书馆,从一个学生到一个班级,再到一个学校,都可看作对象。对象不仅能表示有形的实体,也能表示无形的(抽象的)规则、计划或事件。对象是由数据(描述事物的属性)和作用于数据的操作(体现事物的行为)构成的独立整体。例如,一个学校的图书馆管理系统中,像图书、学生、教师、图书管理员等都是对象,这些对象对于实现系统的完整功能都是必要的。

从计算机的观点看,一个对象应该包括两个因素:一是数据,二是在该数据上需要进行的操作。对象就是一个包含数据以及与这些数据有关的操作的集合。

(2) 类

如果不同的对象具有完全相同的结构和特性,我们就说这些对象属于同一类型。对象的类型就叫做类。类是对象的模板,即类是对一组有相同数据和相同操作的对象的定义,一个类所包含的方法和数据描述一组对象的共同属性和行为。类是在对象之上的抽象,对象则是类的具体化,是类的实例。类可有其子类,也可有其父类和兄弟类,形成类层次结构。

(3) 消息

对象之间的相互作用和通信是通过消息进行的。当对象 A 要执行对象 B 的方法时,对象 A 发送一个消息到对象 B。接受对象需要有足够的信息,以便知道要它做什么。消息由以下三个部分组成。

- 接受消息的对象。
- 要执行的函数的名字。
- 函数需要的参数。

如图 5-4 所示,在学校的图书馆管理系统中,就是通过学生对象和图书管理员对象之间的消息传递来完成借书过程的。

面向对象程序设计主张从客观世界固有的事物(对象)出发来构造系统,提倡用人类在现实生活中常用的思维方法来认识、理解和描述客观事物。面向对象程序设计的特点是将客观事物看做具有属性和行为的对象,不再将问题分解为过程,而是将问题分解为对象,一

图 5-4　借书过程中的消息传递

个复杂对象由若干个简单对象构成,通过抽象找出同一类对象的共同属性和行为,形成类,通过消息实现对象之间的联系,构造复杂系统,通过类的继承与多态实现代码重用。

　　按照面向对象程序设计的思路来设计和开发上述的学生成绩管理系统,应首先找出系统所涉及的对象,如学生、教师、课程等;再找出同一类对象的共同属性和行为,构建类,如所有的学生都有学号、姓名、性别、所在班级等属性,有查询、打印成绩等行为,我们可以构建一个学生类,类中包含对这些属性和行为的定义;再如教师有教师编号、姓名、所属院系等属性,有录入成绩、修改成绩等行为,可以据此构建一个教师类。

　　面向对象程序设计的三个基本特征是:封装性、继承性和多态性。

　　(1) 封装性

　　封装是一种信息隐蔽技术,它体现于类的说明,是对象的重要特性。封装使数据和加工该数据的方法(函数)成为一个整体,以实现独立性很强的模块,使得用户只能见到对象的外特性(对象能接受哪些消息,具有哪些处理能力),而对象的内特性(保存内部状态的私有数据和实现加工能力的算法)对用户是隐蔽的。封装的目的在于把对象的设计者和对象的使用者分开,使用者不必知晓行为实现的细节,只须用设计者提供的消息来访问该对象。

　　(2) 继承性

　　继承性是子类自动共享父类之间数据和方法的机制。它由类的派生功能体现。一个类直接继承其他类的全部描述,同时可对其进行修改和扩充,比如研究生类就可以从学生类派生,或者说继承学生类。除了从学生类继承学号、姓名、性别等属性之外,还可以增加自己的新属性,比如导师、研究方向等。通过继承创建的新类称为子类或派生类,被继承的类称为基类、父类或超类。继承具有传递性。继承分为单继承(一个子类只有一个父类)和多重继承(一个类有多个父类)。类的对象是各自封闭的,如果没继承性机制,则类对象中数据、方法就会出现大量重复。面向对象程序设计的继承机制给我们提供了无限重复利用程序资源的一种途径。

　　(3) 多态性

　　多态在自然语言中应用很多。我们以动词“关闭”为例,同一个动词,应用于不同的对象,含义就不相同。例如:关闭一扇门,关闭一个文件,关闭一台电脑,精确的含义和具体的操作依赖于执行这种行为的对象。在面向对象的程序设计中,多态意味着不同的对象对同一消息具有不同的解释。即对于相同的消息,不同的对象具有不同的反应能力。利用多态性,用户可发送一个通用的信息,而将所有的实现细节都留给接受消息的对象自行决定。例如:同样是打印消息,发送给一图形时调用的打印方法与发送给一文本文件时调用的打印方法完全不同。多态性的实现受到继承性的支持,利用类继承的层次关系,把具有通用功能的协议存放在类层次中尽可能高的地方,而将实现这一功能的不同方法置于较低层次,这样,在这些低层次上生成的对象就能给通用消息以不同的响应。

5.2.3 算法

算法可以理解为由基本运算及规定的运算顺序所构成的完整的解题步骤,也可以理解成是按照要求设计好的有限的确切的计算序列,并且这样的步骤和序列可以解决一类问题。算法与程序并不等同,算法代表了对问题的解,而程序则是算法在计算机上的特定实现。一个算法若用程序设计语言来描述,则它就是一个程序。

1. 算法的表示

算法可以使用自然语言、流程图、伪代码及程序等多种不同的方法来描述。下面以 1+2+3+…+100 为例,来详细介绍各种算法表示方法。

(1) 自然语言

自然语言就是人们在日常生活中使用的语言,用自然语言表示的算法通俗易懂,但不够精确,容易出现歧义。用自然语言表示计算 1+2+3+…+100 的算法如下。

第1步:把1存入变量i中。

第2步:把0存入变量 sum 中。

第3步:把i的值和 sum 的值相加,相加结果再次存入变量 sum 中。

第4步:把变量i的值增加1,相加结果再次存入变量i中。

第5步:如果变量i的值不大于100,则返回到第3步,从第3步起重复进行操作;否则继续下面的操作。

第6步:将 sum 的值输出,结束。

(2) 流程图

流程图使用一些图形符号来表示算法中的各种操作,常用符号如图 5-5 所示。

起止框　　输入输出框　　判断框　　处理框　　流程线

图 5-5 流程图中的常用图形符号

图 5-5 中起止框用来表示程序的开始或者结束,在流程图中表示程序的开始或结束,在起止框中标注"开始"或"结束";输入输出框用于表示程序中数据的输入输出;判断框用于对一个条件进行逻辑判断,根据条件的成立与否来决定执行后面的哪些操作;处理框用来表示在算法中的一个相对独立的操作,操作的简要说明写在矩形内;流程线表示算法操作执行的路径和方向。

用流程图表示计算 1+2+3+…+100 的算法,如图 5-6 所示。

(3) 伪代码

传统的流程图画起来比较费事,在设计一个算法时,可能要反复修改,而修改流程图是比较麻烦的。因此,流程图适宜于表示一个算法,但在设计算法的过程中使用不是很理想(尤其是当算法比较复杂、需要反复修改时)。为了提高设计算法时的方便性,常用一种称为伪代码的工具。伪代码是用介于自然语言和计算机语言之间的文字和符号来描述算法。它

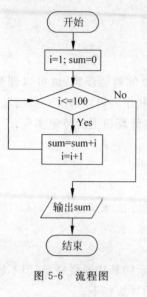

图 5-6　流程图

如同一篇文章一样，自上而下地书写。每一行（或几行）表示一个基本操作。它不用图形符号，因此书写方便、格式紧凑、易懂，也便于向计算机语言算法（即程序）过渡。

用伪代码表示算法时，可以用英文、汉字、中英文混合表示，以便于书写和阅读为原则。用伪代码写算法并无固定的、严格的语法规则，只要把意思表达清楚，并且书写的格式清晰易读即可。

下面是以基于 C 语言的伪代码所表示的 $1+2+3+\cdots+100$ 的算法。

（1）累加和 sum 初值赋为 0。

（2）定义循环变量 i（兼累加项）。

（3）for(i＝1; i<＝100; i++)
```
    {
        s＝s+i;
    }
```

（4）输出 sum 的值。

（4）计算机语言

自然语言表达的算法通俗易懂，也体现了我们分析问题的过程；流程图直观形象地表示了算法。这两种表示方法都是从人的角度出发，写给人看的，计算机并不能识别。伪代码所写的算法虽然已易于向程序过渡，但它还不是真正的程序。我们最终的任务是用计算机来完成问题的求解，因此最好还是要考虑用某一种计算机语言来描述一个算法。用计算机语言描述算法必须严格遵循所用语言的语法规则，否则无法通过编译。下面是用 C 语言实现的 $1+2+3+\cdots+100$ 的算法：

```
# include "stdio.h"
main()
{
    int i,s;
    i＝1;s＝0;
    while(i<＝100)
    {
    s＝s+i;
    i＝i+1;
    }
    printf("％d\n",s);
}
```

上述程序可以直接经过 C 编译器编译并链接后得到可执行文件，运行得出计算结果，最终实现问题的求解。

2．算法的特征

一个算法应该具有以下 5 个重要的特征。

• 有穷性：一个算法必须保证执行有限步骤之后结束。

• 确切性：算法的每一步骤必须有确切的定义。

- 输入：一个算法有 0 个或多个输入,以刻画运算对象的初始情况。所谓 0 个输入是指算法本身没有输入。
- 输出：一个算法有一个或多个输出,以反映对输入数据加工后的结果。没有输出的算法是毫无意义的。
- 可行性：算法原则上能够精确地运行,而且人们用笔和纸做有限次运算后即可完成。

3. 算法的评价

同一问题可用不同算法解决,而一个算法的质量优劣将影响到算法乃至程序的效率。选用算法时首先考虑正确性,还要考虑执行算法所耗费的时间和存储空间,同时算法应易于理解、编码、调试等。

一个算法的评价主要从时间复杂度和空间复杂度来考虑,时间复杂度用于度量算法执行的时间长短;而空间复杂度用于度量算法所需存储空间的大小。

1）算法的时间复杂度

一个算法执行所耗费的时间,从理论上是不能算出来的,必须上机运行测试才能知道。我们不可能也没有必要对每个算法都上机测试,只须知道哪个算法花费的时间多,哪个算法花费的时间少就可以了。一个算法花费的时间与算法中语句的执行次数是成正比的,即哪个算法中语句执行次数多,它花费时间就多。一个算法中的语句执行次数称为语句频度或时间频度。

一般用算法所执行的基本运算(语句执行一次作为一次基本运算)次数来度量算法的时间复杂度。算法的基本运算重复执行的次数是模块 n 的某一个函数 $f(n)$,因此,算法的时间复杂度记作：$T(n) = O(f(n))$。随着模块 n 的增大,算法执行的时间的增长率和 $f(n)$ 的增长率成正比,所以 $f(n)$ 越小,算法的时间复杂度越低,算法的效率越高。

在计算时间复杂度的时候,先找出算法的基本操作,然后根据相应的各语句确定它的执行次数,再找出 $T(n)$ 的数量级(如 1、n、n^2 等),找出后,$f(n) =$ 该数量级,则时间复杂度 $T(n) = O(f(n))$。

例：

```
for(int i = 0; i < n;++i)
      sum = sum + i;
```

这个循环执行 n 次,所以时间复杂度是 $O(n)$。

```
for(int i = 0; i < n;++i)
{
    for(int j = 0; j < n;++j)
      printf("%d %d\n",i,j);
}
```

这是嵌套的两个循环,而且都执行 n 次,那么它的时间复杂度就是 $O(n^2)$。

2）算法的空间复杂度

类似算法的时间复杂度,算法的空间复杂度作为算法所需存储空间的度量。我们一般所讨论的是除正常占用内存开销外的辅助存储单元规模,也用 $O()$ 来表示,记作：$S(n) = O(f(n))$。

5.3 操作系统概述

5.3.1 操作系统的定义

操作系统是用来管理计算机系统的。操作系统的任务是在相互竞争的程序之间有序地控制中央处理器、内存储器以及其他输入输出设备的分配。操作系统要跟踪程序的运行情况,了解程序需要什么资源,满足它们的资源请求,记录它们对资源的使用情况,以及协调各个程序和用户对资源使用请求的冲突,并在此基础上尽最大可能地提高各种资源的利用率。从这一角度上考虑,操作系统是系统资源的管理者,它必须完成以下工作。

(1) 跟踪和监控程序的运行情况,记录程序的运行状态。

(2) 进行计算机各种资源(如处理器、内存、输入输出设备)的分配。

(3) 回收资源,以便再分配。

因此,操作系统是控制和管理计算机的软、硬件资源,合理地组织计算机的工作流程,以及方便用户的程序集合。

从资源管理的角度,操作系统被划分成处理器管理、存储管理、设备管理、文件管理及用户接口等几部分。

从用户的角度来观察操作系统,配置了操作系统的计算机与原来物理的、没有安装任何操作系统的计算机是迥然不同的,用户既不关心计算机的工作细节,也不关心操作系统的内部结构和实现方案,用户只是想得到功能更强、服务质量更好的系统。从用户的角度通常用虚拟机的概念去描述操作系统。

一个未配置任何软件的计算机称为裸机,由于计算机上没有配置任何帮助用户解决问题的软件,所以用户想让计算机做些事情就非常难,他既要懂得计算机的工作细节,又要用计算机的语言(机器语言)与它交互,所以没有人喜欢裸机的工作环境。

为了方便用户,提高计算机的效率,就要为计算机配置各种软件去扩充它的功能,每当在原来的计算机上增加一种软件,用户就感觉构造了一台功能更强的"新"计算机,这种扩充之后的计算机,只是软件的增加,硬件环境没有改变,我们把它称为虚拟机。

5.3.2 操作系统的功能

操作系统的宗旨是提高系统资源的利用率和方便用户。为此,它的首要任务是管理系统中的各种资源,使程序有条不紊地运行。操作系统有以下几个方面的功能:进程管理、存储管理、设备管理和文件管理。此外,为了方便用户使用计算机,还必须向用户提供一个方便的用户接口。

1. 进程管理

进程管理也称处理机管理。计算机系统中最重要的资源是中央处理机,没有它,任何计算不可能进行。在处理机管理中,为了提高 CPU 的利用率,操作系统采用了多道程序设计技术。当一个程序因等待某一事件而不能运行下去时,就把处理机的占有权转让给另一个可运行的程序。或者,当出现了一个比当前运行的程序更重要的可运行程序时,后者就能抢占处理机。为了描述多道程序的并发执行,引入了进程的概念,通过进程管理协调多道程序之间的关系,解决对处理机的调度分配及回收等问题。进程管理可以分为以下几个方面。

(1) 进程控制。在多道程序环境中,要使一个作业运行,就要为之创建一个或多个进程,并给它分配必需的资源。当该进程完成了其任务,要立即撤销该进程,并回收其占有的资源。进程控制就是创建进程、撤销进程以及控制进程在运行过程中的状态转换。

(2) 进程同步。进程在执行过程中,是以不可预知的方式向前推进的,进程之间有时需要进行协调,进程之间的协作关系称为进程同步。

(3) 进程通信。多道程序环境下的诸多进程在执行过程中有时需要传递信息,例如有三个进程,分别是输入进程、计算进程和打印进程。输入进程负责输入数据,然后传给计算进程;计算进程利用输入的数据进行计算,并把计算结果送给打印进程;打印进程将结果打印出来。这三个进程就需要传递信息。进程通信的任务就是用来实现相互合作进程之间的信息传递。

(4) 进程调度。多道程序设计技术引入后,计算机的内存储器中将同时存放若干个程序,进程调度的任务就是从若干个已经准备好运行的进程中,按照一定的算法选择一个进程,让其占有处理机,使之投入运行。

2. 存储管理

存储管理要管理的资源是内存储器(简称内存)。它的任务是方便用户使用内存,提高内存的利用率,以及从逻辑上扩充内存。

随着内存芯片的集成度不断提高,价格不断下降,应该说,内存的价格已经不再昂贵了,但是受到 CPU 寻址能力的限制,在单单处理机计算机系统中,内存的容量还是受到一定的限制。内存管理包括以下几个方面:内存分配、地址映射、内存保护和内存扩充。

(1) 内存分配。如果一个以上的用户程序要在计算机上运行,则它们的程序和数据必须占用一定的内存空间。为待运行的程序分配内存空间,使其能被装入内存,投入运行,当程序需要增加内存空间时,能为正在运行的程序分配附加内存空间,以便适应程序和数据动态增长的需要。当程序运行完毕,收回其占用的内存。

(2) 地址映射。程序员在写程序时,无法预知其写好的程序将来要放置在内存的什么位置、占用多大内存空间。一个应用程序编译后产生的机器代码的地址是从"0"开始的,程序中的其他地址也都是相对于起始地址来计算的。而程序装入内存时,程序不可能都从内存的"0"号单元开始放,因此程序在装入内存时必须有一个地址变换过程,这一过程就是地址映射,也称为地址重定位。

(3) 内存保护。在多道程序的环境中,内存中不只存放一道程序,而是有多个用户的程序,并且还有操作系统本身的程序放在其中。为了防止某道程序干扰和破坏其他用户程序或系统程序,存储管理必须保证每个用户程序只能访问自己的存储空间,而不能存取任何其他范围内的信息,也就是要提供一定的存储保护措施。存储保护机制一般需要硬件的支持,当然更需要软件的配合和管理。

(4) 内存扩充。由于内存的容量是有限的,因而当用户的程序比较大或需要运行的程序比较多时,操作系统就无法满足用户的要求,那么操作系统的性能就不能得到用户的肯定。内存扩充的任务不是增加物理内存的容量,而是利用软件的手段,从逻辑上去扩充内存,或者说让用户感觉到的内存容量要比实际的大得多。

3. 设备管理

设备管理是操作系统中最庞杂、最琐碎的部分,设备管理需要提供以下功能。

(1) 设备分配。应用程序在运行过程中随时都有可能请求外部设备。设备分配的任务就是根据用户的输入输出请求,为之分配所需的设备。

(2) 设备控制。设备控制就是实现物理输入输出操作,即组织使用设备的有关信息,启动设备,实施具体的输入输出操作。设备控制通常是 CPU 与设备之间的通信,即由 CPU 向指定设备发出输入输出指令,要求它完成指定的 I/O 操作,然后等待由设备发来的中断请求,并对其及时响应和进行处理。

(3) 设备无关性。设备无关性是指应用程序独立于具体的物理设备。用户的程序与实际使用的物理设备无关,不局限于某个具体的物理设备,提高了用户程序的可适应性,而且易于实现输入输出的重定向。即用户的程序在输入或输出结果时,如果换一种设备,用户的程序无须修改,只需要在输入输出时重新指定一个物理设备即可。

4. 文件管理

程序和数据等信息是以文件的形式存储在计算机中的,所以文件管理也称信息资源管理。文件管理要解决的问题是,向用户提供一种简便、统一的存取和管理信息的方法,并同时解决信息共享、安全保密等问题。为此,文件管理的主要功能如下。

(1) 文件存储空间的管理。为方便用户使用,对于一些当前需要使用的系统文件和用户文件,一般放在可随机存取的磁盘上。若要求用户自己对文件的存储进行管理,不仅给用户增加了很多困难,也十分低效。因此,需要由文件系统对诸多文件及文件的存储空间实施统一的管理。其主要任务是为每个文件分配必要的存储空间、提高存储空间的利用率,并提高文件系统的工作速度。

(2) 目录管理。为了能使用户方便地找到其所需要的文件,通常由系统为每个文件建立一个目录项。目录项的内容包括文件名、文件属性、文件在磁盘上的物理位置等。由若干个目录项构成一个目录文件。目录管理的任务就是为每个文件建立目录项,对众多的目录项进行管理,实现按名存取。

(3) 文件的读写管理。文件的读写是对文件的最基本操作,根据用户的请求,从磁盘上读入数据或将数据写到磁盘上去。在进行文件读写时,首先由用户给出文件名,文件管理系统根据文件名去检索文件目录,从而得到文件在磁盘上的物理位置;再根据用户提出的读写记录位置找到用户需要的记录,然后由设备控制程序实施对磁盘的具体操作。

(4) 文件的存取控制。为了防止系统中的文件被非法窃取和破坏,在文件系统中必须提供有效的存取控制功能,以防止未经核准的或冒名顶替的用户存取文件,也要防止用户以不正确的方式使用文件。

5. 操作系统接口

为了方便用户使用操作系统,操作系统必须向用户提供易于使用的接口,该接口分为命令接口和程序接口两种。

（1）命令接口。为方便用户控制自己的作业，操作系统向用户提供了命令接口。命令接口就是用户通过键盘操作命令或图形用户界面操作计算机的一种接口形式。

（2）程序接口。程序接口又称为系统调用，是为用户在程序一级访问操作系统功能而设置的，是用户程序取得操作系统服务的唯一途径，它由一组系统调用构成，每个系统调用完成一个特定的功能。在高级语言中，往往提供了与各个系用调用相对应的库程序，因而应用系统可以通过调用库程序来使用系统调用。

5.3.3　操作系统的特征

操作系统作为一种系统软件，有并发性、共享性、虚拟性、不确定性的特征。

1．并发性

并发就是指两个或两个以上的事物在同一时间间隔发生。并发和并行很相似，但它们是有区别的。并行是指两个或两个以上的事物在同一时刻发生，而并发是多个程序在一个小的时间间隔内交替地执行。

2．共享性

共享是指计算机中的各种资源供在其上运行的程序共同享用。这种共享是在操作系统的统一控制下实现的。

并发和共享是一对孪生兄弟，是操作系统中两个最基本的特征，它们互为存在条件。一方面，资源的共享是以程序的并发执行为条件的，若系统不允许程序并发执行，也就不存在共享的问题；另一方面，只有操作系统提供对资源共享的可能，才能使程序真正做到并发执行。

3．虚拟性

在操作系统中，所谓的虚拟是指通过某种技术手段把一个物理实体变成多个逻辑上的对应物。物理实体是实际存在的，而逻辑实体是虚的，是用户的一种感觉。操作系统的虚拟性主要是通过分时使用的方法实现的。

4．不确定性

操作系统的运行是在一个不确定的环境中进行，也就是说，人们不能对目前所运行的程序的行为作出判断。因为在多道程序环境下，进程的执行是"走走停停"的，在内存中的多个程序，何时运行？何时暂停？以怎样的速度向前推进？每个程序需要多少时间才能完成？都是不可预知的。我们无法知道运行着的程序会在什么时候做什么事情，因而一般来说无法确切地知道操作系统正处于什么样的状态。但是，这并不能说操作系统不能很好地控制，这种不确定性是允许的。无论如何，只要在相同的环境下，一个程序无论执行多少次，其运行结果是相同的。但是它执行的时间可能不同，因为它每次执行时操作系统要处理的状况可能不同。

5.4 典型操作系统介绍

5.4.1 DOS 操作系统

DOS 是 Disk Operation System 的首字母缩写。MS-DOS 是美国 Microsoft 公司的产品,主要设计人是 Tim Patterson。1981 年 10 月 MS-DOS 1.0 版本诞生。此时 IBM 公司正在推出它的个人计算机 IBM-PC,因此 IBM 公司和 Microsoft 公司签署协议,使用 MS-DOS 作为 IBM-PC 个人计算机上的操作系统,并更名为 PC-DOS。于是 DOS 操作系统就可与 IBM-PC 一起推出了。最初的 MS-DOS 与 PC-DOS 除了文件名不同外,没有什么区别,二者的版本号也是基本对应的。20 世纪 90 年代之后,两公司在发展战略上有一些分歧,PC-DOS 停止了新版本的更新,只有 MS-DOS 又推出了 5.0 版本,之后推出了 6.0 和 6.2 版本。

MS-DOS 是 IBM-PC 系列计算机及其各种兼容机的主流操作系统,MS-DOS 拥有六千万的用户,普及程度远远超过其他操作系统,成为 16 位微机上的标准操作系统。

MS-DOS 成功的原因首先在于它的发展战略正确。它总是不断地推出新版本,增添新功能,以支持不断更新的硬件变化,从而满足用户的新需求,同时,新版本兼容老版本,决不抛弃老用户。MS-DOS 取得巨大成功的另一个原因在于它最初的设计思想及其追求的目标是正确和恰当的,那就是为用户的上机操作和应用软件开发提供良好的外部环境。首先是用户可以非常方便地使用几十个 DOS 命令,或以命令行的形式直接键入,或在 DOS 4.0以上的版本上用 DOS Shell 菜单驱动完成上机所需的一切操作;其次在于用户可以用汇编语言或 C 语言来调用 DOS 支持的十多个中断功能和上百个系统调用,用户通过 DOS 提供的服务功能所开发的应用程序具有代码清晰、简洁和实用性强等优点。

5.4.2 UNIX 操作系统

UNIX 是一个多用户、多任务的分时操作系统。最早是在 1969 年由美国电话和电报公司(AT&T)贝尔实验室(Bell Lab)的 Ken Thompson 和 Dennis Ritchie 两个人在 DEC 公司的 PDP-7 上设计实现的。从 1969 年至今,它不断地发展、演变并被广泛地应用于超级小型机、小型机、大型机,甚至超大型机。20 世纪 80 年代以来,UNIX 又凭借其性能的完善和可移植性,在微机上也日益流行起来。UNIX 名扬计算机界,众多用户争先恐后地使用它。由于 UNIX 的巨大成功和它对计算机科学所做出的贡献,两位主设计人 Ken Thompson 和 Dennis Ritchie 曾获得了国际计算机界的"诺贝尔奖"——ACM 图灵奖。

UNIX 系统取得巨大成功的根本原因在于 UNIX 本身的性能和特点。正如图灵奖评选委员会对 UNIX 评价中指出的那样,"UNIX 系统的成功在于它对一些关键思想所做的恰如其分的选择和精悍的实现。UNIX 系统关于程序设计的新思想方法成了整整一代软件设计师的楷模。UNIX 为程序员提供了一种可以利用他人工作成果的机构。"

具体地说,UNIX 系统有以下特点。

(1) 内核短小精悍,与核外程序有机结合。UNIX 系统内核设计得非常精巧,合理的取舍使之提供了最基本的服务。核外程序充分利用内核的支持,向用户提供大量的服务,甚至终端命令解释程序也放在了核外程序层,核外的程序与用户的程序被一样地看待,它们都作为文件被保存在文件系统中。把常驻内存的内核和不必常驻内存的核外程序分开而又有机地结合,不仅使内核短小精悍,便于使用和维护,也使 UNIX 用户能不断把一些优秀程序加到核外程序层中去,使 UNIX 系统便于扩充。

(2)采用树型结构的文件系统。文件分成普通文件、目录文件和特殊文件 3 种。一个文件系统保持有一个根目录,其下有若干文件和目录,每个目录下都可以拥有若干个文件或子目录。这样的文件组织方式不仅便于对文件进行分类和查找,而且容易实现文件的保护和保密。UNIX 操作系统还允许用户在自己的可装卸的文件存储器设备上建立一个子文件系统,并把它连接到原有文件系统的某个末端结点上,从而形成一棵子树。当用户不用它时,还可以把此子文件系统卸下来。

(3)把设备如同文件一样看待。系统中所配置的每一种设备,包括磁盘、磁带、终端、打印机、通信线路等,UNIX 都用一个特殊的文件与之一一对应。用户可使用普通的文件操作手段对设备进行 I/O 操作。例如,用户可用文件拷贝命令把磁盘中的某个文件拷贝到打印机这一特殊的文件上,从而由打印机输出这个文件的内容。特殊文件与普通文件在用户面前有相同的语法和语义,使用相同的保护机制,这既简化了系统设计,又便于用户使用。

(4)UNIX 向用户提供了一个良好的使用接口。该接口包括两种界面:一种是用户在终端上通过使用命令与系统进行交互作用的界面;另一种是面向用户程序的界面,称为系统调用。

UNIX 系统的用户界面就是操作系统的外壳(shell)。shell 既起着命令解释程序的作用,同时又是一种程序设计语言,具有许多高级语言所具备的复杂控制结构与变量运算功能。因此,也可用来编写程序,即所谓的 shell 编程。

所谓系统调用,是指操作系统内核提供的一组具有文件读写、设备 I/O 操作、进程控制等功能的子程序,用户程序通过一些特殊的指令调用这些子程序,从而访问系统的各种软、硬件资源并取得操作系统的服务。UNIX 不仅在汇编语言级,而且还在 C 语言一级中提供了系统调用的手段,这给程序设计带来了很大的方便。

(5)良好的可移植性。与完全用汇编语言写成的 MS-DOS 不同,UNIX 系统的全部系统实用程序以及内核程序的 90% 都是用 C 语言编写的。由于 C 语言编译程序有着良好的可移植性,因此用 C 语言编写的 UNIX 操作系统也具有良好的可移植性。这不仅意味着 UNIX 系统易于从一种硬件系统移植到另一种硬件系统,而且在某一种硬件系统上开发的 UNIX 应用程序也易于移植到其他配置了 UNIX 的系统上去。这些正是 UNIX 系统得以普及和取得成功的重要原因之一。

5.4.3 Linux 操作系统

Linux 是在微机上比较成功的类 UNIX 操作系统。1984 年 Richard Stallman 独立开发出了一个类 UNIX 的内核。之后,芬兰学生 Linus Torvalds 于 1991 年基于 Intel 80386 开发了 Linux 操作系统。Stallman 的理想就是"开发出一个质量高而自由的操作系统"。为此他创立了自由软件基金会,Linux 在加入自由软件组织后,经过 Internet 上全体开发者的共同努力,已成为能够支持各种体系结构(包括 Alpha、SPARC、PowerPC、MC680x0、IBM System/390 等)的具有很大影响力的操作系统。

Linux 具有以下特点。

（1）与 UNIX 兼容。Linux 具有 UNIX 的特性，遵循 POSIX 标准。UNIX 的所有主要功能在 Linux 中都有相应的工具或使用程序。Linux 系统使用的命令多数都与 UNIX 命令在名称、格式、功能上相同。

（2）自由软件。Linux 与 GNU 项目紧密结合，它的许多重要组成部分直接来自 GNU 项目。由于它的源代码是公开的，激发了世界范围内热衷于计算机事业的人们的创造力。通过 Internet，Linux 得到了广泛的传播。

（3）便于定制和再开发。由于 Linux 源代码开放，任何人都可以根据自己的需要重新编译内核，以满足自己的需要。Linux 带有内核编译工具，给用户裁剪、修改内核提供方便。

（4）多任务的 32 位操作系统。Linux 是一个真正的多任务 32 位操作系统，它工作在 Intel 80386 及以上的 Intel 处理机的保护模式下，Linux 还支持多种硬件平台。

5.4.4　Windows 操作系统

Windows 的最大吸引力是它的图形用户界面。图形用户界面的起源是美国 Xerox 公司，该公司的著名研究机构 PARC（Palo Alto Research Center）于 1981 年推出了第一个商用的图形用户界面（Graphic User Interface，GUI）系统 Star 8010 工作站。紧接着 Apple Computer 公司也看到了 GUI 的重要性和广阔的市场前景，开始着手研制自己的 GUI 系统，1983 年研制成功了 Apple Lisa。随后不久，Apple 公司又推出了 Apple Macintosh，这是世界上第一个成功的商用 GUI 系统。

1. Windows 的产生

Microsoft 公司早在 1981 年就在公司内部制定了发展 GUI 的计划。1983 年，Microsoft 公司决定把这一计划命名为 Microsoft Windows，并向外界宣布提出 Windows。但是一直到 1985 年 11 月 Microsoft 公司才正式发布 Windows 1.0。应该特别说明的是，Microsoft 公司的 Windows 的早期版本不能称得上是一个操作系统，它是基于 DOS 之上的。Windows 1.0 和 Windows 2.0 是基于 Intel X86 微处理机芯片的，由于硬件和 DOS 操作系统的限制，这两个版本没有取得成功。Windows 3.0 版本对内存管理、图形用户界面做了重大改进，使图形用户界面更加美观，并支持虚拟内存管理。Windows 3.1 对 Windows 3.0 版本做了一些改进，引入了可缩放的 TrueType 字体技术，还引入了一种新的文件管理程序，改进了系统的可靠性。

2. Windows 95 和 Windows 98

Windows 95 又名 Chicago，是 Microsoft 公司推出的能独立运行的操作系统。它是一个真正意义上的操作系统，不需要 DOS 的支持，可以直接安装在裸机上。Windows 95 在 Windows 操作系统的发展历史上是一个重要的产品。Windows 95 采用 32 位处理技术，还兼容以前的 DOS 程序，在 Windows 的发展历史上起到了承前启后的作用。

3. Windows NT

Windows NT 设计之初，其任务非常明确，就是要开发一种个人计算机上的操作系统，满足个人计算机发展的需要，具体有以下几个设计目标：稳固性、可扩展性和可维护性、可移植性、高性能，及兼容 POSIX 并满足 C2 安全标准。

另外，为了适应网络发展的需要，Windows NT 设计成客户/服务器方式的网络操作系统。Windows NT 提供了两个产品，即运行于服务器上的 Windows NT Server 和运行于客户机上的 Windows NT Workstation。

4. Windows 2000

Windows 2000 是个人计算机上的商务操作系统，该平台建立在 Windows NT 的技术之上，具有高可靠性。它通过简化系统管理降低了操作耗费，是一种小到移动设备、大到电子商务服务器都适用的操作系统。Windows 2000 有 4 种产品：

- Windows 2000 Professional；
- Windows 2000 Server；
- Windows 2000 Advanced Server；
- Windows 2000 Datacenter Server。

其中，Windows 2000 Professional 是 Windows NT Workstation 的新版本。Windows 2000 的服务器版本有三个，其中 Windows 2000 Server 用于工作组和部门服务器；Windows 2000 Advanced Server 用于应用程序服务器和更强劲的部门服务器；Windows 2000 Datacenter Server 用于运行核心业务的数据中心服务器系统。

5. Windows XP

2001 年的 Windows XP 是一个把消费性操作系统和商业性操作系统融合在一起的 Windows 操作系统，它结束了两条腿走路的历史，是既适合家庭用户、又适合商业用户使用的新型 Windows 操作系统。Windows XP 有三个版本：面向家庭用户和商务用户的 Windows XP Home Edition 和 Windows XP Professional；面向从事复杂科学研究、高性能设计与工程应用程序开发或三维动画生成环境人员，提供有 64 位的 Windows XP 64-Bit Edition。

6. Windows Vista

2007 年初，微软发布 Windows Vista，它包含了上百种新功能，其优化的桌面基础架构简化了桌面部署工作，精简了应用程序的管理；加强后的搜寻功能（Windows Indexing Service）使得文件的查找更为快捷；新的多媒体创作工具（例如 Windows DVD Maker）以及重新设计的网络、音频、输出和显示系统更方便了用户。Vista 使用点对点技术（peer-to-peer）提升了电脑系统在家庭网络中的通信能力。针对开发者方面，Vista 使用.NET Framework 3.0 版本，比起传统的 Windows API 更能让开发者简单地写出高品质的程序。

Vista 在安全性方面进行了改良，Vista 拥有一个与 Windows XP SP2 相似却又有较大改进的防火墙；Internet Explorer 7 具有"反钓鱼"功能；新的"用户账户控制系统"用于保护用户的系统，因此在更改重要的系统设置之前将会出现警告信息；Vista 具有内核补丁保护技术（KPP），尽管该技术并不能够预防所有病毒，但是从安全角度来讲，KPP 在众多的防护屏障上又加了一层保护。

7　Windows 7

2009 年 7 月,Windows 7 发布。Windows 7 的设计主要围绕五个重点：针对笔记本电脑的特有设计；基于应用服务的设计；用户的个性化；视听娱乐的优化；用户易用性的新引擎。

5.5　典型应用软件介绍

应用软件是软件系统的组成部分,是利用计算机的软、硬件资源为某一应用领域解决某个实际问题而专门开发的软件。一般可以分为通用应用软件和专业应用软件两大类。

通用应用软件支持最基本的应用,可以广泛应用于所有专业领域,如办公软件包、计算机辅助设计软件、各种图形图像处理软件、电子书刊阅读软件、多媒体音乐、视频播放软件等。

专用应用软件通常指为某一个专业领域、行业、单位特定需求而专门开发的软件,如ERP 软件、财会软件、地理信息系统、医疗信息管理系统等为各企业、单位、部门专门开发的信息管理系统。

5.5.1　办公软件

现代办公涉及对文字、数字、表格、图表、图形、图像以及音频和视频等多种媒体信息的处理,为了实现办公信息处理的自动化,针对不同的信息数据的处理,必须使用不同类型的办公软件。办公软件一般包括文字处理、桌面排版、幻灯演示、电子表格等。随着计算机技术及网络技术的发展,为了方便用户维护数据,通过网络共享数据,现代办公系列软件还提供了小型的数据库管理系统、网页制作软件、电子邮件等。

常用的办公软件是 Microsoft 公司的 Microsoft Office,它是微软公司开发的一套基于Windows 操作系统的办公软件套件。它的常用组件有 Word、Excel、Access、PowerPoint、FrontPage 等,它拥有非常优秀的办公处理能力和方便易用的操作界面。

1. 文字处理——Word

Microsoft Word 是 Office 办公软件套件中被广泛使用的软件之一,它适合于制作各种文档,如公文、信函、报告、传真和简历等,并且能在上述文档中轻易地插入表格、图片等,是一个功能强大、界面友好的文字处理和编辑软件。

以 Word 2003 为例,其窗口主要由标题栏、菜单栏、工具栏、标尺、编辑区、滚动条、状态栏等组成,如图 5-7 所示。

2. 电子表格——Excel

Microsoft Excel 是电子数据表程序(进行数字和预算运算的软件程序)。Excel 内置了多种函数,可以对大量数据进行分类、排序,甚至绘制图表。它可以进行各种数据的处理、统计分析和辅助决策操作,广泛地应用于管理、统计财经、金融等众多领域。

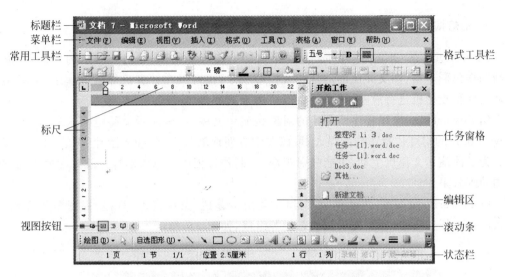

图 5-7　Word 窗口的组成

在 Excel 中的各项工作都是在工作簿、工作表和单元格中完成的。一个 Excel 文件就是一个工作簿，一个工作簿由一个或多个工作表组成。工作表是存储数据和分析、处理数据的表格，由 65 536 行和 256 列组成。工作表由单元格组成，纵向为列，从左向右用字母 A～Ⅳ进行编号；横向为行，由上到下用 1～65 536 编号。在一张工作表中，用来显示工作表名称的就是工作表标签。

以 Excel 2003 为例，其窗口主要由标题栏、菜单栏、工具栏、编辑栏、名称框、行号、列标、工作区、滚动条、工作表标签、状态栏等组成，如图 5-8 所示。

图 5-8　Excel 窗口的组成

3. 幻灯演示——PowerPoint

PowerPoint 是 Office 系列办公自动化软件中幻灯片制作、编辑和演示的软件,它能方便地制作色彩丰富、图文并茂的幻灯片或投影胶片,也可以在计算机屏幕上演示,或利用多媒体大屏幕投影机进行放映,因此被广泛应用于演讲、教学、产品介绍等方面。

用 PowerPoint 应用程序所创建的对象是演示文稿,一般演示文稿由多张幻灯片组成。PowerPoint 的幻灯片制作功能强大,可以非常方便地输入文字、插入图片、图表和声音等对象。为了使演示文稿更生动,更能吸引观众,在制作过程中可以为幻灯片及其中插入的对象增加动画效果。

以 PowerPoint 2003 为示例,其窗口主要由标题栏、菜单栏、工具栏、视图窗格、幻灯片区、备注区、任务窗格、视图按钮和状态栏等组成,如图 5-9 所示。

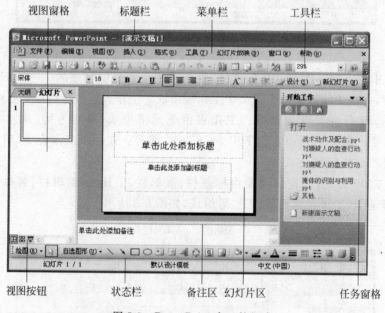

图 5-9　PowerPoint 窗口的组成

4. 小型数据库——Access

Microsoft Access 是由微软发布的关系型数据库管理系统,它结合了 Microsoft Jet Database Engine 和图形用户界面两项特点。

Access 能够存取 Access/Jet、Microsoft SQL Server、Oracle 或者任何 ODBC 兼容数据库内的资料。熟练的软件设计师和资料分析师利用它来开发应用软件,而一些不熟练的程序员和非程序员的"进阶用户"则能使用它来开发简单的应用软件。虽然它支持部分面向对象(Object-Oriented,OO)技术,但是未能成为一种完整的面向对象开发工具。

5. 桌面信息管理——Outlook

Outlook 是 Office 应用程序中的一个信息管理应用程序,提供了一个统一的界面来管理电子邮件、日历、联系人和其他个人、项目组信息。

Outlook 并不是电子邮箱的提供者，它只是收、发、写、管理电子邮件的工具，使用它收发电子邮件十分方便。通常我们在某个网站注册了自己的电子邮箱后，要收发电子邮件，须登录该网站，进入电邮网页，输入账户名和密码，然后进行电子邮件的收、发、写操作。使用 Outlook 后，这些步骤便一步跳过。只要打开 Outlook 界面，Outlook 程序便自动与你注册的网站电子邮箱服务器联机工作，接收你的电子邮件。发信时，可以使用 Outlook 创建新邮件，通过网站服务器联机发送。

5.5.2 图像处理

图像处理包括对图像的浏览、编辑、存储等操作，是信息加工中一个重要的方面，用计算机来处理图像，有着许多手工操作无法比拟的优势。常用的图像处理软件有画图、ACDSee 和 Photoshop。

1. 画图

画图是一个简单的图像处理程序，是 Windows 操作系统的预载软件之一。"画图"程序是一个位图编辑器，可以对各种位图格式的图画进行编辑。用户可以在这里自己绘制图画，也可以对扫描的图片进行编辑修改。在编辑完成后，可以以 BMP、JPG、GIF 等格式保存文件，还可以发送到桌面和其他文本文档中。

2. ACDSee

ACDSee 是由 ACD Systems 公司开发的，ACD Systems 是全球图像管理技术和图像软件的先驱公司。ACDSee 是使用最为广泛的看图工具软件，大多数电脑爱好者都使用它来浏览图片，它的特点是支持性强，能打开包括 ICO、PNG、XBM 在内的二十余种图像格式，并且能够高品质地快速显示，甚至近年在互联网上十分流行的动画图像文件都可以利用 ACDSee 来欣赏。它还有一个特点是速度快，与其他图像浏览软件比较，ACDSee 打开图像文件的速度无疑是相当快。

ACDSee 本身也提供了许多图像编辑的功能，包括数种图像格式的转换、简单的图像编辑、复制至剪贴板、旋转或修剪图像、设定桌面，并且可以从数码相机输入图像。

3. Photoshop

Photoshop 是 Adobe 公司旗下最为出名的图像处理软件之一，集图像扫描、编辑修改、图像制作、广告创意、图像输入输出于一体的图形图像处理软件，深受广大平面设计人员和电脑美术爱好者的喜爱。这是一款功能强大的图形处理软件，几乎支持所有的图像格式和色彩模式。

从功能上看，Photoshop 可分为图像编辑、图像合成、校色调色及特效制作部分。

图像编辑是图像处理的基础，不仅可以对图像做各种变换，如放大、缩小、旋转、倾斜、镜像、透视等，也可进行复制、去除斑点、修补、修饰图像等操作。这在婚纱摄影、人像处理制作中有非常大的作用，去除人像上不满意的部分，进行美化加工，得到让人满意的效果。

图像合成则是将几幅图像通过图层操作、工具应用，合成完整的、传达明确意义的图像。Photoshop 提供的绘图工具让外来图像与创意很好地融合，使图像的合成天衣无缝。

校色调色是 Photoshop 中深具威力的功能之一,可方便快捷地对图像的颜色进行明暗、色偏的调整和校正,也可在不同颜色之间进行切换,以满足图像在不同领域(如网页设计、印刷、多媒体等方面)的应用。

特效制作在 Photoshop 中主要由滤镜、通道及工具综合应用完成,包括图像的特效创意和特效字的制作,如油画、浮雕、石膏画、素描等常用的传统美术技巧都可用 Photoshop 特效完成。

5.5.3　其他常用工具软件

1. 防火墙和杀毒软件

防火墙(Firewall)是一项协助确保信息安全的设备,会依照特定的规则,允许或是限制传输的数据通过。防火墙可以是一台专属的硬件,也可以是架设在一般硬件上的一套软件。设置防火墙后,该计算机流入流出的所有网络通信均要经过此防火墙。防火墙对流经它的网络通信进行扫描,这样能够过滤掉一些攻击,以免其在目标计算机上被执行。防火墙还可以关闭不使用的端口,而且还能禁止特定端口的流出通信,封锁特洛伊木马;它还可以禁止来自特殊站点的访问,从而防止来自不明入侵者的所有通信。

杀毒软件也称反病毒软件或防毒软件,是用于消除电脑病毒、特洛伊木马和恶意软件的一类软件。杀毒软件通常具有监控识别、病毒扫描和清除、自动升级等功能,有的杀毒软件还带有数据恢复等功能,是计算机防御系统(包含杀毒软件、防火墙、特洛伊木马和其他恶意软件的查杀程序、入侵预防系统等)的重要组成部分。杀毒软件的工作原理是通过在内存里划分一部分空间,将电脑里流过内存的数据与杀毒软件自身所带的病毒库(包含病毒定义)的特征码相比较,以判断是否为病毒。另一些杀毒软件则在所划分到的内存空间里面虚拟执行系统或用户提交的程序,根据其行为或结果作出判断。

目前,"防火墙+杀毒软件"的套件使用得比较普遍,比较知名的有 Kaspersky(卡巴斯基)、金山毒霸、瑞星、江民科技的 KV 系列等。

2. 压缩软件

压缩软件是利用算法将文件有损或无损地处理,以达到保留最多文件信息且令文件体积变小的应用软件。压缩软件一般同时具有解压缩的功能。压缩软件的基本原理是查找文件内的重复字节,建立一个相同字节的"词典"文件,并用一个代码表示,以达到缩小文件的目的。常见的压缩格式有 RAR、ZIP、CAB、ISO 等,JPG、RMVB 等格式的图像、音视频文件也属于压缩文件。

比较流行的压缩软件有 WinRAR、WinZip 和 Winmount。

3. 下载工具

下载工具是一种可以更快地从网上下载东西的软件。下载工具利用网络,通过 HTTP、FTP 等协议,下载数据(电影、软件、图片等)到本地电脑上。下载工具采用了"多点连接(分段下载)"技术,充分利用了网络上的多余带宽,所以下载速度快;很多下载工具还采用了"断点续传"技术,随时接续上次中止部位继续下载,有效避免了重复劳动,这大大节省了下载者的连线下载时间。

目前比较知名的下载工具有 Thunder（迅雷）、Netants（网络蚂蚁）、Flashget（网际快车）等。

习题 5

一、单项选择题

1. 下列选项中不属于结构化程序设计方法特征的是（　　）。

A）自顶向下　　　　　　B）逐步求精　　　　　　C）模块化　　　　　　.D）可复用

2. 算法具有 5 个特性，以下选项中不属于算法特性的是（　　）。

A）有穷性　　　　　　B）简洁性　　　　　　C）可行性　　　　　　D）确定性

二、填空题

1. 在面向对象方法中，（　　）描述的是具有相似属性与操作的一组对象。

2. 在面向对象方法中，类的实例称为（　　）。

3. 结构化程序设计的三种基本逻辑结构为顺序、选择和（　　）。

4. 算法复杂度主要包括时间复杂度和（　　）复杂度。

三、简答题

1. 计算机语言分为几类？各有什么特点？

2. 算法有哪几种表示方法？

第6章

数据库系统概论

数据库(Database)是按照一定的数据结构来组织、存储和管理数据的"仓库",它产生于20世纪60年代末。数据库是数据管理的最新技术,是计算机科学的重要分支,数据库系统已成为各种信息系统的核心和基础,得到了越来越广泛的应用。

6.1 数据管理技术的发展

数据(Data)是用于描述现实世界中各种具体事物或抽象概念的、可存储并具有明确意义的符号,包括数字、文字、图形和声音等。数据管理是指对各种形式的数据进行收集、存储、加工和传播的一系列活动的总和。数据管理的目的是为了从大量的、原始的数据中查询、抽取、推导出对人们有价值的信息,以作为行动和决策的依据;同时借助计算机技术科学地保存和管理海量数据,以便人们能够方便而充分地利用这些宝贵的信息资源。

数据管理技术是随着计算机软硬件技术的发展而不断发展的,大致经过了以下三个阶段:人工管理阶段、文件系统阶段和数据库系统阶段。

1. 人工管理阶段

20世纪50年代中期以前计算机主要用于数值计算。从当时的硬件发展水平看,外存只有纸带、卡片、磁带,没有磁盘等直接存取的设备;从软件看,没有操作系统和管理数据的软件;就数据本身而言,数据量小,数据间缺乏逻辑组织,数据依赖于特定的应用程序,缺乏独立性。因此,这一阶段数据管理的效率很低,人们需要在编制的程序中对数据作专门的定义,还要对数据的存储及输入输出方式作具体的安排。程序与数据不具有独立性,数据往往就包含在程序中,同一组数据在不同的应用程序中不能被共享,从而导致各应用程序之间有大量的重复数据,称为数据冗余。

以某高校的数据管理为例,对教师相关数据的人工管理模式如图6-1所示。

在图6-1中,高校的人事处、教务处、财务处分别管理各自所需的数据:人事处管理教师的人事档案,教务处管理教师授课方面的信息,财务处管理教师的工资信息。高校各部门用各自的应用程序来分别处理这些数据,数据与程序没有独立性,数据也不能被共享。

图 6-1 数据的人工管理

2. 文件系统阶段

20 世纪 50 年代后期到 60 年代中期为文件系统阶段。这一阶段硬件方面出现了磁鼓、磁盘等直接存储的存储设备，软件方面有了操作系统。当时随着计算机软硬件技术的发展，计算机的应用领域也得到了拓宽，不仅用于科学计算，还大量应用于数据管理，新的数据处理系统也迅速发展起来。这种数据处理系统是把计算机中的数据组织成相互独立的数据文件，系统可以按照文件的名称对其进行访问，对文件中的记录进行存取，并可以实现对文件的修改、插入和删除，这就是文件系统。文件系统实现了记录内的结构化，即给出了记录内各种数据间的关系。但是，文件从整体来看却是无结构的，其数据面向特定的应用程序，因此数据共享性、独立性差，且冗余度大，管理和维护的代价也很大。

在文件系统阶段，某高校数据管理的文件管理模式如图 6-2 所示，其主要特征是各部门的应用程序文件和数据文件分别独立保存，各应用程序通过文件系统来统一处理对数据的存储操作，数据有了一定的独立性。

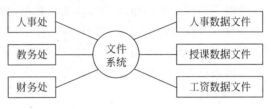

图 6-2　数据的文件管理

文件系统中的数据和程序虽然具有一定的独立性，但还不充分，每个文件仍然对应于一个应用程序，数据还是面向应用的，要想对现有的数据再增加一些新的应用是很困难的，系统不易扩充，而且一旦数据的逻辑结构改变，必须修改应用程序，即数据和程序之间只有一定的物理独立性（程序文件和数据文件是各自独立保存的），但没有实现逻辑独立性。此外，各个文件之间是孤立的，不能反映现实世界事物之间的内在联系，各个应用程序之间也不能共享相同的数据，从而造成数据冗余度大，容易产生相同数据的不一致性。

以图 6-2 中的某高校数据为例，在人事数据文件中包含教师的基本信息，比如教师编号、姓名、性别、出生年月及联系电话等，还有教师人事方面的信息，比如工作年限、职称、最终学历等；在授课数据文件中包含教师的授课信息，如所授课程名称、授课班级、授课时间等，也需要包含教师的基本信息，如编号、姓名、联系电话等；在工资数据文件中除包含教师工资方面的如基本工资、职务工资、业绩津贴、交通补助等信息外，也会有必要的基本信息。高校中每一位教师在这三个数据文件中都有其对应的个人信息，其中教师编号、姓名、性别、联系电话等这些基本信息是重复保存的，所以数据冗余度大，并且现实世界中某位教师的基本信息应该是一致的，但由于这些信息被重复保存在三个相互独立的数据文件中，如果只修改了其中一个文件中的数据时，就会造成数据的不一致。之所以会产生这种不一致，正是由于文件系统没有体现不同文件中相关记录之间的联系，即文件整体是无结构的，没有反映出现实世界中数据间的逻辑关系。

3. 数据库系统阶段

到了 20 世纪 60 年代后期，硬件方面有了大容量的磁盘存储器，计算机越来越多地应用于数据管理领域，数据规模也越来越大。同时，人们对数据管理技术提出了更高的要求：希望面向企业或部门，以数据为中心组织数据，减少数据的冗余，提供更高的数据共享能力，同时要求程序和数据具有较高的独立性,当数据的逻辑结构改变时,不涉及数据的物理结构,也不影响应用程序,以降低应用程序研制与维护的费用。数据库技术正是在这样一个应用需求的基础上发展起来的。数据库是结构化的相关数据集合,它不仅包括数据本身,而且包括数据之间的联系。用数据库管理数据有以下特点。

1) 数据结构化

在文件系统中,尽管其记录内部已有了某些结构,但记录之间没有联系。而数据库系统则实现了整体数据的结构化,把文件系统中简单的记录结构变成了由记录与记录之间的联系所构成的结构化数据;在描述数据时,不仅要描述数据本身,还要描述数据之间的联系。这是数据库的主要特征之一,也是数据库与文件系统的本质区别。

2) 数据的共享性高、冗余度低、易于扩充

数据库系统从整体角度看待和描述数据,数据不再面向某个特定的应用程序,而是面向整个系统。因此,数据可以被多个用户、多个应用程序共享使用。数据共享可以大大减少数据冗余,节约存储空间。数据共享还能够避免数据之间的不相容性与不一致性。

采用数据库管理某高校数据的模式如图 6-3 所示。

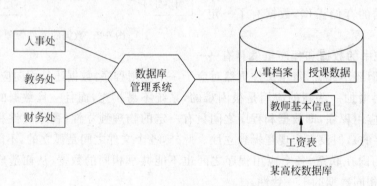

图 6-3   数据的数据库管理

在图 6-3 中,高校的数据以数据库形式存储和管理,各部门共享同一个数据库,并且在文件系统中需要重复保存的教师基本信息在数据库中单独保存为一张数据表(教师基本信息表),只需要保存一次。需要在其他数据表中重复保存的只有"教师编号"一个数据项,大大减少了数据的冗余。不同数据表中记录之间的关系,正是通过这少量保留的冗余数据来表示的,同一个教师的相关记录就是通过各数据表重复保存的"教师编号"数据项取值相同来表示这些记录之间的逻辑关系的。

3) 数据独立性高

数据独立性包括数据的物理独立性和逻辑独立性。

物理独立性是指用户的应用程序与数据文件的物理存储模式是相互独立的,文件系统在一定程度上实现的就是物理独立性,可以分别独立保存,但实际上应用程序中依然要反映文件在存储设备上的组织方法、存取方法等物理细节,因而只要数据作了任何修改,程序仍然需要作改动,所以文件系统阶段实现的数据物理独立性并不充分。而在数据库系统中,数据在磁盘上的数据库中如何存储是由数据库管理系统(DBMS)统一管理的,用户程序不需要了解,应用程序要处理的只是数据的逻辑结构,这样一来当数据的物理存储结构改变时,用户的程序不用改变,其物理独立性更充分。

逻辑独立性是指用户的应用程序与数据库的逻辑结构是相互独立的,也就是说,数据的逻辑结构改变了,用户程序也可以不改变。逻辑独立性比物理独立性更难实现,数据库系统中的DBMS为三级模式结构,提供了两层映像机制:外模式/模式映像和模式/内模式映像。这两层映像机制保证了数据库系统中数据的逻辑独立性和物理独立性。

4) 统一的数据管理与控制功能

在数据库阶段,出现了专门用来对数据库进行统一管理的软件——数据库管理系统(DBMS),数据库管理系统可以帮助用户创建、维护和使用数据库,同时提供了必要的控制功能,包括数据的完整性与安全性的控制、并发控制以及数据恢复。

(1) 数据的完整性。数据完整性指数据的正确性和一致性,包括实体完整性、参照完整性、用户定义完整性。数据库系统提供必要的手段来保证数据库中的数据在处理过程中始终符合其实现规定的完整性要求。

(2) 数据的安全性。在实际应用中,并非每个应用程序都应该存取数据库中的全部数据,数据库系统提供了安全措施,使得只有合法的用户才能进行其权限范围内的操作,以防止非法操作造成数据的破坏或泄密。

(3) 并发控制。对数据的共享将不可避免地出现对数据的并发操作,即多个用户或应用程序同时访问数据库中的同一条数据,如不加控制,将导致相互干扰而出现错误结果,使数据库中的数据完整性遭到破坏。数据库的并发控制防止了这种现象的发生。

(4) 数据恢复。出现软硬件故障时,数据库系统应该具有恢复能力,能把数据库恢复到最近某个时刻的正确状态。

从文件系统发展到数据库系统,这在数据管理领域中具有里程碑的意义。在文件系统阶段,人们在数据处理中关注的中心问题是系统功能的设计,因此程序设计占主导地位;而在数据库方式下,数据开始占据了中心位置,数据的结构设计成为信息系统首先关心的问题,而应用程序则以既定的数据结构为基础进行设计。

随着计算机软硬件技术的发展,特别是20世纪90年代以后,数据管理不再仅仅是存储和管理数据,而转变成用户所需要的各种数据管理的方式。数据库有很多种类型,从最简单的存储各种数据的表格到能够进行海量数据存储的大型数据库系统,在各个方面都得到了广泛的应用。

6.2　数据模型、数据库与数据库系统

6.2.1　数据模型

现有的数据库系统都是基于某种数据模型的。计算机不可能直接处理现实世界中的具体事物,必须使用相应工具,先将具体事物转换成计算机能处理的数据,然后再由计算机进行处理。数据模型就是数据库系统中用于提供形式表示和操作手段的形式架构工具。

1. 数据模型的分类及组成要素

模型是对现实世界的抽象。在数据库技术中,用模型来描述数据库的结构和语义,对现实世界进行抽象。数据模型应满足三方面的要求:一是能比较真实地模拟现实世界;二是

容易理解；三是便于在计算机上实现。一种数据模型要同时满足这三方面的要求比较困难，针对不同的使用对象和应用目的，可采用不同的数据模型。按照应用层次的不同，数据模型可划分为概念模型和数据模型，如图 6-4 所示。

图 6-4　数据模型的应用层次

1）概念模型

概念模型又称为信息模型，是一种独立于计算机系统的数据模型，不涉及信息在计算机中的表示，按用户的观点对数据进行建模，是用户与数据库设计人员进行交流的工具和语言，是对现实世界的第一层抽象。

概念模型应该具有较强的语义表达能力，还要简单、清晰、易于理解。概念模型常采用"实体-联系模型"描述，其主要术语如下。

（1）实体。客观存在并可相互区分的事物为实体。实体可以是具体的人或物，比如教师、学生；也可以是抽象的概念，比如课程。同一类实体的集合称为实体集。

（2）属性。实体所具有的特性为属性。一个实体可以由若干个属性来刻画。比如学生实体就可以用学号、姓名、性别、年龄、班级等一系列属性来描述。属性的具体取值称为属性值，用于表示一个具体的属性，比如属性组合（2009001，张伟，男，19，计算机 1 班）就表示学生集合中的一个具体学生。

（3）键。在实体集中可以唯一标识实体的属性集为键，也叫关键字。比如在学生实体中，学号就可以作为键，给定一个学号就可以从学生集中唯一确认出某个学生，因为学号互不相同。

（4）联系。现实世界中联系的反映，包括实体内部各属性之间的联系和实体之间的联系。实体之间的联系可以归结为以下三种。

① 一对一的联系。对于实体集 A 中的每一个实体，实体集 B 中至多有一个实体与之联系，反之亦然。称实体集 A 与实体集 B 具有一对一的联系，记作 $1:1$。比如学校规定一个班级只能配备一个班主任，那么班级和班主任之间就是一对一的联系。

② 一对多的联系。对于实体集 A 中的每一个实体，实体集 B 中有 M 个实体（$M \geqslant 0$）与之联系；反之，对于实体集 B 中的每一个实体，实体集 A 中至多有一个实体与之联系，称实体集 A 与实体集 B 具有一对多的联系，记作 $1:M$。比如班级和学生之间，一个班级可以包含多名学生，而一个学生只属于一个班级，则班级与学生之间存在一对多的联系。一对多的联系是最普遍的联系，也可以将一对一的联系看做是一对多联系的特殊情况。

③ 多对多的联系。对于实体集 A 中的每一个实体，实体集 B 中有 N 个实体（$N \geqslant 0$）与之联系；反之，对于实体集 B 中的每一个实体，实体集 A 中也有 M（$M \geqslant 0$）个实体与之联系，称实体集 A 与实体集 B 具有多对多的联系，记作 $M:N$。比如学生和课程之间，一个学生可以选修多门课程，一门课程也可以被多个学生所选，则学生和课程之间存在多对多的联系。

实体-联系方法简称 E-R 方法，采用图形的方式描述实体之间的联系，基本元素如图 6-5 所示。

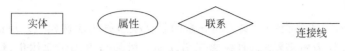

图 6-5 E-R 方法的基本图形元素

图 6-6 为学生选课系统的 E-R 图。

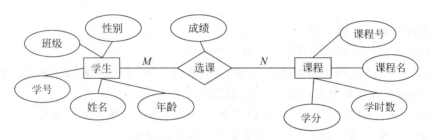

图 6-6 学生选课系统的 E-R 结构图

2）数据模型

数据模型也称为逻辑数据模型，是直接面向数据库的逻辑结构的，是对现实世界的第二层抽象。这类数据模型直接与数据库管理系统有关，有严格的形式化定义，以便于在计算机系统中实现。通常有一组严格定义的无二义性语法和语义的数据库语言，人们可以用这种语言来操作数据库中的数据。常见的数据模型主要有：层次模型、网状模型、关系模型和面向对象数据模型。

3）数据模型的组成要素

数据模型是严格定义的一组概念的集合，这些概念精确地描述了系统的静态特性、动态特性和完整性约束条件。因此，数据模型通常包含三个部分：数据结构、数据操作、数据的约束条件。

（1）数据结构。数据模型中的数据结构主要描述数据的类型、内容、性质以及数据间的联系等。数据结构是数据模型的基础，数据操作和约束都建立在数据结构上。不同的数据结构具有不同的操作和约束。数据结构是对系统静态特性的描述。

（2）数据操作。数据模型中数据操作主要描述在相应的数据结构上的操作类型和操作方式。数据库主要有检索和更新（包括插入、删除、修改）两大类操作。数据模型必须定义这些操作的确切含义、操作符号、操作规则以及实现操作的语言。数据操作是对系统动态特性的描述。

（3）数据的约束条件。数据模型中的数据约束主要描述数据结构内数据间的语法、词义联系、它们之间的制约和依存关系，以及数据动态变化的规则，以保证数据的正确、有效和相容。

数据结构、数据操作和数据的约束条件又称为数据模型的三要素。

2. 主要的数据模型

目前比较流行的数据模型主要有 4 种：按图论建立起来的层次模型与网状模型，按关系理论建立起来的关系模型，以及面向对象程序设计与数据库技术相结合所产生的面向对象数据模型。

1) 层次模型

用层次结构表示实体类型及实体间联系的数据模型称为层次模型。层次结构犹如一棵倒置的树,因而也称为树型结构,具体表示方法是:树的结点表示实体集,结点之间的连线表示相连两实体集之间的联系,这种联系只能是一对一或一对多(1∶M)的。通常把表示 1 的实体集放在上方,称为父结点,表示 M 的实体集放在下方,称为子结点。层次模型的结构特点如下。

(1) 有且仅有一个根结点。

(2) 根结点以外的其他结点有且仅有一个父结点。

层次模型的优点是结构简单、层次清晰,并且容易实现,但层次模型不能直接表达多对多的联系,因而难以实现对复杂数据关系的描述。

在现实世界中,许多实体集之间的联系就是一个自然的层次关系。例如,行政机构、家族关系等都是层次关系。如图 6-7 所示是学院中的层次模型。

2) 网状模型

在现实世界中,事物之间的联系更多的是非层次结构,更适合用网状模型表示。在网状模型中,各实体集之间往往建立的是一种层次不清的一对一、一对多和多对多的联系,这种结构可以表达数据间复杂的逻辑关系。如图 6-8 所示就是一个网状模型的例子。

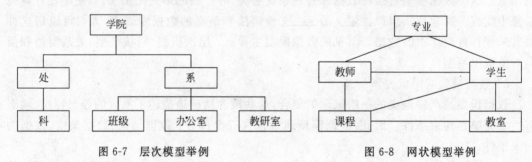

图 6-7 层次模型举例   图 6-8 网状模型举例

网状模型的结构特点如下。

(1) 允许一个以上的结点无父结点。

(2) 一个结点可以有多个父结点。

(3) 两个结点之间可以有多个联系。

网状模型的优点主要是:能够更为直接地描述现实世界,表示数据间多对多的联系时具有很大的灵活性;具有良好的性能,存取效率较高。网状模型的缺点主要有:结构比较复杂,而且随着应用环境的扩大,结构就变得越来越复杂,不利于最终用户掌握。

网状模型和层次模型本质上是相似的,都是以图论为理论基础,在模型中用结点表示实体,用连线来表示实体间的联系。在计算机中具体实现时,一个结点就是一个存储的数据或记录,用链接指针来实现数据或记录之间的联系。这种用指针将记录联系在一起的方法,很难对整个数据集合进行修改或扩充。

3) 关系模型

关系模型是目前最主要的、应用最广泛的数据模型。现在主流的数据库系统大都是基于关系模型的关系数据库系统。关系模型用二维表格来表示实体及实体间的联系,这样一个表格被称为一个关系。表 6-1 所示的教师人事档案简表就是一个关系模型的例子。

表 6-1　教师人事档案简表

教师编号	姓名	性别	出生日期	职称	最后学历
2010001	张诚	男	1978-2-22	讲师	硕士
2010002	刘莉莉	女	1974-8-10	副教授	本科
2010003	李达	男	1980-11-12	助教	博士
2010004	朱虹	女	1984-3-5	助教	本科
2010005	王刚	男	1960-5-4	教授	本科

二维表中的每一列称为一个字段，每一行称为一个记录。该表应满足下列条件。

- 表中不允许有重复的字段名。
- 表中每一列中的数据的类型必须一致。
- 表中不应有内容完全相同的数据行。
- 表中行(列)的顺序可任意排列，更改顺序不影响表中各数据项间的关系。

关系模型的理论基础是集合论中的关系理论，它与层次、网状模型的主要区别在于它描述数据的一致性：关系模型中无论是实体还是实体间的联系均由单一的结构类型——关系来表示。在使用时，通过关系运算(选择、投影、连接)对关系进行操作。关系模型的数据表示能力比较强，抽象级别比较高，而且简单清晰，便于理解和使用，因此得到了广泛应用，目前的数据库基本上都是基于关系模型的。

4）面向对象数据模型

随着计算机技术的飞速发展，新的应用领域不断出现，对数据处理技术也提出了更高的要求。例如，图形数据、多媒体应用中的图像、声音和视频等诸多数据形式中，一个对象需要由多个属性来描述，其中某些属性本身又是另一个对象，它也有自身的内部结构，从而构成复杂对象。为了能够处理这样的数据，就产生了面向对象数据模型。

面向对象数据库是面向对象概念与数据库技术相结合的产物。面向对象模型中最基本的概念是对象、类和关联。

（1）对象。在面向对象数据模型中，将所有现实世界中的实体都模拟为对象。对象与实体的概念相似，但更为复杂。一个对象包含若干属性，用以描述对象的状态、组成和特性。属性也是对象，它又可以包含其他对象作为其属性。这种递归引用对象的过程可以继续下去，从而组成各种复杂的对象。除了属性外，对象还包含若干方法，用以描述对象的行为特性。方法又称为操作，它可以改变对象的状态，对对象进行各种数据库操作。

（2）类。数据库中通常有很多相似的对象。"相似"是指它们响应相同的消息使用相同的方法，并有相同名称和类型的变量。对每个这样的对象单独进行定义是很浪费的，因此我们将相似的对象分组，形成一个"类"。类是相似对象的集合。类中的每个对象也称为类的实例。一个类中的所有对象共享一个公共的定义，尽管它们对变量所赋予的值不同。面向对象数据模型中类的概念相当于 E-R 模型中实体集的概念。

（3）关联。表示一个或多个类之间的联系，与 E-R 模型中联系的概念是一致的。

目前，一种结合关系数据库和面向对象特点的数据库为那些希望使用具有面向对象特征的关系数据库用户提供了一条捷径。这种数据库系统称为"对象关系数据库"，它是在传统关系数据模型基础上，提供元组、数组、集合一类丰富的数据类型以及处理新的数据类型的操作能力，并且有继承性和对象标识等面向对象特点。

6.2.2　数据库的基本概念

1. 数据

数据(Data)是数据库中存储的基本对象。狭义的数据通常表现为数据形式。在计算机领域,数据的概念已经被大大拓展了,只要是能被计算机处理的、数字化的信息,都可以认为是数据,包括数字、文字、声音、图形、图像和视频等。

2. 数据库

数据库(Database,DB)是存储在计算机上按照一定结构组织的相互关联的数据集合,可以直观地理解为存放数据的"仓库",这个"仓库"指的是计算机的大容量存储器,如硬盘。数据库本身并不独立使用,它是组成数据库系统的一部分,人们通过数据库系统来使用数据库,实现对数据的检索和更新。

3. 数据库管理系统

数据库管理系统(DataBase Management System,DBMS)是操纵和管理数据库的软件,用于建立、使用和维护数据库,简称 DBMS。它对数据库进行统一的管理和控制,以保证数据库的安全性和完整性。用户通过 DBMS 访问数据库中的数据,数据库管理员也通过 DBMS 进行数据库的维护工作。它提供多种功能,可使多个应用程序和用户用不同的方法在同一时间或不同时刻去建立、修改和询问数据库。它使用户能方便地定义和操纵数据,维护数据的安全性和完整性,以及进行多用户下的并发控制和恢复数据库。

数据库管理系统所提供的功能有以下几项。

(1) 数据定义功能。DBMS 提供相应数据定义语言(Data Definition Language,DDL)来定义数据库结构,它们刻画出数据库框架,并被保存在数据字典中。

(2) 数据操作功能。DBMS 提供数据操纵语言(Data Management Language,DML),实现对数据库数据的基本操作:检索、插入、修改和删除。

(3) 数据库运行管理功能。DBMS 提供数据控制功能,即数据的安全性、完整性和并发控制等,对数据库运行有效地控制和管理,以确保数据正确有效。

(4) 数据库的建立和维护功能。包括数据库初始数据的装入,数据库的转储、恢复、重组织,系统性能监视、分析等功能。

目前有许多数据库管理软件以自己特有的功能和适用性,在数据库市场上占有一席之地,如 DB2、Oracle、Sybase、SQL Server、MySQL、Access 等。

4. 数据库系统

数据库系统(DataBase System,DBS)是实现有组织、动态地存储大量相关的结构化数据、方便各类用户访问数据库的计算机软硬件资源的集合体。一个数据库系统通常由 5 个部分组成,包含硬件支撑环境、数据库集合、数据库管理系统、相关软件和人员。

1) 硬件支撑环境

数据库系统需要有足够容量的内存和外存来存储大量的数据,同时也需要有足够快的处理器来处理这些数据,以便能快速响应应用用户的数据处理和数据检索请求。如果是网络数据库系统,还需要有网络通信设备的支持。

2)数据库的集合

在一个数据库系统中,根据实际应用的需要,可以创建多个数据库,形成数据库的集合。

3)数据库管理系统

数据库由数据库管理系统统一管理。数据库管理系统帮助用户创建、维护和使用数据库,数据的检索和更新都要通过数据库管理系统进行。数据库管理系统是整个数据库系统的核心。

4)相关软件

除了数据库管理系统软件之外,数据库系统还必须有其他相关软件的支持,包括支持DBMS运行的操作系统、具有与数据库接口的高级语言及其编译系统、以DBMS为核心的应用开发工具软件,以及为某种应用环境开发的数据库应用程序等。

5)人员

数据库系统的人员包括数据库管理员和用户。数据管理员负责创建、监控和维护整个数据库,数据库管理员一般由业务水平较高、资历较深的人员担任。数据库系统的用户可根据应用程度的不同分为专业用户和最终用户。

6.2.3　数据库的系统结构

从数据库管理系统的角度看,数据库系统通常采用三级模式结构,这是数据库管理系统的内部结构,通常称为数据库体系结构;从数据库最终用户的角度看,数据库系统可分为三个层次和多种类型,这是数据库系统的外部结构,称为数据库应用系统体系结构。

1. 数据库的体系结构

虽然不同类型的数据库系统支持不同的数据模型、使用不同的数据库语言和开发工具,但在总体上都具有三级结构的特征,即外模式、模式、内模式,称为数据库的体系结构,也称为"三级模式结构"。

1)三级模式结构

模式是对数据库中全体数据的逻辑结构和特征的描述,它仅涉及类型的描述,而不涉及具体的值。模式的一个具体值称为模式的一个实例。同一个模式可以有很多实例。模式是相对稳定的,实例是相对变动的,因为数据库中的数据总在不断地更新。模式反映的是数据的结构及其联系,而实例反映的是数据库某一时刻的状态。数据库系统的三级模式结构是指数据库系统是由外模式、模式、内模式这三级结构构成的,如图6-9所示。

(1)模式(Schema)。也称为逻辑模式,它是数据库中全体数据的逻辑结构和特征的描述,是所有用户的公共数据视图,是数据库系统模式结构的中间层,既不涉及数据的物理存储细节和硬件环境,也与具体的应用程序、所使用的应用程序开发工具以及程序设计语言无关。DBMS提供模式描述语言(模式DDL)来严格地定义模式。

(2)外模式(External Schema)。也称为用户模式或子模式,它是数据库用户(包括程序

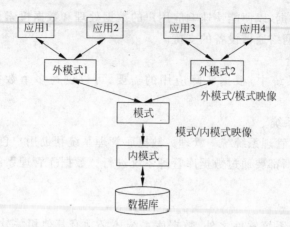

图 6-9　数据库的三级模式结构

员和最终用户)能够看见和使用的局部数据的逻辑结构和特征的描述,是数据库用户的数据视图,是与某一特定应用有关的数据的逻辑表示。外模式通常是模式的子集。一个数据库中可以有多个外模式。外模式是保证数据库安全性的一个有力措施,每个用户只能看见和访问到相应的外模式的数据,看不见数据库中的其余数据。DBMS 提供外模式描述语言(外模式 DDL)来严格地定义外模式。

(3) 内模式(Internal Schema)。内模式也称为存储模式,一个数据库只能有一个内模式。它是数据物理结构和存储方式的描述,是数据在数据库内部的表示方式。DBMS 提供内模式描述语言(内模式 DDL)来严格地定义内模式。

2) 两级映像与数据独立性

数据库系统的三级模式是对数据的三个抽象级别,它把数据的具体组织工作留给了数据库管理系统管理,使用户能够从逻辑层面上处理数据,而不必关心数据在计算机中的具体表示方式和存储方式。为了能够在内部实现这三个抽象层次的联系和转换,DBMS 在这个三级模式之间提供了两级映像:外模式/模式映像、模式/内模式映像。正是这两级映像保证了数据库系统中的数据能够具有较高的逻辑独立性和物理独立性。

(1) 外模式/模式映像。模式描述的是数据的全局逻辑结构,外模式描述的是数据的局部逻辑结构。对应于同一个模式可以有任意多个外模式。对于每一个外模式,数据库系统都有一个外模式/模式的映像,它定义了该外模式与模式之间的对应关系。

当模式改变时,由数据库管理员对各个外模式/模式映像做相应的改变,就可以使外模式保持不变。应用程序是依据数据的外模式编写的,所以应用程序不必修改,这保证了数据与程序的逻辑独立性,简称为数据的逻辑独立性。

(2) 模式/内模式映像。数据库中只有一个模式,也只有一个内模式,所以模式/内模式的映像是唯一的。它定义了数据库全局逻辑结构与物理存储结构之间的对应关系。

当数据库的物理存储结构改变时,由数据库管理员对模式/内模式映像做相应的改变,就可以使模式保持不变,而应用程序也不必改变。这样就保证了程序与数据的物理独立性,简称为数据的物理独立性。

在数据库的三级模式结构中,数据库模式,即全局逻辑模式是数据库的中心与关键,它独立于数据库的其他层次。因此,设计数据库模式结构时,应首先确定数据库的逻辑模式。

2. 数据库应用系统的体系结构

依据目前数据库系统的应用和发展,可以将数据库应用系统体系结构分为:单用户结构、主从式结构、分布式结构、客户/服务器结构、浏览器/应用服务器/数据库服务器结构。

1) 单用户数据库系统

整个数据库系统(应用程序、DBMS、数据)装在一台计算机上,为一个用户独占,不同机器之间不能共享数据。

2) 主从式结构的数据库系统

一个主机带多个终端的多用户结构。数据库系统,包括应用程序、DBMS、数据,都集中存放在主机上,所有处理任务都由主机来完成。各个用户通过主机的终端并发地存取数据库,共享数据资源。这种结构的优点是易于管理、控制与维护,缺点是当终端用户数目增加到一定程度后,主机的任务会过分繁重,成为瓶颈,从而使系统性能下降。系统的可靠性依赖于主机,当主机出现故障时,整个系统都不能使用。

3) 分布式结构的数据库系统

数据库中的数据在逻辑上是一个整体,但物理地分布在计算机网络的不同结点上。网络中的每个结点都可以独立处理本地数据库中的数据,执行局部应用,同时也可以同时存取和处理多个异地数据库中的数据,执行全局应用。这种结构的优点是适应了地理上分散的公司、团体和组织对于数据库应用的需求。缺点是数据的分布存放给数据的处理、管理与维护带来困难。当用户需要经常访问远程数据时,系统效率会明显地受到网络传输的制约。

4) 客户/服务器结构的数据库系统

客户/服务器(C/S)结构的数据库系统把 DBMS 功能和应用分开。网络中某个或某些结点上的计算机专门用于执行 DBMS 功能,称为数据库服务器,简称服务器。其他结点上的计算机安装 DBMS 的外围应用开发工具、用户的应用系统,称为客户机。

客户/服务器数据库系统有两种结构:集中的服务器结构(一台数据库服务器,多台客户机)、分布的服务器结构(在网络中有多台数据库服务器)。分布的服务器结构是客户/服务器与分布式数据库的结合,其优点是客户端的用户请求被传送到数据库服务器,数据库服务器进行处理后,只将结果返回给用户,从而显著减少了数据传输量。缺点是相同的应用程序要重复安装在每一台客户机上,从系统总体来看,大大浪费了系统资源。

5) 浏览器/应用服务器/数据库服务器结构的数据库系统(B/S)

B/S 结构是随着 Internet 技术的兴起,对 C/S 结构的一种变化或者改进的结构。在这种结构下,用户工作界面是通过 WWW 浏览器来实现,极少部分事务逻辑在前端(Browser)实现,但是主要事务逻辑在服务器端(Server)实现,形成所谓三层结构。B/S 结构最大的优点是可以在任何地方进行操作而不用安装任何专门的软件。只要有一台能上网的电脑就能使用,客户端零维护,系统的扩展非常容易。缺点是应用服务器运行数据负荷较重,一旦发生服务器"崩溃"等问题,后果不堪设想。因此,需备有数据库存储服务器,以防万一。

6.3 关系模型与关系数据库

关系数据库应用数学方法来处理数据库中的数据。系统而严格地提出关系模型的是美国 IBM 公司的 E.F.Codd,他从 1970 年起连续发表了多篇论文,奠定了关系数据库的理论基础。关系数据库系统是支持关系模型的数据库系统,关系模型由数据结构、关系操作和完整性约束三部分组成。

6.3.1 关系数据结构

关系模型的数据结构非常单一。在用户看来,关系模型中数据的逻辑结构就是一张扁平的二维的表格,但这种简单的数据结构能够表达丰富的语义,描述出现实世界的实体以及实体间的各种联系。

简单地说,一个关系的逻辑结构就是一张二维表,它由行和列组成。如表 6-2 所示的学生基本情况登记表就是一个关系。

表 6-2　学生基本情况登记表

学号	姓名	性别	年龄	班级
2009001	张伟	男	19	计算机 1 班
2009002	李红	女	19	计算机 1 班
2009003	王强	男	20	计算机 1 班
2009004	赵明	男	19	信息 1 班
2009005	刘芳	女	20	信息 1 班

关系模型涉及下列概念。

- 关系　一个关系就是一个符合一定条件的二维表,每个关系都有一个关系名。
- 元组　在一个具体的关系中,每一行被称为一个元组,或称为一个记录,如表 6-2 中有 5 行,也就是有 5 个元组或 5 条记录。
- 属性　在一个具体的关系中,每一列被称为一个属性,或称为一个字段,如表 6-2 中有 5 列,对应 5 个属性或字段,分别是学号、姓名、性别、年龄、班级。
- 域　属性的取值范围。如在表 6-2 中,"性别"这一属性只能取"男"或"女"。
- 主关键字　在一个关系中,可以唯一标识一个元组(记录)的一个或几个属性。如表 6-2 中的"学号"属性就是这个关系的主关键字,也称为主键。
- 分量　元组中的一个属性值。
- 关系模式　对关系的描述,和关系结构对应,其格式为:

关系名(属性名 1,属性名 2,…,属性名 N)

表 6-2 中的关系就可以表示如下:

学生(学号,姓名,性别,年龄,班级)

在关系模型中,实体与实体间的联系都是用关系来表示的,例如,在如图 6-6 所示的学

生选课系统中,学生、课程实体以及学生与课程之间的选课联系在关系模型中可表示如下:

学生(学号,姓名,性别,年龄,班级)
课程(课程号,课程名,学分,学时数)
选课(学号,课程号,成绩)

关系模型要满足一些基本条件,如:不能有相同的属性名,不能有完全相同的元组,任意交换两行(列)的位置不影响数据的实际含义。除这些基本条件外,还要求关系必须是规范化的,满足一定的规范条件,其中最基本的一条是关系中的每一个属性必须是一个不可分的数据项,即表中不能再包含表。

6.3.2 关系运算

查询或检索是数据库最主要的操作,对关系数据库的查询操作主要是通过关系运算来进行的。关系数据库支持的三种基本关系运算为:选择、投影、连接。有些查询需要几个基本运算的组合,经过若干步骤才能完成。

1. 选择

从关系中找出满足给定条件的那些元组的操作称为选择。其中,条件是以逻辑表达式给出的,值为真的元组将被选取。这种运算是从行的角度对二维表的内容进行筛选,找出满足给定条件的记录。经过选择运算后的结果可以形成新的关系,其关系模式不变,其中的元组是原关系中的一个子集。

例如,从表 6-2 学生基本情况登记表中筛选出所有男同学就是一种选择运算,筛选条件为"性别＝'男'",筛选结果如表 6-3 所示。

表 6-3 选择运算举例

学号	姓名	性别	年龄	班 级
2009001	张伟	男	19	计算机 1 班
2009003	王强	男	20	计算机 1 班
2009004	赵明	男	19	信息 1 班

2. 投影

从关系中挑选若干属性组成新的关系称为投影。这是从列的角度进行的运算,经过投影运算后的结果也可以形成新的关系,其关系模式所包含的属性往往比原关系少,或者属性的排列顺序和原关系有所不同。

例如,从表 6-2 学生基本情况登记表中抽取"学号"、"姓名"、"性别"三个字段构成一个新表的操作,就是投影运算,结果如表 6-4 所示。

3. 连接

连接是将两个关系通过共有的字段拼接成一个新的关系,生成的新关系中包含满足连接条件的元组。运算过程是通过连接条件来控制的,连接条件中将出现两个关系中的公共字段名,或者具有相同语义、可比的字段。最常见的连接是自然连接,利用两个关系中的共

表 6-4　投影运算举例

学　号	姓　名	性　别
2009001	张伟	男
2009002	李红	女
2009003	王强	男
2009004	赵明	男
2009005	刘芳	女

有字段,将该字段值相等的记录内容连接起来并去掉重复字段,作为新关系中的一条记录。

需要注意的是,选择和投影运算都属于单目运算,它们的操作对象只是一个关系,即一个二维表。连接运算是双目运算,需要两个关系作为操作对象,即两个二维表,运行结果为一个新的关系。如果需要连接两个以上的表,应当作两两连接。

例如,学生选课系统的数据库中有三个关系,分别是:学生(学号,姓名,性别,年龄,班级)、课程(课程号,课程名,学分,学时数)和选课(学号,课程号,成绩)。如果要查询学号为"2009002"学生的各科选修课的成绩,查询结果要包括课程名、学号和成绩三个字段。因为课程名在"课程"表中,成绩在"选课"表中,所以需要对这两个表进行连接运算,连接的条件就是两个表中共有的"课程号"字段的字段值相同。连接运算完成后,在连接得到的新关系(课程号、课程名、学分、学时数、学号、成绩)上再做选择(学号为"2009002")和投影(课程名、学号、成绩)运算,最终得到查询结果。运算过程及最终查询结果如表 6-5～表 6-8 所示。

表 6-5　课程表

课程号	课程名	学分	学时数
C001	高等数学	4	64
C002	英语	4	60
C003	程序设计基础	3	48

表 6-6　选课表

学号	课程号	成绩	学号	课程号	成绩
2009001	C001	78	2009002	C003	92
2009001	C002	84	2009003	C001	82
2009002	C001	81	2009004	C001	77
2009002	C002	73			

表 6-7　连接运算后的结果

课程号	课程名	学分	学时数	学号	成绩
C001	高等数学	4	64	2009001	78
C002	英语	4	60	2009001	84
C001	高等数学	4	64	2009002	81
C002	英语	4	60	2009002	73
C003	程序设计基础	3	48	2009002	92
C001	高等数学	4	64	2009003	82
C001	高等数学	4	64	2009004	77

表 6-8　选择、投影运算后的结果

课　程　名	学号	成绩
高等数学	2009002	81
英语	2009002	73
程序设计基础	2009002	92

在对关系数据库的操作中,不管多么复杂的查询操作,都是利用选择、投影、连接三种基本关系运算的组合来完成的。

6.3.3　关系的完整性

关系完整性是为保证数据库中数据的正确性和相容性,对关系模型提出的某种约束条件或规则。完整性通常包括实体完整性、参照完整性和用户定义完整性(又称域完整性),其中实体完整性和参照完整性,是关系模型必须满足的完整性约束条件。

1. 实体完整性

实体完整性是指关系的主关键字不能取"空值",也不能有相同的值。

一个关系对应现实世界中一个实体集。现实世界中的实体是可以相互区分、识别的,即它们应具有某种唯一性标识。在关系模式中,以主关键字作为唯一性标识,而主关键字中的属性(称为主属性)不能取空值,否则说明关系模式中存在着不可标识的实体,这与现实世界的实际情况相矛盾,这样的实体就不是一个完整实体。按实体完整性规则要求,主属性不得取空值,如果主关键字是多个属性的组合,则所有主属性均不得取空值。

主属性也不能取相同的值,否则实体就无法相互区分了,如果主关键字是多个属性的组合,则这些主属性的值不能完全相同。

例如,在表 6-5 中,如果将课程号作为主关键字,那么该列不得有空值,否则无法对应某门具体的课程,这样的表格不完整,对应关系不符合实体完整性规则的约束条件。再如表 6-6 中,若将学号和课程号作为主关键字,则这两列不允许为空,也不能有学号相同并且课程号也相同的记录。

2. 参照完整性

参照完整性是定义建立关系之间联系的主关键字与外部关键字引用的约束条件,通俗地讲,就是指两个相关联的关系中的相关数据是否对应一致。

关系数据库中通常都包含多个存在相互联系的关系,关系与关系之间的联系是通过主关键字与外部关键字来实现的。所谓主关键字与外部关键字,是指两个表的一些公共属性,它是一个关系 R(称为被参照关系)的主关键字,同时又是另一关系 K(称为参照关系)的外部关键字。如果 K 中外部关键字的取值与 R 中某元组主关键字的值相同,那么,在这两个关系间建立关联的主关键字和外部关键字引用,符合参照完整性规则要求。参照关系 K 外部关键字的取值实际上只能取相应被参照关系 R 中已经存在的主关键字值。

例如,在学生选课系统的数据库中,可将"选课"表作为参照关系,"学生"表作为被参照关系,以"学号"作为两个关系进行关联的属性,则"学号"是学生关系的主关键字,是"选课"

关系的外部关键字。"选课"关系通过外部关键字"学号"参照学生关系,"选课"关系中的"学号"只能取学生关系中存在的学号值,这种约束所反映的现实情况是:只有"学生"表中有这个学生,"课程"表中才能有这个学生的选课信息。

3. 用户定义完整性

实体完整性和参照完整性适用于任何关系型数据库系统,它主要是针对关系的主关键字和外部关键字取值必须有效而做出的约束。用户定义完整性则是根据应用环境的要求和实际的需要,对某一具体应用所涉及的数据提出约束性条件。这一约束机制一般不应由应用程序提供,而应由关系模型提供定义并检验,用户定义完整性主要包括字段有效性约束和记录有效性约束。

例如在表 6-6 的"选课"表中,"成绩"这一字段根据实际情况,就应该限定其取值范围为 0～100,这就是一个字段有效性约束;再如在"课程"表 6-5 中,字段"学分"和"学时数"之间也有一定的约束关系,学时数在 40～60 之间的,学分为 3,60 学时以上的课程的学分为 4,这就是一个记录有效性约束,两者都是用户根据学生选课系统的实际应用情况提出的约束性条件。

6.4 结构化查询语言

结构化查询语言(Structured Query Language,SQL)是关系型数据库的标准查询语言,用于存取数据以及查询、更新和管理关系数据库系统。SQL 是高级的非过程化编程语言,允许用户在高层数据结构上工作。它不要求用户指定对数据的存放方法,也不需要用户了解具体的数据存放方式,所以具有完全不同底层结构的不同数据库系统,可以使用相同的 SQL 语言作为数据输入与管理的接口。

6.4.1 SQL 概述

SQL 最早是 IBM 的圣约瑟研究实验室为其关系数据库管理系统 System R 开发的一种查询语言,它的前身是 SQUARE 语言。SQL 语言结构简洁,功能强大,简单易学,所以自从 IBM 公司 1981 年推出以来,SQL 语言得到了广泛的应用。如今无论是像 Oracle、Sybase、SQL Server 这些大型的数据库管理系统,还是像 Visual FoxPro、PowerBuilder、Access 这些 PC 上常用的数据库管理系统,都支持 SQL 语言作为查询语言。

美国国家标准局(ANSI)与国际标准化组织(ISO)已经制定了 SQL 标准。1992 年,ISO 和 IEC 发布了 SQL 国际标准,称为 SQL-92。ANSI 随之发布的相应标准是 ANSI SQL-92。ANSI SQL-92 有时被称为 ANSI SQL。尽管不同的关系数据库使用的 SQL 版本有一些差异,但大多数都遵循 ANSI SQL 标准。SQL Server 使用 ANSI SQL-92 的扩展集,称为 T-SQL,其遵循 ANSI 制定的 SQL-92 标准。

SQL 语言之所以能够为用户和业界所接受,并成为国际标准,是因为它是一个综合的、功能极强但同时又简洁易学的语言。主要特点如下。

(1) 综合统一。SQL 语言集数据定义语言(DDL)、数据操纵语言(DML)、数据控制语言(DCL)的功能于一体,语言风格统一,可以独立完成数据库生命周期中的全部活动,包括定义关系模式、建立数据库、查询、更新、维护、数据库重构、数据库安全性控制等一系列操作要求,这就为数据库应用系统的开发提供了良好的环境。

(2) 高度非过程化。非关系数据模型的数据操纵语言是面向过程的语言,要用其完成某项请求,必须指定存取路径。而用 SQL 语言进行数据操作时,只须提出"做什么",而无须指明"怎么做",因此无需了解存取路径,存取路径的选择以及 SQL 语句的操作过程由系统自动完成。这不但大大减轻了用户负担,而且有利于提高数据独立性。

(3) 面向集合的操作方式。非关系数据模型采用的是面向记录的操作方式,操作对象是一条记录。例如,在表 6-6 中查询所有课程号为"C002"成绩在 80 分以上的学生学号,用户必须一条一条地把满足条件的学生记录找出来(通常要说明具体处理过程,即按照哪条路径,如何循环等)。而 SQL 语言采用集合操作方式,不仅操作对象、查找结果可以是元组的集合,而且一次插入、删除、更新操作的对象也可以是元组的集合。

(4) 以同一种语法结构提供两种使用方式。SQL 语言既是自含式语言,又是嵌入式语言。作为自含式语言,它能够独立地用于联机交互的使用方式,用户可以在终端键盘上直接键入 SQL 命令对数据库进行操作;作为嵌入式语言,SQL 语句能够嵌入到高级语言(例如 C♯,Java)程序中,供程序员设计程序时使用。而在两种不同的使用方式下,SQL 语言的语法结构基本上是一致的。这种以统一的语法结构提供两种不同的使用方式的做法,提供了极大的灵活性与方便性。

(5) 语言简洁,易学易用。SQL 语言功能极强,但由于设计巧妙,语言十分简洁,完成核心功能只用 9 个动词,如表 6-9 所示。SQL 语言接近英语口语,因此容易学习和使用。

表 6-9　SQL 语言的动词

SQL 功能	动　　词
数据定义	CREATE(创建表)、DROP(删除表)、ALTER(修改表)
数据操作	INSERT(插入记录)、UPDATE(修改记录)、DELETE(删除记录)
数据查询	SELECT(查询)
数据控制	GRANT(授权)、REVOKE(收回权限)

6.4.2　SQL 语言

SQL 可以实现数据定义、数据操作、数据查询和数据控制 4 个方面的功能,SQL 语言与此对应也包含以下 4 个部分。

* 数据定义语言(DDL)　例如 CREATE、DROP、ALTER 语句。
* 数据操作语言(DML)　例如 INSERT、UPDATE、DELETE 语句。
* 数据查询语言(DQL)　例如 SELECT 语句。
* 数据控制语言(DCL)　例如 GRANT、REVOKE 语句。

1. 数据定义语言

1) 建立数据表

SQL 语言使用 CREATE TABLE 语句定义数据表,其一般格式如下:

```
CREATE TABLE <表名>(<列名><数据类型>[完整性约束条件]
    [,<列名><数据类型>[完整性约束条件]…);
```

其中,<表名>是所要定义的表的名字,新建的数据表可以由一个或多个属性(列)组成。建表的同时通常还可以定义与该表有关的完整性约束条件。这些完整性约束条件被存入系统的数据字典中,当用户操作表中数据时,由 DBMS 自动检查该操作是否违背这些完整性约束条件。

定义表的各个属性时需要指明其数据类型及长度。不同的数据库系统支持的数据类型不完全相同,但基本数据类型都是一样的,如表 6-10 所示。

表 6-10　基本数据类型

数 据 类 型	说　　明
INT	整型
FLOAT	浮点数
CHAR(n)	长度为 n 的定长字符串
VARCHAR(n)	具有最大长度为 n 的变长字符串
DATE	日期,包含年月日,格式为 YYYY-MM-DD
TIME	时间,包含时分秒,格式为 HH:MM:SS

例如,建立表 6-2 所示的"学生基本情况登记表",可用如下代码实现:

```
CREATE TABLE Student
(Sno CHAR(5)NOT NULL UNIQUE,        /*完整性约束条件: Sno 不许取空值,取值唯一*/
Sname CHAR(20)NOT NULL,
Ssex CHAR(1),
Sage INT,
Sclass CHAR(15));
```

其中,表名为 Student,它由学号 Sno、姓名 Sname、性别 Ssex、年龄 Sage、班级 Sclass 共 5 个属性组成。其中学号不能为空,值是唯一的,姓名不能为空。系统执行上面的 CREATE TABLE 语句后,就在数据库中建立一个新的空表 Student,并将有关 Student 表的定义及有关约束条件存放在数据字典中。

2) 修改数据表

随着应用需求的变化,有时须修改已建立好的数据表,SQL 语言用 ALTER TABLE 语句修改基本表,其一般格式为:

```
ALTER TABLE <表名>
[ADD <新列名><数据类型>[完整性约束条件]]
[DROP[完整性约束条件]]
[MODIFY <列名><数据类型>];
```

其中,<表名>是要修改的数据表,ADD 子句用于增加新列和新的完整性约束条件,DROP 子句用于删除指定的完整性约束条件,MODIFY 子句用于修改原有的列定义,包括修改列名和数据类型。

例如,向 Student 表增加"出生日期"列,其数据类型为日期型,实现代码如下:

```
ALTER TABLE Student ADD Sbirth DATE;
```

不论数据表中原来是否已有数据,新增加的列一律为空值。

3) 删除数据表

当某个数据表不再需要时,可以使用 DROP TABLE 语句删除它。其一般格式为:

```
DROP TABLE <表名>;
```

例如,删除 Student 表可用如下代码实现:

```
DROP TABLE Student;
```

数据表一旦删除,表中的数据以及在此表上建立的索引和视图都将自动被删除掉。因此执行删除数据表的操作一定要格外小心。

2. 数据操作语言

1) 插入数据

插入数据的 INSERT 语句的格式如下:

```
INSERT
INTO <表名> [(<属性列 1>[,<属性列 2>,…)]
VALUES (<常量 1> [,<常量 2>],…);
```

其功能是将新元组(记录)插入指定表中。其中新记录"属性列 1"的值为常量 1,"属性列 2"的值为常量 2,…,INTO 子句中没有出现的属性列,新记录在这些列上将取空值。需要注意的是,在表定义时声明了 NOT NULL 的属性列不能取空值。否则会出错。

例如,假设已用 CREATE 创建了选课表 SC(学号 Sno,课程号 Cno,成绩 Grade),现在插入一条选课记录('C001','2009006'),可用如下代码实现:

```
INSERT
INTO SC(Sno, Cno)
VALUES ('C001','2009006');
```

新插入的记录在 Grade 列上取空值。

如果 VALUES 子句中给出了所有属性列的值,则 INTO 子句中可不指明任何列名。例如,将一个新的学生记录(学号:2009006;姓名:陈晓;性别:男;年龄:18 岁;班级:信息 1 班)插入 Student 表中,可用如下代码实现:

```
INSERT
INTO Student
VALUES ('2009006', '陈晓', '男',18,'信息 1 班');
```

2) 修改数据

修改数据的语句一般格式为:

```
UPDATE <表名>
SET <列名> = <表达式>[,<列名> = <表达式>]…
[WHERE <条件>];
```

其功能是修改指定表中满足 WHERE 子句条件的元组。其中,SET 子句用于指定修改方法,即用<表达式>的值取代相应的属性列值。

例如,将学号为 2009002 的学生的年龄改为 22 岁,可用如下代码实现:

```
UPDATE Student
    SET Sage = 22
    WHERE Sno = '2009002';
```

如果省略 WHERE 子句,则表示要修改表中的所有元组。例如,将所有学生的年龄增加 1 岁,可用如下代码实现:

```
UPDATE Student
CET Cage = Sage + 1;
```

3) 删除数据

删除语句的一般格式为:

```
DELETE
FROM <表名>
[WHERE <条件>];
```

DELETE 语句的功能是从指定表中删除满足 WHERE 子句条件的所有元组。如果省略 WHERE 子句,表示删除表中全部元组,但表的定义仍在字典中。也就是说,DELETE 语句删除的是表中的数据,而不是关于表的定义。

例如,删除学号为 2009006 的学生记录,可用如下代码实现:

```
DELETE
FROM Student
WHERE Sno = '2009006';
```

如果省略 WHERE 子句,则删除所有记录。例如,删除所有的学生选课记录,可用如下代码实现:

```
DELETE
FROM SC;
```

这条 DELETE 语句将使 SC 成为空表,它删除了 SC 的所有记录。

3. 数据查询语言

SELECT 语句是 SQL 的核心语句,它的一般格式为:

```
SELECT[ALL|DISTINCT]<目标列表达式>[别名][,<目标列表达式>][别名] = …
FORM <表名或视图名><别名>[,<表名或视图名>[别名] …
[WHERE<条件表达式>]
[GROUP BY<列名 1>[HAVING<条件表达式>]]
[ORDER BY<列名 2>[ASC|DESC]];
```

SELECT 命令格式看起来比较复杂,主要是由 SELECT、FROM、WHERE 等一些短语构成的。

SELECT 短语指明要在查询结果中输出的内容,ALL 用来指定输出查询结果的所有行,DISTINCT 用来指定消除查询结果中的重复行;目标列如果是"＊"表明查询结果包含所查询数据表中的所有列(属性),否则将所查询的列一一列出。

　　FROM 短语指明要查询的数据来自哪个表或哪些表,如果是多个表的话,各表间用逗号隔开。

　　WHERE 短语用来指定查询的筛选条件,如果有多个条件需要同时满足,各条件之间用逻辑运算符 AND 连接;如果是多表查询,还须在此短语中指定表的连接条件。

　　GROUP BY 短语指明对查询结果进行分组输出,其中 HAVING 子句用来指定分组应该满足的条件。

　　ORDER BY 短语指明查询结果的排序依据,ASC 为升序,DESC 为降序,默认为升序。

　　下面以学生选课系统数据库中的三个数据表:学生(学号,姓名,性别,年龄,班级)、课程(课程号,课程名,学分,学时数)和选课(学号,课程号,成绩)来详细地介绍各类查询并举例,这三个数据表定义如下:

```
Student(Sno,Sname,Ssex,Sage,Sclass)
Course(Cno,Cname,Cpiont,Chour)
SC(Sno,Cno,Grade)
```

1) 单表查询

单表查询是指在查询过程中只涉及一个表的查询,单表查询是最基本的查询语句。例如:查询 Student 表中所有的男生记录,并将结果按年龄降序排序,代码如下:

```
SELECT *
FROM Student
WHERE Ssex = '男'
ORDER BY Sage DESC;
```

2) 嵌套查询

在 SQL 语言中,一个 SELECT-FROM-WHERE 语句称为一个查询块。将一个查询块嵌套在另一个查询块的 WHERE 子句或 HAVING 短语的条件中的查询称为嵌套查询或子查询。例如:查询选修了课程号为"C002"的学生的姓名、性别、班级,代码如下:

```
SELECT Sname
FROM Student
WHERE Sno IN
(SELECT Sno
FROM SC
WHERE Cno = 'C002');
```

谓词"IN"用来连接父查询和子查询,表示父查询中的 WHERE 条件中的 Sno 需要包含在子查询的结果范围中。

3) 连接查询

若一个查询同时涉及两个或两个以上的表,则称之为连接查询。连接查询是关系数据库中最主要的查询,最常见的连接查询为等值连接。

例如:查询课程号为"C002"的课程成绩在 80 分以上的学生的姓名、性别、成绩,代码如下:

```
SELECT Sname,Ssex, Grade
FROM Student,SC
WHERE Student.Sno = SC.Sno AND Cno = 'C002' AND Grade > 80;
```

本例中,WHERE 子句中的属性名前加上了表名前缀,这是为了避免混淆不同数据表中属性名相同的字段。如果属性名在参加连接的各表中是唯一的,则可以省略表名前缀。

4) 函数查询

函数查询也称统计查询,SQL 提供了很多统计函数,可以在原有数据的基础上经过计算,输出统计结果。常用的函数如表 6-11 所示。

表 6-11 常用 SQL 函数

函 数	功 能	函 数	功 能
COUNT	统计元组个数或某列中值的个数	MAX	求某一列(数值列)中的最大值
SUM	计算某列(数值列)值的总和	MIN	求某一列(数值列)中的最小值
AVG	计算某列(数值列)的平均值		

例如:求选课表中各门课程的平均成绩,代码如下:

```
SELECT Cno,AVG(Grade)
FROM SC
GROUP BY Cno;
```

此查询语句在执行时,先将 SC 表中的数据按 Cno 分类,再分别求出每一类课程 Grade 列的平均值,即每门课程分别的平均值。GROUP BY 实现了分组功能,经常与 SQL 函数一起使用。

4. 数据控制语言

1) 授权

SQL 语言用 GRANT 语句向用户授予操作权限,GRANT 语句的一般格式为:

```
GRANT <权限>[,<权限>]…
[ON <对象类型> <对象名>]
TO <用户>[,<用户>]…
[WITH GRANT OPTION];
```

其语义为:将对指定操作对象的指定操作权限授予指定的用户。

对不同类型的操作对象有不同的操作权限,常见的操作权限如表 6-12 所示。

表 6-12 各对象允许的操作权限

对 象	操 作 权 限
属性列	SELECT、INSERT、UPDATE、DELETE、ALL PRIVILEGES
数据表	SELECT、 INSERT、 UPDATE、 DELETE、 ALTER、 INDEX、 ALL PRIVILEGES
数据库	CREATETAB

对属性列的操作权限有：查询（SELECT）、插入（INSERT）、修改（UPDATE）、删除（DELETE）以及这 4 种权限的总和（ALL PRIVILEGES）。对数据表的操作权限有：查询、插入、修改、删除、修改表结构（ALTER）和建立索引（INDEX）以及这 6 种权限的总和。对数据库可以有建立表（CREATETAB）的权限，该权限属于数据库管理员（DBA），可由 DBA 授予普通用户，普通用户拥有此权限后可以建立数据表。

接受权限的用户可以是一个或多个具体用户，也可以是 PUBLIC（即全体用户）。如果指定了 WITH GRANT OPTION 子句，则获得某种权限的用户还可以把这种权限再授予别的用户。如果没有指定 WITH GRANT OPTION 子句，则获得某种权限的用户只能使用该权限，但不能传播该权限。

例如，把查询 Student 表权限授给用户 U1，可用如下代码实现：

```
GRANT SELECT
ON TABLE Student
TO U1;
```

例如，把对 Student 表和 Course 表的全部权限授予用户 U2 和 U3，可用如下代码实现：

```
GRANT ALL PRIVILEGES
ON TABLE Student, Course
TO U2, U3;
```

2）收回权限

授予的权限可以由 DBA 或其他授权者用 REVOKE 语句收回，REVOKE 语句的一般格式为：

```
REVOKE <权限>[,<权限>]…
[ON <对象类型> <对象名>]
FROM <用户>[,<用户>]… ;
```

例如，把用户 U2 修改学生学号的权限收回，可用如下代码实现：

```
REVOKE UPDATE(Sno) ON TABLE Student FROM U2;
```

5. 定义视图

视图是一个虚拟表，其内容由查询定义。同真实的表一样，视图也包含一系列带有名称的列和行数据。但视图并不在数据库中以存储的数据值集形式存在。行和列数据来自定义视图的查询所引用的表，并且在使用视图时动态生成。对其中所引用的数据表来说，视图的作用类似于筛选。定义视图的筛选可以来自当前或其他数据库的一个或多个表，或者其他视图。

SQL 语言用 CREATE VIEW 命令建立视图，其一般格式为：

```
CREATE VIEW <视图名>[(<列名>[,<列名>]…)]
    AS <子查询>
```

其中，子查询可以是任意复杂的 SELECT 语句，但通常不允许含有 ORDER BY 子句和 DISTINCT 短语。例如，建立查看计算机一班学生基本信息的视图可以用如下代码实现：

```
CREATE VIEW Computer1_Student
AS
SELECT Sno, Sname, Sage
FROM Student
WHERE Sclass = '计算机一班';
```

本例中没有列出视图 Computer1_Student 的列名,创建的视图中默认包含子查询中 SELECT 子句中的三个列 Sno,Sname,Sage。

视图是存储在数据库中的 SQL 查询语句,使用视图主要出于两种原因:一是安全原因,视图可以隐藏一些数据,如前面所说的教师工资表,目前高校教师工资都是直接由财务处将工资通过银行打入教师的工资账户,所以工资表中需要有教师的银行账户信息,可以用视图只显示教师的编号、姓名,而不显示账号和工资数等,从而保证这些数据的保密性和安全性;使用视图的另一个原因是可使复杂的查询易于理解和使用。

视图一经定义便存储在数据库中,与其相对应的数据并没有像表那样又在数据库中再存储一份,通过视图看到的数据只是存放在数据表中的数据。对视图的操作与对表的操作一样,可以对其进行查询、修改(有一定的限制)、删除。

6.5　数据库技术新发展

数据库技术从诞生到现在,已经形成了坚实的理论基础。成熟的商业产品和广泛的应用领域,吸引了越来越多的研究者加入,使得数据库成为一个研究者众多且被广泛关注的研究领域。随着数据管理内容的不断扩展和新技术的层出不穷,数据库技术面临着前所未有的挑战。面对新的数据形式,人们提出了丰富多样的数据模型(层次模型、网状模型、关系模型、面向对象模型等),同时也提出了众多新的数据库技术(XML 数据库、数据仓库、数据挖掘等)。数据库技术与网络通信技术、面向对象技术、并行计算技术、多媒体技术、人工智能技术相互渗透、互相结合,也成为当前数据库技术发展的主要特征。

1. 并行数据库

并行数据库系统是在并行机上运行的具有并行处理能力的数据库系统。并行数据库系统是数据库技术与并行计算技术相结合的产物。并行处理技术与数据库技术的结合具有潜在的可行性,关系数据库模型本身就有极大的并行可能性。在关系模型中,数据库是元组的集合,数据库操作实际是集合操作,许多情况下可分解为一系列对子集的操作,许多子操作不具有数据相关性,因而具有潜在的并行性。

并行计算技术利用多处理机并行处理产生的规模效益来提高系统的整体性能,为数据库系统提供了一个良好的硬件平台。研究和开发适应于并行计算机系统的并行数据库系统成为数据库学术界和工业界的研究热点,形成了并行处理技术与数据库技术相结合的并行数据库新技术。

一个并行数据库系统应该实现如下目标。

(1) 高性能。并行数据库系统通过将数据库管理技术与并行处理技术有机结合,发挥多处理机结构的优势,从而提供比相应的大型机系统要高得多的性能价格比和可用性。

（2）高可用性。并行数据库系统可通过数据复制来增强数据库的可用性。

（3）可扩充性。数据库系统的可扩充性指系统通过增加处理和存储能力而平滑地扩展性能的能力。

2．主动数据库

所谓主动数据库，就是除了完成一切传统数据库的服务外，还具有各种主动服务功能的数据库系统。

主动数据库是相对传统数据库的被动性而言的。在传统数据库中，当用户要对数据库中的数据进行存取时，只能通过执行相应的数据库命令或应用程序来实现。数据库本身不会根据数据库的状态主动做些什么，因而是被动的。然而在许多实际应用领域中，例如计算机集成制造系统、管理信息系统、办公自动化中，常常希望数据库系统在紧急情况下能够根据数据库的当前状态，主动、适时地作出反应，执行某些操作，向用户提供某些信息。这类应用的特点是事件驱动数据库操作，并要求数据库系统支持涉及时间方面的约束条件。为此，人们在传统数据库的基础上，结合人工智能技术研制和开发了主动数据库。

主动数据库通常采用的方法是在传统数据库系统中嵌入 ECA（事件-条件-动作）规则，在某一事件发生时，引发数据库管理系统去检测数据库的当前状态，看是否满足所设条件，若条件满足，则触发规定动作的执行。

3．XML 数据库

XML 数据库是一种支持对 XML 格式文档进行存储和查询等操作的数据库管理系统。

当前着重于页面显示格式的 HTML 语言和基于它的关键词检索等技术已经不能满足用户日益增长的信息需求。近年来的研究致力于将数据库技术应用于网上数据的管理和查询，但困难在于网上数据缺乏统一的、固定的模式，数据往往是不规则且经常变动的。因此，XML 数据作为一种自描述的半结构化数据，为 Web 的数据管理提供了新的数据模型，如果将 XML 标记数据放入一定的结构中，对数据的检索、分析、更新和输出就能够在更加容易管理的、系统的和人们较为熟悉的环境下进行，因而人们将数据库技术应用于 XML 数据处理领域，通过 XML 数据模型与数据库模型的映射来存储、提取、综合和分析 XML 文档的内容。这为数据库研究开拓了一个新的方向，将数据库技术的研究扩展到对 Web 数据的管理。

与传统数据库相比，XML 数据库具有以下优势。

（1）XML 数据库能够对半结构化数据进行有效地存取和管理。如网页内容就是一种半结构化数据，而传统的关系数据库对于类似网页内容这类半结构化数据无法进行有效地管理。

（2）提供对标签和路径的操作。传统数据库语言允许对数据元素的值进行操作，不能对数据元素的名称操作，半结构化数据库提供了对标签名称的操作，还包括了对路径的操作。

（3）当数据本身具有层次特征时，由于 XML 数据格式能够清晰表达数据的层次特征，因此 XML 数据库便于对层次化的数据进行操作。XML 数据库适合管理复杂数据结构的数据集，如果已经以 XML 格式存储信息，则 XML 数据库有利于文档存储和检索，不仅可以用方便实用的方式检索文档,而且还能够提供高质量的全文搜索引擎。另外,XML 数据库能够存储和查询异种文档结构,提供对异种信息存取的支持。

4. 移动数据库

移动数据库是指能够支持移动式计算环境的数据库,其数据在物理上分散而逻辑上集中。它涉及数据库技术、分布式计算技术、移动通信技术等多个学科。与传统的数据库相比,移动数据库具有移动性、位置相关性、频繁的断接性、网络通信的非对称性等特征。

移动数据库基本上由三种类型的主机组成:移动主机(Mobile Host),移动支持站点(Mobile Support Station)和固定主机(Fixed Host)。

固定主机就是通常含义上的计算机,它们之间通过高速固定网络进行连接,不能对移动设备进行管理。移动支持站点具有无线通信接口,可以和移动设备进行数据通信。移动支持站点和固定主机之间的通信是通过固定网络进行的。一个移动支持站点覆盖的地区区域被称为信元(Cell),在一个信元内的移动主机可以通过无线通信网络与覆盖这一区域的移动支持站点进行通信,完成信息数据的检索。

移动数据库作为分布式数据库的延伸和扩展,拥有分布式数据库的诸多优点和独特的特性,能够满足未来人们访问信息的要求,具有广泛的应用前景。

5. 数据仓库

"数据仓库"一词最早是在 1990 年由 Bill Inmon 先生提出的,其描述如下:数据仓库是为支持企业决策而特别设计和建立的数据集合。

企业建立数据仓库是为了填补现有数据存储形式已经不能满足信息分析的需要。数据仓库理论中的一个核心理念就是:事务型数据和决策支持型数据的处理性能不同。

企业在它们的事务操作过程中会收集到很多数据。比如在企业运作过程中随着订货、销售等操作的进行,这些事务型数据也连续产生。处理决策支持型数据时,一些问题经常会被提出,比如:哪类客户会购买哪类产品?在某一段时间内哪类产品特别容易卖?

事务型数据库可以为这些问题作出解答,但是它所给出的答案往往并不能让人十分满意。在运用有限的计算机资源时常常存在着竞争。在增加新信息的时候,我们需要事务型数据库是空闲的;而在解答一系列具体的有关信息分析的问题的时候,系统处理新数据的有效性又会被大大降低。另一个问题就在于事务型数据总是处在动态的变化之中的,决策支持型数据处理需要相对稳定的数据,从而问题都能得到一致连续的解答。

数据仓库的解决方法包括:将决策支持型数据处理从事务型数据处理中分离出来。数据按照一定的周期(通常在每晚或者每周末),从事务型数据库中导入决策支持型数据库——"数据仓库"。数据仓库是按回答企业某方面的问题来分"主题"组织数据的,这是最有效的数据组织方式。

数据仓库的出现,并不是要取代数据库。目前,大部分数据仓库还是用关系数据库管理系统来管理的。可以说,数据库与数据仓库相辅相成,各有千秋。数据库是面向事务设计的,数据仓库是面向主题设计的。数据库一般存储在线交易数据,数据仓库存储的一般是历史数据。

6. 数据挖掘

数据挖掘(Data Mining)是从存放在数据库、数据仓库或其他信息库中的大量的数据中获取有效的、新颖的、潜在有用的、最终可理解的数据的过程。数据挖掘在人工智能领域又称为数据库中的知识发现(Knowledge Discovery in Database,KDD),也有人把数据挖掘视为数据库中知识发现过程的一个基本步骤。

数据挖掘和数据仓库的协同工作,一方面,可以迎合和简化数据挖掘过程中的重要步骤,提高数据挖掘的效率和能力,确保数据挖掘中数据来源的广泛性和完整性。另一方面,数据挖掘技术已经成为数据仓库应用中极为重要的、相对独立的方面和工具。

近年来,数据挖掘引起了信息产业界的极大关注,其主要原因是存在大量数据,可以广泛使用,并且迫切需要将这些数据转换成有用的信息和知识。获取的信息和知识可以广泛用于各种应用,包括商务管理、生产控制、市场分析、工程设计和科学探索等。数据挖掘和数据仓库是融合与互动发展的,其学术研究价值和应用研究前景将是令人振奋的。它是数据挖掘专家、数据仓库技术人员和行业专家共同努力的成果,更是广大渴望从数据库"奴隶"转变成数据库"主人"的企业用户的最终通途。

习题 6

一、单项选择题

1. 按照数据模型划分,SQL Sever 应当是(　　)。

A)层次型数据库管理系统　　　　　　　B)网状型数据库管理系统

C)关系型数据库管理系统　　　　　　　D)混合型数据库管理系统

2. 一个关系型数据库管理系统所应具备的 3 种基本关系操作是(　　)。

A)选择、投影、连接　　　　　　　　　B)编辑、浏览、替换

C)插入、删除、修改　　　　　　　　　D)排序、索引、查询

3. 在关系理论中,把能够唯一地确定一个元组的属性或属性组合称为(　　)。

A)索引码　　　　B)关键字　　　　C)域　　　　D)外码

4. 一个班级可以包含多个学生,而一个学生只能属于一个班级,这说明班级与学生之间的联系是(　　)。

A)一对一　　　　B)一对多　　　　C)多对多　　　　D)未知

二、填空题

1. 二维表中的每一列称为一个字段,或称为关系的一个(　　);二维表中的每一行称为一个记录,或称为关系的一个(　　)。

2. 关系型数据库的标准操纵语言是 (　　)。

3. 目前流行的主要数据模型有(　　)、(　　)、(　　)、(　　)。

三、试解释下列术语

数据库,数据库管理系统,数据库系统,关键字,数据模型

四、简答题

1. 简述数据库的特点。

2. 什么是数据的物理独立性和逻辑独立性？

3. 数据管理技术的发展分为几个阶段？各阶段的特点是什么？

五、SQL 查询练习

设现有学生表和成绩表，其表结构如下：

学生表：学号、姓名、性别、出生日期、年龄、政治面貌、籍贯
成绩表：学号、姓名、数学、外语、计算机、哲学

试写出 SQL 查询语句完成下列查询：

1. 检索学生表中籍贯为"山东"的学生记录。

2. 检索外语成绩为不及格的学生，并按外语成绩由高到低的顺序列出其姓名、性别和外语成绩。

3. 分别统计男生、女生的平均年龄。

第7章

计算机网络与Internet

本章主要介绍计算机网络与因特网的基本知识和核心技术,包括计算机网络的概述、计算机网络的组成、Internet 的基本技术、Internet 服务与系统结构,以及信息安全。这对于深入理解网络互连技术大有裨益。

7.1 计算机网络概述

计算机网络近年来获得了飞速的发展。计算机通信已成为我们社会结构的一个基本组成部分。网络被用于工商业、教育业和政府管理的各个方面,包括广告宣传、商品邮购、计划、报价和会计等。结果是绝大多数公司拥有了自己的网络。从小学到研究生教育的各级学校都使用计算机网络为教师和学生提供全球范围的联网图书信息的即时检索,计算机网络已遍布各个领域。

7.1.1 计算机网络的发展

网络的发展也是一个经济上的冲击。数据网络使个人化的远程通信成为可能,并改变了商业通信的模式。一个完整的用于发展网络技术、网络产品和网络服务的新兴工业已经形成,计算机网络的普及性和重要性已经导致在不同岗位上对具有更多网络知识的人才的大量需求。企业需要雇员规划、获取、安装、操作、管理那些构成计算机网络和因特网的软硬件系统。另外,计算机编程已不再局限于个人计算机,而要求程序员设计并实现能与其他计算机进行通信的应用软件。那么计算机网络是如何演变的呢? 其发展大致经历了 4 个阶段。

1. 面向终端的远程联机系统

20 世纪 60 年代末到 20 世纪 70 年代初为计算机网络发展的萌芽阶段。将地理位置分散的多个终端通信线路连到一台中心计算机上,用户可以在自己办公室内的终端键入程序,通过通信线路传送到中心计算机,分时访问和使用资源进行信息处理,处理结果再通过通信线路回送到用户终端显示或打印。这种以单个计算机为中心的联机系统称为面向终端的远程联机系统。第一个远程分组交换网叫 ARPANET,是由美国国防部于 1969 年建成的,第一次实现了由通信网络和资源网络复合构成计算机网络系统,标志着计算机网络的真正产生,ARPANET 是这一阶段的典型代表。

2．以通信子网为中心的计算机网络

20 世纪 70 年代中后期是局域网络(Local Area Network，LAN)发展的重要阶段。将分布在不同地点的计算机通过通信线路互连成为计算机-计算机网络。连网用户可以通过计算机使用本地计算机的软件、硬件与数据资源，也可以使用网络中的其他计算机软件、硬件与数据资源，以达到资源共享的目的。1974 年，英国剑桥大学计算机研究所开发了著名的剑桥环局域网(Cambridge Ring)。该网络的成功实现，一方面标志着局域网的产生；另一方面，它们形成的以太网及环网对以后局域网的发展起到导航的作用。

3．网络体系结构标准化阶段

整个 20 世纪 80 年代是计算机局域网的发展时期。ISO 制订的 OSI/RM 成为研究和制订新一代计算机网络标准的基础。各种符合 OSI/RM 与协议标准的远程计算机网络、局部计算机网络与城市地区计算机网络开始广泛应用。计算机局域网及其互连产品的集成，使得局域网与局域网互连、局域网与各类主机互连、局域网与广域网互连的技术越来越成熟。综合业务数据通信网络(ISDN)和智能化网络(IN)的发展，标志着局域网的飞速发展。

4．网络互连阶段

20 世纪 90 年代初至现在是计算机网络飞速发展的阶段，其主要特征是：互连、高速、智能与更为广泛的应用。各种网络进行互连，计算机网络化，协同计算能力发展以及全球互联网络(Internet)的盛行，标志着计算机的发展已经完全与网络融为一体，体现了"网络就是计算机"的口号。目前，计算机网络已经真正进入社会各行各业，为社会各行各业所采用。另外，虚拟网络 FDDI 及 ATM 技术的应用，使网络技术蓬勃发展并迅速走向市场，走进平民百姓的生活。

7.1.2　计算机网络的定义与功能

计算机网络的定义可以这样理解，是指将地理位置不同的具有独立功能的多台计算机及其外部设备，通过通信线路连接起来，在网络操作系统、网络管理软件及网络通信协议的管理和协调下，实现资源共享和信息传递的系统称为计算机网络。

从计算机网络的定义可以看出：其功能主要是数据通信和资源共享。

1．数据通信

数据通信即数据传送，是计算机网络的最基本功能之一。从通信角度看，计算机网络是一种计算机通信系统。作为计算机通信系统，能实现下列重要功能。

(1) 传输文件。网络能快速地、不需要交换磁盘就可在计算机与计算机之间进行文件拷贝。

(2) 使用电子邮件(E-mail)。用户可以将计算机网络作为邮局，向网络上的其他计算机用户发送备忘录、报告和报表等信息。虽然在办公室使用电话是非常方便的，但网络的 E-mail 可以向不在办公室的人传送消息，而且还提供了一种无纸办公的环境。

2. 资源共享

资源共享包括硬件、软件和数据资源的共享,它是计算机网络最有吸引力的功能。资源共享指的是网上用户能够部分或全部地使用计算机网络资源,使计算机网络中的资源互通有无,分工协作,从而大大地提高各种硬件、软件和数据资源的利用率。资源共享主要包括以下几方面。

(1) 共享硬件资源。

(2) 共享软件资源。

(3) 共享数据信息。

7.1.3 计算机网络的分类

最常见的网络划分方法是按计算机网络覆盖的地理范围的大小划分,一般分为广域网(Wide Area Network,WAN)和局域网(Local Area Network,LAN),再增加一个城域网(Metropolitan Area Network,MAN)。顾名思义,广域网是地理上距离较远的网络连接形式,例如著名的 Internet、ChinaNet 就是典型的广域网。而一个局域网的范围通常不超过10km,并且经常限于一个单一的建筑物或一组相距很近的建筑物。Novell 网是最流行的计算机局域网。

不同分类原则下的计算机网络的其他划分,还有按照交换方式划分的,一般分为线路交换网、分组交换网和综合交换网。按网络的拓扑结构划分为星型网、总线型网和环型网。按网络的传输媒体划分为双绞线网、同轴电缆网、光纤网、无线网。按网络的用途划分为:教育、科研网、商业网和企业网。按照传输带宽划分为基带网和宽带网。基带网的传输介质用双绞线、扁平电缆或同轴电缆,数据传输率在 10Mbps 以下。以太网是一种基带网,它采用基带传输技术。宽带网采用受保护的同轴电缆,数据传输率可高达 400Mbps,常见的宽带网有 PC 网等。

7.1.4 计算机网络协议

为了完成计算机系统之间的数据交换而必须遵守的一系列规则和约定称为通信协议(Protocol)。它的作用和普通话的作用如出一辙。网络协议由语法、语义和时序三大要素组成。语法是通信数据和控制信息的结构与格式;语义是对具体事件应发出何种控制信息、完成何种动作以及做出何种应答;时序是对事件实现顺序的详细说明。

依据网络的不同,通常使用以下协议:Ethernet(以太网)、NETBEUI、IPX/SPX 以及TCP/IP 等。这里重点介绍 TCP/IP 协议(传输控制协议/网际协议),此协议被 Internet 所采用,该协议成了当今地球村"人与人"之间的"牵手协议",也是目前最完全和应用最广的协议,能实现各种不同计算机平台之间的连接、交流和通信。

TCP/IP 协议即传输控制协议/网际协议。大家知道,Internet 网络的前身是 ARPANET,当时使用的并不是 TCP/IP 协议,而是一种叫 NCP(Network Control Protocol,网络控制协议)的网络协议,但随着网络的发展和用户对网络的需求不断提高,设计者们发现,NCP 协议存在很多缺点以至于不能充分支持 ARPANET 网络,特别是 NCP 仅能用于同构环境中

（所谓同构环境是网络上的所有计算机都运行相同的操作系统），设计者就认为"同构"这一限制不应被加到一个分布广泛的网络上，这样在 20 世纪 60 年代后期开发出来了用于"异构"网络环境的 TCP/IP 协议。也就是说，TCP/IP 协议可以在各种硬件和操作系统上实现，并且 TCP/IP 协议已成为建立计算机局域网、广域网的首选协议，并将随着网络技术的进步和信息高速公路的发展而不断地完善。

1997 年，为了褒奖对因特网发展做出突出贡献的科学家，并对 TCP/IP 协议作出充分肯定，美国授予为因特网发明和定义 TCP/IP 协议的文顿·瑟夫（Vinton G. Cerf）和鲍伯·卡恩（Bob Kahn）"国家技术金奖"，这无疑使人们认识到 TCP/IP 协议的重要性。

7.1.5　计算机网络的体系结构

在计算机网络技术中，网络的体系结构是指通信系统的整体设计，它为网络硬件、软件、协议、存取控制和拓扑提供标准。现在广泛采用的是国际标准化组织（ISO）在 1979 年提出的开放系统互连参考模型（OSI/RM——Open System Interconnection Reference Model，简称为 OSI）。OSI 参考模型采用七层层级结构，从下到上分别为物理层（Physical Layer，PH）、数据链路层（Data Link Layer，DL）、网络层（Network Layer，N）、传输层（Transport Layer，T）、会话层（Session Layer，S）、表示层（Presentation Layer，P）和应用层（Application Layer，A），如图 7-1 所示。

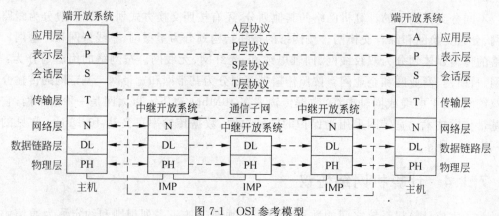

图 7-1　OSI 参考模型

从图 7-1 中可见，整个开放系统环境由作为信源和信宿的端开放系统及若干中继开放系统通过物理媒体连接构成。这里的端开放系统和中继开放系统，都是国际标准 OSI 7498 中使用的术语。通俗地说，它们相当于资源子网中的主机和通信子网中的结点机（IMP）。只有在主机中才可能需要包含所有七层的功能，而在通信子网中的 IMP 一般只需要最低三层甚至只要最低两层的功能就可以了。它的规范对所有的厂商是开放的，具有指导国际网络结构和开放系统走向的作用。它直接影响总线、接口和网络的性能。目前常见的网络体系结构有 FDDI、以太网、令牌环网和快速以太网等。从网络互连的角度看，网络体系结构的关键要素是协议和拓扑。

1. 计算机网络的分层结构

众所周知，计算机网络系统是一个十分复杂的系统。将一个复杂系统分解为若干个容易处理的子系统,然后"分而治之",这种结构化设计方法是工程设计中常见的方法。分层就是系统分解的最好方法之一。为了设计这样复杂的计算机网络,早在最初的 ARPANET 设计时即提出了分层的方法。"分层"可将庞大而复杂的问题转化为若干较小的局部问题,各层功能相对独立,各层因技术进步而做的改动不会影响到其他层,从而保持体系结构的稳定性。

层次结构划分的原则如下。

(1) 每层的功能应是明确的,并且是相互独立的。当某一层的具体实现方法更新时,只要保持上、下层的接口不变,便不会对邻居产生影响。

(2) 层间接口必须清晰,跨越接口的信息量应尽可能少。

(3) 层数应适中。若层数太少,则造成每一层的协议太复杂;若层数太多,则体系结构过于复杂,使描述和实现各层功能变得困难。

而 TCP/IP 通信协议采用了四层的层级结构,如图 7-2 所示,每一层都调用它的下一层所提供的服务来完成自己的需求。这四层分别为:

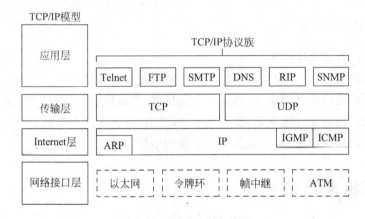

图 7-2 TCP/IP 参考模型

(1) 应用层。应用程序间沟通的层为应用层,如简单电子邮件传输协议(Simple Mail Transfer Protocol,SMTP)、文件传输协议(File Transfer Protocol,FTP)、网络远程访问协议(Telnet)等。

(2) 传输层。在此层中,它提供了结点间的数据传送,应用程序之间的通信服务,主要功能是数据格式化、数据确认和丢失重传等。如传输控制协议(Transmission Control Protocol,TCP)、用户数据报协议(User Datagram Protocol,UDP)等,TCP 和 UDP 给数据包加入传输数据并把它传输到下一层中,这一层负责传送数据,并且确定数据已被送达并接收。

(3) 互连网络层(Internet 层)。负责提供基本的数据封包传送功能,让每一块数据包都能够到达目的主机(但不检查是否被正确接收),如网际协议(Internet Protocol,IP)。

(4) 网络接口层(主机-网络层)。接收 IP 数据报并进行传输,从网络上接收物理帧,抽取 IP 数据报转交给下一层,对实际的网络媒体进行管理,定义如何使用实际网络(如 Ethernet、Serial Line 等)来传送数据。

由于 TCP/IP 协议开发早于 OSI 参考模型,故不甚符合 OSI 参考标准。大致说来,

TCP 协议对应于 OSI 参考模型的传输层,IP 协议对应于网络层。虽然 OSI 参考模型是计算机网络协议的标准,但由于其开销太大,所以真正采用它的并不多。TCP/IP 协议则不然,由于它的简洁、实用,从而得到了广泛的应用。可以说,TCP/IP 已成为事实上的工业标准和国际标准。在局域网操作系统中,最早使用 TCP/IP 协议的是 UNIX 操作系统,现在几乎所有的网络厂商和操作系统都开始支持它,否则该产品在市场上是没有生命力的。TCP/IP 协议有很强的灵活性,可支持任意规模的网络,但正是由于其灵活性使得使用 TCP/IP 协议带来了很多的不方便。例如,在使用 NetBEUI 协议和 IPX/SPX 协议都不需要进行什么设置,仅安装即可。而 TCP/IP 协议在安装完成后,为使其能够正常工作之前,还需要进行一系列复杂的设置,这对于计算机网络的初学者来说是非常困难的,而且要求对计算机网络的工作方式有一定的了解才能设置正确。例如,在每个结点至少要设置"IP 地址"、"子网掩码"、"默认网关"、"主机名"和"DNS"等。不过在 Windows NT 网络操作系统中提供了一种称为动态配置协议(Dynamic Host Configuration Protocol,DHCP)的工具,当客户机登录到服务器时,服务器为该用户自动分配这些信息,减轻了网络管理员的负担。

2. TCP/IP 协议的特点

TCP/IP 协议的主要特点如下。

(1) 开放的协议标准,并且独立于特定的计算机硬件与操作系统。

(2) 独立于特定的网络硬件,可以运行在局域网、广域网,更适用于互联网中。

(3) 统一的网络地址分配方案,使得整个 TCP/IP 设备在网中都具有唯一的地址。

(4) 标准化的高层协议,可以提供多种可靠的用户服务。

7.2 计算机网络的组成

计算机网络是由多台计算机(或计算机网络设备)通过传输介质和软件物理(或逻辑)连接在一起组成的,即由硬件和软件两大部分组成。

7.2.1 网络硬件

网络硬件负责数据处理和数据发送,它为数据的传输提供一条可靠的传输通道。网络硬件包括计算机系统、通信线路和通信设备。其中各个组成部分的主要功能如下。

计算机系统是网络的基本模块。它的主要作用是负责数据信息的收集、处理、存储和传播,它还可以提供共享资源和各种信息服务。

通信线路指的是通信介质及其介质连接部件,通信介质包括光缆、同轴电缆、双绞线、微波和卫星等,介质连接部件包括水晶头、T 型接头等。

通信设备是指网络连接设备和网络互连设备,包括网卡、集线器(Hub)、中继器(Repeater)、交换机(Switch)、网桥(Bridge)和路由器(Router)及调制解调器(Modem)等其他的通信设备。使用通信线路和通信设备将计算机互连起来,在计算机之间建立一条物理通道,用于数据传输。通信线路和通信设备负责控制数据的发出、传送、接收或转发,包括信号转换、路径选择、编码与解码、差错校验、通信控制管理等,以便完成信息交换。通信线路和通信设备是连接计算机系统的桥梁,是数据传输的通道。

7.2.2　网络软件

网络软件须与网络硬件配合,用于协调、管理、调度和分配网络资源,实现网络功能。网络软件通常包括以下几类。

（1）网络协议和协议软件。网络协议不是一套单独的软件,而是融合于其他所有的软件系统中,是实现计算机网络功能的最基本机制。与其他系统软件相比,协议软件具有独立开发、集成运行的特点。局域网常用的三种通信协议分别是 TCP/IP 协议、NetBEUI 协议和 IPX/SPX 协议。

（2）网络通信软件。用于实现网络工作站之间通信的软件。Internet 各成员网络内部以及网络之间进行通信时,除了采用 TCP/IP 协议外,还须采用其他协议,通过网络通信软件进行协议转换。

（3）网络操作系统（Network Operating System,NOS）。网络操作系统是整个网络的灵魂,同时也是分布式处理系统的重要体现,它决定了网络的功能并由此决定了不同网络的应用领域（即方向）。网络操作系统是用于实现系统资源共享、管理用户对不同资源访问的应用程序。与其他操作系统相比,网络操作系统偏重于优化与网络活动相关的特性。目前比较流行的网络操作系统主要有 UNIX、NetWare、Windows NT 和 Linux,而最新的 Linux 凭借其先进的设计思想和自由软件的身份正跻身优秀网络操作系统的行列。

（4）网络管理软件。用来对网络资源进行管理和对网络进行维护的软件。网络管理软件正朝着集成化、分布化、智能化的方向快速发展。计算机网络软件一般包括网络操作系统和网络应用软件。一般网络应用软件处于计算机系统的外层,是按照某种特定的应用而编写的软件。

7.2.3　网络拓扑结构

网络中的结点相互连接方式和形式称为网络拓扑。现在最主要的拓扑结构有星型拓扑、总线型拓扑、环型拓扑。实际的应用中,网络的拓扑结构往往不是单一的,可能是几种结构的组合。

1. 星型拓扑结构

星型拓扑结构是由中心结点和通过点对点链路连接到中心结点的各站点组成,如图 7-3 所示。星型拓扑结构的中心结点是主结点,它接收各分散站点的信息再转发给相应的站点。这种星型拓扑结构的中心结点是由集线器或者是交换机来承担的。

星型拓扑结构有以下优点：由于每个设备都用一根线路和中心结点相连,如果这根线路损坏,或与之相连的工作站出现故障时,在星型拓扑结构中,不会对整个网络造成大的影响,而仅会影响该工作站；该网络扩展容易,控制和诊断方便,访问协议简单。但星型拓扑结构也存在着一定的不足,即过分依赖中心结点,成本高。

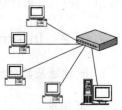

图 7-3　星型拓扑结构

2．总线型拓扑结构

总线型拓扑结构采用单根传输线作为传输介质，所有的站点（包括工作站和文件服务器）均通过相应的硬件接口直接连接到传输介质上，各工作站地位平等，无中心结点控制，如图 7-4 所示。

总线型拓扑结构有以下的主要优点：结点增加和拆卸方便，便于网络的调整或扩充；所需线路很少，布线容易；可靠性高，某个结点发生故障对整个系统的影响很小；响应速度快；共享资源能力强。当然，总线型拓扑结构也存在一些缺点，比如故障隔离困难。

3．环型拓扑结构

环型拓扑结构是由网络中若干个结点彼此串接并首尾相连，形成闭合环路，如图 7-5 所示。

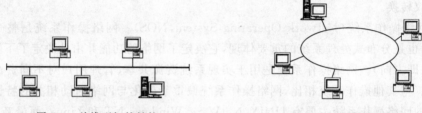

图 7-4　总线型拓扑结构　　　　　　图 7-5　环型拓扑结构

环型拓扑结构有以下优点：路由选择控制简单，电缆长度短，适用于光纤。光纤传输速度高，而环型拓扑是单方向传输，所以适用于光纤这种传输介质。环型网络的不足之处：结点故障引起整个网络瘫痪，故障诊断困难。

拓扑结构的选择，往往与传输媒体的选择及媒体访问控制方法的选择紧密相关。在选择网络拓扑结构时，应考虑的因素有下列几点：可靠性、费用、灵活性、响应时间和吞吐量。

7.3　Internet 的基本技术

7.3.1　Internet 概述

Internet 的萌芽期起源于 20 世纪 60 年代中期由美国国防部高级研究计划局（ARPA）资助的 ARPAnet，此后提出的 TCP/IP 协议为 Internet 的发展奠定了基础。1986 年美国国家科学基金会（National Science Foundation，NSF）的 NSFnet 加入了 Internet 主干网，由此推动了 Internet 的发展。但是，Internet 的真正飞跃发展应该归功于 20 世纪 90 年代的商业化应用。此后，世界各地无数的企业和个人纷纷加入，终于发展演变成今天成熟的 Internet。

7.3.2　Internet 地址

1．IP 地址及其分类

1）IP 地址

在 Internet 中，每个主机都有唯一的地址，它是通过 IP 协议来实现的。IP 协议要求在每次与 TCP/IP 网络建立连接时,每台主机都必须为这个连接分配一个唯一的 32 位地址,因为在这个 32 位 IP 地址中,不但可以用来识别某一台主机,而且还隐含着网络路径信息。需要强调指出的是,这里的主机是指网络上的一个结点,不能简单地理解为一台计算机,实际上 IP 地址是分配给计算机的网络适配器(即网卡)的,一台计算机可以有多个网络适配器,就可以有多个 IP 地址,一个网络适配器就是一个结点。

简单地说,IP 地址是标识 TCP/IP 主机的唯一的 32 位地址。

IP 地址是一个 32 位的二进制地址,为了便于记忆,一般以 4 个字节表示,每个字节的数字又用十进制表示,即每个字节的数的范围是 0~255,且每个数字之间用点隔开,例如:192.168.101.5,这种记录方法称为点分十进制记号法。IP 地址的结构如图 7-6 所示。

网络类型	网络 ID	主机 ID

图 7-6　IP 地址结构

按照 IP 地址的结构及其分配原则,可以在 Internet 上很方便地寻址:先按 IP 地址中的网络标识号找到相应的网络,再在这个网络上利用主机 ID 找到相应的主机。由此可看出 IP 地址并不只是一个计算机的代号,而是指出了某个网络上的某个计算机。组建网络时,为了避免该网络所分配的 IP 地址与其他网络上的 IP 地址发生冲突,必须为该网络向 InterNIC(Internet 网络信息中心)组织申请一个网络标识号,也就是整个网络的标识号,然后再给该网络上的每台主机设置一个唯一的主机号码,这样网络上的每台主机都拥有一个唯一的 IP 地址。另外,国内用户可以通过中国互联网络信息中心(CNNIC)来申请 IP 地址和域名。当然,如果网络不想与外界通信,就不必申请网络标识号,而自行选择一个网络标识号即可,只是网络内的主机的 IP 地址不可相同。

2) IP 地址的分类

为了充分利用 IP 地址空间,Internet 委员会定义了 5 种 IP 地址类型(A 类至 E 类)以适合不同容量的网络,如图 7-7 所示。其中 A、B、C 三类地址由 InterNIC 在全球范围内统一分配,D、E 类地址为特殊地址。

A、B、C 三类 IP 地址的使用范围如图 7-8 所示。

A 类地址的表示范围为:1.0.0.0~126.255.255.255,默认网络掩码为:255.0.0.0;A 类地址分配给规模特别大的网络使用。A 类网络用第一组数字表示网络本身的地址,后面三组数字作为连接于网络上的主机的地址,通常分配给具有大量主机(直接个人用户)而局域网个数较少的大型网络。例如 Microsoft 公司的网络。

B 类地址的表示范围为:128.0.0.0~191.255.255.255,默认网络掩码为:255.255.0.0;B 类地址分配给一般的中型网络。B 类网络用第一、二组数字表示网络的地址,后面两组数字代表网络上的主机地址。

C 类地址的表示范围为:192.0.0.0~223.255.255.255,默认网络掩码为:255.255.255.0;C 类地址分配给小型网络,如一般的局域网,它可连接的主机数量是最少的,采用把所属的用户分为若干个网段进行管理。C 类网络用前三组数字表示网络的地址,最后一组数字作为网络上的主机地址。

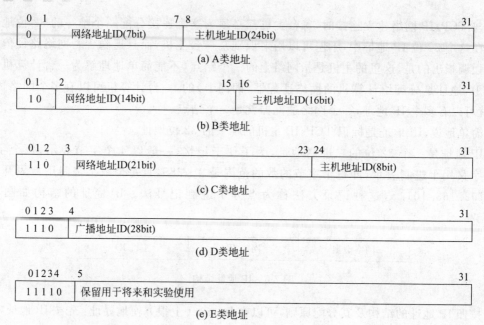

图 7-7 IP 地址的分类

网络类别	最大网络数	第一个可用的网络号	最后一个可用的网络号	每个网络中的最大主机数
A	126	1	126	16 777 214
B	16 382	128.1	191.254	65 534
C	2 097 150	192.0.1	223.225.254	254

图 7-8 A、B、C 三类 IP 地址的使用范围

2. 子网及子网掩码

子网是指在一个 IP 地址上生成的逻辑网络,它使用源于单个 IP 地址的 IP 寻址方案,把一个网络分成多个子网,要求每个子网使用不同的网络 ID,通过把主机号(主机 ID)分成两个部分,为每个子网生成唯一的网络 ID。一部分用于标识作为唯一网络的子网,另一部分用于标识子网中的主机,这样原来的 IP 地址结构变成如图 7-9 所示的三层结构。

网络地址部分	子网地址部分	主机地址部分

图 7-9 变化后的 IP 地址结构

这样做的好处是可节省 IP 地址。例如,某公司想把其网络分成 4 个部分,每个部分大约有 20 台左右的计算机。如果为每部分网络申请一个 C 类网络地址,这显然非常浪费(因为 C 类网络可支持 254 个主机地址),而且还会增加路由器的负担,这时就可借助子网掩码,将网络进一步划分成若干个子网,由于其 IP 地址的网络地址部分相同,则单位内部的路由器应能区分不同的子网,而外部的路由器则将这些子网看成同一个网络。这有助于本单位的主机管理,因为各子网之间用路由器来相连。

子网掩码是一个 32 位地址,作用如下:用于屏蔽 IP 地址的一部分,以区别网络 ID 和主机 ID；用来将网络分割为多个子网；判断目的主机的 IP 地址是在本局域网还是在远程网。在 TCP/IP 网络上的每一台主机都要求有子网掩码。这样当 TCP/IP 网络上的主机相互通信时，就可用子网掩码来判断这些主机是否在相同的网络段内。

简单地说，子网掩码是用来测试 IP 地址是在本地网络还是在远程网络。

默认的网络掩码是根据 IP 地址中的第一个字段确定的。如图 7-10 所示为各类 IP 地址所默认的子网掩码，其中值为 1 的位用来定出网络的 ID 号，值为 0 的位用来定出主机 ID。例如，如果某台主机的 IP 地址为 192.168.101.5，通过分析可以看出它属于 C 类网络，所以其子网掩码为 255.255.255.0，则将这两个数据作逻辑与（AND）运算后结果为 192.168.101.0，所得出的值中非 0 位的字节即为该网络的 ID。默认子网掩码用于不分子网的 TCP/IP 网络。

类	子网掩码	子网掩码的二进制表示
A	255.0.0.0	11111111 00000000 00000000 00000000
B	255.255.0.0	11111111 11111111 00000000 00000000
C	255.255.255.0	11111111 11111111 11111111 00000000

图 7-10 各类 IP 地址所默认的子网掩码

默认网关指的是与远程网络互连的路由器的 IP 地址。如果没有规定默认网关，则通信仅局限于局域网内部。

下面将就一个示例来讲述怎样配置基本的 TCP/IP 参数。例如，某主机所在网络段为 202.204.60，由此网络段值可知该网络段为一个 C 类网段，所以子网掩码应设置为 255.255.255.0，并且分配给该主机的 IP 地址为 202.204.60.11。该网络段与其他网络段连接的网关地址为 202.204.60.1。

设置 IP 地址的前提条件是必须安装 TCP/IP 协议。具体的设置步骤如下。

（1）依次选择"开始"→"设置"→"控制面板"，打开"控制面板"窗口。

（2）双击"网络"图标，打开"网络"属性对话框。

（3）选择网卡的 TCP/IP 协议。

7.3.3 Internet 接入

Internet 的接入方式分为 ISP 接入方式和用户接入方式。提供 Internet 接入服务的公司或机构称为 Internet 接入服务提供商，简称 ISP(Internet Service Provider)。

1. ISP 接入方式

ISP 有以下三种接入方式：帧中继方式、专线(DDN)方式和 ISDN 方式。

（1）帧中继方式。帧中继的主要特点是：低网络时延、高传输速率以及在星型和网状网上的高可靠性连接。这些特点使帧中继特别适用于 Internet 的不可预知的、大容量的和突发性数据业务，如 E-mail、客户机服务器等系统。但是，帧中继还不适用于传送大量的大容量(100MB)文件、多媒体部件或连续型业务量的应用。

（2）专线(DDN)方式。DDN(Digital Data Network)是通过数字信道为用户提供语音、数据、图像信号传输的数据网。DDN 可为公共数据交换网及各种专用网络提供用户数据信道,为帧中继、局域网及各类不同网络的互联提供网间连接。DDN 具有速度快、质量高的特点,但使用上不及模拟方式灵活,且投资成本较大。

(3) ISDN 方式。ISDN 是数字技术和电信业务结合的产物,可用于取代租用线路实现域网间的互连。在这种连接方式中,ISDN 可以为用户提供高速、可靠的数字连接,并使主机或网络端口分享多个远程设备的接入。从窄带 ISDN(N-ISDN)发展而来的宽带 ISDN(B-ISDN),还能支持不同类型、不同速率的业务,不但包括连续性宽带业务,也包括突发性宽带业务。

2．用户接入方式

用户接入因特网的方式多种多样,一般都是通过提供因特网接入服务的 ISP(Internet Service Provider)接入因特网,用户接入方式主要有 4 种:局域网接入、电话拨号接入、ADSL 接入和 Cable Modem 接入方式。

(1) 局域网接入。一般单位的局域网都已接入 Internet,局域网用户可通过局域网接入 Internet。局域网接入传输容量较大,可提供高速、高效、安全、稳定的网络连接。现在许多住宅小区也可以利用局域网提供宽带接入。

有两种方法可以实现局域网与 Internet 主机的连接。一种方法是通过局域网的服务器,使用高速 Modem 经电话线路与 Internet 主机连接,在这种方法中,所有的工作站共享服务器的 IP 地址;另一种方法是通过路由器将局域网与 Internet 主机相连,将局域网加入到 Internet 中,使之成为一个开放式局域网,在这种方法中,局域网中的所有工作站都可以有自己的 IP 地址。

(2) 电话拨号接入。电话拨号接入可分为两种:一是个人计算机经过调制解调器和普通模拟电话线,与公用电话网连接;二是个人计算机经过专用终端设备和数字电话线,与综合业务数字网(Integrated Service Digital Network,ISDN)连接。第一种接入方式,数据传输能力有限,传输速率较低(最高 56kb/s),传输质量不稳,上网时不能使用电话。通过 ISDN 拨号入网方式,信息传输能力强,传输速率较高(128kb/s),传输质量可靠,上网时还可以使用电话。

(3) ADSL 接入。非对称数字用户线路(Asymmetric Digital Subscriber Line,ADSL)是一种新兴的高速通信技术。上行(指从用户电脑端向网络传送信息)速率最高可达 1Mb/s,下行(指浏览 WWW 网页、下载文件)速率最高可达 8Mb/s。上网同时可以打电话,互不影响,而且上网时不需要另交电话费。安装 ADSL 也极其方便快捷,只需在现有电话线上安装 ADSL Modem,而用户现有线路无须改动(改动只在交换机房内进行)即可使用。

(4) Cable Modem 接入。基于有线电视的线缆调制解调器(Cable Modem)接入方式可以达到下行 8Mb/s、上行 2Mb/s 的高速率接入。要实现基于有线电视网络的高速互联网接入业务,还要对现有的 CATV 网络进行相应地改造。基于有线电视网络的高速互联网接入系统有两种上行信号传送方式,一种是通过 CATV 网络本身采用上下行信号分频技术来实现,另一种是通过 CATV 网传送下行信号,通过普通电话线路传送上行信号。

7.3.4　Internet 应用

Internet 发展迅猛,其应用领域也不断扩大,提供的服务在不断增加,而且日益渗透到人们的生活和工作中,成为人们日常交流中不可缺少的工具。这里所列出的是一些基本服务与应用。

(1) WWW(万维网)浏览。万维网上凝聚了 Internet 的精华,展示了 Internet 最绚丽的一面,上面载有各种互动性极强、精美、丰富的多媒体信息。独有的"链接"方式,使用户只须单击相关单词、图片或图标,就可以迅速从一个网站进入另一个网站。现在,每天都有新的网站出现,大量网页每时每刻都在更新。借助强大的浏览器软件,用户可以在万维网中进行几乎所有的 Internet 活动。

(2) 电子邮件(E-mail)。几秒到几分钟之内,可将信件送往分布在世界各地的邮件服务器中,那些拥有电子邮件地址的收件人可以随时取阅。这些信件可以是文本,也可以含有图片、声音、视频或其他程序产生的文件。还可以通过电子邮件订阅各种电子新闻杂志等,它们将定时投寄到用户的电子信箱中。

(3) 文件传输(FTP)。Internet 上存有大量软件与文件,利用方便的 FTP(File Transfer Protocol)文件传输协议登录到其他电脑上,下载所需的软件与文件。几乎让用户不出家门便可获得各种免费软件或其他文件。

(4) 实时聊天(Chatting)。用户可以进入提供聊天室的服务器,与世界各地的人通过文本、声音、图像和视频等多种方式进行实时交谈。

(5) 在线游戏(Online Game)。在网上,一个人可以与另一个远隔重洋的人下棋,也可以与分布在世界各个角落的人玩多人游戏。

(6) 网络电话(Web Phone)。用市话费用拨打国际长途,这是 Internet 上新近流行的活动之一。如果再加上一个摄像机,还可以看到对方的活动。

(7) 新闻讨论组(Newsgroup)。用户可以加入感兴趣的专题讨论组,阅读他人的文章或发表自己的观点,与大家一起进行讨论。同时,可以通过邮寄日志(Mailing list),方便地接收某个指定主题的有关信息。

(8) 商业应用(Business Application)。Internet 是一种不受时间与空间限制的交流方式,是一个促进销售、扩大市场、推广技术、提供服务的非常有效的方法。厂商可以将产品的介绍在网上发布,附带详细的图文资料,时效性强,费用低。Internet 也是提供技术服务的极好方式。

(9) 虚拟时空(Virtual Reality)。随着三维动画及虚拟现实的技术手段不断完善,在电脑世界里创造了越来越逼真的现实环境,形成了另一个时空。用户可以在这里交友、购物、玩游戏、旅游观光,从事现实生活中存在的或虚拟出的各项活动。

(10) 远程教育(Distance Education)、电子银行、证券及期货交易等。

7.4 Internet 服务与系统结构

Internet 提供了丰富的信息资源和应用服务。它不仅可以传送文字、声音、图像等信息,而且远在千里之外的人们通过因特网可以进行视频点播、即时对话、在线交谈等。因特网上的信息包罗万象,上至政治、经济、高科技、军事,下至平民百姓喜闻乐见的消息等,人们可以非常方便地浏览、查询、下载、复制和使用这些信息。

7.4.1　WWW 浏览

WWW(World Wide Web)的含义是"环球信息网",俗称"万维网"或 3W、Web,这是一个基于超文本(Hypertext)方式的信息查询工具。它是由位于瑞士日内瓦的欧洲粒子物理实验室 CERN(the European Partical Physics Laboratory)最先研制的。WWW 把位于全世界不同地方的 Internet 网上数据信息有机地组织起来,形成一个巨大的公共信息资源网。WWW 带来的是全世界范围的超文本服务。通过操纵电脑的鼠标,人们就可以在 Internet 上浏览到分布在世界各地的文本、图像、声音和视频等信息。另外,WWW 也可以提供传统的 Internet 服务,例如 Telnet(远程登录)、FTP(文件传输协议)、Gopher(基于菜单的信息查询工具)和 Usenet News(Internet 的电子公告牌服务)。

目前,WWW 的使用大大超过了其他的 Internet 服务,而且每天都有大量新出现的提供 WWW 商业或非商业服务的站点。此外,WWW 可以开拓市场的商业交流活动,也是传播公共信息的重要手段,WWW 已毫无疑问成为信息传播的重要媒介。据调查显示,近年来访问 WWW 资源的用户正在呈上升趋势。通过 WWW 人们既可以访问和查询自己所关心及希望获得的信息资源,又可以把自己的信息资源放到 Internet 上,提供给其他用户访问,缩小自己和整个世界的距离,但受益最大者仍将是那些连入 Internet 的广大普通用户。

7.4.2　电子邮件

电子邮件(E-mail)是指发送者和指定的接收者利用计算机通信网络发送信息的一种非交互式的通信方式。这些信息包括文本、数据、声音、图像、视频等内容。

E-mail 采用了先进的网络通信技术,又能传送多种形式的信息,与传统的邮政通信相比,E-mail 具有传输速度快、费用低、效率高、全天候全自动服务等优点,同时 E-mail 的传送不受时间、地点、位置的限制,发送者和接收者可以随时进行信件交换。近年来,随着电子商务、网上服务(如电子贺卡、网上购物等)的不断发展和成熟,E-mail 越来越成为人们主要的通信方式。

7.4.3　文件传输

FTP 是 File Transfer Protocol 的缩写,也就是文件传输协议。在因特网中,文件传输服务采用文件传输协议(FTP),用户可以通过 FTP 与远程主机连接,从远程主机上把共享软件或免费资源拷贝到本地计算机(术语称"客户机")上,也可以从本地计算机上把文件拷贝到远程主机上。例如当完成自己所设计的网页时,可以通过 FTP 软件把这些网页文件传输到指定的服务器中去。

在因特网中,并不是所有的 FTP 服务器都可以随意访问,也并不是所有 FTP 服务器上的资源都可随意获取,因为 FTP 主机通过 TCP/IP 协议以及主机上的操作系统对不同的用户给予不同的文件操作权限(如只读、读写、完全)。有些 FTP 主机要求用户给出合法的注册账号和口令,才能访问主机。而那些提供匿名登录的 FTP 服务器一般只需用户输入账号 anonymous,密码为用户的电子邮件,就可以访问 FTP 主机。常用的 FTP 软件有 LeapFTP 7.0、CuteFTP 等。

7.4.4　Web 系统结构

随着互联网基础设施的不断改进和 Web 应用技术的快速发展,网络结构模式经历了对等网模式、客户机/服务器结构、浏览器/服务器结构。

1. 对等网

对等网通常是由很少几台计算机组成的工作组。对等网采用分散管理的方式,网络中的每台计算机既可用作客户机,又用作服务器,每个用户都管理自己机器上的资源。对等网可以说是当今最简单的网络,非常适合家庭、校园和小型办公室。它不仅投资少,连接也很容易。

2. 客户机/服务器结构

在客户机/服务器(Client/Server,C/S)网络中,服务器是网络的核心,而客户机是网络的基础,客户机依靠服务器获得所需要的网络资源,而服务器为客户机提供网络必需的资源。通过客户机/服务器这种软件体系结构,可以充分利用两端硬件环境的优势,将任务合理分配到 Client 端和 Server 端来实现,降低了系统的通信开销。客户机/服务器具有以下特点:(1)可实现资源共享;(2)可实现管理科学化和专业化;(3)可快速进行信息处理。

3. 浏览器/服务器结构

浏览器/服务器结构(Browser/Server,B/S)在 20 世纪 90 年代末期开始盛行,是目前最流行的网络软件系统结构,它正逐渐取代客户机/服务器结构(C/S),成为网络软件开发商的首选。随着因特网浏览器功能越来越强大,在许多场合,浏览器可以取代客户机/服务器结构的客户端软件。也就是说,开发商可以遵循一定规则,开发一套运行于服务器的网络软件,在客户端可以直接使用浏览器进行数据的输入和输出,而不必为客户端开发特定的软件,而服务器在其中扮演了不可或缺的重要角色,所以服务器又被称为"E 时代的基本元素"。

在 B/S 体系结构系统中,用户通过浏览器向分布在网络上的许多服务器发出请求,服务器对浏览器的请求进行处理,将用户所需信息返回到浏览器。而其余如数据请求、加工、结果返回以及动态网页生成、对数据库的访问和应用程序的执行等工作全部由 Web Server 完成。

随着 Windows 将浏览器技术植入操作系统内部,B/S 结构已成为当今应用软件的首选体系结构。显然,B/S 结构应用程序相对于传统的 C/S 结构应用程序是一个非常大的进步,基于 Web 的应用系统在应用系统开发中所占的比重越来越大。

与传统的基于 C/S 结构的应用系统相比,基于 B/S 结构的应用系统具有如下优点。

(1) 客户端电脑一般不用安装任何专门的软件,只要浏览器支持即可。正因为如此,对客户端电脑的硬件要求也相应降低。

(2) 数据一般在服务器端集中存放,因而系统维护和升级方式简单。

(3) 系统软件的选择余地比较大,成本大幅度降低。

(4) 作为一种新兴的技术,立足于成熟技术和理念的基础之上,很容易后来居上。

但是,任何事物都有它的两面性,B/S 应用系统在带给开发者和最终用户快捷和方便的同时,在安全性、负载能力等方面也必须谨慎考虑。

4. 多层系统结构

在多层体系结构中,具有基本的三层结构,如图 7-11 所示。

(1)数据访问层。实现对数据的访问功能,如增加、删除、修改、查询数据。

(2)业务逻辑层。实现业务的具体逻辑功能,如学生入学、退学、成绩管理等。

(3)页面显示层。将业务功能在浏览器上显示出来,如分页显示学生信息等。

除此之外,还可能具有其他的层次。特别是在业务逻辑层,常常需要根据实际情况增加层次,但总的原则是:每一层次都完成相对独立的系统功能。

在开发过程中,需要在逻辑上清晰这三层分别实现的功能,并以此设计整个系统,管理整个系统的代码文件。不能把处于不同层次的文件混在一起,否则会造成系统逻辑上的混乱,使庞大的系统难于管理和维护,容易导致系统失败。

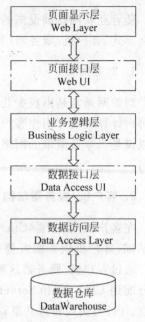

图 7-11 Web 系统的三层结构

7.5 网络与信息安全概述

人们正在走进一个信息化社会,信息正在改变着人们的生活方式和社会形态。一个原来只是自言自语的行为,变成了可以迅速传播的广知信息。两个人面对面的私人谈话,信息可以得到充分保护;但是如果通过网络进行信息传递,就会面临信息化带来的诸多问题,特别是信息领域的安全问题。这些问题引起了社会方方面面的关注,而且将是一个长期的不断解决和不断变化的课题,其重要性也日益明显。信息领域的严峻斗争使人们认识到,只讲信息应用是不行的,必须同时考虑信息安全问题。在现代条件下,网络信息安全是整个国家安全的重要组成部分,建立安全的"信息边疆"已成为影响国家全局和长远利益的重大关键问题,它不仅是信息技术问题,也将涉及道德、法律问题,并成为社会公共安全的一部分。为了把信息领域的安全问题研究好,解决好,首先应建立一个科学、清晰的认知体系。

7.5.1 信息安全概述

首先了解信息安全的定义,国际标准化组织和国际电工委员会在"ISO/IEC 17799:2005"协议中对信息安全的定义是这样描述的:"保持信息的保密性、完整性、可用性;另外,也可能包含其他的特性,例如真实性、可核查性、抗抵赖和可靠性等。"对信息安全的描述大致可以分成两类:第一类是指具体的信息技术系统的安全;第二类则是指某一特定的信息体系(如银行信息系统、证券行情与交易系统等)的安全。但也有人认为这两种定义都不全面,而应把信息安全定义为:一个国家的社会信息化状态与信息技术体系不受外来的威胁与侵害。作为信息的安全首先是一个国家宏观的社会信息化状态是否处于自主控制之下、是否稳定的问题,其次才是信息技术安全的问题。

信息安全指的是保护计算机信息系统中的资源,包括计算机硬件、计算机软件、存储介质、网络设备和数据等,免受毁坏、替换、盗窃或丢失等。信息系统的安全主要包括计算机系统的安全和网络方面的安全。随着网络的不断发展,全球信息化已成为人类发展的趋势,由于网络具有开放性和互联性等特征,使得网络易受计算机病毒、黑客、恶意软件和其他不轨行为的攻击,所以信息系统的安全是一项很重要的工作。信息安全涉及网络安全,而网络又对信息的安全负有责任。

信息安全还是一个动态的、相对的概念,并不存在一劳永逸的信息安全解决方案,这是因为"信息安全"与"安全威胁"是"矛"与"盾"的关系,它们随技术的进步在不断发展。

1. 信息安全特征

无论入侵者使用何种方法和手段,他们的最终目的都是要破坏信息的安全属性。信息安全在技术层次上的含义就是要杜绝入侵者对信息安全属性的攻击,使信息的所有者能放心地使用信息。国际标准化组织将信息安全归纳为:保密性、完整性、可用性和可控性4个特征。

(1) 保密性。这是指保证信息只让合法用户访问,信息不泄露给非授权的个人和实体。信息的保密性可以具有不同的保密程度或层次,所有人员都可以访问的信息为公开信息,需要限制访问的信息一般为敏感信息,敏感信息又可以根据信息的重要性及保密要求分为不同的密级,例如国家根据秘密泄露对国家经济、安全利益产生的影响,将国家秘密分为"秘密"、"机密"和"绝密"三个等级,可根据信息安全要求的实际需要,在符合《国家保密法》的前提下将信息划分为不同的密级。对于具体信息的保密性,还有时效性要求等(如保密期限到期了即可进行解密等)。

(2) 完整性。这是指保障信息及其处理方法的准确性、完全性。它一方面是指信息在利用、传输、存储等过程中不被篡改、丢失、缺损等,另一方面是指信息处理的方法的正确性。不正当的操作,有可能造成重要信息的丢失。信息完整性是信息安全的基本要求,破坏信息的完整性是影响信息安全的常用手段。例如,破坏商用信息的完整性可能就意味着整个交易的失败。

(3) 可用性。这是指有权使用信息的人在需要的时候可以立即获取。例如,有线电视线路被中断就是对信息可用性的破坏。

(4) 可控性。这是指对信息的传播及内容具有控制能力。实现信息安全需要一套合适的控制机制,如策略、惯例、程序、组织结构或软件功能,这些都是用来保证信息的安全目标能够最终实现的机制。例如,美国制定和倡导的"密钥托管"、"密钥恢复"措施就是实现信息安全可控性的有效方法。

不同类型的信息在保密性、完整性、可用性及可控性等方面的侧重点会有所不同,如专利技术、军事情报、市场营销计划的保密性尤其重要;而对于工业自动控制系统,控制信息的完整性相对其保密性则重要得多。确保信息的完整性、保密性、可用性和可控性是信息安全的最终目标。

2. 信息安全威胁

所谓的安全威胁是指某个实体(人、事件、程序等)对某一资源的机密性、完整性、可用性在合法使用时可能造成的危害。这些可能出现的危害,是某些别有用心的人通过一定的攻击手段来实现的。

1. 基本的安全威胁

信息安全具备 4 个方面的特征,即机密性、完整性、可用性及可控性。下面的 4 个基本安全威胁直接针对这 4 个安全目标。

(1) 信息泄露。信息泄露给某个未经授权的实体。这种威胁主要来自窃听、搭线等信息探测攻击。

(2) 完整性破坏。数据的一致性由于受到未授权的修改、创建、破坏而损害。

(3) 拒绝服务。对资源的合法访问被阻断。拒绝服务可能由以下原因造成:攻击者对系统进行大量的、反复的非法访问尝试而造成系统资源过载,无法为合法用户提供服务;系统物理或逻辑上受到破坏而中断服务。

(4) 非法使用。某一资源被非授权人或以非授权方式使用。

2. 主要的可实现的威胁

主要的可实现的威胁可以直接导致某一基本威胁的实现,主要包括渗入威胁和植入威胁。

主要的渗入威胁有以下几种。

(1) 假冒。即某个实体假装成另外一个不同的实体。这个未授权实体以一定的方式使安全守卫者相信它是另一个合法的实体,从而获得合法实体对资源的访问权限。这是大多黑客常用的攻击方法。

(2) 旁路。攻击者通过各种手段发现一些系统安全缺陷,并利用这些安全缺陷绕过系统防线,渗入到系统内部。

(3) 授权侵犯。对某一资源具有一定权限的实体,将此权限用于未被授权的目的,也称"内部威胁"。

主要的植入威胁有以下几种。

(1) 特洛伊木马。它是一种基于远程控制的黑客工具,具有隐蔽性和非授权性的特点。隐蔽性是指木马的设计者为了防止木马被发现,会采取多种手段隐藏木马,即使用户发现感染了木马,也不易确定其具体位置。一旦控制端与服务端(被攻击端)连接后,控制端就能通过木马程序窃取服务端的大部分操作权限,包括修改文件、修改注册表、运行程序等。

(2) 陷门。在某个系统或某个文件中预先设置"机关",使得当提供特定的输入时,允许违反安全策略。

7.5.2　计算机网络安全

计算机网络安全是指利用网络管理控制和技术措施,保护计算机网络系统中的硬件、软件和数据资源,不因偶然或恶意的原因遭到破坏、更改、泄露,使网络系统连续可靠地正常运行,网络服务正常有序。也就是保证在一个网络环境里,数据的保密性、完整性及可使用性受到保护。计算机网络安全包括两个方面,即物理安全和逻辑安全。物理安全指系统设备及相关设施受到物理保护,免于破坏、丢失等。逻辑安全包括信息的完整性、保密性和可用性。

网络是由许多的网络设备组成的,为了确保网络的电气类安全,网络设备要采取措施(如加保安单元)防雷电等过电压过电流对网络造成的伤害;严格规定设备间的电气、接口要求和防护措施,防止信号电平的过载,阻抗失衡等可能导致的网络系统紊乱;严格限制电磁干扰的产生以及积极采取抗电磁干扰的措施,防止电磁兼容方面引起的安全问题。加强对网络设备的质量控制、安装维护的质量控制,以及建立网络系统的冗余机制和应急机制,防止设备缺陷、故障或突发事件引起的网络瘫痪。

为了保证网络的正常运行,必须谨慎地研究设计网络系统所使用的软件,防止在软件中出现漏洞。特别要防止来自网络某个结点的恶意信息内容对系统软件的篡改,也就是我们常说的“网络病毒”。网络黑客实际上在与网络软件设计者和工程师进行“智慧”上的较量,这种较量是通过软件所承载的信息内涵来进行的。为了防止这些“病毒”的传播和发作,除了对软件进行加固,使其有更多的智慧以外,还需增加必要的阻止它们通过的各种手段,如增加“防火墙”。

怎样才算得上是一个安全的网络呢?怎样才能使一个网络变得更安全呢?尽管安全网络的概念对大多数用户来说都是很有吸引力的,但是网络并不能简单地划分为安全的或是不安全的。因为安全这个词本身就有其相对性,不同的人有不同的理解。比如,有些单位的数据是很有保密价值的,他们就把网络安全定义为其数据不被外界访问;有些单位需要向外界提供信息,但禁止外界修改这些信息,他们就把网络安全定义为数据不能被外界修改;有些单位注重通信的隐秘性,他们就把网络安全定义为信息不可被他人截获或阅读;还有些单位对安全的定义会更复杂,他们把数据划分为不同的级别,其中有些级别数据对外界保密,有些级别数据只能被外界访问而不能被修改等。

正因为没有绝对意义上的安全网络(Secure Network)存在,任何安全系统的第一步就是制定一个合理的安全策略(Security Policy)。该策略无须规定具体的技术实现,而只须清晰地阐明要保护的各项条目即可。

制定网络安全策略是一件很复杂的事情,其主要复杂性在于网络安全策略必须能够覆盖数据在计算机网络系统中存储、传输和处理等各个环节,否则安全策略就不会有效。比如,保证数据在网络传输过程中的安全,并不能保证数据一定是安全的,因为该数据终究要存储到某台计算机上。如果该计算机上的操作系统等不具备相应的安全性,数据可能从那儿泄漏出去。因此,安全策略只有全方位地应用,才能是有效的。也就是说,该策略必须考虑数据的存储、传输、处理等。下面从技术方面、管理方面、物理安全方面给出计算机网络安全策略。

1. 技术方面

对于技术方面,计算机网络安全技术主要有实时扫描技术、实时监测技术、防火墙、完整性检验保护技术、病毒情况分析报告技术和系统安全管理技术。综合起来,技术方面可以采取以下策略。

（1）建立安全管理制度，提高包括系统管理员和用户在内的所有相关人员的技术素质和职业道德修养。对重要部门和信息，严格做好开机查毒，及时备份数据，这是一种简单有效的方法。

（2）网络访问控制。访问控制是网络安全防范和保护的主要策略。它的主要任务是保证网络资源不被非法使用和非常访问。它是保证网络安全最重要的核心策略之一。访问控制涉及的技术比较广，包括入网访问控制、网络权限控制、网络服务器的安全控制、网络监测和锁定控制、网络端口和结点的安全控制、防火墙控制、目录安全控制以及对目录和文件的属性控制等多种手段。其中，网络服务器的安全控制主要设置对网络服务器的使用，包括接入口令、访问时间等。网络监测和锁定控制主要记录对网络资源、网络服务器的访问记录。网络端口和结点的安全控制主要对网络端口和结点的接入、操作信息的传输采用加密和安全认证措施。防火墙控制主要采用防火墙技术隔离内网和外网。

（3）数据库的备份与恢复。数据库的备份与恢复是数据库管理员维护数据安全性和完整性的重要操作。备份是恢复数据库最容易和最能防止意外的方法。恢复是在意外发生后利用备份来恢复数据的操作。有三种主要备份策略：只备份数据库、备份数据库和事务日志、增量备份。

（4）信息加密策略技术。信息加密策略也就是应用密码技术，是信息安全核心技术，密码手段为信息安全提供了可靠保证。基于密码的数字签名和身份认证是当前保证信息完整性的最主要方法之一，密码技术主要包括古典密码体制、单钥密码体制、公钥密码体制、数字签名以及密钥管理。

（5）切断传播途径。对被感染的硬盘和计算机进行彻底杀毒处理，不使用来历不明的U 盘和程序，不随意下载网络可疑信息。

（6）提高网络反病毒技术能力。通过安装病毒防火墙，进行实时过滤。对网络服务器中的文件进行频繁扫描和监测，在工作站上采用防病毒卡，加强网络目录和文件访问权限的设置。在网络中，限制只能由服务器才允许执行的文件。

（7）研发并完善高安全的操作系统，不给病毒得以滋生的温床才能更安全。

2. 管理方面

管理方面主要通过规章制度、行政手段、职业操守教育等措施，降低非技术原因导致的安全隐患。计算机网络的安全管理，不仅要看所采用的安全技术和防范措施，而且要看它所采取的管理措施和执行计算机安全保护法律、法规的力度。只有将两者紧密结合，才能使计算机网络安全确实有效。

计算机网络的安全管理，包括对计算机用户的安全教育、建立相应的安全管理机构、不断完善和加强计算机的管理功能、加强计算机及网络的立法和执法力度等。加强计算机安全管理、加强用户的法律、法规和道德观念，提高计算机用户的安全意识，对防止计算机犯罪、抵制黑客攻击和防止计算机病毒干扰，是十分重要的。

这就要对计算机用户不断进行法制教育，包括计算机安全法、计算机犯罪法、保密法、数据保护法等，明确计算机用户和系统管理人员应履行的权利和义务，自觉遵守合法信息系统原则、合法用户原则、信息公开原则、信息利用原则和资源限制原则，自觉地和一切违法犯罪行为作斗争，维护计算机及网络系统的安全，维护信息系统的安全。除此之外，还应教育计算机用户和全体工作人员,自觉遵守为维护系统安全而建立的一切规章制度,包括人员管理制度、运行维护和管理制度、计算机处理的控制和管理制度、各种资料管理制度、机房保卫管理制度、专机专用和严格分工等管理制度。

3. 物理安全方面

要保证计算机网络系统的安全、可靠,必须保证系统实体有个安全的物理环境条件,也就是确保通信设备实体和通信链路不受破坏,要有良好的电磁兼容工作环境,并采用电磁屏蔽技术和干扰技术。这个安全的环境是指机房及其设施,主要包括以下内容。

(1) 计算机系统的环境条件。计算机系统的安全环境条件,包括温度、湿度、空气洁净度、腐蚀度、虫害、振动和冲击、电气干扰等方面,都要有具体的要求和严格的标准。

(2) 机房场地环境的选择。为计算机系统选择一个合适的安装场所十分重要。它直接影响到系统的安全性和可靠性。选择计算机机房场地,要注意其外部环境安全性、地质可靠性、场地抗电磁干扰性,避开强振动源和强噪声源,并避免设在建筑物高层和用水设备的下层或隔壁。还要注意出入口的管理。

(3) 机房的安全防护。机房的安全防护是针对环境的物理灾害和防止未授权的个人或团体破坏、篡改或盗窃网络设施、重要数据而采取的安全措施和对策。为做到区域安全,首先,应考虑用物理访问控制来识别访问用户的身份,并对其合法性进行验证;其次,对来访者必须限定其活动范围;第三,要在计算机系统中心设备外设多层安全防护圈,以防止非法暴力入侵;第四,设备所在的建筑物应具有抵御各种自然灾害的设施。

总之,计算机网络安全是一项复杂的系统工程,涉及技术、设备、管理和制度等多方面的因素,安全解决方案的制定需要从整体上进行把握。网络安全解决方案是综合各种计算机网络信息系统安全技术,将安全操作系统技术、防火墙技术、病毒防护技术、入侵检测技术、安全扫描技术等综合起来,形成一套完整的、协调一致的网络安全防护体系。必须做到管理和技术并重,安全技术必须结合安全措施,并加强计算机立法和执法的力度,建立备份和恢复机制,制定相应的安全标准。此外,由于计算机病毒、计算机犯罪等技术是不分国界的,因此必须进行充分的国际合作,来共同对抗日益猖獗的计算机犯罪和计算机病毒等问题。

习题 7

一、判断题

1. 按 IP 地址分类,地址 160.201.68.108 属于 B 类地址。

2. 常用的网络操作系统,有 UNIX、Windows NT 和 NetWare。

3. 常见的网络协议有 TCP/IP、IPX/SPX 和 NetBEUI。

4. 常见的因特网服务有 HTTP、WWW 和 E-mail。

二、选择题

1. 在 OSI 模型中,服务定义为(　　　)。

A) 各层向下层提供的一组原语操作

B) 各层间对等实体通信的功能实现

C) 各层向上层提供的一组功能

D) 和协议的含义是一样的

2. 以太网采用的发送策略是（　　　）。

A) 站点可随时发送，仅在发送后检测冲突

B) 站点在发送前须侦听信道，只在信道空闲时发送

C) 站点采用带冲突检测的 CSMA 协议进行发送

D) 站点在获得令牌后发送

3. 以下四个 IP 地址是不合法的主机地址的是（　　　）。

A) 10011110.11100011.01100100.10010100

B) 11101110.10101011.01010100.00101001

C) 11011110.11100011.01101101.10001100

D) 10011110.11100011.01100100.00001100

三、问答题

1. 什么叫计算机网络？其发展大致经历了哪些阶段？

2. 什么是计算机网络协议？为什么分层？其分层的原则是什么？

3. 常见的网络拓扑结构有哪些？并说明其主要特性。

4. 请说明 OSI 参考模型与 TCP/IP 协议模型的异同。

5. 什么是对等网？简述 B/S 和 C/S 的不同。

6. 制定安全策略时，着重保证哪些主要的安全性指标？

7. 从技术层面，计算机网络安全的主要技术有哪些？

第3篇

现代典型信息系统的应用

第 **8** 章

信息系统与信息化

信息化是一个复杂的过程,在整个社会信息化的进程中,建立在信息技术基础之上的信息管理与信息系统无疑起到了至关重要的作用。本章首先讨论信息系统与社会基本组织之间的相互作用和影响;接着给出信息化的一般定义,并简单介绍信息系统如何推动组织信息化的进程;然后详细描述企业信息化的概念、内容及其以 BPR 为核心的实施过程;最后对社会信息化所包含的主要内容、过程、发展趋势,包括我国信息化战略以及发展和实施的进程给以简要的阐释。

8.1 信息系统与组织

组织既可以有生理解剖学上的含义,又可以指人或动物组成的集体或物质的结构形式。从行为科学的意义上来分析,组织是权力、特权、义务、责任的集合,通过冲突和冲突的消解,使它们在一段时期内处于微妙的平衡状态。巴纳德(Chester Barnard)认为,组织的基本要素有三:共同的目的、协作的愿望和信息。然而,还有一种观点认为组织是由人及其相互关系组成的,它包括以下 4 个要素:

(1) 是社会实体;

(2) 有确定的目标;

(3) 有精心设计的结构和协调的活动系统;

(4) 与外部环境相联系。

"信息系统"这一术语应用于许多领域,应用在管理中的信息系统被称之为广义的管理信息系统。用系统的观点来分析,管理信息系统的类型呈现出多样化。从管理的角度可以给组织中的信息系统下一个定义:管理信息系统是以组织管理为对象,以人为主导,以计算机网络通信、自动控制等信息技术为基础的系统。

信息系统对组织管理职能的支持,归根结底是对组织决策的支持。管理信息系统不是只为企业的最高领导服务的系统,而是面向整个组织的一个信息系统。它不仅包含对最高决策的支持,还应该适应各层管理与决策的需求。所以,组织的概念、管理与决策的性质是理解组织中管理信息系统的基本知识。

信息系统在组织中的应用经历了一个逐步深入的过程,其中一个显著的特点就是信息系统不再仅仅支持事务数据的简单处理,而是成为大多数业务过程中的重要组成部分,成为支持企业战略目标实现的重要工具,在很大程度上改变了企业运作的方式。

信息系统与组织之间的关系是互动的。一方面,信息技术的应用带来了组织结构和行为上的变化。它使得组织结构趋于扁平,促使领导职能和管理职能发生转变,并改变了员工完成日常工作的基本手段,形成了更高程度的流程化和制度化。同时,信息技术带来的劳动生产率提高也会导致组织中人力资源结构的变化和调整。另一方面,组织及其管理模式也影响着信息技术和信息系统。组织重组、人员调整、业务转型、协调关系和机制变化等无疑将对系统结构和系统功能诸方面产生影响。这就要求信息技术和信息系统在理论和应用上不断创新,同时也要求信息技术和相应的系统具有适应变化的能力。

由于信息技术在改进组织功能和提升组织绩效方面的显著作用,很多公司都在努力加强信息系统的建设。但是,由于许多企业管理者没有准确地理解信息系统的功能或者没有完全实现信息系统的价值,很多信息系统的实施遇到了挫折。

8.1.1　信息系统对组织的影响

1. 信息系统在组织中的定位

无论是哪种类型的企业,都将整个组织分为自上而下的若干层次,最常用的分层应该是战略管理、战术管理和业务处理,各管理层有不同的工作内容。

组织战略管理指的是组织的长期目标,组织通过经营活动和资源分配来实现这样的目标。相应地,信息系统战略指的是组织在信息系统应用与管理方面的长期目标。为达到这样的目标,组织同样须要完成一系列的任务并分配资源。信息技术的发展改变了组织的战略环境,从而给组织战略的制定与管理带来新的挑战。同时,信息技术与信息系统自身在组织中已经占据了重要的战略性地位,对信息技术、信息系统和信息资源的有效开发、应用与管理已成为组织的一项战略性任务。从这种意义上说来,信息系统战略已经渗透到组织战略之中,成为现代组织战略不可分割的一个部分。

作为传统的管理方式,人们主要依赖较少的信息量、凭决策者的经验和主观判断来实施管理和决策。但是随着信息社会中信息量的急增,管理决策变得越来越复杂,人们单纯凭传统的信息处理手段和依赖于主观判断,已经不能满足管理的需要。因此组织中的决策工作和信息管理工作开始逐步分工,于是决策信息系统也就应运而生。

信息系统在组织中的作用主要是为组织决策提供信息依据。组织中的事务根据其使用层次可以划分为操作人员的作业处理、中层管理人员的管理控制、高层管理人员的战略决策3个不同的层次(如图8-1所示),在各个层次中,都需要大量有效的信息作为决策依据。对应组织中管理的需要,信息系统一般也划分为事务处理系统、管理信息系统、决策支持系统3个层次。

事务处理系统主要为日常的、例行的事务处理提供统计计算等直接的数据处理功能,可以大大减少管理人员的工作量,提高事务性工作的处理效率和工作质量。组织中的工资核算、商品核算等都是典型的事务处理系统。作为信息系统中的底层子系统,事务处理系统为管理控制系统提供基础数据。

借助于管理控制系统,可以为组织中的中层管理人员进行中层管理与业务控制提供信息。管理信息系统对业务处理进行全面的监督和控制,通过管理信息系统所提供的信息,组织中的管理控制人员可以对组织中的运行情况有比较全面的了解,并可以随时对组织的运

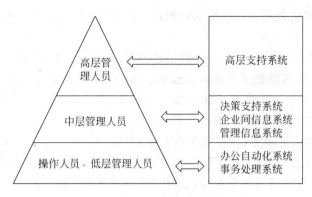

图 8-1　信息系统的层次结构

行状况进行调整。另一方面,管理信息系统在业务执行系统和战略决策系统之间起一个上传下达的桥梁作用。

作为现代管理的核心,决策是指个人或者组织为了达到既定目标,在一定的人力、设备、时间和资金等资源条件下,从若干个可供选择的方案中作出选择,从而达到最优效果的过程。根据决策的内容、对象不同,信息系统又可以划分为作业处理、管理控制、组织高层决策3个层次,作为管理信息系统高层的组织战略决策系统,为企业的高层人员的战略决策提供支持。

2. 信息系统对组织的作用与影响[5]

在经济全球化、信息化和管理变革的大潮中,社会组织,特别是企业的生存环境发生了重大变化。信息系统已经成为组织提高自身素质与竞争能力,实现管理变革、制度创新与技术创新的战略手段。

1) 积极作用

信息系统在组织中的作用涉及组织管理与业务工作的诸多方面,以企业为例,其积极作用主要体现在以下几方面。

(1) 以信息技术为基础的信息系统极大地提高了信息收集、传递与处理的效率和有效性,从而增强了企业对内、外环境变化响应的敏捷性和灵活性,提高了管理决策的及时性和科学性,是实现企业目标与战略的重要保证。

(2) 市场上围绕产品与服务的企业竞争,实质上是形成这类产品与服务的供应链之间的竞争。现代物流与供应链管理系统成为当前信息化建设的热点之一,信息系统是实现供应链上企业之间协调与合作、形成动态联盟、组织虚拟企业的基础设施和重要手段。

(3) 减少管理层次,下放权力,实现组织扁平化、网络化、虚拟化是企业改革的重要任务之一。信息系统加速了组织内部信息的传递与共享,提高了信息处理的效率,减少了中间环节,使得组织向扁平化、网络化、虚拟化改造成为可能。

(4) 业务流程是企业在完成其使命、实现其目标过程中必需的、逻辑上相关的一组活动。业务流程直接体现企业的核心能力,是企业完成其使命、实现其目标的基础。企业管理改革的一项基础性工作就是对传统的企业流程进行改造,打破职能分割,提高流程的效率、效益与灵活性,实现企业的生产与服务过程的柔性化和个性化大量生产与个性化服务。信息系统是对业务流程诸多环节进行集成管理,实现生产与服务过程柔性化和个性化的重要手段。

(5) 信息系统实现了对企业生产经营信息的及时、统一管理,加强了企业控制能力,提高了信息处理效率,从而降低了内部人员成本。Internet 技术和电子商务、电子政务的发展使得企业间(B2B)、企业与客户间(B2C)、企业与政府间(B2G)的交易成本大大降低,减少了由于信息延迟造成的积压与脱节,提高了客户的满意度。

(6) 信息系统加强了业务、管理流程和数据的规范化,减少了随意性和人为失误,改善了管理者与员工的工作环境和学习条件,促进了员工之间的信息知识交流与协作,加强了组织的凝聚力,有利于形成具有本企业特色的团结、学习、创新的企业文化。

2) 负面影响

信息系统也可能给组织带来些负面的影响,下面列举一些常见问题。

(1) 现在的信息系统是在人们预先设定的范围内收集、存储、处理信息的。当组织内、外环境的变化超出预定的范围时,组织对变化响应的敏捷性和决策的科学性、及时性将受到影响。

(2) 信息系统的应用使得员工之间、普通员工与管理者之间以及管理者之间通过信息系统交流的机会多了,而面对面交流的机会减少了,可能导致非正式渠道信息活动与非正式组织作用的弱化和人们之间感情的疏远,这是须要采取专门措施加以弥补的,因为这一问题对处于激烈竞争和成长中的企业尤为重要。

(3) 信息系统在提高工作效率与有效性的同时,许多以前由人进行的工作由信息系统替代,可能使一些工作人员丧失工作机会。

(4) 信息系统的功能涉及组织的活动、社会与个人生活诸多方面,人们对信息系统的依赖性大大提高。一旦信息系统出现故障,犹如停电一样,会给组织带来巨大的损失,给社会生活和个人活动带来严重的,甚至是灾难性的后果。特别是当前安全问题是信息系统的瓶颈问题之一,计算机病毒、黑客对信息系统的攻击,计算机犯罪活动以及人们有意、无意对信息系统硬件、软件、数据的损坏、窃取和信息泄漏,都将给组织、社会和个人带来损失。

(5) 信息系统的出现引发了一些新的伦理、道德与法律问题。由于人们(如员工、客户、竞争对手、合作伙伴)对活动信息广泛而周密地收集,导致对个人隐私权的严重威胁。不健康的、歪曲事实真相的以至诽谤、侮辱性的信息通过 Internet 进行非法传播,会引起组织、社会以及人际关系的混乱而破坏正常的社会秩序。科学技术、文化、艺术等创作的非法复制和非法传播造成对知识产权的侵犯,影响这些领域创造性活动和有关市场合法经营的正常发展。

3. 信息系统对组织结构的影响[3]

企业的组织结构与信息系统存在着相互依赖和相互促进的关系。在一般情况下,企业的组织结构是相对稳定的。随着企业间竞争的加剧,对信息系统的要求和依赖性越来越高,信息系统从原来的非主导地位逐渐变为主导地位。同时,这种要求和依赖对信息系统的发展起到促进作用。信息系统的应用对组织的结构的影响主要体现在以下 4 个方面。

1) 促使组织结构扁平化

传统的组织结构大多是集权式金字塔形的层次结构,位于组织高层的领导靠下达命令指挥工作。他们主要从中层领导那里得到关于企业运作情况的信息,却难以得到迅速及时的基层信息。现在的信息系统已能向企业各类管理人员提供越来越多的企业内外部信息和各种经营分析、管理决策功能。当新信息系统建立以后,高层领导可以方便地得到详尽的基层信息,许多决策问题也不必再由上层或专人解决。因此,对中层及基层的管理人员的需要将会减少。这种趋势导致企业决策权力向下层转移并且逐步分散化,从而使企业的组织结构由原来的金字塔形向组织结构扁平化发展。

2)使组织结构更加灵活高效

企业为了适应市场需求瞬息万变、竞争日益激烈的环境,要求企业通过组织结构的灵活应变,实现对生产的经营管理。处于不同地域的企业部门、分支机构或管理人员可借助对有关信息的分析与判断,直接对生产经营问题做出决定。这种组织结构在信息网络的环境联结下更加灵活高效,因为它可以消除组织结构中的僵化和滞后效应。还有一些公司采用非固定型组织结构,他们主要根据当前产品确定组织的结构;由于网络和信息系统的支持,可以迅速建起小型的以产品为中心的组织结构,比起过去的做法更为灵活。

3)虚拟办公室

随着互联网络的发展和移动通信的普及,管理人员可在旅途中处理公务,和同事或上下级进行方便的联系,甚至在家中工作。近年来,一些公司取消了固定办公室,员工们主要依靠计算机办公,他们在办公室里没有固定的座位,在任何办公桌上使用计算机就可以工作。这种办公室称为虚拟办公室。有些公司干脆成为虚拟组织。由于现代社会通信和信息交换的方便性,虚拟组织可像实体组织一样进行公司业务运作。

4)增加了企业过程重组的成功率

由于企业外部环境众多因素的快速变化,企业的对策不能仅停留在原管理过程处理速度提高等要求上,而应考虑运作方式及管理过程等的彻底重新设计,其中也包括组织结构的重新设计。这也是"企业过程重组(Business Process Reengineering,BPR)"的起因和基本思想。信息系统除了对企业管理效率的提高和成本的降低具有显著作用外,还有更深层次的促进企业运作方式和管理过程的变革等作用。这些作用是通过遵循信息的规律,采用全新的信息资源开发与利用方式,安排合理的信息流转路径来实现的。因此,信息系统对 BPR 起到关键作用,它是 BPR 的技术基础,也是 BPR 成功的保证。信息系统的建设与 BPR 同步或交错开展,可以明显地提高 BPR 的成功率。

8.1.2 组织对信息系统的影响

组织采用信息系统的方式决定了信息系统对组织结构和组织流程的影响,另一方面,组织及其管理模式也影响着信息技术和信息系统。组织重组、人员调整、业务转型、协调关系和机制变化等无疑将对系统结构和系统功能诸方面产生影响。这就要求信息技术和信息系统在理论和应用上不断创新,同时也要求信息技术和相应的系统具有适应变化的能力。

信息系统是整个组织中的一部分,信息系统的使命、目标和运作机制与组织一致,才能发挥信息系统在组织中的应有作用。因此组织的目标、战略、规模、结构、管理模式,运作机制、改革与发展进程以及人员素质、组织文化对信息系统的建立和应用都有重要的影响。企业的信息化建设、信息系统的建立与应用,应该与企业的目标、战略、改革,发展进程相适应,为企业管理者和员工所接受。企业组织也要以信息化建设为契机,按信息化的管理模式与运作机制改造企业,进行业务流程的改革与创新,提高管理者与员工的素质,建立管理与业务工作的科学标准与规范,并且为信息系统的建立与应用创造良好的法制环境,制定新的规章制度。为适应信息系统建设与应用的需要,克服由于旧的制度、落后的管理模式和习惯势力对信息化建设的种种阻力与障碍,做到管理、技术与人的素质相互促进、协调发展。具体说来,组织对信息系统的影响可归纳为以下几个方面。

(1) 信息系统的功能体系和技术特点都应当适应组织的经营领域、战略定位和目标。

(2) 信息系统中的工作流程应当能够对组织中业务流程的优化与改革提供支持和促进作用。为此,信息系统管理的一个重要任务,就是要决定在多大程度上改变现有的业务流程,使它适应信息系统,或者如何使信息系统以及相关的软件功能适应现有的业务流程。

(3) 信息系统应当能够适应组织中的文化氛围以及其他内外部条件。

(4) 信息系统应当能够适应变化的要求和环境。如企业的兼并、市场的扩张、技术进步、新法律法规的出台;还有组织重组、企业的扩张或紧缩;市场环境的改变等。此外,技术本身的发展也会给信息系统带来变化的要求。

一般情况下,有两种方法可用于管理信息系统的适应过程。

第一种方法是在一个整体性的规划框架下,必要时选择和开发新的信息系统模块。这一整体性的规划框架通常被称为信息系统框架,由一系列的标准组成,这些标准规则详细规定了信息系统各模块间的界面和各模块间联系的方法。

第二种方法是将"适应性"融入信息系统的每个模块中。譬如用计算机可识别和处理的语言开发通用的商业模型(超模型),这些模型能按需求组成系统的模块。这种方法旨在从方法论和技术层面上解决系统适应性问题。

8.1.3　信息化与组织信息化模型

信息化是一个过程,是普遍应用先进信息技术提高劳动生产率和物质文化生活质量的过程。信息化已成社会潮流,从传统产品信息化、企业信息化,到国民经济信息化、社会信息化,尽管具体应用部门和形式有所不同,但是基于信息技术的信息管理与信息系统因其特殊的支撑作用,肩负着不可推卸的重要责任。

1. 信息化的定义

信息化(Informationalization)作为专业术语,最初由日本社会学家梅棹忠夫于 1963 年在其《信息产业论》中首次提出。1967 年,日本政府的一个科学技术与经济研究小组在研究经济发展问题时,对照"工业化"概念,正式提出"信息化"概念,并尝试从经济学角度界定其内涵:信息化是向信息产业高度发达且在产业结构中占优势地位的社会——信息社会前进的动态过程,它反映了由可触摸的物质产品起主导作用向难以捉摸的信息产品起主导作用的根本性改变。尽管现在看来,这一定义并不全面,但它无疑为后来的信息化理论研究及其实践奠定了基础。

"信息化"涉及各个领域,不同领域和行业的研究人员,从不同的研究角度对信息化的内涵有不同的理解。这里从不同角度引述几个比较有代表性的表述。

从硬件设备和技术支持的角度,可将信息化理解为:信息化就是通信现代化、计算机化和行为合理性的总称。通信现代化是指社会活动中的信息流动是基于现代化通信技术进行的过程；计算机化是社会组织内部和组织间信息生产、存储、处理、传递等广泛采用先进计算机技术和设备管理的过程；行为合理性是人类活动按公认的合理准则与规范进行。

从经济角度，可将信息化理解如下：信息化在经济学意义上是指由于社会生产力和社会分工的发展，信息部门和信息生产在社会再生产过程中占据越来越重要的地位，发挥越来越重大作用的一种社会经济的变化。

从信息化的社会结果和运动过程，则将其理解为：信息化是指从事信息获取、传输、处理和提供信息的部门与各部门的信息活动（包括信息的生产、传播和利用）的规模相对扩大，及其在国民经济和社会发展中的作用相对增强，最终超过农业、工业、服务业的全过程。

综合上述观点，一般可以认为：信息化是指在人类社会活动中，通过广泛采用信息技术，从而更加有效地开发和利用信息资源、推动经济发展和社会进步的过程。

信息化其实是围绕着人来进行的，信息化的目标实际上是让计算机及网络等先进技术参与人的工作，代替人做某些工作。机械性的易于标准化的重复频率高的工作是可以由计算机等非人脑来代替的，而思考性的创造性的工作则还得由人来完成。信息化的目的，就是让那些重复频率高的工作用计算机来完成，而思考性的工作仍由人来完成。信息化对于企业来说仅仅是多了一种方式和工具。

2. 信息化的层次

信息化是一个不断变化的过程，在陈庄等编著的《信息资源组织与管理》一书中，把信息化过程由低级到高级分为产品信息化、企业信息化、信息产业化与产业信息化、经济信息化和社会信息化等 5 个层次，如图 8-2 所示。

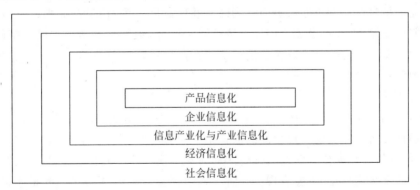

图 8-2　信息化的层次结构图

1) 产品信息化

产品信息化包括两层含义：其一是产品本身所含信息成分的比重越来越大，物质成分的比例越来越小，产品特征越来越表现出由物质产品向信息产品的转化；其二是产品中增加了越来越多智能化元器件，提高了产品的信息自处理功能。

2) 企业信息化

通俗地讲，企业信息化是指企业在产品的设计、生产、营销和企业的组织结构人员配置、运行管理等各个环节中，十分注意开发和利用信息资源，广泛使用信息技术、信息产品或信息劳务,大力提高企业效益和市场竞争力的过程。

3) 信息产业化与产业信息化

信息产业化是指由分散的信息活动演变成整体的信息产业的过程,是社会信息活动逐步走向产业化道路的必经阶段。信息产业化要求以市场需求为导向,将过去分散在各行业部门中与信息生产、分配、流通、交换等直接相关的单位和资源进行优化整合,以便把各种类型的信息活动按产业发展要求重新进行组织,从而在微观上形成专门从事信息活动的经济实体,在宏观上形成一个具有相对独立地位的产业——信息产业。信息产业化主要表现为信息产品商品化、信息机构企业化、信息服务产业化。

产业信息化是指在由同类企业(非信息企业)所组成的各个产业部门内,通过大量采用信息技术和充分开发利用信息资源而提高劳动生产率和产业效益的过程。产业信息化不但促进了传统产业的升级换代,使传统产业部门的组织结构、管理体制、经营模式都发生了彻底地变革,而且反过来又使社会信息需求得以极大地扩展,带动了信息产业的发展壮大。产业信息化主要表现为生产过程自动化、经营管理智能化、商业贸易电子化。

信息产业的出现不仅改变了已有的经济结构,而且还为传统产业改造提供了先进的技术设备和信息资源,并在改造传统产业的过程中促使其向扩大信息消费的更高阶段发展。所以,在信息产业化的同时必然出现产业信息化,而且信息产业化和产业信息化是以"互补共进"方式共同发展的。

4) 经济信息化

经济信息化是在信息产业化和产业信息化的基础上发展起来的,它是指通过对整个社会生产力系统实施自动化、智能化控制,在社会经济生活和国民经济活动中逐步实现信息化的过程。从发展层次上看,经济信息化是信息产业化和产业信息化的互补共进过程,其结果是传统产业因信息产业的不断渗透而得到改造并向深度发展,信息产业则由于传统产业的支持继续向广度发展,并逐渐成为国民经济第一大产业,最终达到整个国民经济的信息化。经济信息化主要表现为信息经济所创造的价值在国民生产总值中所占的比重逐步上升,直至占主导地位。

5) 社会信息化

社会信息化是信息化的高级阶段,它是指在人类工作、消费、教育、医疗、家庭生活、文化娱乐等一切社会活动领域里实现全面的信息化。社会信息化是以信息产业化和产业信息化为基础、以经济信息化为核心向人类社会活动的各个领域逐步扩展的过程,其最终结果是人类社会生活的全面信息化,主要表现为:信息成为社会活动的战略资源和重要财富;信息技术成为推动社会进步的主导技术;信息人员成为领导社会变革的中坚力量。

3. 组织信息化的进化模型

一个组织应用信息技术是一个循序渐进的发展过程,诺兰(R. L. Nolan)经过实证研究,于 1979 年提出了组织信息化的六阶段进化模型,这个模型说明了组织应用信息技术的进化过程。当时,他把这六个阶段叫做数据处理(Data Processing)的进化阶段。模型所描述的进化过程包括技术进步、应用开发的发展、计划与控制策略的改变和用户参与情况的变化等。诺兰认为,这是一个组织对于数据处理的学习过程,必须经历每个特点不尽相同阶段的发展过程,这些阶段是不可逾越的。

诺兰的进化阶段模型揭示了组织信息化进程中技术、应用系统开发、用户参与程度和组织控制等各因素的均衡。六阶段模型反映出一个组织的学习过程的规律。诺兰的阶段理论是描述性的,可以帮助组织评价和识别目前本企业信息化属于哪个阶段,以便科学地规划与实施信息系统的建设。

诺兰进化模型的 6 个阶段分别称为初始期(Initiation Stage)、普及期(Contagion Stage)、控制期(Control Stage)、整合期(Intergration Stage)、数据管理期(Data Administration Stage)和成熟期(Maturity Stage)。该模型也称为信息系统的发展模型,将在 11.1 节"信息系统发展的阶段论"一节详细介绍。

诺兰提出六阶段模型后,信息系统的技术环境与组织管理环境都发生了巨大变化。于是作为六阶段进化模型的扩展,诺兰又提出了一个新的框架,这个框架说明,组织中信息系统面临的技术环境的变化和组织变革将使组织信息化进程在新的条件下进化的规律。诺兰将信息系统中信息技术发展成三个时代,他把这三个时代分别叫做数据处理时代(DP Era,1960—1980 年)、信息技术时代(IT Era,1980—1995 年)和网络时代(Network Era,1995 — 2010 年)。

随着技术环境与管理环境的变革,诺兰阶段模型的学习曲线也呈周期性演化的趋势。数据处理时代以事务处理为主,到 20 世纪 80 年代初已走向成熟。IT 时代从 20 世纪 80 年代初开始,由于微型计算机的发展与大量使用,信息系统致力于支持知识工作者进行如财务分析、生产计划之类的操作。到了 80 年代中期,出现了办公自动化(OA)、CAD、CAM 等新的应用。到了 90 年代中期进入了网络时代,Internet 技术开始迅速发展与广泛应用,与此同时,组织变革已成时代潮流。新的技术只有在新的组织管理模式下才能体现商业价值,组织变革随着新技术的应用相互促进,可以显著提高生产率。

诺兰阶段模型及其扩展模型说明:一个组织的信息化过程是组织管理与技术相互结合、相互渗透的过程,这个过程呈现出新的条件下周而复始的演进特征。

8.2 企业信息化

企业信息化是社会信息化建设中的基础信息化工程。实践表明,企业信息化是企业获取竞争优势的根本手段,是企业经济现代化的主要标志,也是企业在市场竞争中充满生机和活力的根本所在。

8.2.1 企业信息化的内容与过程

1. 企业信息化的涵义

企业信息化是指企业在生产、流通及服务等各项业务活动中,充分利用现代信息技术、信息资源和环境,通过对信息资源的深化开发和广泛利用,不断提高生产、经营、管理、决策的效率和水平,进而提高企业经济效益和企业竞争力的过程。

具体地说,企业信息化通过挖掘先进的管理理念,应用先进的计算机网络技术去整合企业现有的生产、经营、设计、制造、管理,及时为企业的"三层决策"(战术层、战略层、决策层)系统提供准确而有效的数据信息,以便对需求做出迅速的反应,其本质是加强企业的"核心竞争力"。

2. 企业信息化的内容

就内容而言,企业信息化应包括产品设计的信息化、生产过程的信息化、产品及销售服务的信息化、经营管理信息化、决策信息化以及信息化人才队伍的培养等多个方面。总体来说,企业信息化的主要内容可概括为下述几个大的方面。

1) 人员信息化

人员信息化包括建立企业信息部门和聘请信息主管(Chief Information Officer,CIO);建立一支专门从事信息工作的人才队伍;提高全体员工的信息化技能和信息化意识,鼓励全体员工参与信息资源的管理和开发;制订、实施企业信息化标准规范及规章制度等。

其中企业信息主管是全面负责信息技术和系统的企业高级管理人员。其工作职责是:统一管理企业的信息资源;负责管理企业信息技术部门和信息服务部门,制订信息系统建设发展规划;参与高层决策,从信息资源和信息技术的角度提出未来发展方向的建议,保证企业决策符合信息竞争的要求;负责协调信息系统部门与企业其他部门之间的信息沟通和任务协作。企业信息主管一般由懂信息技术的高级管理人员担任。

2) 建立企业各类信息系统与信息网络

这项工作包括建立企业资源计划系统(MRP-Ⅱ/ERP)、办公自动化系统(OA),计算机辅助设计/计算机辅助制造/计算机辅助工艺规划/产品数据管理(CAD/CAM/CAPP/PDM)系统、生产过程控制及自动化系统(PCAS)等,进而建立企业内部网(Intranet),并与国际互联网(Internet)相连,以便于企业生产、流通或服务信息系统有效运转,并利用信息网络等手段与外界进行商务往来,实现企业的全面信息化。

3) 开展电子商务与网络经营

在信息系统和信息网络建设的基础上建立企业电子商务网站,开展网络营销和在线销售,实现企业信息化建设的效益。

当然,就一个具体的企业而言,其信息化内容不可能面面俱到。例如,一个商贸型企业就不必考虑生产过程控制系统。不同的企业可以根据自身的性质、类别、规模、基础等实际情况,有所取舍,有所侧重。

另外,从企业信息系统的三级层次角度,也可将企业信息化的内容分为三个层次。

(1) 作业级。企业在生产中广泛运用电子信息技术,实现生产自动化。如生产设计自动化、自动化控制、智能仪表、单片机的运用等,凡是用到电子信息技术的都是企业信息化的一部分。

(2) 战术级。包括企业数据的自动化、管理的信息化。用电子信息技术对生产、销售、财务等数据进行处理,这是最基础的、大量的数据信息化过程。

(3) 战略级。指企业更高层次的辅助管理、辅助决策系统。如制造资源计划(MRP-Ⅱ)和企业资源计划(ERP)、计算机集成制造系统(CIMS)、办公自动化(OA)等都是用来辅助管理、辅助决策的,这是更高层次的信息化。

3. 企业信息化的过程

企业信息化的发展过程表现在管理过程上的信息系统应用,可分为如下5个阶段。

1）MIS 阶段

企业的信息管理系统主要是记录大量原始数据，支持查询、汇总等方面的工作。

2）MRP 阶段

企业的信息管理系统对产品构成进行管理，借助计算机的运算能力及系统对客户订单、在库物料、产品构成的管理能力，实现根据客户订单、按照产品结构清单展开并计算物料需求计划，实现减少库存、优化库存的管理目标。

3）MRPⅡ阶段

在 MRP 管理系统的基础上，系统增加了对企业生产中心、加工工时、生产能力等方面的管理，以实现用计算机进行生产排程的功能，同时也将财务的功能包括进来，在企业中形成以计算机为核心的闭环管理系统，这种管理系统已能动态监视产、供、销的全部生产过程。

4）ERP 阶段

进入 ERP 阶段后，以计算机为核心的企业级管理系统更为成熟，系统增加了包括财务预测、生产能力、调整资源调度等方面的功能，配合企业实现 JIT 管理、全面质量管理、生产资源调度管理及辅助决策的功能，成为企业进行生产管理及决策的平台工具。

5）电子商务和 SCM 阶段

Internet 技术的成熟使企业信息管理系统加强与客户或供应商实现信息共享和直接的数据交换的能力，从而强化了企业间的联系，形成共同发展的生存链，体现了企业生存竞争的供应链管理（SCM）思想。ERP 系统可相应地实现这方面的功能，使决策者及业务部门实现跨企业的联合。

8.2.2 企业信息化的目的和标志

1. 企业信息化的目的

企业间的竞争包括产品竞争、价格竞争、品种竞争、服务竞争、市场竞争和信誉竞争等诸多方面。随着信息时代的到来，这种竞争就变成了信息化的竞争。企业要求得生存和发展，就必须参与企业间的科技竞争，把生产经营与科学技术紧密联系在一起，使企业在竞争中充满活力。

1）进行企业信息化建设是适应知识经济时代的要求

知识经济时代要求以知识和信息为增值的主体和对象，要求知识和信息成为企业具有竞争力的核心要素，要求企业的所有员工都要高度重视知识和信息的作用，这就迫使企业不得不进行企业信息化建设。

2）进行企业信息化建设是企业适应市场的客观需求

市场是企业的生命线。迅速地根据市场需求信息做出反应，及时推出适销对路的产品是企业成功的关键所在，而现在的市场早已由以前计划经济时代的卖方市场转变为当前市场经济时代的买方市场。企业信息化能使企业及时、准确地掌握瞬息万变的市场信息，合理安排生产，以适应市场的需求，进而有效地驾驭市场。

3）进行企业信息化建设是提高企业自身竞争力的重要途径

当前企业竞争力的高低完全取决于企业对信息的获取和处理能力。企业的生存和发展要依靠正确的决策,而决策的基础就是信息。企业要准确、快速地获取和处理信息,企业信息化是必然的选择。技术的进步对企业的影响是巨大的、直接的。比如:技术的进步有助于产品和服务质量的提高;技术的进步能使产品的生命周期缩短,提高产品的成品率,提高企业对市场的快速反应能力,提高企业决策的正确性和预见性,从而大大提高企业的竞争实力;技术的进步可以改进生产工艺和生产流程,促进生产工具的研制和应用,以提高生产效率。

2. 企业信息化的标志

一个企业是否具备信息化的意识和信息化的基础,可以用下述几个标志判别。

(1) 观念信息化。信息意识,特别是企业领导信息观念的提高是企业信息化的关键。只有企业领导、科技人员及全体职工对信息化重要性有充分认识的前提下,才能广泛利用信息技术开发企业信息资源,推动企业的技术创新工作。

(2) 管理手段信息化。信息化要求用现代信息基础设施和先进的信息技术手段去收集、处理、开发信息,运用网络技术、通信技术、数据库技术和智能信息工具等手段进行信息活动,实现信息网络化,并开展网络商务活动(如网络营销、电子商务等)。

(3) 企业决策信息化。利用信息手段,及时、准确、全面地收集和掌握市场信息资源和相关的竞争情报,并依此进行科学合理的技术、管理创新决策,是企业在瞬息万变、纷繁复杂的市场竞争中抓住发展机遇、赢得竞争的法宝。

(4) 信息加工处理深度化。将收集到的市场信息与相关的竞争情报进行认真地分析研究,用发展、创新的思维进行深度加工处理,提供市场发展动态、产品创新与需求预测、技术发展趋势、新技术新成果等重要信息资料,作为企业决策者、产品开发者、市场产品营销和市场服务人员及时调整创新方案、市场对策的依据,实现企业通过信息化推动技术创新的目的。

(5) 组织管理信息化。信息化管理优化的目标是"及时、准确、适用、完整、经济",从而使信息快速产生应有的经济效益、社会效益。加强信息化的管理是信息化建设中的一个重要方面,建立完善的信息管理结构及各种管理规章制度,采用现代化的信息技术,保证信息传递过程的高效率,做到"信息收集不遗漏、信息处理不混乱、信息反馈不耽误"。

8.2.3 企业信息化的建设策略

1. 加强信息人才队伍建设

企业领导层和全体员工对企业信息化要有正确和清醒的认识并给予重视。企业信息化是企业提高效益、提高自身竞争力的有力手段,是企业自身的需要。

企业信息化是个复杂的、长期的系统工程,是个"一把手"工程,企业应安排最高领导层中一名既懂信息技术又懂管理的领导来专门负责企业的信息化建设,即企业信息主管(Chief Information Officer,CIO)。CIO直接对企业最高领导负责,下设企业信息化委员会,成员由企业各部门的主要领导兼任。

企业要有一个稳定的既懂信息技术又懂管理业务的信息化人才队伍,企业要长期加强信息化人才队伍的建设,不仅要培训专业知识,而且要培训管理知识和业务知识。

2. 整体规划及建设的规范化

企业信息化建设要整体规划、分步(或分阶段)实施,要站在发展的高度进行总体规划。规划可适当超前,但要适度,要注意重点突出、层次分明、适当取舍、循序渐进,切不可盲目求大求全求新,也不能有"一次投入,终生受益"的思想。要分阶段,由浅入深,由易到难,分阶段、逐步地实现企业信息化。

企业信息化建设要有一套完整、有效的信息化标准、规范和规章制度。企业信息化不是"计算机+网络+数据"的简单堆砌,而应有一套完整、有效的标准、规范和相应的规章制度来约束、维护,使企业能正确、规范地采集和处理信息,从而保证企业信息化走在正常、稳定和规范的轨道上。

3. 逐步改变企业工作模式

要按照规划要求,逐步规范地推进下述企业工作模式的信息化进程。

(1) 业务数据的电子化。即把库存信息、销售凭证、费用凭证、采购凭证都以一定的数据库格式录入到计算机里,以数字的形式保存起来,可以随时查询。因此,它也可被称作"数字化"的过程。

(2) 工作流程的电子化。把企业已经规范的一些工作流程以软件程序的方式固化下来,使得流程所涉及岗位员工的工作更加规范高效,减少人为控制和"拍脑袋"的管理行为,同时也能提升客户满意度。

(3) 企业生产过程自动化。通过应用现代电子信息技术(如 CAD、CAM 等),提高企业生产过程自动化,加速企业产品的更新换代,提高产品质量。利用计算机、网络技术和先进的管理知识,建设企业管理信息系统,实现无纸化办公,加快企业内部信息的交流,改进企业业务流程和管理模式,提高运行效率,降低成本,提高竞争力。

(4) 企业决策支持系统。利用现代通信技术,加入因特网,进行企业的信息发布,并建设企业外部网。通过采集和利用国家宏观信息、企业材料供应商及合作伙伴的生产流通信息、市场信息等经营信息,提高企业对市场的快速反应能力,提高企业的正确决策能力。

8.2.4 企业信息化中的 BPR

一个企业要想适应外界环境的迅速变化,要能在激烈的竞争中求生存、求发展,就不仅要采用先进的科学技术,而且要尽快地改变与现代化生产经营不相适应的管理方法。为适应企业信息化建设的要求,企业应建立便于对外部环境变化做出灵活反应的管理机制和组织结构,这就是企业过程重组(Business Process Reengineering,BPR)。

1990 年,美国原麻省理工学院教授迈克尔·汉默(Michael Hammer)首先提出企业过程重组(BPR)理论。BPR 随即掀起欧美等国家的管理革命浪潮。美国的一些大公司,如IBM、科达、通用汽车、福特汽车、Xerox 和 AT&T 等纷纷推行 BPR,试图利用它发展壮大自己。实践证明,这些大企业实施 BPR 以后,取得了巨大成功。据报道,目前在 600 多家欧美大型企业中,有 70% 的企业在推行 BPR 计划,15% 的企业正在积极考虑。

1．实施 BPR 的必要性

全球性市场竞争加剧。一些新崛起的企业没有旧体制的束缚,竞争力强,对同行业构成巨大的威胁,迫使老企业革新。顾客需求多样化、个性化且变化频率加快。每个顾客都期望得到特别的专门为其设计的产品和服务,并且顾客需求的变化频率加快,产品的寿命周期越来越短。传统管理方式滞后于高新技术的发展。近几十年来,计算机集成制造系统(CIMS)、柔性制造系统(FMS)、并行工程(CE)等的广泛应用提高了企业的竞争力,但传统管理却跟不上其发展。管理体制不适应客观变化。由于通信工具的发展,一项变化可在短时间内传遍全球,并引发一系列的连锁反应。变化本身成为一种普遍的、持续的现象,旧的运行机制和组织体制不能适应不断变化的环境。

2．实现 BPR 的可能性

世界经济的发展,社会环境的变化,科学技术的进步,新技术、新方法的推广应用以及人员素质的大幅度提高,为 BPR 的实现提供了可能性。首先,信息技术的发展和应用,特别是以计算机、网络、数据库和多媒体等为代表的技术得到迅猛的发展,为彻底改变企业管理模式提供了技术上的保证和相应的工具。其次,新的管理理论与技术的发展和实践,如全面质量管理、扁平化组织、计算机集成制造系统、并行工程、精良生产、适时生产、敏捷制造等可显著提高企业的运营效率。为彻底改变企业管理模式创造了条件。另外,人的综合素质(智力、体力、学习能力、受教育的程度、专业知识技能)普遍提高。知识面拓展,价值观念、工作态度正在发生变化,为企业管理模式的创新提供了有力的保证。

3．BPR 的主要内容

企业过程重组的实质是强调以顾客为中心和服务至上的经营理念,它注重以下几个方面的内容:

(1) BPR 追求目标的大飞跃。BPR 所追求的目标不是渐进提高和局部改善,不是几个百分比的提高,而是性能和绩效的巨大飞跃。通过企业经营过程重组,建立全新的体制,使企业管理发生质的变化。

(2) 更新旧的思维。横向集成活动,实行团队工作方式;纵向压缩组织,使组织扁平化,权力下放;授权员工自行做出决定;推行并行工程。建立市场竞争意识和危机感,对市场变化反应敏锐,善于决策,能与公司内外进行有效沟通,能深入领悟 BPR 的内涵,切实转变思想观念。

(3) 企业战略和过程理想模式驱动以及顾客需求驱动。企业过程是 BPR 理论的精髓,每个过程具有性能指标,过程的性能指标与企业的性能指标具有直接的联系,过程的改善将大大提高企业竞争力。BPR 通过对企业过程的确定、描述、分析和再设计,并以企业过程为核心重建相匹配的企业运行机制和组织结构,实现企业对全过程的有效管理和控制,使企业真正着眼于过程的最终结果,消除传统管理中存在的弊端。同时,只有对急剧变化的市场做出快速反应,才能有效地提高顾客对产品和服务的满意度,即 BPR 的另一个驱动力——顾客驱动力。

(4) 企业机构重组。建立一个全新的过程流程及其相应的组织结构和运行机制,包括人员重组、技术重组、组织重组、文化重组共 4 方面。

人员重组——实施 BPR 成败的关键取决于企业内部人员的整体素质与水平。高层领导者要有富于革新、勇于向风险挑战的精神。

技术重组——先进的信息技术改造企业的信息基础结构，利用先进的信息技术建立覆盖整个企业的信息网络，使每位员工通过网络就可得到与自己业务有关的各种信息。

组织重组——按具体项目组成面向经营过程的工作小组，设立小组负责人，对内指导、协调与监督小组中各成员的工作情况，对外负责及时将顾客的意见和建议反馈给小组，并尽快改进工作。

文化重组——营造适宜的企业文化氛围是企业重组的保障。企业竞争最终都归结为人才竞争，人才是企业最宝贵的财富，因此要为员工提供宽松的工作环境和良好的后勤保障，增强他们的主人翁意识和责任感，使他们能够敬业爱岗、尽职尽责。并且正确引导和教育员工，处理好与顾客的关系。

（5）信息技术管理。信息技术可以使同一过程中活动之间的连接方式发生变化，使各个活动并行进行。信息技术使非结构化的处理变为常规处理，可以消除过程的中间介质等。创造性地利用信息技术是 BPR 的关键之一。

（6）组织与人的管理。信息技术为变化了的过程运营提供了有力的工具，而真正使这些技术产生巨大效益的还在于组织和人力资源的管理。因此，在利用新的信息技术的环境下，人如何组织、如何管理，创建怎样的企业文化，对过程的变化是至关重要的。

总之，成功实施 BPR，首先是企业过程及其运营方式的变化，由于信息技术的应用而带来工作方式的变化；其次是组织层上的变化，包括组织结构、运行机制和人力资源管理的变化，是为适应第一层次上的变化而变化的，又反作用于第一层；最后是企业管理观念层上的变化，包括管理思想、企业文化、价值观念等的变化，是为适应过程、组织层上变化而变化的，反过来又促使这些变化更加有效。

4. BPR 的实施

研究先进的 BPR 理论，并结合企业的实际情况实施 BPR，对提高企业管理水平、员工素质以及综合竞争力有重要作用。

BPR 是在全球市场剧烈竞争的环境下，在信息发展的基础上，使企业经营过程能迅速响应市场瞬息万变的需求，提高企业的应变能力和竞争优势。实现 BPR，企业领导管理观念的变革和企业员工素质的提高是两项基本条件。随着企业经营过程的重组，企业相应调整组织机构，减少不增值的环节，以获取更大的效益。具体实施的内容可归纳如下。

（1）以过程的观点重组科学的经营管理模式。

（2）简化组织机构，削减管理层次。

（3）面向市场，关心客户，以顾客为导向。

（4）推广信息技术的应用，充分发挥信息技术的潜能。

（5）重视人力资源，加强观念教育和培训。

（6）删除不增值的企业过程，精简组织。

（7）提倡创造性和革新精神，提高企业对变化的承受能力。

8.3　社会信息化

　　信息化是培育、发展以智能化工具为代表的新的生产力并使之造福于社会的历史过程。其中智能工具一般必须具备信息获取、信息传递、信息处理、信息再生和信息利用的功能。社会信息化是信息化的高级阶段，它是指在人类工作、消费、教育、医疗、家庭生活、文化娱乐等一切社会活动领域里实现全面的信息化。

8.3.1　社会信息化的内容、过程与发展趋势

1. 社会信息化的内容

　　社会信息化的内涵可归纳为 4 个方面。

　　(1) 信息网络体系。是大量信息资源、各种专用信息系统及其公用通信网络和信息平台的总称。

　　(2) 信息产业基础。即信息科学技术的研究、开发，信息装备的制造，软件开发与利用，各类信息系统的集成及信息服务。

　　(3) 社会支持环境。即现代工农业生产，以及管理体制、政策法律、规章制度、文化教育、道德观念等生产关系和上层建筑。

　　(4) 效用积累过程。即劳动者素质、国家的现代化水平和人们生活质量不断得到提高，精神文明和物质文明不断获得进步。

　　信息化社会的主要特征包括：知识含量高、技术多样性、业务综合性、行业融合性、市场竞争性、用户选择性。信息技术和信息产业本身是新经济的主体，是新的经济增长点，在各行各业具有极其广泛的渗透性，对改造传统产业具有倍增作用、润滑作用和催化作用。

2. 社会信息化的过程

　　社会信息化是"国民经济各部门和社会活动各领域普遍应用先进信息技术，从而大大提高社会劳动生产率以及大大改善人民物质与文化生活质量的过程"。这是一个包含"信息→信息资源→信息商品→信息产业→信息经济→信息社会"的长期而复杂的发展过程。其中信息作为一种资源首先被人们认识和接受。对信息资源的认识和需求，自然就会产生信息商品和信息服务。信息商品的生产与交换以及信息服务的设计与提供形成了信息产业。当信息产业在国民经济中占主导地位时（信息产业人员在所有产业人员中比例超过 50%，信息产业产值在所有产业产值中的比例超过 50%），国民经济转向信息经济，社会进入信息化社会。

　　信息是一种战略资源的观点已被广泛理解，信息商品和信息服务已普遍存在并不断出新，信息产业在世界经济中的地位和比重日益提高。信息化已成为一个国家的战略任务，对国民经济的发展具有巨大推动和支持作用，对国家经济实力和竞争力增强有深远的战略意义，信息化水平的高低已经成为衡量综合国力的重要标志。例如美国信息产业总值已过50%，已踏入信息社会。我国的信息产业已占有很重要的地位，但还未起主导作用，因此可以用"面临信息社会"来表示我国信息化的程度。

3. 信息化发展的新趋势

社会信息化是 21 世纪世界社会经济发展的必然潮流,表现为以下 5 大主要发展趋势。

(1) 数字化。信息化发展最大的趋势表现为数字化,一场以数字化为核心的新的技术革命正在不断向纵深方向发展。数字化技术把数字、文字、声音、图形、图像等任何不同类型的信息都用"0"和"1"代码来表达。

(2) 全球化。网络把整个世界连为一体,极大地缩短了人们之间的时空距离。传统意义上的"远隔重洋"、"千里迢迢"在网络化面前都近在咫尺,庞大的地球变为一个小小的数字村。网络使人类的科技、经济、军事、政治、文化等信息的交流与沟通变得容易简单。全球信息化加快了全球经济一体化的进程。

(3) 社会化。从国家到民族,从政府到企业,从学校到家庭,伴随人类各种活动、各种交流形式的数字化变革,信息技术将全面渗透到人们的工作、生活、学习等各方面,将全面贯穿于社会的每个单位、每个角落,信息社会化已成为一种发展趋势。

(4) 竞争激烈。围绕数字技术、微电子技术、计算机技术、多媒体技术、软件技术、通信技术和网络技术,各国展开了激烈的竞争。美、日、欧盟等西方发达国家为抢占 21 世纪高技术领域的主导权,纷纷提出了雄心勃勃的以信息技术为核心的计划,如美国的"战略防御计划"、日本的基于神经网络和模糊逻辑的"第六代计算机计划"、欧共体的"尤里卡计划"。

(5) 发展的深入和全面化。主要表现在信息资源利用、信息网络、信息技术和信息产业、信息技术应用、信息化人力资源建设、信息化建设环境和信息化安全等方面。

8.3.2　我国的信息化战略与发展

1. 我国的信息化战略

我国的信息化建设战略方针是:加快国家信息化基础设施建设,以信息化带动工业化,以工业化促进信息化,实行工业化与信息化互补并进。

(1) 信息化范围。包括企业信息化(制造业、金融业、交通运输业…);军队信息化(装备、作战、后勤…);政府信息化(办公、办事、地方、国家…);学校信息化(教学、科研、行政…);区域信息化(社区、城市、国家…);直至全球信息化。

(2) 信息化与工业化的关系。所谓信息化就是工业社会向信息社会前进的过程,所谓工业化就是脱离农业的结构转变。我国工业化处于中期,问题很多,需要在技术、时间、资金、劳动力等资源上,依靠信息化的优势和替代来带动工业化(升级)。我国信息化处于初期,问题也很多,需要在物资、装备、能源、资金、市场等条件上,依靠工业化的基础和空间来促进信息化发展。以信息化带动工业化,以工业化促进信息化,信息化与工业化相互作用,并举共进。

(3) 信息化的"跨越式发展"。例如,模拟通信技术到数字通信技术经历一二百年,我们可以直接进入数字通信技术阶段。

(4) 信息化的"后发优势"。处于中期阶段的工业化,有许多传统工业和问题企业需要改造和转型,需要像工业化的农业那样实现信息化的工业。

2．我国信息化的建设与发展

我国的信息化建设与发展主要经历了以下三个阶段。

第一阶段：国家倡导和起步阶段（20世纪80年代中期—20世纪90年代初期）

1986年2月，批准建设国家经济信息系统，由上至下陆续成立了信息中心；1993年，成立了全国电子信息系统推广办公室；同年，"金"字号国民经济信息化工程（金桥、金卡、金关、金税），公用分组交换网CHINAPAC、数字数据网CHINADDN、公用计算机互联网CHINANET等相继建成。

第二阶段：有序组织实施重大基础工程阶段（"八五"计划中期—"九五"计划中期）

"八五"计划期间，开发了一批大型应用信息系统，包括国家经济信息系统、电子数据交换系统、银行电子化业务管理系统、铁路运输系统、公安信息系统等。

第三阶段：全面推进阶段（"九五"计划中期—现在）

自"九五"计划中期以来，我国的信息化建设进入了全面推进时期。当前遍布全社会的企业内部网、企业外部网、企业信息门户、ERP系统、CRM系统、电子商务、电子政务、电子社区、信息港、数字城市、社会文献资源服务系统、社会信用评估系统等都是社会信息化的实施内容。

同时，BPR、SCM、数据仓库、商务智能、虚拟企业、知识管理、学习型企业等许多管理新思想、新方法和新技术也正陆续采用。我们能切身感受到的上网查询、上网聊天、E-mail、移动电话等都是信息化成果在社会生活中的具体体现。

习题8

1．什么是组织战略？什么是信息系统战略？

2．为什么说信息和信息技术已经成为组织的战略性资源？

3．信息系统对于组织有什么重要影响？结合实际案例分析信息系统对组织的负面影响，并讨论如何消除这些负面影响。

4．传统的组织结构主要包括哪些形式？信息系统的应用对传统组织结构产生了怎样的影响？

5．简述信息化的定义、层次及信息化的要素。

6．讨论企业信息化的含义、内容和过程。

7．为什么要实施企业信息化？企业信息化的主要标志有哪些？

8．试分析信息技术人才在企业信息化中的作用和价值。

9．什么是BPR？为什么要进行企业过程重组？其主要内容有哪些？

10．结合学习和生活中的实例，探讨信息化发展有哪些新的趋势？

11．我国的信息化发展战略是什么？

12．以社会变革的事实为案例，分析我国信息化发展的主要阶段。

第9章

现代主流信息系统

9.1 信息系统的类型与功能

9.1.1 从用户角度认识信息系统

信息系统通过对数据进行收集、整理、存储、加工、传输,从而实现某个组织不同层次人员对所需信息的应用。人们可以从用户角度、系统角度和技术角度对信息系统进行认识。这里只从用户角度对信息系统进行简单描述。

由于用户所属组织的类型、用户在一个组织中所属的层次以及所属职能部门不同,会使得用户对信息系统的认识角度存在着比较大的差异。按照所属组织的类型,信息系统可以分为政府信息系统、企业信息系统、军队信息系统等,当然,高等院校使用的各种相关的信息系统属于高校信息系统。

一般而言,一个组织会包括若干个职能部门,即市场销售(营销)职能部门、财务会计职能部门、生产运作职能部门、人力资源职能部门等。相应地,从用户所属的部门来看,信息系统可以分为市场销售(营销)信息系统、财务会计信息系统、生产运作信息系统、人力资源信息系统等。

任何一个组织都具有一定的层次结构,一般讲,可以把一个组织分成 4 个层次,从低到高依次为操作层(基层)、知识层、管理层(也叫战术层、中层)以及战略层(高层)。相应地,和这些不同层次的用户相对应的就是操作层信息系统、知识层信息系统、管理层信息系统和战略层信息系统。

安东尼模型(如图 9-1 所示)是人们普遍接受的从用户角度认识信息系统的理论模型。在这个模型中,组织从层次维度上被划分为战略层、管理层、知识层和操作层,从职能维度上被划分为市场销售、生产制造(生产运作)、财务管理、会计、人力资源等领域。

9.1.2 事务处理系统

1. 事务处理系统的定义

事务是组织的基本活动,比如说,你完成一次支付、下一个订单、完成一次注册等,都可以理解为你完成了一个事务。事务处理系统(Transaction Processing Systems,TPS)是负责记录、处理、存储和报告组织中例行的、重复的日常业务活动数据的信息系统。TPS

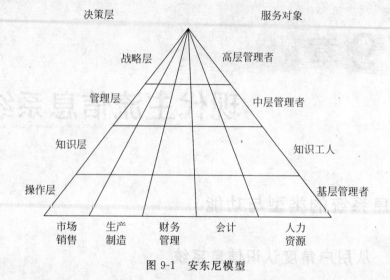

图 9-1 安东尼模型

要完成的任务、能够利用的资源以及要实现的目标都是预先设定好的,要解决的问题和制定的决策是高度结构化的,TPS是最基本的信息系统形式,它的组织服务目标主要是为了实现事务处理的自动化,提高组织处理日常事务的工作效率以及工作质量,改善服务水平。

事务处理系统具有如下特点。

(1) 支持组织日常运作,所处理的事务具有非常高的重复性。

(2) 一般而言,处理数据量大,处理的数据详细,精确度高,结构化程度高。

(3) 用户多,处理的数据主要来自组织内部。

(4) 服务的对象主要是组织操作层。

2. 事务处理系统的基本活动

事务处理系统的基本活动由数据收集、编辑、更新数据库、输出文档等构成,如图 9-2 所示。

(1) 数据捕获是指获得和收集事务数据的过程,可以采用键盘方式人工录入,也可以采用扫描设备以自动化方式采集数据。比如,顾客订单数据的获得大都是采用键盘方式,而超市、书店等采用的销售点(POS)系统,往往都采用条码扫描方式,实现源数据自动化获取。采用自动化方式捕获数据,不仅效率高,而且不容易出现数据录入错误。

(2) 数据编辑功能主要是保证数据的正确性,对错误的数据进行修正。GIGO(Garbage In Garbage Out)讲的就是如果进入计算机系统的数据是垃圾,也就是含有错误,那么系统产生的数据一定是垃圾,也就是说输出的数据可能也是错误的。数据编辑功能很重要,事务处理系统在捕获数据时,一定要采用一些机制来确保数据的正确性和完整性。

(3) 数据处理功能主要通过分类、排序、计算、汇总等手段,对收集到的事务数据进行相关的操作。顾客购物时,POS系统打印出的购物收据上的项目之一是应付总金额,它就是系统对所购物品价格进行汇总的结果。

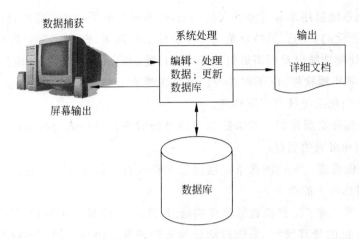

图 9-2 事务处理系统的基本活动

（4）数据库更新主要是指用新发生的事务数据更新组织数据库的原有记录，使得数据库的数据状态能够反映出组织业务的真实状况。比如说，随着某个零部件入库业务的发生，有关该零部件的数据库库存记录就应该相应地增加，如果是出库，则应该减少。

（5）系统输出的主要任务是产生文档，也可以采用屏幕输出方式。不管形式如何，所输出的内容往往都是最详细、精确的数据。比如说，POS 系统购物小票明细就是一个最为典型的例子。

3. 事务处理的方式

事务处理方式归纳起来具有两种，即批处理和联机处理。

在批处理系统环境下，事务数据在事务发生时并不被处理，而是经过一段时间（时间长短由具体的业务需求决定）以后，将收集的数据集中处理。比如说，财务部门在某月某日的固定时间集中处理职员的工资信息，更新相应的数据库记录，这就是典型的批处理。

随着计算机技术以及通信技术的发展，以及一些业务的特定需求，联机事务处理（On-Line Transaction Processing）已经得到了越来越广泛的应用。联机事务处理要求计算机在事务发生的同时即刻对和该事务相关的系统数据库记录进行更新等处理。比如说火车、飞机等订票系统就是典型的联机事务处理，一旦某张票被售出，数据库中有关这张票的状态信息必须由原来的"未售出"更新为"已售出"，否则就会出现一票多客的现象。

9.1.3 办公自动化和知识工作支持系统

办公自动化（Office Automation，OA）系统和知识工作支持（Knowledge Work Support，KWS）系统主要满足一个组织中的信息和知识层人员的信息需求。

1. 办公自动化系统

办公自动化系统主要提供对办公室中工作的各种类型的文案工作的支持，从事这类工作的主要人员包括秘书、文档管理人员等，他们的工作性质一般是应用信息，而不是创建信息。办公自动化系统被用来辅助办公人员办公,代替原有的手工工作方式,以实现办公高效化、智能化和无纸化的目的。其特点是进行综合性的功能处理,如文字处理功能、数据处理功能、音频视频处理功能以及网络通信功能等。目前,办公设备和信息处理技术已经得到了全面的结合,文字处理软件、电子邮件等已经成为绝大多数组织的办公人员的基本工作平台。现代办公自动化系统具有以下功能。

(1)文字处理和桌面排版。文字处理使得办公效率得到极大地提高,桌面排版功能则帮助提高了文档和报表的质量。

(2)文档图像管理。文档图像系统通过把文档或者图像数字化后进行管理,使得工作效率和效果都得到极大的改善。

(3)工作流程管理。工作流程管理是指通过 IT 技术使得工作流程实现自动化。用户能够定义文档审批的处理流程、系统自动处理文档的整个流转过程,并监控文档的当前状态,使得办公效率得以提高。

办公自动化系统还具有电子邮件管理、电子公告板管理、召开电子会议和电子公文管理等功能。

2. 知识工作支持系统

知识工作支持系统是一种能利用专业领域的知识对知识工作者的工作进行支持的系统。知识工作者主要是指公认的专业界的人员,比如说工程师、律师、医生和科学家等。虽然他们也使用办公自动化系统,但是办公自动化系统不能够满足这些知识工作者的特殊需要。知识工作者的主要工作是利用现有的组织内部以及来自于组织外部的知识和信息,创造新的知识和信息。知识工作支持系统则帮助知识工作者建立和集成新知识,以为组织创造更多的价值。

计算机辅助设计(Computer Aided Design,CAD)系统是典型的知识工作支持系统,工程师通过利用 CAD 系统,充分发挥他们的创新能力,设计出更为符合市场需求的各种类型的产品。

9.1.4 管理信息系统

1. 管理信息系统的定义

这里讲的管理信息系统(Management Information Systems,MIS)是一个狭义的管理信息系统,它是特指为管理层提供服务的特定类型的信息系统。

MIS 主要用来帮助组织中层管理人员进行计划、控制和决策的制定。一般来讲,MIS 关注的是组织内部的数据,对于外部环境关注很少,它依赖于 TPS,把事务处理系统收集的大量的数据进行汇总,生成不同形式的报表,为中层管理人决策提供服务。MIS 的有效运行能对组织的成本、利润和客户服务等方面具有积极的影响,有助于提升企业的竞争能力。

2. MIS 的输入、处理和输出活动

MIS 的输入活动是指它收集数据的过程。MIS 的数据主要来自于组织内部,来自于

TPS 所存储的数据。

　　MIS 的处理活动主要是指按照预先设定的报表要求,对数据库数据进行分类、汇总、排序、计算以及数据析取等操作,并为组织管理层输出各种新式的报表。

　　MIS 提供的报表通常包括以下几种类型。

　　(1) 周期性报表。周期性报表是按照周期或者日程生成的报表,比如说年报表、季度报表、月报表、周报表等。

　　(2) 异常报表。异常报表是指反映异常情况的报表。其内容能够引起管理者的注意,及时采取相应的措施。比如说,零部件或者原材料库存量低于临界点的报表就是异常报表的一种。

　　(3) 定制报表。定制报表是根据管理者需要就某些关键指标等形成的报表。

　　(4) 详细报表。详细报表是指提供详细信息的报表。一般而言,这些详细信息可以从TPS 获取。

9.1.5　决策支持系统和专家系统

1. 决策支持系统

　　决策支持系统(Decision Support Systems,DSS)是在事务处理系统和管理信息系统的基础上,把组织以外的数据也考虑进来,通过建立数学模型等手段,对数据进行综合分析,从而为组织高层管理人员制定决策提供正确可靠的参考依据。

　　和事务处理系统以及管理信息系统用来解决结构化问题不同,决策支持系统主要用来解决半结构化或者非结构化的问题。结构化问题(决策)是指那些例行的、重复性的、具有明确的处理规则、方法和步骤的问题(决策)。比如说某个生产企业规定一线生产工人的工资是计件方式,那么,在计算这些工人的工资(即进行决策)时,就非常简单,用单件工资乘以件数即可。非结构化问题(决策)则是指非常规性的问题,没有公认的处理规则或者程序,这种问题的解决往往需要决策者进行判断、评价和洞察。比如说,一个在医药行业的生产企业考虑是否要涉足软件领域,这就是一个非结构化的决策问题。半结构化问题则是介于结构化问题和非结构化问题之间。

　　决策支持系统是辅助决策者进行决策的系统,而不是一个能够代替决策者的决策系统,它需要具有非常好的交互性,以便于用户(往往是组织的高层管理人员)能够方便地使用,及时获得决策制定所需要的数据(可以多种形式呈现,但往往图形居多)。

2. 专家系统

　　专家系统(Expert System,ES)是用来捕获和存储人类专家知识,然后模拟推理和决策制定过程的信息系统。专家系统往往在专业性非常强的领域进行应用,比如说医药、军事等领域。

　　专家系统主要由两大部件构成,即知识库和推理规则。知识库是的内容是人类专家的知识和经验,推理规则是一套逻辑判断,用户在每次使用时,通过专家系统界面描述场景(例如对系统的问题回答"是"或者"不是"),系统则应用推理规则根据用户描述以及知识库内容进行逻辑推理,最终推断出一个结论,供用户参考。比如说,"医生专家系统"可以根据用户向系统里输入的一些症状等推断出用户的病情,并且可以推荐相应的药方。

在专家系统中,知识库是非常重要的组成部分,因为它存储着人类专家的知识和经验,如果知识库内存放的知识和经验有问题,那对用户来说就有风险。知识库需要不断地更新,以保证知识最新和没有错误。

有关决策支持系统和专家系统的详细内容见第 10 章。

9.1.6　经理信息系统

经理信息系统(Executive Information System,EIS)是面向组织战略层的信息系统,它通过对组织内部和外部信息的综合加工、分析,辅助组织高层解决非结构化问题和制定非结构化决策。

和其他信息系统比较,EIS 具有明显的不同。因为 EIS 的使用对象是组织的高级经理,所以它具有操作简便、提供个性化服务以及具有高度交互性的特点;它为决策者提供选择、析取、分离和追踪信息等功能;往往以图表等形式输出信息,为决策者提供各种需求报告;EIS 数据不仅来自于组织的内部,而且还需要来自于组织外部的相关信息,诸如竞争对手的信息、合作伙伴的信息以及政府政策信息等。

表 9-1 对以上讲述的不同类型的信息系统的特征进行了总结。图 9-3 则表示了各种信息系统之间的一览关系。

表 9-1　信息系统的特征

系统类型	输入信息	处　理	输出信息	服务对象
EIS	综合数据;内部数据、外部数据	图形;模拟;交互	问题解决方案	高层管理人员
DSS	少量的数据;大型数据库;分析模型和分析工具	分析;模拟;交互	专门报告;决策分析;问题解决方案	专家;智囊团
MIS	汇总的业务数据;大量数据	常规报表;简单模型;低层次分析	概要性报告;异常报告	中层管理人员
KWS	设计详细的计划书;知识库	建模;模拟	模型;图形	专家;技术人员
OA	文档;日程	文件管理;日常安排;沟通	文件;日程;邮件	文书
TPS	事务	分类;列表;合并;更新	明细;表单	操作人员;监督人员

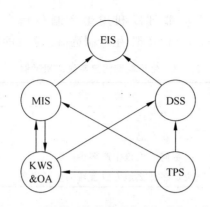

图 9-3　不同类型的信息系统之间的相互关系

9.2　组织中的信息系统概览

在 9.1 节中,信息系统的分类主要是按照组织层次进行的。在组织中,按照所服务的组织职能,信息系统可以分为销售和市场营销系统、生产制造信息系统、财务和会计信息系统、人力资源信息系统等。

9.2.1　销售和市场营销系统

销售和市场营销职能主要为组织的产品的销售以及服务负责。市场营销的功能是识别顾客,确定顾客的需求,计划产品开发和服务,并且制定促销策略等;销售的功能是联络顾客,销售产品和服务,获得订单等。销售和市场营销系统(Sales and Marketing Information Systems)则用来支持上述活动。

在组织的操作层上,销售和市场营销系统用来寻找和联系潜在的顾客,跟踪销售状态,处理订单,并提供客户服务支持;在知识层上,销售和市场营销系统支持市场研究和市场营销分析;在管理层上,销售和市场营销系统支持广告、促销活动和价格策略;在战略层上,销售和市场营销系统监控影响新产品和市场机会的趋势,支持对新产品和服务的计划,并监控竞争对手情况。销售和市场营销系统的应用举例如表 9-2 所示。

表 9-2　销售和市场营销系统应用举例

系　　统	应　　用	组 织 层 次
订单处理	录入订单、处理订单、跟踪订单	操作层
市场分析	应用人口统计、市场、消费者行为等数据识别顾客和市场	知识层
定价分析	为产品和服务定价	管理层
销售趋势预测	制定五年销售计划	战略层

9.2.2　生产制造信息系统

生产制造部门主要负责产品和服务的实际生产。组织不仅要制定生产能力计划,确定生产目标,而且还要计划和实施原材料的获得、存储以及利用,并对设备、工具和人员等资源进行合理使用。所有这些活动都可以利用生产制造信息系统（Manufacturing and Production Information System)进行管理,生产制造信息系统的应用举例如表 9-3 所示。

表 9-3　生产制造信息系统应用举例

系　　统	应　　用	组织层次
设备控制	控制设备运转	操作层
CAD	设计新产品	知识层
生产计划	决定何时应该生产多少产品	管理层
设备选址	决定在什么地方放置新的生产设备	战略层

9.2.3　财务和会计信息系统

组织中的财务管理部门主要是对金融资产,如现金、债券、股票以及其他投资等负责,以使得对这些金融资产的投资收益最大化。会计职能的主要作用是保持和管理组织的财务记录,比如收入、支出等。财务和会计信息系统(Finance and Accounting Information System)在组织的不同层次发挥着不同的作用,其应用举例如表 9-4 所示。

表 9-4　财务和会计信息系统应用举例

系　　统	应　　用	组织层次
应收账	跟踪组织应收款项	操作层
投资组合分析	设计组织的投资组合	知识层
预算	短期预算制定	管理层
利润计划	计划组织长期利润	战略层

9.2.4　人力资源信息系统

人力资源部门主要负责组织人员的招聘、培训、调动以及工作绩效评价等工作。人力资源信息系统(Human Resources Information Systems)在组织不同层次的应用举例如表 9-5 所示。

表 9-5　人力资源信息系统应用举例

系　　统	应　　用	组织层次
培训和发展	跟踪员工培训；绩效评价	操作层
职业发展	为员工设计职业发展道路	知识层
补偿分析	监控员工工资、津贴的分配	管理层
人力资源计划	对组织长期人力资源需求进行计划	战略层

一般而言,一个生产型的组织都具有销售和营销、财务和会计、生产和制造以及人力资源等职能部门,相应地,在这些部门中都应用信息系统为各自的业务活动以及管理决策活动等提供支持,而且通过信息系统集成技术,物理上分散在组织不同部门的系统在逻辑上形成一个整体,数据可以在整个系统内部流动、共享,使得信息系统为组织不同层次的人员提供更好的决策支持服务。主要类型的信息系统在组织不同层次上的应用如图 9-4 所示。

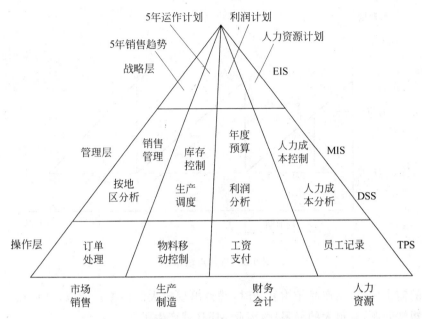

图 9-4 主要类型的信息系统在组织不同层次上的应用

9.3 企业资源计划和客户关系管理系统

9.3.1 企业资源计划

企业资源计划（Enterprise Resources Planning，ERP）是建立在 IT 基础之上，利用现代管理思想，全面集成组织所有资源信息，为组织提供决策、计划、控制和经营业绩评估的全方位和系统化的管理平台。ERP 起源于 20 世纪 60 年代，经历了物料需求计划（Material Requirements Planning，MRP）时代和制造资源计划（Manufacturing Resource Planning，MRPⅡ）时代。在 20 世纪 90 年代，面向组织所有资源管理的思想被提出，信息管理进入了 ERP 时代。

1. 订货点法

订货点法是指当某种库存物资由于消耗而下降到一定的数量时就进行订货，以期在库存到达最低允许值之时所订物资正好到货的方法。它根据对库存需求量的预测和安全库存来确定订货点，安全库存的设置是为了应对物料需求的波动，如果库存降低到订货点，就立即订货。图 9-5 是订货点示意图。订货点的计算公式为：

订货点＝单位时间的需求量×订货提前期＋安全库存量

当需求稳定而且连续的情况下，订货点法比较有效。当需求不稳定时，计算出的订货点就会不准确。当需求不连续时，在间隔期间会导致库存积压，增加库存成本。订货点法还有一个假设就是提前期固定，如果提前期受采购批量和季节的影响比较大，采用订货点法会出现库存积压或者短缺货物的情况。订货点法没有考虑企业所需要物料之间的关联关系，假设各种物料之间的需求相互独立，对每项物料的订货点都是独立进行计算。如果产品所需

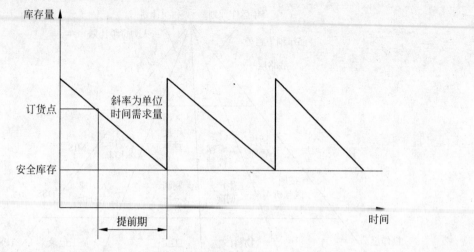

图 9-5　订货点法示意图

物料之间的需求相关,当产品结构复杂时,就会出现较大的误差。所以,订货点法主要用来解决库存短缺问题,有很大的局限性,因此 MRP 就产生了。

2. MRP

MRP 是一种既要降低库存又不出现物料短缺的计划方法。和订货点法相比,它有着质的改变。MRP 由需求驱动,其基本依据来自两个方面,一方面从最终产品的生产计划导出相关物料的需求量和需求时间,另一方面根据物料的需求时间和生产周期确定其开始生产的时间。

MRP 把物料需求分为独立需求和相关需求。独立需求是指直接指明需求量和需求时间的需求,不受其他物料的影响,一般由客户订单或者销售预测产生,如客户订购的产品。相关需求是指根据物料之间的结构组成关系,由独立需求派生出来的、和对应的产品相关联的需求,如半成品、零部件和原材料等需求。MRP 根据产品的生产计划(独立需求)及产品结构,计算出零件和原材料的生产计划和采购计划(相关需求)。在计算需求时,还需要考虑库存信息、在制品和在途品的数量。MRP 的逻辑流程如图 9-6 所示。

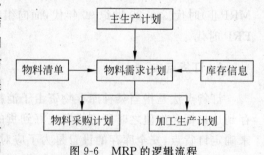

图 9-6　MRP 的逻辑流程

MRP 的几个关键要素是主生产计划、物料清单和库存信息,利用这几个因素生成采购计划和加工生产计划。

1) 主生产计划

主生产计划(Master Production Schedule,MPS)是确定每个最终产品在每一个时间段内的生产数量的计划。最终产品是指企业最终要完成、要出厂的产成品,要具体到产品品种和型号。时间段可以日、周、旬或月为单位。MPS 是独立需求计划,它详细计划在哪个时间段生产什么产品、生产多少产品。

2）物料清单

MRP 系统要正确计算出物料需求的数量和时间,尤其是相关需求物料的数量和时间,首先必须要知道企业所生产产品的结构和所有应该使用的物料。产品结构列出了产品构成成分或装配件的所有部件、组件、零件等的组成、装配关系和数量要求,可以转换成计算机能够识别的关系表,形成物料清单(Bill of Material,BOM)。在 MRP 中,产品、零部件、在制品、原材料甚至工装工具等统称为“物料”。BOM 详细表明了产品的组成结构以及产品制造的过程,是制造企业的核心文件之一。

3）库存信息

库存信息是企业所有产品、零部件、在制品以及原材料等的存在状态数据。库存信息主要包括现有库存量、在途量、在制量、已分配量、安全库存量以及提前期和订货批量。提前期是指物料的需求提出时间至到位时间这个周期。订货批量是指成批订货时每一批所要求的物料数量。

在 MPR 中,有毛需求和净需求两个概念,毛需求是由订单或者预测直接转化而来的需求,净需求是把毛需求和库存信息平衡后得到的需求。净需求的计算公式为:

净需求 = 毛需求量－预计收到的量－现有库存量＋已分配量

MRP 运算时,系统按照产品结构从上向下逐层求解,先求出最上一层的毛需求,然后求出净需求,再求得采购计划和加工生产计划。然后再展开到下一层,如此循环,直到产品的最后一层。

3. 闭环 MRP

MRP 只考虑到了物料需求方面的问题,没有考虑企业的生产能力和采购能力。虽然 MRP 计算出采购计划和加工生产计划,但是如果企业的生产能力不足,则计划就难以执行,MRP 也就失去了应有的作用。闭环 MRP 解决了上述问题,它出现在 20 世纪 70 年代。闭环 MRP 在 MRP 的基础上把生产能力需求计划、车间作业计划和采购作业计划纳入进来,根据这几个计划的反馈信息对原有物料需求计划进行调整,从而形成一个完成的生产计划和控制系统,即闭环 MRP。闭环 MRP 的逻辑流程如图 9-7 所示。

闭环 MRP 的能力平衡包括粗能力平衡和细能力平衡两个层次。粗能力平衡针对独立需求件,主要是主生产计划中的产品,而细能力平衡针对的是物料需求计划,面向车间。如果细能力平衡出现问题,则需要对物料需求计划进行调整,必要时还要修改主生产计划。

4. MRPⅡ

MRPⅡ逻辑流程如图 9-8 所示。闭环 MRP 仅仅局限于计划和生产系统内,只是对物流进行了管理,对企业的资金流的管理并未涉及。在 1997 年,

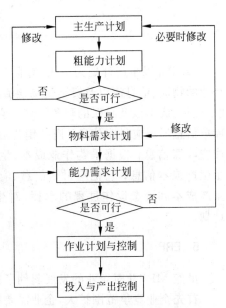

图 9-7　闭环 MRP 的逻辑流程

美国生产管理专家 Oliver W. Wight 提出了制造资源计划这一概念,为了避免和 MRP 混淆,把它记为 MRPⅡ。

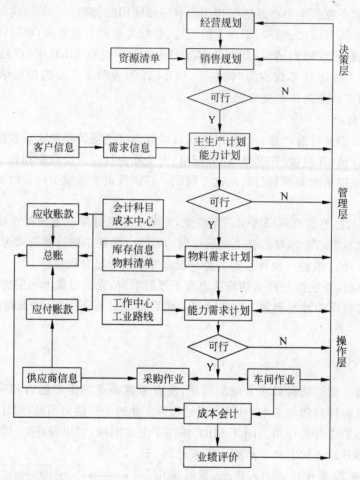

图 9-8　MRP Ⅱ逻辑流程

　　MRPⅡ以生产计划为主线,对企业制造的各种资源进行统一的计划和控制,形成一个企业的物流、信息流以及资金流畅通流动的动态反馈系统。与 MRP 相比,MRPⅡ集成了应收、应付、成本以及总账的财务管理。它的采购作业根据采购单、供应商信息、收货单以及入库单信息形成应付账信息;商品销售后,根据客户信息、销售订单信息以及产品出库单形成应收账信息;根据采购作业成本、生产作业信息、产品结构信息以及库存物料信息等产生生产成本信息;它把应付账信息、应收账信息、生产成本信息等计入总账。通过对企业生产成本和资金运作过程的掌握,对生产计划进行调整,从而可以得到更加合理的生产计划。

5. ERP

　　虽然 MRPⅡ对企业的发展起到了很大的支持作用,但是它依然具有一定的局限性。
　　首先企业竞争范围扩大,企业需要在各个方面加强管理,并实现高度的信息化集成,从而实现企业对整体资源的集成管理,而不仅仅局限在制造资源。

其次,企业规模在不断扩大,多组织协同作战、统一部署越来越重要,这已经超出了MRPⅡ的管理范围。

再有,经济全球化发展已经要求企业之间必须加强信息共享和交流,企业之间既是竞争对手,有时又是合作伙伴,企业信息管理要求扩大到整个供应链的管理,而不仅仅是企业内部管理,这更是MRPⅡ所不能胜任的。

在20世纪90年代,美国著名的计算机技术咨询和评估公司Gartner Group根据当时计算机技术的发展趋势和企业对供应链管理的需要,对信息时代以后的制造业管理信息系统的发展趋势和即将发生的变革做出了预测,从而提出了企业资源计划(ERP)。Gartner Group提出ERP具备的功能标准应该包括以下几个方面。

(1) 从功能范围上,主要包括生产控制管理(计划、制造管理)、物流管理(分销、采购、库存管理)和财务管理(会计核算、财务管理)三大管理功能,随着企业对知识管理和人力资源管理的重视,人力资源管理和知识管理也被纳入到ERP。

(2) 从软件应用环境上,ERP支持混合方式的制造环境,包括既支持离散型又支持流程型的制造环境。

(3) 从软件功能增强上,ERP支持监控能力、模拟能力、决策支持以及用于生产和分析的图形能力。

(4) 从软件支持技术上,ERP支持开放的C/S结构、图形用户界面、面向对象技术,以及电子数据交换集成等。

一般来说,ERP系统所包含的功能模块如图9-9所示。

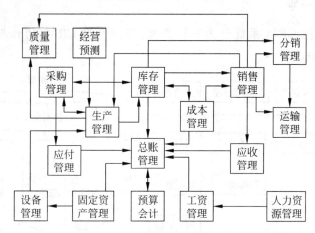

图9-9 ERP系统总体流程

ERP自20世纪90年代推出以来,经过了将近20年的发展,在这个发展过程中,不论在广度上还是在深度上都在不断地完善。现代或者说将来的ERP系统要求必须支持系统的适应性,适应企业在组织和流程方面的改变;支持电子商务和虚拟组织的概念,为企业的经营带来更加灵活的方式和手段;支持信息分析处理和商务智能,为管理层提供更好的决策支持;支持客户关系管理,让企业最优地利用各种资源,提高和改善企业的服务水平;支持全球供应链的管理;加大企业的管理范畴;改善整条供应链的效率。

9.3.2　客户关系管理

1. 客户关系管理的概念

客户关系管理(Customer Relationship Management,CRM)理论源于西方的市场营销理论,在20世纪90年代由Gartner Group提出,并得到快速发展。其焦点在于管理、改善客户服务和客户关系,提高客户满意度。目前,对于CRM的定义很多,刘仲英综合CRM的各种定义,认为CRM是一种以客户为中心的管理思想和经营理念,是一种旨在改善企业与客户关系的新型管理机制,目标是通过提供更快速和周到的优质服务,保持更多的客户,并通过对营销业务流程的权责管理来降低产品的销售成本,同时它又是以多种信息技术为支持手段的一套先进管理软件和技术,它将最佳的商业实践与数据挖掘、数据仓库、销售目动化及其他信息技术紧密结合在一起,为企业的销售、客户服务和决策支持等领域提供一个自动化的业务解决方案。CRM的具体含义包括三个层面,如图9-10所示。

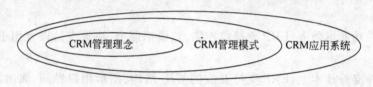

图9-10　CRM的三层含义

2. CRM的基本功能

一般而言,可以把CRM系统分为三种类型,即运营型CRM、协作型CRM和分析型CRM,如图9-11所示。

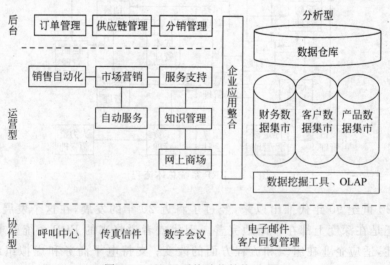

图9-11　CRM系统功能结构示意图

CRM的基本功能模块一般包括销售模块、营销模块、客户服务模块、呼叫中心模块、电子商务模块、统计分析模块和决策支持模块。

(1) 销售模块的目标是提高销售过程的自动化和销售效果,它包括销售管理、潜在客户管理、电话销售和销售佣金管理等子功能模块。

（2）营销模块用来对直接市场营销活动进行计划、执行、监督和分析，它包括营销活动管理、营销分析和营销内容管理等子功能模块。

（3）客户服务模块主要用来提高与客户支持、现场服务等相关的业务流程的自动化水平，它包括客户服务管理、客户合同管理、客户关怀管理以及移动现场服务等子功能模块。

（4）呼叫中心模块是利用电话促进销售、营销和服务的模块。它包括电话管理、语音集成服务、报表统计分析、代理执行服务、自动拨号服务、呼入呼出调度管理，以及多渠道接入服务等子功能模块。

（5）电子商务模块则是利用互联网实现电子商务活动，它包括电子商店、电子营销、电子支付、电子货币与支付，以及电子支持等子功能模块。

（6）统计分析模块是用来对销售、营销、客户服务与支持管理进行统计的模块，它包括销售管理统计、营销管理统计、客户服务与支持管理统计等子功能模块。

（7）决策支持模块是建立在数据库仓库技术、数据挖掘技术以联机分析处理技术基础之上的模块。

CRM系统综合了大量关于客户和潜在客户各方面的信息，具有很强的综合性；通过数据挖掘仓库和数据挖掘技术，使得CRM具有很强的智能性，从而提高企业系统的商务智能，使企业具有动态决策和分析能力；它具有和其他企业系统集成在一起的集成能力，支持网络应用；CRM可以和ERP功能集成，从而提高企业整体竞争能力。

9.4　电子商务与电子政务

9.4.1　电子商务

1. 电子商务的概念

电子商务（Electronic Business，EB）没有一个完全统一的定义，IT行业的一些公司（诸如HP、IBM等）都曾经对电子商务下过定义。

IBM认为，电子商务是指采用数字化的电子方式进行商务数据交换和开展商务业务活动，是在互联网的广泛联系与传统信息技术系统的丰富资源相互结合的背景下应运而生的一种相互关联的动态商务活动。

HP公司认为，电子商务是指在从售前服务到售后支持的各个环节实现电子化、自动化。

全球信息基础设施委员会和发展组织对电子商务的定义是：电子商务是发生在开放的互联网上，包含商家与商家之间、商家与消费者之间的商业贸易。

上海市电子商务安全证书管理中心对电子商务的定义是：电子商务是指采用数字化电子方式进行商务数据交换和开展商务业务活动，主要包括利用电子数据交换、电子资金转账、电子邮件以及互联网的主要技术在个人间、企业间和国家间进行无纸化的业务信息交换。

本质上，电子商务实际上是现代信息技术和商务相结合的产物，是这二者的交集。

2. 电子商务的功能

电子商务可以提供网上交易和管理等全过程的服务。电子商务的功能可以概括为 3C，即内容管理（Content Management）、系统处理（Collaboration Management）和电子交易（Electronic Commerce）。

1）内容管理

内容管理主要包括企业范围的信息传播、提供 Web 上的信息发布、提供有关品牌的宣传，以及提供存储和利用多媒体信息的能力。

2）协同处理

协同处理是指通过提供自动处理业务流程以支持群组人员的协同工作。具体包括：通信系统、人力资源管理、企业内网和外网以及销售自动化。

3）电子交易

电子交易是指以电子方式进行买卖。具体包括市场与售前服务、销售活动、客户服务、电子支付等，在交易过程中，要涉及信息交换、电子数据交换和电子资金转账等。

3. 电子商务的运作模式

根据电子商务的应用领域，电子商务的运作模式可以归为 4 种类型。即：企业对企业（Business to Business，B2B）、企业对消费者（Business to Consumer，B2C）和企业对政府（Business to Government，B2G）。

1）B2B 电子商务模式

B2B 是指企业与企业之间的电子商务模式。在这种模式下，企业之间通过网络以电子形式完成订货、付款等业务活动，大大提高了效率。电子数据交换（Electronic Data Interchange，EDI）就是 B2B 电子商务常采用的技术。B2B 是最主要的电子商务活动模式。

2）B2C 电子商务模式

B2C 是企业和消费者之间以电子方式实施商务活动的一种形式，它主要是指商家通过互联网来完成对消费者的在线销售活动。很多商家诸（如亚马逊网上超市）通过互联网向广大消费者提供各种各样的商品。

3）B2G 电子商务模式

B2G 电子商务模式是指企业和政府之间通过电子方式实施各项事务活动，比如政府采购可以通过互联网对外发布，企业以电子方式进行回复。

实际上，上述三种模式是最为基本的电子商务模式，由它们还可以派生出消费者对企业（Consumer to Business，C2B）、政府对企业（Government to Business，G2B）以及消费者对消费者（Consumer to Consumer，C2C）等电子商务模式。在 C2B 模式下，商务活动的主导权从企业方转到了消费者一方，消费者可以先提出自己的需求，企业根据消费者的需求提供商品。

9.4.2 电子政务

1. 电子政务的概念

电子政务的概念产生于 20 世纪 90 年代，对于电子政务的定义很多，而且在不断发展和变化中。

联合国经济社会理事会把电子政务定义为：政府通过信息技术手段的密集性和战略性应用组织公共管理的方式，旨在提高效率、增强政府的透明度、改善财政约束、改进公共政策的质量和决策的科学性，建立良好的政府之间、政府与社会、社区以及政府与公民之间的关系，提高公共服务的质量，赢得广泛的社会参与度。

世界银行把电子政务定义为：电子政务主要关注的是政府机构使用信息技术赋予政府部门以独特的能力，转变其与公民、企业、政府部门之间的关系。这些技术可以服务于不同的目的：向公民提供更加有效的政府服务、改进政府与企业和产业界的关系、通过利用信息更好地履行公民权，以增强政府管理效能。

所谓电子政务，就是指政府机构充分利用现代信息和通信技术，将管理和服务通过网络技术进行集成，在互联网上实现组织结构和工作流程的优化重组，超越时间和空间及部门之间的分隔限制，向公众提各种信息服务。

2．电子政务的内容和特点

电子政务的主要内容包括以下几个方面。

（1）网络信息化。通过网络获取和传播信息。

（2）政务公开化。加强政府的信息服务，通过网络尽可能地向公众提供可能的信息服务，使政务公开。

（3）建立和完善网上服务体系。实现和完善通过网络与公众的交互处理，实现真正的"电子政务"。

（4）将电子商务模式应用于政府采购，即实现政府采购电子化。

电子政务利用计算机以及通信技术在网络上实现政府的职能，以实现高效率、低成本之目的。电子政务系统具有资料电子化、办公电子化、沟通电子化、监督电子化和办公自动化等功能特征。

9.5　物流管理系统与供应链管理系统

9.5.1　物流管理系统

1．物流的概念

物流是指物质实体从供应者向需求者的物理移动。物流是经济活动中必不可少的环节。物流在经济活动中的作用表现在两个方面：第一，物流是商业的一个主要支柱，与其他经济活动相互影响。第二，物流服务于需对经济交易活动，它实质上是所有商品和服务交易中的一个重要活动。物流创造价值的基本途径之一是创造效用，时间效用和地点效用是通过物流提供的。

时间效用是在需要物品时能够拥有它所产生的价值；地点效用是在物品需要的地点能够拥有它所产生的价值。所以，物流管理便显得很重要。在2005年2月，美国供应链管理专业协会对物流管理的定义是：物流管理是供应链管理的一个组成部分。它以满足客户需求为目的,对商品、服务和相关信息在起始点和消费点之间正向和反向的流动以及储存进行有效地计划、执行和控制。

从产品起始点到消费点的主要物流活动包括:客户服务、需求预测/规划、库存管理、物流通信、物料搬运、订单处理、包装、零部件和服务支持、工厂和仓库选址、采购、退货处理、逆向物流、运输管理和仓储等。物流管理是一个综合的功能,对所有物流活动进行协调和优化。

2. 物流信息系统

物流信息系统是基于计算机技术、通信和网路技术基础之上的将物流和信息流结合在一起的系统,其主要功能是进行物流信息的收集、存储、传输、加工整理、维护和输出,为物流管理者及其他组织管理人员提供战略、战术及运作决策的支持,以达到组织的战略竞优,提高物流运作的效率与效益。

物流信息系统主要包括运输系统、储存保管系统、装卸搬运、流通加工系统、物流信息系统等,其中物流信息系统是高层次的活动,是物流系统重要构成成分之一,它涉及运作体制、标准化、电子化及自动化等方面的问题。由于现代计算机及计算机网络的广泛应用,为物流信息系统的发展奠定了一个坚实的基础,计算机技术、网络技术及相关的关系型数据库技术、条码技术、EDI 技术的应用使得物流活动中的人工、重复劳动及错误发生率减少,效率提高,信息流转加速,使物流管理发生了巨大变化。

物流信息系统和一个企业的管理体制、管理方法相结合,拥有各种管理工程模型;它具有一定的适应性,能够适应环境的变化;物流信息系统将各个物流环节连接在一起,实现了集成化;现代通信和网络技术能够将分散在不同地方的物流分支机构、供应商以及客户等联系在一起,使得物流活动的范围和效率都大大提高。

9.5.2　供应链管理系统

1. 供应链管理的概念

供应链是指由商品、制造商、仓库、配送中心和渠道商等构成的物流网络。供应链管理(Supply Chain Management,SCM)则是对商品、资金、信息在供应链中流动情况的管理,其核心是以供应为基点,将合格的产品或者服务,按照合适的状态,以准确的数量,在恰当的时间交给客户。对于供应链管理的定义,有以下几种理论。

(1) 商业流程集成论。该理论认为,供应链管理是集成从最终用户到最初供应商的商业流程,以向客户以及其他相关者提供产品、服务、信息,达到增值的目的。

(2) 协作论。该理论认为供应链管理是合作伙伴们在设计、实施和管理致密无缝的增值过程中的协作,以满足最终客户的具体需求,其成功取决于对人力、技术资源的开发和集成,以及对物料、信息和资金流的协同管理。

(3) 系统、战略协调论。该理论认为供应链管理是对公司内部以及供应链中的传统智能和手段的系统性、战略性的协调,以提高具体公司以及供应链伙伴的长远绩效。

供应链具有复杂性、动态性、面向用户以及交叉性等特点。其复杂性表现在它往往由多个多类型甚至多国企业构成,其结构模式非常复杂;动态性是指因企业战略和适应市场需求变化的需要,供应链中的某个结点需要动态更新;面向用户需求是指用户的需求是供应链中的信息流、资金流和物流运作的驱动源;交叉性是指在供应链中的某个结点,同时属于不同的供应链,从而增加了管理协调工作的难度。

供应链系统在企业经营活动中发挥着重要的作用,其主要作用包括:提高企业的响应速度;提高交易效率,节约交易成本;及时补货,降低库存;缩短生产周期;提高服务质量和顾客满意度。

2. 供应链管理系统

供应链管理系统是指以供应链上的核心企业为中心,以实现供应链的整体效益的最大化为目标,借助于计算机、网络和通信以及数据管理等先进技术,实现供应链上的各个成员之间共享信息、协同工作的跨组织的信息系统。供应链管理系统是一个跨组织的系统,它建立在企业内网、外网和互联网的基础之上,通过网络将分布在不同地方的供应商、制造商和销售商以及客户等联系在一起,实现信息共享和协同工作。

1) 供应链管理系统的层次结构

根据所支持的功能特点不同,可以将供应链管理系统分为三个层次:信息交互支持层、业务处理层和决策支持层。

(1) 信息交互支持层处于供应链管理系统的最底层,其主要作用是为各项应用提供一个信息共享和交互的平台,主要功能是对基础信息进行维护、获取信息、发布信息,以及进行数据通信等。

(2) 业务处理层完成各项具体业务的处理功能,诸如交易撮合、订单追踪等。

(3) 决策支持层的作用是根据信息交互层提供的基础数据以及业务处理层对数据处理后的结果,运用数据挖掘和分析能力,对管理层提供决策支持。

2) 供应链管理系统的主要功能构成

供应链管理系统的主要功能包括客户管理、订单管理、仓储管理、运输管理、配送管理、商务管理以及决策分析和协同管理等。

习题 9

1. 管理信息系统具有哪些类型? 各自具有什么特点?
2. 一般来说,从职能角度来看,一个组织具有哪些信息系统?
3. 解释 MRP Ⅱ 和闭环 MRP 的区别。
4. ERP 的含义是什么? 它有哪些特点?
5. CRM 的三层含义是什么? CRM 具有哪些功能?
6. 电子商务的运作模式有哪些?
7. 电子政务的主要内容是什么?
8. 物流和供应链的含义是什么?
9. 什么是供应链管理?

第10章 决策支持与商务智能

20世纪70年代,计算机在很多企业得到了广泛应用,特别是在商业企业中。企业需要从大量数据、信息中获取对企业发展、竞争有价值的信息,从而为企业的决策提供帮助。企业的决策需求,反过来又促使信息系统的进一步发展。

本章主要介绍用于支持决策和用于进行知识提取的信息系统,以及相关方法和技术。包括决策支持系统、人工智能与专家系统、数据仓库、联机分析处理、数据挖掘技术、商务智能等。

10.1 决策支持系统

大到国家、政府,小到企业、个人,每天都离不开决策。一个国家在选择发展方向、政治、外交、应对突发事件时需要决策;一个企业在选择经营方向、新产品开发、营销策略时需要决策;一个人在应对每天的日常事务、穿衣吃饭时,同样需要决策。因此,决策是人们每天都会遇到的活动。随着科学技术的迅速发展、全球一体化进程的展开,企业面临的问题越来越复杂。面对复杂的问题,单凭领导者个人的知识、经验、智慧和胆略做决策难免会出现失误。决策支持系统的产生为管理者进行科学、有效地决策提供帮助。

10.1.1 决策支持系统的概念

决策支持系统(Decision Support Systems,DSS),是在传统的管理信息系统(MIS)理论基础上发展起来的一门适用于不同领域的、概念和技术都是全新的信息系统发展分支,也是目前发展最迅速的一个分支。决策支持系统的基本概念最早于20世纪70年代初由美国M. S. Scott Morton教授在《管理决策系统》一文中首先提出:决策支持系统具有交互式计算机系统的特征,帮助决策者利用数据和模型去解决非结构化的问题。决策支持系统是一种以支持决策为目的的人机信息系统。

决策支持系统的一般特性如下。

(1) 用于半结构化或非结构化的决策领域。

(2) 用来辅助决策者,而不是取代决策者。

(3) 支持决策制定过程的全部阶段。

(4) 侧重于决策制定过程的效果而不是效率。

(5) 为DSS用户所控制。

（6）使用基础的数据和模型。

（7）具有帮助决策者学习的功能。

（8）交互式，界面友好。

（9）一般使用迭代过程进行开发。

（10）为所有管理层次提供支持。

（11）可以为多个相互独立或者相互依赖的决策提供支持。

（12）可以为个人、群体和团队决策提供支持。

1．问题的结构

决策过程是人们为实现一定目标而制定行动方案，并准备组织实施的活动过程。这个过程也是一个提出问题、分析问题、解决问题的过程。问题的结构（Problem Structure）是指决策或者制定决策的环境所表现出的结构化的程度。

1）结构化决策问题

所谓结构化决策问题是指决策的目标简单、没有冲突、可选行动方案数量较少或者界定明确，决策所带来的影响是确定的。

2）非结构化决策问题

与结构化决策问题相反，非结构化决策问题其目标之间往往是相互冲突的、可供决策者选择的行动方案很难加以区分，某个行动方案可能带来的影响具有不确定性。

3）半结构化决策问题

半结构化决策问题是介于结构化问题和非结构化问题之间的问题。半结构化问题是决策支持系统的发展基础。

2．决策过程

所谓决策过程是指在一定的人力、设备、材料、技术、资金和时间因素的制约下，人们为了实现特定的目标而从多种可供选择的策略中作出决断，以求获得满意效果的过程。可以将决策过程概括为4个主要过程：确定目标、设计方案、评价方案、实施方案。但决策过程不能脱离决策的环境，因此，可以将决策过程用图10-1表示，其解释如下。

广义地讲，人类的决策活动包括确定目标、设计方案、评价方案和实施方案4个阶段，但通常所说的决策科学的研究对象主要包括前三个阶段。

图中的环境既包括客观物质世界，也包括与决策者密切相关的社会系统。人们在决策时，一方面必须认识环境，了解有关的信息；另一方面在决策的各个阶段还要受到环境的制约。

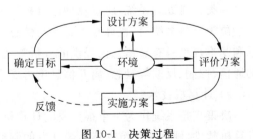

图 10-1　决策过程

决策过程中的三个基本阶段，即确定目标、设计方案和评价方案是循环进行的。结构化问题是指上述三个阶段都能使用确定的算法或决策规则来确定问题，设计各种解答方式，并从中选择最佳的一个；非结构化决策问题是指上述三个阶段都不能按确定的算法或规则来决策问题；半结构化决策问题是指其中的一个或两个阶段由于我们认识不清楚而无法完成清晰的描述,但其余的阶段具有良好的结构,能够对它清晰、准确地进行描述。

3. 决策问题结构与计算机的支持

决策问题的结构与计算机可以提供的支持之间的关系可以简单地用图 10-2 表示出来。从图中可以看出:

(1) 完全的结构化的决策问题和完全的非结构化决策问题都是很少见的,大量的问题是半结构化的。

(2) 决策支持系统不可能替代管理者或决策者。计算机能够应用在结构化的问题部分,而管理者或决策者能够凭借直觉、行为分析和判断解决非结构化的问题。管理者和计算机结合作为一个工作组,可以解决大量的半结构化的问题。

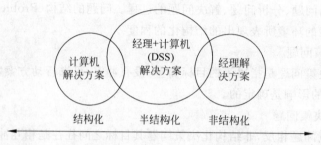

图 10-2　计算机对决策的支持

4. 决策支持系统的理论和技术基础

决策支持系统的理论发展及其开发与很多学科有关。它涉及计算机软件、硬件,信息论,人工智能,信息经济学,管理科学,行为科学等。这些学科构成了决策支持系统发展的理论框架,即理论基础。

1) 信息论

信息论的奠基人 R. E. Shannon 第一次把信息定义为一个可量化的名词。此后,在工程、通信以及控制理论中展现了一个新的领域。信息论是运用信息的观点,把系统看做是借助于信息的获取、传送、加工、处理而实现其有目的性行为的研究方法。决策支持系统实质上是一类信息处理系统,所以在理论分析时 R. E. Shannon 提出的概念很重要。当人们开始接触决策支持系统时,也许看不到它与信息论有什么关系,但实际上决策支持系统的主要概念和基本理论只有靠信息论提供的分析方法才能得出结论。例如,决策支持系统在运行中的通信、控制、反馈等概念,离开信息论可能就难以阐述和理解。

2) 计算机技术

决策支持系统作为一个很重要的计算机应用领域,需要计算机技术作为它的理论支持,计算机软件、硬件是决策支持系统开发的制约因素。现在,由于集成技术的发展,计算机硬件水平有了很大提高,甚至实现了海量存储设备。可以说,计算机技术影响和制约着决策支持系统实现的进度。开发决策支持系统的计算机工具、环境包括:操作系统、数据库管理系统、模型或分析软件包、描述语言等。

3) 管理科学和运筹学

管理科学比较强调应用,它通常用计算机解决一类特殊的问题。运筹学用于提供一系列优化、仿真、决策模型。一些管理科学家对模型很感兴趣，特别是对运筹学提供的一系列优化、仿真、决策模型尤为重视。但是系统工作者注意的则是解决某领域的管理问题的模型体系，这就是决策支持系统中的模型库所要容纳的模型集合。因此说，决策支持系统是系统工程所要研究和开发的重要领域。决策支持系统的发展离不开管理科学和运筹学。

4）信息经济学

我们常说，现在是信息社会，我们处于信息爆炸的时代。那么，信息的价值是多少，成本是多少，利润又是多少？

信息经济学是研究信息的产生、获得、传递、加工、处理、输出等方面的价值问题。与信息价值相关的因素包括：

- 格式、语言和满足用户愿望的详细程度。
- 获取方便性和使用权的增加。
- 从获取到使用的时间。

5）行为科学

心理学认为：管理人员和系统开发者的"风格"，对决策支持系统有很大的影响。决策支持系统开发者应使系统设计符合管理者的个人要求、心理状态和能力。大量的研究表明，系统模型所表现的缺陷，甚至失败，很少是因为技术上的原因，多半是由于脱离实际。所以行为科学对于决策支持系统的研究，其注意力应放在：信息系统不是一个抽象的研究课题，而是由人来建立和运转的一个社会系统。行为科学指出，信息是人们对客观世界的反映，这种认知观为决策过程做出了概念上的说明，它强调应该使系统设计符合用户的个人要求、心理状态和个人能力。

6）人工智能

决策支持系统问世以来，经历了上升和徘徊的过程，而20世纪80年代人工智能技术的蓬勃发展，为决策支持系统注入了新鲜血液，使它重新产生了活力。人工智能是研究用机器来模拟人类的某些智力活动。例如，图形识别、推理过程等。将人工智能技术用于管理决策，是一项开拓性的工作。当前已经开始研究知识库支持的决策支持系统，用相应领域的专家知识来选择和组合模型，完成问题的推理和运行，并为用户提供智能的交互式接口。在知识的表达和建模，推理、演绎和问题求解以及各种搜索技术上，人工智能将为决策支持系统提供有效而严密的方法支持。

总之，决策支持系统是一种开放的技术，它总是在不停地吸收其他学科的营养。一般说来，只要能面向计算机并且给决策者提供帮助，决策支持系统就可以把它转化为自己的技术。

10.1.2　决策支持系统的组成

1. DSS 的组成结构

DSS 的新特点就是增加了模型库和模型库管理系统，把众多的模型有效地组织和存储起来，并使模型库和数据库有机结合。DSS 通过人机交互系统与决策者沟通，从而对决策者解决问题提供支持。DSS 的基本结构如图 10-3 所示。

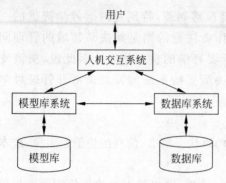

图 10-3　决策支持系统的基本结构

1) 数据库系统

DSS 的数据库系统主要管理某一特定决策的相关数据的检索、存储和组织。另外，数据库系统还负责提供各种安全功能、数据完整性检查以及与使用 DSS 相关的数据管理任务。数据库系统可以包括数据库(Database)、数据库管理系统(Database Management System)、数据仓库(Data Repository)以及数据查询工具(Data Query Facility)。

2) 模型库系统

DSS 的模型库系统主要执行与提供分析功能的定量模型相关检索、存储以及组织活动等操作。模型库系统包括模型库(Model Base)、模型库管理系统(Model Base Management System)、模型仓库(Model Repository)、模型执行处理器(Model Execution Processor)以及模型合成处理器(Model Synthesis Processor)。

3) 人机交互系统

人机交互系统是 DSS 中的关键部件。DSS 要提供决策支持，其数据、模型和处理部件必须能够轻松地访问和操纵。另外，不管是设定参数还是初期问题的研究，用户与 DSS 交流的方便与否对于决定 DSS 的使用能否成功至关重要。人机交互系统的核心是用户界面。

4) 用户

不考虑用户的作用，设计、执行和使用 DSS 不可能有效进行。用户的技能、动机、知识领域、使用方式以及在组织中的作用等问题都是成功应用 DSS 的基本要素。因为 DSS 的基本特征之一是受到用户的控制。

2. DSS 的功能特点

1) DSS 的功能

决策支持系统的功能主要体现在它支持决策的全过程，特别是对决策过程各阶段的支持能力。

(1) 决策目标、参数和概率的规定。需要有容易使用的用户界面、非结构化建模语言、概率函数、目标搜索和模拟能力。

(2) 数据检索和管理。能建立多维数据结构、数据字典和数据库。具有数据文件合并、交互式数据录入和编辑、与其他用户或系统间进行数据传输，以及数据安全性与完整性维护管理功能。

(3) 决策方案的生成。具有"如果……则……"和敏感性分析功能。

(4) 决策方案后果的推理。能自动求解联立方程。具有"IF…THEN…ELSE"的建模语言和逻辑推理机制。具有各种数学库函数、预测与时序分析函数及影响分析函数。

(5) 语言、数值和图形信息的显示与吸收。具有统计函数和程序、灵活有力的报表格式和图形处理、合并能力，及自然语言用户界面等。

(6) 方案后果的评价。具有经济评价功能、优化功能和风险分析功能。

(7) 决策的解释和执行。具有根据模型方便求解的标准化程序和逻辑算法，灵活有力的报表格式和图形处理功能。

(8) 战略构成。具有包含业务知识和推理规则的机内辅助存储,能够辅助问题生成和战略研究。

一个完整的决策支持系统的模式如图 10-4 所示。其中管理者处于核心位置,他运用自己的知识和经验,结合决策支持系统提供的支持,对其管理的"真实系统"进行决策。

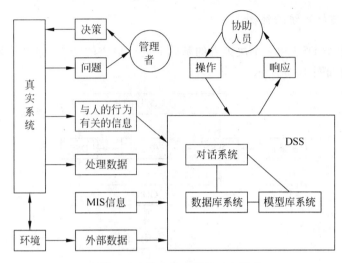

图 10-4 决策支持系统的基本模式

2) DSS 的特点

决策支持系统的特点包括以下几个方面。

(1) 对决策者提供支持,而不是替代他们的判断。

(2) 支持解决半结构化和非结构化决策问题。

(3) 支持所有管理层次的决策,并能进行不同层次间的通信和协调。

(4) 支持决策过程的各阶段。

(5) 支持决策者的决策风格和方法,并能改善个人与组织的效能。

(6) 易于非计算机专业人员以交互会话方式使用。

(7) 由用户通过对问题的洞察和判断来加以控制。

(8) 强调对环境及用户决策方法改变的灵活性及适应性。

值得注意的是:以上所述的决策支持系统的功能和特征,是从很多已开发成功的决策支持系统中提取、归纳的。它们反映了一种理想的决策支持系统所应具有的功能和特点。事实上,只要具备其中一些基本的功能(如功能(1)~(7))和特点(如特点(1)、(2)、(6)~(8))的计算机信息系统,就应属于决策支持系统。

10.1.3 群体决策支持系统

为了降低由一个决策者进行决策带来的风险,在很多情况下,有些决策要靠群体来制定。群体决策支持系统(Group Decision Support System,GDSS)是指把有关同一领域不同方面或相关领域的各个决策支持系统集成在一起,使其互相通信、互相协作,形成一个功能全面的决策支持系统。GDSS 是由一组决策人员作为一个决策群体同时参与决策活动,从而得到一个较为理想的决策结果的计算机决策支持系统。群体决策的方式能给选择的过程带来一些好处：更广泛的知识和经验、更多样化的视角以及潜在的协作行为。但同时也会带来一些不利：过多的决策参与者会导致要么得到的决策很差，要么干脆没有结果。可以通过一组约定的规则来调整各决策者的行为，以期得到理想的决策结果。

1. 群体决策支持系统的结构

GDSS 是在多个 DSS 和多个决策者的基础上进行集成的结果，它以计算机及其网络为基础，其基本结构如图 10-5 所示。

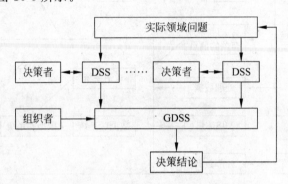

图 10-5　群体决策支持系统的结构

2. 群体决策支持系统的功能和特点

1）GDSS 的功能

群体决策支持系统具有以下功能。

（1）对多媒体信息的存储、编辑、查询、集成、传输及显示能力。

（2）对多个决策者的信息具有综合、分类及排序能力。

（3）提供会话功能，支持全体决策成员同时参与决策。

（4）当群体中成员违反约定规则，可能产生有害的决策冲突，GDSS 具有防止这种消极群体继续发展的能力。

（5）制定群体决策方案的能力。

2）GDSS 的特点

从以上的功能可以看出，群体决策支持系统的特点如下。

（1）GDSS 是一个支持群体决策的决策支持系统，它需要专门设计，不是多个 DSS 的简单组合。

（2）GDSS 能减少群体中部分消极行为的影响。

（3）GDSS 能完成群体决策过程和得出群体决策方案，并在组织者指导下得到决策结论。

（4）GDSS 能支持一地或远程决策会议，并得到决策结论。

3. 群体决策支持系统的分类

群体决策支持系统的结构随它的目标、功能及决策成员的邻近程度而不同。常用的群体决策支持系统分为 4 类，如图 10-6 所示。

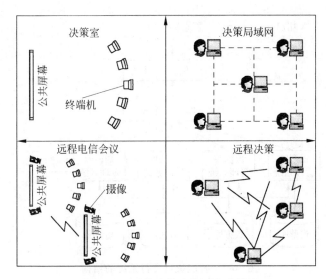

图 10-6 群体决策支持系统分类

（1）决策室，又称单机分时系统的决策会议。备有大屏幕显示设备，可以显示各种决策方案、效用值及统计分析数据，供会议参加者讨论。

（2）决策局域网。局域网中各决策成员以电子报文形式进行通信并参与群体决策活动。

（3）远程决策。由广域网通信系统实现各决策成员之间的信息传送。

（4）远程电信会议。当各决策成员之间相距较远而又必须举行决策会议进行讨论时，则可将广域网与电视会议结合在一起，形成计算机化电视决策会议系统，它适用于国际组织或跨国公司的定期联席会议。

10.1.4 智能决策支持系统

智能决策支持系统（Intelligence Decision Support System，IDSS）是人工智能（Artificial Intelligence，AI）和 DSS 相结合，应用专家系统（Expert System，ES）技术，使 DSS 能够更充分地应用人类的知识（如关于决策问题的描述性知识、决策过程中的过程性知识和求解问题的推理性知识等），通过逻辑推理来帮助解决复杂决策问题的辅助决策系统。

1. 智能决策支持系统的结构

较完整的 IDSS 结构是在 DSS 的基础上增设方法库、知识库与推理机，在人机对话子系统加入自然语言处理系统，而构成的四库系统结构，如图 10-7 所示，其中数据库管理系统和模型库管理系统与一般 DSS 相同。下面介绍其余几个部分。

1）智能人机接口

四库系统的智能人机接口接受用自然语言或接近自然语言的方式表达的决策问题及决策目标，这较大程度地改变了人机界面的性能。

2）自然语言处理和问题处理系统

自然语言处理和问题处理系统处于 DSS 的中心位置，是联系人与机器及所存储的求解资源的桥梁，主要由问题分析器与问题求解器两部分组成。

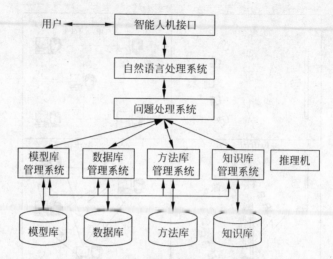

图 10-7　智能决策支持系统的结构

（1）自然语言处理系统。转换产生的问题描述,由问题分析器判断问题的结构化程度,对结构化问题选择或构造模型,采用传统的模型计算求解;对半结构化或非结构化问题则由规则模型与推理机制来求解。

（2）问题处理系统。这是 IDSS 中最活跃的部件,它既要识别与分析问题、设计求解方案,还要为问题求解调用四库中的数据、模型、方法及知识等资源,对半结构化或非结构化问题还要触发推理机作推理或新知识的推求。

3）方法库及其管理系统

方法库由各种问题求解的方法或算法程序构成。方法库管理系统一般由方法字典、维护子系统、运行控制系统、数据库接口、模型库接口等模块组成。

4）知识库及其管理系统

知识库是知识库子系统的核心,包含事实库和规则库两部分。

知识库管理系统的功能主要有两个:一是应对知识库知识增加、删除、修改等知识维护的请求;二是回答决策过程中问题分析与判断所需知识的请求。

5）推理机

推理机指从已知事实推出新事实（结论）的过程。它是一组程序,针对用户问题去处理知识库（规则和事实）。

由知识库、知识库管理系统及推理机共同构成 IDSS 中的知识管理系统。

2. 智能决策支持系统的特点

（1）基于成熟的技术,容易构造出实用系统。

（2）充分利用了各层次的信息资源。

（3）基于规则的表达方式,使用户易于掌握使用。

（4）具有很强的模块化特性,并且模块重用性好,系统的开发成本低。

（5）系统的各部分组合灵活,可实现强大功能,并且易于维护。

（6）系统可迅速采用先进的支撑技术,如 AI 技术等。

10.2 人工智能与专家系统

"人工智能"的概念最早是在 1956 年 Dartmouth 学会上由麻省理工学院的 Minsky、McCarthy 提出的。人工智能研究的一个主要目标是使机器能够胜任一些通常需要人类智能才能完成的复杂工作。目前能够用来研究人工智能的主要物质手段以及能够实现人工智能技术的机器就是计算机,人工智能的发展历史是和计算机科学与技术的发展史联系在一起的。人工智能是一门边缘学科,属于自然科学和社会科学的交叉。除了计算机科学以外,人工智能还涉及信息论、控制论、自动化、仿生学、生物学、心理学、数理逻辑、语言学、医学和哲学等多门学科。人工智能学科研究的主要内容包括:知识表示、自动推理和搜索方法、机器学习和知识获取、知识处理系统、自然语言理解、计算机视觉、智能机器人、自动程序设计等方面。

10.2.1 人工智能概述

人工智能是研究如何用机器(如计算机)来模拟人类大脑从事推理、解题、理解、识别、设计和学习等思维活动的学科。人工智能侧重认识人们的推理方法和思维方式,并且将认识到的情况转换成机器语言,让计算机完成相同的任务。

1. 人类的推理方法

人类的推理方法主要有归类法、特定规则、启发式方法、经验法和期望法等。

(1)归类法。人们把一些重要的信息进行记录,并按照不同的性质或标准进行分类。

(2)特定规则。人们可以灵活地应用已知规则,当一个特殊的规则或者一系列的规则是已知的,而且是正确的情况下,人们就可以结合这些规则并运用现有的问题的信息推出结果。

(3)启发式方法。人们凭借经验,经过对不同的方案进行分析和实验,并从失败中获取经验的方法。

(4)经验法。是归类法和启发式方法的结合。

(5)期望法。期望问题以一定的方式或以可预期的情形出现。

2. 计算机的推理模式

计算机采用的推理模式完全模仿人类的推理方法,主要包括基于规则的推理、基于案例的推理、模式识别和 Rete 算法等。

(1)基于规则的推理(Rule-based Reasoning)是专家系统使用得最多的推理方法。计算机以输入值的形式获取问题域的特征,运用知识库中的规则,有系统地改变问题域的状态,直到用户期望的状况出现。每个规则包括两部分:①状态改变的操作、结果或结论;②操作的前提条件。规则使用以下 IF-THEN 的形式给出:

IF 前提或条件 THEN 操作、结论

(2)基于案例的推理(Case-based Reasoning)基于的前提是运用相似性、经验性推理方法去学习并解决问题。该方法有两个主要步骤：①从案例库中找到与现有问题类似的案例；②修改检索到的符合当前问题的案例解决方案。

（3）模式识别（Pattern Recognition）是人工智能使用的主要机制。模式识别包括图像识别和语音识别。

（4）Rete 算法是一种模式识别算法，它能不受任何资源限制地解决包含几千个工作存储区元素和规则的复杂的模式匹配问题，而且不会失真。

人工智能的应用主要包括：指纹识别、人脸识别、视网膜识别、虹膜识别、掌纹识别、专家系统、智能搜索、定理证明、博弈、自动程序设计、智能控制、机器学习、语言和图像理解、神经网络、遗传算法等。

10.2.2 专家系统及应用

专家系统是人工智能的重要研究领域，是一种相关领域内具有专家水平求解问题能力的智能程序系统，它能运用领域专家多年积累的经验和专门知识，模拟人类专家的思维过程求解需要专家才能解决的复杂问题。

与一般的计算机系统相比，专家系统具有以下特点。

（1）具有专家水平的专门知识，能够高效地解决领域内的各种问题，在解题质量、速度和运用启发式规则的能力等方面应体现出本领域专家的水平。

（2）处理对象主要是知识和信息，能够采用符号准确地表示领域有关的知识和信息，并对其进行各种处理和推理功能。

（3）除完成一般的逻辑推理、目标搜索、常识处理等工作外，专家系统常采用启发式进行推理来求解问题。

（4）在解题过程中，除了演绎之外，还采用归纳、类比等方法。

（5）处理的问题可以是不确定的、模糊的或不完全的。

（6）系统具有透明性，能够将推理过程很好地告诉用户，并具有解释能力，有助于用户判断专家系统给出的结论是否合理、正确。

专家系统按其应用领域的性质可以分为诊断专家系统、预测专家系统、解释专家系统、设计与规划专家系统、咨询与决策专家系统、教学专家系统、数学专家系统等。决策专家系统就是智能决策支持系统。

10.3 数据仓库与联机分析处理

作为决策支持系统的辅助工具，数据仓库系统包含后台的数据仓库服务和前端的分析服务。在前端分析服务中，多维数据分析即联机分析处理（Online Analytical Processing，OLAP）是现今最常用的分析技术之一。

10.3.1 数据仓库概述

数据仓库之父 William H. Inmon 博士在 1992 年出版的 *Building the Data Warehouse* 一书中给出了数据仓库的定义：数据仓库（Data Warehouse）是面向主题的（Subject

Oriented)、集成的(Integrated)、相对稳定的(Non-Volatile)、不同时间(Time Variant)的数据集合,用于支持经营管理中的决策过程。数据仓库概念的提出,使数据操作型环境与数据分析型环境分离开来,建立一种数据存储体系结构,把分散的、不利于访问的数据转换成集中、统一、随时可用的信息,从而可以集成不同形式的数据,并为数据分析产品提供系统开放性。

1. 数据仓库的特点

从数据仓库的定义可以看出,数据仓库有如下特点。

(1) 面向主题。数据仓库围绕一些主题,排除对决策无用的数据,提供特定主题的简明试图。主题是针对决策问题而设置的,是对应企业中某一宏观分析领域所涉及的分析对象在较高层次上将企业信息系统中的数据综合、归类并进行分析和抽象。操作型数据库的数据组织面向事务处理任务,各个业务系统之间各自分离,而数据仓库中的数据是按照一定的主题域进行组织的。

(2) 数据的集成性。数据仓库中的数据是在对原有分散的数据库数据抽取、清理的基础上经过系统加工、汇总和整理得到的。对原始数据的集成是构建数据仓库的关键,主要包括:编码转换、度量单位转换和字段转换等。

(3) 数据不可修改。从数据的使用方式来看,数据仓库的数据是不可更新的。所谓不可更新是指当数据被存放到数据仓库中之后,最终用户只能通过分析工具对其中的数据进行查询、分析,而不能对数据进行修改。

(4) 数据与时间相关。数据仓库中的数据通常包含企业当前的和历史的数据。每隔一定的时间就需要对源数据库中的数据进行抽取和转换,并集成到数据仓库中。也就是说,数据仓库中的数据随时间变化而定期地被更新,以确保分析结论的时间有效性。

2. 数据仓库的体系结构

数据仓库的体系结构如图 10-8 所示。主要包括数据源、数据仓库管理系统、数据仓库和数据分析工具。

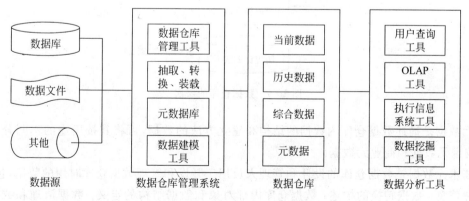

图 10-8　数据仓库的体系结构

　　1) 数据源

　　数据源是数据仓库系统的基础,是整个系统的数据来源。数据源中的数据通常包括企业内部信息和外部信息。内部信息包括存放于数据库中的各种业务处理数据和各类文档数据。外部信息包括各类法律法规、市场信息和竞争对手的信息等。

　　2) 数据仓库管理系统

　　数据仓库管理系统负责对来自数据源的数据进行存储和管理,它是整个数据仓库系统的核心。数据仓库管理系统主要包括安全和特权管理;跟踪数据的更新;数据质量检查;管理和更新元数据;审计和报告数据仓库的使用和状态;删除数据;复制、分割和分发数据;备份和恢复;存储管理。数据的抽取、转换及装载是数据获取的过程,一般由以下步骤组成。

　　(1) 辨识与所研究主题相关的原始数据。

　　(2) 开发数据抽取策略。

　　(3) 将原始数据转换为目标格式。

　　(4) 将原始数据加载到目标区域。

　　3) 数据仓库

　　数据仓库中的数据是分层管理的,如图 10-9 所示。其中的数据分为以下几个层次。

　　(1) 当前详细数据。

　　(2) 历史详细数据。

　　(3) 综合数据。

　　(4) 元数据。

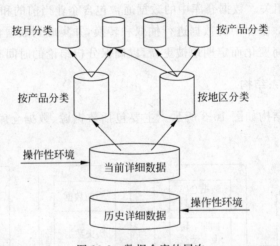

图 10-9　数据仓库的层次

　　元数据是描述数据仓库内数据的结构和建立方法的数据,可将其按用途的不同分为两类:技术元数据和商业元数据。

　　技术元数据是数据仓库的设计和管理人员用于开发和管理数据仓库时用的数据,包括:数据源信息;数据转换的描述;数据仓库内部对象和数据结构的定义;数据清理和数据更新时用的规则;源数据到目的数据的映射;用户访问权限,历史数据记录的备份、导入和发布等。商业元数据从业务的角度描述了数据仓库中的数据,包括:业务主题的描述,业务数据的查询、报表等。

元数据为访问数据仓库提供了一个信息目录(Information Directory)。该目录描述了数据仓库中有什么数据、这些数据的来源和访问方式等。

4) 数据分析工具

数据分析工具主要包括查询工具、联机分析工具、数据挖掘工具以及各种基于数据仓库或数据集市的应用开发工具等。数据挖掘工具主要针对数据仓库。

3. 数据仓库与数据库的区别

数据仓库的出现,并不是要取代数据库。目前,大部分数据仓库还是用关系数据库管理系统来管理的。可以说,数据库、数据仓库相辅相成、各有千秋。

传统的关系数据库遵循一致的关系型模型,其中的数据或记录以表格的形式存储,并且能够用统一的结构化查询语言(Structured Query Language,SQL)对数据进行操作,因此它的应用常被称作联机事务处理(Online Transaction Processing,OLTP)。其重点在于完成业务处理,及时响应客户请求。

数据仓库主要工作的对象是多维数据,因此又称为多维数据库。数据仓库的数据以数组的方式存储,既没有统一的规律可循,也没有统一的多维模型可循。

数据仓库与传统的数据库相比,其最大的区别就是它们存储的数据。传统的数据库系统中的数据称为操作型数据,其值是不断变化的。而数据仓库中的数据通常被称为决策支持数据,其值保持相对稳定。

10.3.2 联机分析处理

联机分析处理(Online Analytical Processing,OLAP)的思想是由数据库的创始人E. F. Codd 在 1993 年提出的。OLAP 不但是一种交互式的决策辅助方法,同时又是一种面向数据的分析方法,它是对关系数据库的一种改进。

1. OLAP 的技术特点

1) 采用多维数据库

OLAP 的核心技术是采用了多维数据库(Multi-Dimension Database,MDD)。多维数据库可以被多用户共享,它从数据的存储方法、运算方法上都与关系数据库不同。例如,当用户使用普通的 DSS 进行分析时,如果采用关系数据库分析销量、时间、销售地区这三个变量之间的关系,就要对三张表进行关系运算来实现。而在多维数据库中,对这三个变量的运算是通过向量运算来实现的。这正像在看一个建筑的设计时,关系数据库是通过一张张平面透视图来实现它,而多维数据库则是用一个立体模型来表示。显然,后者比前者更为有效和直观。因此,在综合数据关系方面,多维数据库的能力远远强于关系数据库。

2) 快速的查询和响应

OLAP 采用一系列的数据存储技术和数据压缩技术来提高查询和响应速度。它主要利用矩阵来存储数据,并对稀疏矩阵采用优化算法,对不同平面的运算采用向量运算,从而获得了很快的查询和响应速度。

3) 动态数据分析

关系数据库一般是用静态的数据进行分析,它不能提供实时的用户与机器交互进行数据分析的功能。而 OLAP 是以动态数据分析见长,而且还能根据一些智能化的功能,在内部自动对数据进行转换,使得用户可以在交互的过程中获得明确的分析结论。

在多维数据库中,每个维中的数据彼此之间还有逻辑关系,用户可以用"数据挖掘"的功能来找到需要的数据。在决策支持系统中,数据挖掘(Data Mining,DM)工具用于完成实际决策问题所需的各种查询检索工具、多维数据的 OLAP 和数据挖掘(DM)工具等。

4) 可视的数据操作界面

OLAP 还包括可视化的界面,用户随时都能够看到自己在做什么,并了解工作的进展情况如何。系统一般提供多种可视化的数据表现形式,例如提供制作二维表格、制作三维图表、制作平面图形等功能,用户可以通过简单地选择得到满意的数据表现形式。

2. OLAP 与 OLTP 的区别

基于在线计算机的事务处理称为联机事务处理(Online Transaction Processing, OLTP)。联机分析处理和传统的联机事务处理是针对不同应用领域和不同应用需求设计的。

表 10-1 给出了 OLTP 和 OLAP 的主要区别。

表 10-1　OLTP 与 OLAP 的比较

特　点	OLTP	OLAP
目的	支持事务处理	支持分析决策
数据特点	当前数据的细节性数据	综合性的历史数据
数据库大小	如果周期性地归档历史数据,数据库通常较小	数据库通常很大,可以包含一个企业的多个 OLTP 数据库的历史数据
用户	面向操作人员	通常是决策人员或分析人员
同时访问的用户数	用户数量大量	OLAP 支持的用户数远远小于 OLTP 用户
响应时间	所有的查询都要求迅速响应	对查询时间的要求相对 OLTP 较低
数据改变	通常包含大量的插入、更新和删除操作	用户几乎不修改数据,数据只能通过批量导入更新
查询复杂度	数据高度规范化,要获取信息,通常要进行多表连接	数据是非规范化的,读取数据时需要的表间连接很少

OLTP 和 OLAP 的关系如图 10-10 所示。

3. OLAP 的基本操作

OLAP 的基本操作包括切块、下钻/上钻、旋转。

(1) 切片(Slice)。按照用户的意愿任意对多维数据库进行切片。如图 10-11 所示,对按家电产品、时间、地区组织的一个三维数据空间可以任意切片,从而得到某一产品的时间序列值、某一地区的产品销售状况等数据。

(2) 切块(Dice)。数据切块就是将完整的数据立方体切取一部分数据而得到的新的数

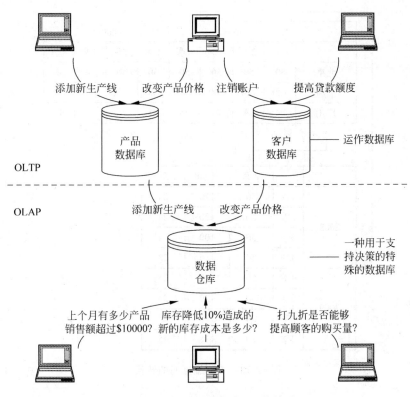

图 10-10　OLTP 与 OLAP 的关系

据立方体。选取多维数组中若干维度(通常是 3 个维度便于图形显示)的取值范围,从而形成多维数据的子集,这个多维数据子集被称为切块。从图 10-12 所对应的多维数组中选择三个维度:时间维(指定时间为 2007—2009 年)、地区维(指定地区为北京、上海)和产品维(指定产品为电视机、电冰箱)。

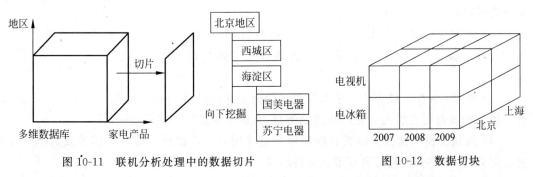

图 10-11　联机分析处理中的数据切片　　　　　图 10-12　数据切块

　　(3) 下钻/上钻(Drill down/Roll up)。数据下钻(向下钻取)是从较高的维度层次下降到较低的层次上来观察多维数据;数据上钻是下钻的逆向操作,是对数据进行高层次聚合的操作。

　　(4) 旋转(Rotate)。数据旋转是改变维度的位置关系,使最终用户可以从其他视角来观察多维数据。如图 10-13 所示的例子是把时间维度和地区维度进行了变换,形成了横向为地区、纵向为时间的报表。

	2008				2009			
	1季	2季	3季	4季	1季	2季	3季	4季
北京	50	50	50	50	50	50	50	80
上海	120	120	100	116	120	120	120	118
广州	24	24	24	28	25	25	25	45

		北京	上海	广州
2008	1季	50	120	24
	2季	50	120	24
	3季	50	100	24
	4季	50	116	28
2009	1季	50	120	25
	2季	50	120	25
	3季	50	120	25
	4季	80	118	45

图 10-13　不同维度间的转换

4. OLAP 在 DSS 中的应用

具有 OLAP 功能的 DSS 用于以下一些问题的分析中。

（1）对决策者提供例行报告。例如用户可以在系统上用"数据挖掘"功能,找到他所关心的信息:"各个地区的销售情况"→"北京地区的销售情况"→"北京地区八月份的销售情况"。当发现某一地区的销售情况有问题时,只需要将鼠标移到相应的按钮处就可以将更详细的数据取出。

（2）异常分析报告。用户可以设定一些标准,让系统自动监测企业的运行状态并提出异常分析报告。例如可以将实际销售额和计划销售额相比较,相差超过 30％时提出报告。

（3）80/20 分析。该分析用于帮助用户分析企业的产品和效益关系。如果某一产品获得了较高的效益而它所占企业产品的比例很小,则应提高该产品的比例。

（4）随机分析和预测。随机分析和预测是让用户选取他所关心的数据维或数据层,通过选定分析的方法,快速得到所需的分析结果。

10.4　数据挖掘技术

数据挖掘（Data Mining,DM）是从大量的、不完全的、有噪声的、模糊的、随机的数据中提取隐含在其中的、人们事先不知道的、但又是潜在有用的信息和知识的过程。数据挖掘可以看成是一种数据搜寻过程,它不必预先假设或提出问题,但是仍能找到那些非预期的却令人关注的信息,这些信息表示了数据元素的关系和模式。它能挖掘出数据潜在的模式(Pattern),找出最有价值的信息和知识(Knowledge)。研究对象是大规模和超大规模的数据集合。典型数据挖掘系统的结构如图 10-14 所示。

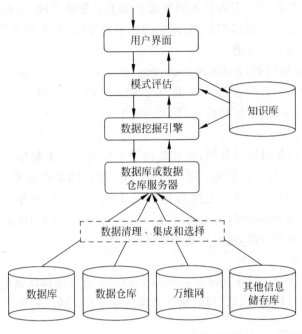

图 10-14　典型数据挖掘系统的结构

10.4.1　数据挖掘的任务与分类

1. 数据挖掘的任务

根据所挖掘的模式类型,可以将数据挖掘的任务归结为以下 6 类。

1) 分类

首先从数据中选出已经分好类的训练集,在该训练集上运用数据挖掘分类的技术,建立分类模型,对于没有分类的数据则进行分类(Classification)。

例如,信用卡申请者,分类为低、中、高风险;宝钢集团与天津信息技术有限公司合作,采用数据挖掘技术对钢材生产的全流程进行质量监控和分析,构建故障地图,实时分析产品出现瑕疵的原因,有效提高了产品的优良率。

2) 估值

估值(Estimation)与分类类似,不同之处在于,分类描述的是离散型变量的输出,而估值处理的是连续值的输出;分类的类别是确定数目的,估值的量是不确定的。例如,根据购买模式,估计一个家庭的孩子个数;根据购买模式,估计一个家庭的收入等。一般来说,估值可以作为分类的前一步工作。给定一些输入数据,通过估值,得到未知的连续变量的值,然后,根据预先设定的阈值进行分类。例如:银行对家庭贷款业务运用估值,给各个客户记分,然后根据分值确定贷款级别。

3）预测

预测（Prediction）是通过分类或估值起作用的。也就是说，通过分类或估值得出模型，该模型用于对未知变量进行预测。预测需要时间来验证，即必须经过一定时间后，才知道预测是否准确。例如，海南航空引入领先的数据挖掘工具分析系统，分析客流、燃油等变化趋势，以航线收益为主题进行数据挖掘，制定精细的销售策略，有效提高了企业收益。

4）相关性分组或关联规则

相关性分组或关联规则（Affinity grouping or association rules）用来说明哪些事情将一起发生。例如，超市中客户在购买 A 的同时，经常会购买 B，即 A => B（关联规则）；客户在购买 A 后，隔一段时间，会购买 B（序列分析）。

5）聚集

聚集（Clustering）是对记录分组，把相似的记录放在一个聚集里。例如，一些特定症状的聚集可能预示了一个特定的疾病；租 VCD 类型不相似的客户聚集，可能暗示成员属于不同的亚文化群；中国移动采用先进的数据挖掘工具——马克威分析系统，对用户 WAP（Wireless Application Protocol，无线应用协议，是一项全球性的网络通信协议）上网的行为进行聚类分析，通过客户分群，进行精确营销。

6）描述和可视化

描述和可视化（Description and Visualization）是对数据挖掘结果的表示方式。

上述 6 类任务中，分类、估值、预测属于直接数据挖掘；后三种属于间接数据挖掘。

2. 数据挖掘的分类

按分析方法进行分类，数据挖掘可以分为直接数据挖掘和间接数据挖掘两类。

1）直接数据挖掘

目标是利用可用的数据建立一个模型，这个模型对剩余的数据，对一个特定的变量（可以理解成数据库中表的属性，即列）进行描述。

2）间接数据挖掘

不是在目标中选出某一具体变量用模型进行描述，而是在所有变量间建立起某种关系。

10.4.2　数据挖掘的过程及应用

1. 数据挖掘的过程

数据挖掘过程一般需要经历确定挖掘对象、准备数据、建立模型、数据挖掘结果分析与知识应用等阶段。

1）确定挖掘对象

定义清晰的挖掘对象，认清数据挖掘的目标是数据挖掘的第一步。定义挖掘对象时需要确定的问题包括：从何处入手？需要挖掘什么数据？需用多少数据？数据挖掘要进行到什么程度？

2）准备数据

在此阶段需要进行数据的选择和数据的预处理。在确定数据挖掘的业务对象后，需要搜索所有与业务对象相关的内部数据和外部数据，从中选出适合于数据挖掘应用的数据。

在选择数据后,还需要对数据进行预处理,解决数据中的缺值、冗余、数据值的不一致、数据定义的不一致、过时的数据等问题。

3) 挖掘模型的构建

将数据转化成一个基于数据挖掘算法的分析模型。模型的建立必须从数据分析开始,首先为模型选择变量;然后再从原始数据中构建新的预示值;接着从数据中选取一个子集或样本建立模型;最后需要转换变量,使之与选定用来建立模型的算法一致。

4) 数据挖掘

对得到的经过转化的数据进行挖掘,数据挖掘工作多由挖掘工具自动完成。

5) 结果分析

数据挖掘出现结果后,要对挖掘结果进行解释和评估。对结果进行评估可以从以下几个方面进行。

(1) 用与建立模型相同的数据集,在模型上进行操作所获得的结果要优于用不同的数据集在模型上的操作结果。

(2) 模型的某些结果可能会比其他预测结果更加准确。

(3) 由于模型是以样本数据为基础建立的,因此实际结果往往要比建模时的结果差。

6) 知识的应用

为使数据挖掘结果能在实际中得到应用,需要将分析所得到的知识集成到业务信息系统的组织机构中去,使其在实际的管理决策分析中得到应用。

2. 数据挖掘的应用

当前数据挖掘在商业决策支持中表现出极其广泛的应用前景。包括:客户的细分;客户盈利能力分析;客户的获取与保持分析;市场营销中的应用;供应链管理中的应用等。

客户的细分是将一个大的消费群体划分成一个个细分群体的过程。同属一个细分群体的消费者消费习惯彼此相似。细分可以让经营管理者在较高的层次上查看整个数据库的数据,也可以以不同的方法处理不同细分的群体客户。

客户盈利能力分析是数据挖掘的基础。数据挖掘技术通过帮助理解和提高客户盈利能力,使企业在市场竞争中获取优势。客户盈利能力是指单位时间内企业从某个客户身上获取盈利的数额。客户盈利能力等于企业从某个客户购买产品或服务所获得的收益减去企业为吸引该客户所支出的接触成本。其中,企业从某个客户购买产品或服务所获得的收益等于客户购买产品或服务的单位价格与客户在单位时间内购买的数量的乘积;接触成本包括市场营销、管理、仓储、客户服务等相关的所有成本。

客户的获取与保持分析指利用数据挖掘技术帮助企业管理者辨别潜在的客户群,从竞争对手那里夺取客户并保持自己的客户不被竞争对手拉走。

数据挖掘在市场营销中的应用包括:商品促销、一对一营销、交叉销售等。

利用数据挖掘可以实现对供应链的优质管理。供应链管理的核心是在生产商、供应商、分销商、零售商和最终客户之间,通过实现供应链环节中各企业的信息沟通、数据互换和协同工作,改进和整合企业内部和外部业务流程,实现整体上更为高效的生产、分销、销售和服务活动,通过缩短交货周期、降低周转库存、缩小客户响应时间,增加企业的盈利能力。

此外,数据挖掘技术还可以应用到风险评估和诈骗检查、犯罪活动的侦察等。

10.5 商务智能及其应用

10.5.1 商务智能的主要内容

商务智能(Business Intelligence,BI)通常被理解为将企业中现有的数据转化为知识,帮助企业做出明智的业务经营决策的工具。这里所谈的数据包括来自企业业务系统的订单、库存、交易账目、客户和供应商资料及来自企业所处行业和竞争对手的数据,以及来自企业所处的其他外部环境中的各种数据。而商业智能能够辅助的业务经营决策既可以是操作层的决策,也可以是战术层和战略层的决策。为了将数据转化为知识,需要利用数据仓库、联机分析处理(OLAP)工具和数据挖掘等技术。因此,从技术层面上讲,商务智能不是什么新技术,它只是数据仓库、OLAP 和数据挖掘等技术的综合运用。

20 世纪 80 年代末,机器学习方法在数据分析中的应用导致数据库知识发现(Knowledge Discovery in Databases,KDD)的产生。什么是知识?从广义上理解,数据(Data)、信息(Information)也是知识的表现形式,但人们通常把概念、规则、模式、规律和约束等看作知识。

1989 年,Fayyad 将 KDD 定义为:数据库知识发现是从数据集中识别出有效的、新颖的、潜在有用的、最终可理解的模式的过程。知识发现过程由三个阶段组成:数据准备;数据挖掘;结果表达和解释。因而,数据挖掘可视为 KDD 的一个基本步骤。

KDD 包含的 5 个最基本步骤如图 10-15 所示。

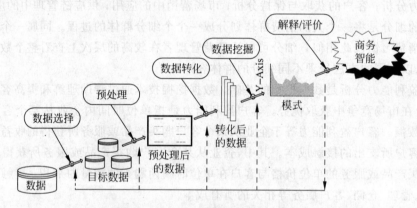

图 10-15　商务智能中的 KDD 过程

(1) 选择(Selection)。在第一个步骤中要先知道什么样的数据可以应用于 KDD 工程中。

(2) 预处理(Pre-processing)。当采集到数据后,下一步必须要做的事情是对数据进行预处理,尽量消除数据中存在的错误以及缺失的信息。

(3) 数据转化(Transformation)。将数据转换为数据挖掘工具所需的格式。

(4) 数据挖掘(Data Mining)。应用数据挖掘工具。

(5) 解释/评价(Interpretation/Evaluation)。解释以及评估数据挖掘的结果。

商务智能是对商业信息的搜集、管理和分析过程,目的是使企业的各级决策者获得知识或洞察力(Insight),促使他们做出对企业更有利的决策。商务智能一般由数据仓库、联机分析处理、数据挖掘、数据备份和恢复等部分组成。商业智能的实现涉及软件、硬件、咨询服务及应用,其基本体系结构包括数据仓库、联机分析处理和数据挖掘三个部分。

10.5.2 商务智能的作用及应用

1. 商务智能的作用

商务智能的作用体现在以下 4 个方面:

(1) 理解业务。商务智能可以用来帮助理解业务的推动力量,认识是哪些趋势、哪些非正常情况和哪些行为正对业务产生影响。

(2) 衡量绩效。商务智能可以用来确立对员工的期望,帮助他们跟踪并管理其绩效。

(3) 改善关系。商务智能能为客户、员工、供应商、股东和大众提供关于企业及其业务状况的有用信息,从而提高企业的知名度,增强整个信息链的一致性。利用商务智能,企业可以在问题变成危机之前很快地对它们加以识别并解决。商务智能也有助于加强客户的忠诚度,一个参与其中并掌握充分信息的客户更有可能购买你的产品和服务。

(4) 创造获利机会。掌握各种商务信息的企业可以从出售这些信息中获取利润。但是,企业需要发现信息的买主并找到合适的传递方式。在美国有许多保险、租赁和金融服务公司都已经感受到了商务智能的好处。

2. 商务智能的应用

目前商务智能应用系统分为三类。

1) 通用单任务类

这类工具主要采用决策树、神经网络、基于实例和基于规则的方法,所用的发现任务大多属于归类范畴。在具体应用中,主要用于知识发现的数据挖掘过程,而且需要相当工作量的预处理和后处理。这种系统一般功能比较单一,更多是针对专业用户来完成特定的任务。所以这种类型的系统是一种专用工具,而不能称之为企业解决方案。

2) 通用多任务类

这类系统可以执行多个领域的知识发现和数据发掘任务。一般集成了归类、可视化、聚类和概念描述(简约)等多项发现策略。而且由于这种系统集成了相应的软件、硬件,提供了一套相应的方法论,并由专业的系统集成公司提供全面的服务和规划,因此通常的企业解决方案中比较多地应用这种系统。

3) 面向专门领域类

这类工具用于专门领域的知识发现和数据发掘。一般来说,这种系统针对性较强,对于某个商业领域或者某种类型的企业具有很强的决策支持作用,但应用领域比较小,不能应用于其他方面或是其他领域。所以这种系统经常是特定企业根据自身的情况进行定制,不具有通用性。

在市场上,一般应用比较多的是第二种类型,即通用多任务类商务智能产品,而且这也是将来企业的应用主流。一些著名的数据库和数据分析软件厂商都提供了全面的通用多任务商务智能解决方案。这些厂商包括 IBM、Oracle、SAS、SAP、Business Objects 等。

习题 10

1. 什么是决策支持系统？

2. 决策支持系统的结构中包括哪些部分？各部分的作用是什么？

3. 什么是专家系统？什么是人工智能？

4. 人工智能与专家系统之间的联系是什么？

5. 什么是 OLTP？什么是 OLAP？二者的主要区别是什么？

6. OLAP 中有哪些操作形式？

7. 什么是数据挖掘？什么是数据库知识发现？

8. 什么是商务智能？商务智能的三个层次是什么？

第4篇

信息系统的建设与开发

第11章 信息系统规划与开发方法

11.1 信息系统发展的阶段论

信息系统发展具有阶段性,描述其发展进程的是阶段论,具有代表性的模型则是诺兰模型、西诺模型和米切模型。我国的一些专家学者也对信息化发展阶段进行了总结。

11.1.1 诺兰模型

美国哈佛大学教授理查德·诺兰(R. Nolan)在调研了美国 200 多个公司、部门的信息系统发展的实践经验后,提出了信息系统进化的阶段模型,即诺兰模型。经过对其先前提出的四阶段(开发期、普及期、控制期和成熟期)发展论进行完善,在 1979 年提出了六阶段的信息系统发展阶段论。

诺兰用横轴代表时间,把信息系统发展阶段分为初始期、普及期、控制期、整合期、数据管理期和成熟期 6 个阶段,用纵轴代表和信息系统相关联的费用,如图 11-1 所示。这是一种波浪式的发展历程,前三个阶段具有计算机数据处理时代的特征,后三个阶段则显示出信息技术时代的特点,其转折点是整合期。诺兰强调,任何组织在实现以计算机为基础的信息系统时都必须从一个阶段发展到下一个阶段,不能实现跳跃式发展。

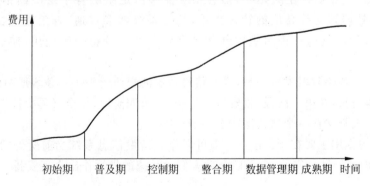

图 11-1 诺兰的六阶段模型

第一阶段是初始期。在初始阶段,组织里刚刚引入计算机,一方面,人们对于计算机的应用缺乏了解,只是把计算机当做简单的办公设备,用它来完成财务报表的统计和打印等工作;另一方面,组织里具有计算机使用能力的 IT 相关人才极其匮乏,计算机得不到普遍的应用。

第二阶段是普及期（也叫扩展期）。在这个阶段，随着组织对计算机应用的认识不断深入，人们对计算机应用的兴趣越来越广泛，希望把大量的人工数据处理工作由计算机来完成，于是，随着计算机应用需求的增加，组织对 IT 软件的开发兴趣日趋浓厚，在计算机购买和软件开发上的投入大幅增长。在这个阶段，一方面由于计算机软硬件技术限制，另一方面由于缺少合理的计划和规划，往往出现盲目购买计算机设备，盲目开发软件的情况，计算机的实际应用效率并不高。

第三阶段是控制期。由于在上个阶段组织在计算机应用上投入过快过猛，甚至过于盲目，而且 IT 投资效益低下，使得组织管理者意识到应该从整体上控制信息系统的发展，客观上必须要求进行组织协调，并且解决数据共享的问题。管理者有了较高层次的认识，使得信息系统建设更加务实，从而对信息技术的应用具有清楚的认识和比较明确的目标。在这个阶段，虽然采用了数据库技术，单系统内实现了数据的共享，但是由于组织的信息系统建设是围绕着职能部门，所以形成了"信息孤岛"现象，也就是说组织的不同职能部门之间的系统诸如人力资源系统、财务系统等不能实现数据共享。这个阶段的关键在于它把计算机管理转变为数据管理，人们对计算机的应用认识完全提高到一个全新的层次。

第四阶段是整合期。在第三阶段的基础上，组织重新进行整体规划，从整体出发建立基础的数据库，进而建立统一的信息系统，使得信息系统的建设由原来的分散方式转变为统一体系。组织信息主管需要把既有的"信息孤岛"统一起来，形成一个统一的系统，从而能够实现组织各种资源信息的集成和共享，充分发挥信息系统的作用。于是，数据处理的发展又进入了一个快速发展的阶段，但是，这种集成需要很高的成本支出，而且需要花费很多的时间，集成后的系统的稳定性也是一个不可小视的问题。

第五阶段是数据管理期。在数据管理期，组织的高层管理人员把信息管理纳入到组织发展战略，把信息资源作为组织的重要资产。从整体战略出发，制定相适应的信息战略，选定统一的数据库平台、数据管理体系以及信息管理平台，统一数据的管理和使用，实现信息资源的整合和共享，从而提高信息系统的效益。

第六阶段是成熟期。在成熟期，信息系统能够满足组织各个层次的不同需要，从支持基层的事务处理到支持高层的管理决策，整个系统融会贯通，真正做到把信息技术和管理过程融合起来，从而实现组织内部和外部资源的充分整合和利用，使得组织竞争力得以提升。

诺兰认为，从各个阶段发展来看，投资信息系统的规律近乎于一条 S 形曲线。在第二个阶段，投资迅速增长，在第三阶段，投资区域平缓，在第四阶段，投资又再次快速增长，而在第五和第六阶段，投资又在一个新的层次上趋于平缓。

诺兰模型的作用主要在于：它一方面可以作为衡量信息系统当前所处的状态，有利于选择系统开发时机；另一方面，它可以帮助人们对系统的规划作出合理安排，控制系统的发展方向。

11.1.2　米切模型

从诺兰模型可以知道，该模型把系统整合和数据管理分割成前后两个阶段，给人的感觉是在实现信息系统整合以后再实施数据管理，但是，后来大量的实践证明，把这两个信息系统阶段割裂开是行不通的。在 20 世纪 90 年代，美国的信息化专家米切（Mische）对诺兰模型进行修正,提出了"米切模型",揭示了信息系统整合与数据管理密不可分的内在联系,认为系统整合期的重要特征就是要做好数据组织,也可以说信息系统整合的本质是数据整合或者集成。

米切的信息系统发展阶段论把综合信息技术应用连续发展按照若干特征概括为 4 个阶段,即起步阶段(20 世纪 60 年代至 70 年代)、增长阶段(20 世纪 80 年代)、成熟阶段(20 世纪 80 年代至 20 世纪 90 年代)和更新阶段(20 世纪 90 年代中期至 21 世纪初期)。该模型的特征不仅仅是在数据处理工作的增长和管理标准化建设方面,而且要涉及有关知识、理念、信息技术的综合水平及其在企业经营管理中的作用和地位。决定这些阶段的特征的 5 个方面是技术状况、代表性应用和集成程度、数据库存取能力、信息技术融入企业文化程度以及全员素质、态度和信息技术视野,"米切模型"如图 11-2 所示。

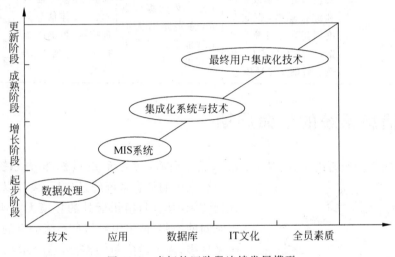

图 11-2　米切的四阶段连续发展模型

"米切模型"可以帮助企业了解自身 IT 综合应用在现代信息系统的发展阶段中所处的位置,发现在综合信息技术应用连续发展方面的差距,并找到改进方向,采取合理的措施。

11.1.3　其他代表性观点

从信息处理功能和内容来看,信息系统大致经过了 4 个发展阶段:单项事务处理、系统处理、支持决策和综合集成。这 4 个阶段反映了计算机辅助管理和业务活动由初级到高级的发展过程,又表示了信息活动在不同层次与深度上对管理业务活动的支持。信息系统发展的这 4 个阶段的系统目标、主要功能、核心技术以及代表性系统如表 11-1 所示。

表 11-1　信息系统发展的 4 个阶段

阶段	时间	系统目标	主要功能	核心技术	代表性系统
单项事务处理	20 世纪 50～70 年代	提高文书、统计以及计算等事务处理的工作效率	统计、计算、制表、文字处理	高级语言、文件管理	电子数据处理系统

续表

阶段	时间	系统目标	主要功能	核心技术	代表性系统
系统处理	20世纪60～80年代	提高管理信息处理的综合性、系统性、及时性和准确性	计划、综合统计、管理报告生成、计算机辅助设计、计算机辅助制造	数据库技术、通信和计算机网络技术	传统的MIS、CAD系统、CAM系统
支持决策	20世纪70～90年代	为组织决策者在决策过程中的活动提供决策支持，以改善决策有效性	分析、优化、评价、预测	人机对话、模型管理、人工智能的应用	决策支持系统(DSS)，计算机集成制造系统(CIMS)
综合集成	20世纪90年代以来	实现信息的集成管理和综合服务，促进制度创新和业务流程改造，提高人员素质，创造良好的工作环境	上述功能的综合集成，特别是对人们的智能活动提供主动积极支持	高速信息传输技术、多媒体信息处理技术、数据挖掘技术、智能代理技术	互联网、Web服务、虚拟企业管理系统、协作商务

11.2　信息系统的生命周期

任何事物都会经历由孕育、诞生、发展、成熟到消亡(更新)的过程，信息系统也是如此。一个组织中的信息系统经过分析、设计以及实施后投入到实际中应用，组织所处的环境无时不在变化，随着时间的推移，该组织对信息系统提出的新的需求会越来越多，为了适应新的需要，这个组织不得不对原有系统进行维护和完善，到这个系统不能再适应时，组织就会抛弃掉这个系统，用新的信息系统来替代它。信息系统的应用就是这样一种经由系统分析、设计、实施、运行以及维护等阶段的周而复始的过程，这个过程就是信息系统的生命周期，如图11-3所示。

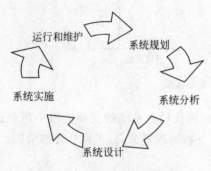

图11-3　信息系统生命周期

11.2.1　系统规划阶段

在信息系统规划阶段，主要任务是根据组织的环境、组织的经营战略目标以及现行系统的状况，明确组织的机遇和问题，确定信息系统的发展目标和战略，对建设新系统的需求做出预测和分析，研究建设新系统的必要性和可行性，明确条件约束，它是信息系统开发方向、管理策略、实施计划以及预算的路线图。根据需要和可能，给出拟建系统的备选方案，并且对这些方案从经济、技术、可操作性以及风险等多个方面加以比较，进行可行性分析，完成可行性报告。可行性报告经过项目管理委员会审议通过后，则将系统建设方案和实施计划编写成系统开发任务书，进入到下一个阶段。信息系统规划详细内容见第11.3节。

11.2.2　系统分析阶段

系统分析是弄清楚系统做什么。在系统分析阶段的主要内容是根据系统开发任务书所确定的范围进行详细调查，对组织现行系统的业务流程进行描述和分析，明确系统的功能需求，进行数据流程分析，分析功能和数据之间的关系，建立拟建系统的逻辑模型（往往用数据流程图（Data Flow Diagram，DFD）表示），并形成系统分析报告，交由项目管理委员会审议。如果审议通过，则进入系统设计阶段。

系统设计说明书是系统设计的依据，系统开发中非常关键的一步，它要求系统用户的积极参与，往往在这个阶段，需要业务分析师的参与，因为业务分析师对组织的业务了如指掌，他（她）更能够准确地定义组织现有业务或者现有系统的运营状况，从而为系统分析师掌握组织现有业务状况和优化组织业务流程等带来很大便利。系统分析详细内容见第12.1节。

11.2.3　系统设计阶段

系统设计是明确如何做，也就是说要确定如何实现系统分析阶段得到的那些逻辑模型。在系统设计阶段，须在系统分析报告的基础之上，设计出新系统的物理模型。在这个阶段主要完成系统整体设计和详细设计两大任务，系统整体设计主要指系统总体结构（网络体系结构、功能结构等）的定义，详细设计则包括输出输入设计、界面设计、数据库设计以及代码设计等内容。在系统设计阶段，要完成系统设计报告，并提交给项目管理委员会评议。批准确认后，则转入到系统实施阶段。系统设计详细内容见第12.2节。

11.2.4　系统实施阶段

系统实施阶段实际上就是付诸于行动的阶段，在这个阶段，要根据系统设计阶段所提出的要求，完成有关软硬件的购买、安装和调试工作（包括网络、操作系统、数据库系统等），更主要的任务是完成系统软件的开发工作，包括程序设计、调试和测试等工作，同时还要进行用户培训以及数据准备和初始化工作。在系统测试通过后，还要完成系统切换工作。系统切换就是把新开发的系统投入到实际生产当中。

在系统实施阶段，同样需要制定周密的实施计划，分阶段写出实施进度报告并按照进度实施相应的任务。系统实施详细内容见第12.3节。

11.2.5　系统运行和维护阶段

系统运行和维护阶段是系统正式投入组织实际生产效益的阶段。在系统运行的整个过程中，由于组织所处环境在变，往往会出现系统功能不能满足新的需求的情况，而且还会出现系统软硬件以及数据的出错或者升级更新等问题，所以系统维护工作就显得格外重要。信息系统的维护的详细内容见第15.2节。

如果系统出现的问题已经到了不能够再通过系统维护解决，那么说明组织和系统所处的环境已经发生了根本性的改变，用户会提出开发新系统的要求，这就标志着原有系统生命的结束，新的系统在孕育之中。

11.3　信息系统的规划

随着信息技术应用的日趋广泛,组织在信息系统建设上的投资也是越来越大。由于信息系统是一个建设周期长、投资大、技术复杂、管理变革大的工程项目,如果在系统建设之前没有一个全面细致的规划,该组织信息系统的建设将会面临诸如缺乏目标和方向、关键业务得不到支持以及技术风险和投资风险得不到控制等问题。从 20 世纪 60 年代起,信息系统规划开始受到业界重视,许多专家通过对实践的总结提出了不同的方法。

11.3.1　信息系统规划概述

1. 组织战略和信息系统战略

组织战略是对组织长远发展的全局性谋划,它由组织的远景和使命、政策环境、长短期目标以及确定实现目标的策略而组成的总体概念。它主要包括用于对组织重大方针计划、业务类型进行规划的组织总体战略;确定行业吸引力和组织竞争地位的经营战略以及用于规划融资、营销以及生产等业务的职能战略。对于一个组织而言,其战略规划从上至下可以分为组织级、业务级和执行级三个级别的规划,每一个层级都包含三个要素,即方向和目标、约束和政策,以及计划和指标。那么,组织的战略规划工作就形成了如图 11-4 所示的规划内容,在同一层次上的结点之间具有相互引导的关系,不同层次的相同要素具有从属和集成关系,同时,较低层次的结点规划工作会受到上一层结点相邻要素的影响。

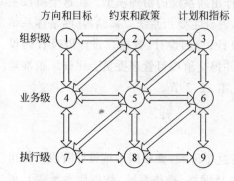

图 11-4　组织战略规划内容示意图

组织信息系统战略是组织战略的一个组成部分,是组织信息系统建设的目标、任务以及实现这些目标的方法、策略和措施的统称。组织信息系统战略要从组织整体战略出发,服务于组织战略,也就是说制定组织的信息系统战略应该以组织战略为基础,把信息战略和组织整体战略融为一体。例如,如果一个组织战略是围绕着向社会提供高品质的产品和服务制定的,那么信息战略的制定就应该围绕着如何实现向社会提供高品质产品和服务进行。组织信息战略的制定以组织战略为依据,并服务于组织战略。信息战略和组织战略的实现会受到组织所处的环境(内部环境和外部环境)的支撑,同时也会受到环境的制约。组织战略、信息系统战略以及组织现状三者之间的关系如图 11-5 所示。

2. 信息系统规划的含义及特点

信息系统规划处于系统生命周期的最初阶段。广义上讲,在这个阶段的目标就是要明确系统整个生命周期的发展路线、系统的规模、开发计划以及预算等。但是,信息系统的采用过程是一个演进过程,需要经历若干阶段逐步发展和完善。图 11-6 从组织转变程度和系统给组织带来的潜在收益角度表明了信息系统在组织中应用的层次。从图中可以看出,每

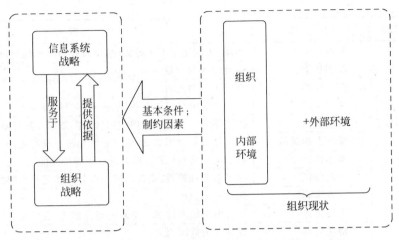

图 11-5 组织战略、信息系统战略和组织现状三者之间的关系

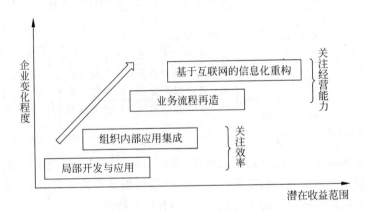

图 11-6 信息系统应用的 4 个层次

个层次所要求的组织转变以及带来的潜在收益不尽相同,由于不同的组织具有不同的组织现状和特点,所以说,不同的组织需要根据自身的状况针对这几个不同的层次来规划信息系统。

从图中还可以看出,处在较高层次的信息系统的应用为组织所带来的潜在效益要比处在较低层次的信息系统应用大,但是它使得组织承担的风险也较大,这是因为处在较高层次的信息系统应用要求组织进行更加深广的变革。在表 11-2 中给出了信息系统应用 4 个层次的优点、缺点、变革影响以及管理上所面临的挑战。

表 11-2 信息系统应用层次比较

系统应用层次	特 点	内 容
局部开发	基本特征	运用 IT 优化组织重点增值的运作
	组织价值	提升效率
	变革影响	在一两个职能部门内部
	主要优势	开发简单;组织变化阻力小
	潜在弱点	类似组织复制的可能性;缺乏组织学习
	管理上的挑战	确定高价值领域,从局部数据管理上升到信息和知识管理

续表

系统应用层次	特　点	内　　容
内部集成	基本特征	运用 IT 创造组织无缝流程,反映技术继承性和组织相关性
	组织价值	提升效率和效益
	变革影响	在若干部门之间
	主要优势	优化组织流程以提升效率,改善客户服务能力
	潜在弱点	因为不完全舍弃旧规则,只是改善,效用发挥有限
	管理上的挑战	过程整合和技术集成,确保业绩衡量标准按内部整合度制定
流程再造	基本特征	再造关键流程,IT 被视为将来组织的使能器
	组织价值	提升效率和效益,实现内部经营管理模式和组织的变革
	变革影响	组织范围内
	主要优势	从过时的模式转变为全新的经营模式,有领先者优势的机会
	潜在弱点	受到的内外阻力大
	管理上的挑战	明确流程再造的原则,处理好变革带来的变化管理
信息网络化	基本特征	通过组织网络提供产品和服务,开发 IT 学习能力及合作能力
	组织价值	初步形成网络化组织
	变革影响	跨组织变革
	主要优势	提高组织更大领域的竞争力,优化组织关系,满足个性需求
	潜在弱点	不同组织间缺乏良好的合作方式会造成不能提供差异化竞争力;若内部系统不完善会阻碍从外部学习的能力
	管理上的挑战	将组织网络信息化重构的重要性提高到战略高度,合理调整绩效衡量标准

　　信息系统规划阶段是高层次的信息分析,是概念系统形成的时期。在这个阶段,组织的高级管理人员是工作的主体。信息系统战略虽然是组织战略的一部分,但是信息系统的规划必须是面向全局和面向长远的关键问题,它具有以下特点。

　　(1) 动态性。由于组织所处的环境在变化,组织目标也会随着环境的变化进行动态调整。相应地,组织战略和总体规划也会动态调整,服务于组织目标的信息系统规划也就不可能是一成不变。

　　(2) 依赖性。信息系统规划的依赖性在于它必须以组织的总体规划为依据,并成为总体规划的有机组成部分。

　　(3) 指导性。信息系统规划的目的是为组织的整个系统确定发展战略、总体结构和资源计划,并不是对系统开发的具体问题以及解决措施的具体阐述。信息系统规划应立足于组织信息系统的长远建设,具有宏观指导性。

11.3.2　信息系统规划的原则、内容及步骤

1. 信息系统规划原则

　　信息系统规划应该遵循如下原则。

　　(1) 支持组织的总体目标。组织战略目标是信息系统规划的依据和出发点。系统规划从组织战略目标出发,根据组织的条件和约束,逐步导出信息系统战略目标和总体结构。

　　(2) 整体上服务于组织的高层管理需要,兼顾组织其他管理层的要求。

（3）让信息系统摆脱对组织机构的依赖。系统规划首先着眼于业务流程。在组织中，构成业务流程的基本活动不应依赖于组织机构的职能，而应是"客观上要求如此"。比如说，生产企业中的"产品入库"这一过程应该根据入库业务需要而定，而不应该由于在不同时期设定了不同的职能部门改变了"产品入库"这一过程。

（4）要保证系统结构具有良好的整体性。信息系统的规划过程是一个自顶向下的过程，而信息系统的实现则是一个逆向过程，即自底向上，如图 11-7 所示。信息系统规划采用自顶向下的方式可以保证系统结构的完整性和信息的一致性。

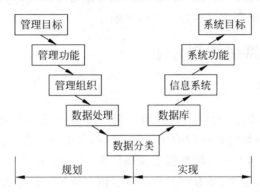

图 11-7　信息系统的规划和实现逆向顺序示意图

2. 信息系统规划内容

信息系统规划内容主要包括以下方面。

（1）明确系统规划目标、管理战略和总体结构。系统总体目标规定了信息系统的发展方向，管理战略是实现总体目标的保证，总体结构提出了系统的整个框架。

（2）规划组织现状以及关键流程。明确组织的各种资源基础条件、约束以及流程优化或者再造。

（3）清楚现有信息系统的现状。明确支持业务职能和流程的主要系统、现有的基础设施能力（软硬件、数据库、网络和互联网）满足业务需求方面的困难，以及预期的将来可能的需求等。

（4）对拟开发系统的规划。包括对新项目的描述、新的基础设施能力（软硬件、数据库、网络和互联网）的确定。

（5）管理战略的制定。包括采购计划、里程碑制定、管理控制、人力资源策略制定等。

（6）实施和预算规划。预测实施中的困难，规划进度报告、购买预算等。

3. 信息系统规划步骤

信息系统规划过程是通过对组织目标和组织现状分析得出系统建设总体规划的过程。系统规划的主要步骤如下。

（1）规划准备。首先需要成立包括专家在内的规划小组，启动规划工作，确定规划方案以及年限等。

（2）收集信息。进行初步调查，调查有关组织战略、组织机构、组织管理水平、员工素质、组织面临的机遇和问题以及信息技术现状等。

（3）定义约束条件。根据组织的资源情况，明确信息系统建设的约束条件。

（4）进行战略分析，结合组织战略目标，明确信息系统建设目标。

（5）确定信息系统总体框架，信息系统建设的总体方案以及建设的技术路线。

（6）择优确定系统建设方案。

（7）根据组织资源，提出实施进度。

（8）规划内容归档。

在规划过程中，需要组织管理层面、信息系统专家等不断交流，最终的规划文档只有在得到组织的信息系统委员会审议通过后方可生效。

11.3.3　信息系统规划方法

1. 规划方法的分类

信息系统规划方法很多，可以大致分为 4 类，即：面向底层数据的规划方法、面向决策信息的规划方法、面向内部流程管理的规划方法和面向供应链管理的规划方法。

面向底层数据的规划方法关注数据的准确性和一致性，偏重于技术分析。它涉及数据实体或者数据类的识别、定义、抽取以及数据库逻辑分析等。这种方法在组织过程建模上具有独到之处。属于这类规划的方法包括企业系统规划法（Business System Planning，BSP）和战略系统规划法（Strategic System Planning，SSP）。

面向决策信息的规划方法以支持组织战略决策信息为核心进行信息系统战略规划。这类方法的优势在于处理组织战略和信息系统战略的相互关系。属于这类规划方法的有：战略目标集转化法（Strategy Set Transformation，SST）和关键成功因素法（Critical Success Factors，CSF）。

面向内部流程管理的规划方法是通过分析组织内部流程及其价值创造情况，对流程进行优化甚至改造，寻求流程价值的最大化，提升组织的竞争力。属于这类规划方法的有：企业过程重组（Business Process Reengineering，BPR）和价值链分析法（Value-Chain Analysis，VCA）等。

面向供应链管理的规划方法则是超出了组织界限，把原有的内部流程管理规划向上游进一步延伸，通过依托供应链的整体优势提升组织的竞争力。属于这一类的典型的方法是战略网格模型法（Strategic Grid Model，SCM）。

本章只解释关键成功因素法（CSF）、战略目标集转化法（SST）和企业系统规划法（BSP）。有关企业过程重组的有关内容详见第 8.2.4 节。

2. 关键成功因素法

1）关键成功因素的基本思想

在任何一个复杂系统中，都存在着多个变量影响系统目标的实现，在这些变量中，肯定有一些因素是关键因素，有一些因素是次要因素。关键成功因素法（CSF）的主要思想就是通过识别组织成功的关键因素，找出实现目标的关键信息集合，从而确定信息系统开发的优先顺序。

在 20 世纪 70 年代，哈佛大学教授 William Zani 在管理信息系统模型中使用了关键成功变量,而这些变量成为系统成败的关键。在 20 世纪 80 年代,美国麻省理工学院教授 John Rockart 把 CSF 提升为战略系统规划的方法。所谓关键因素就是指在规划期内影响组织战略成功实现的关键性任务。

组织的关键成功因素的特点是:少量的易于识别的可操作的目标;可确保组织的成功;可用于决定组织的信息需求。

2) 关键成功因素法的步骤

CSF 法的步骤如图 11-8 所示,它包括以下几个方面。

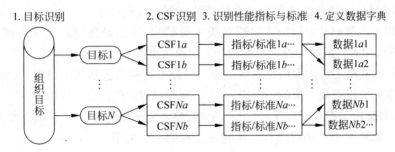

图 11-8　关键成功因素法的基本步骤

(1) 从组织管理层了解组织目标。

(2) 识别关键成功因素。

(3) 识别关键成功因素的性能指标和评估标准。

(4) 定义衡量关键成功因素的数据字典。

关键成功因素法往往从组织管理层收集组织成功的关键因素,然后逐个分析每个关键成功因素,对整个组织的关键成功因素达成一致,并使用关键成功因素确定信息系统开发的优先级。

关键成功因素法中的重要关键之一是识别关键成功因素。识别关键因素要从组织目标入手,从组织目标出发,判定哪些因素与之相关,哪些因素与之无关。再从相关因素中确定对组织目标具有直接影响力的主要因素和间接因素。确定关键因素常常采用的手段之一是由日本人 Ishikawa 提出的鱼骨图。鱼骨图作为一种工具,用来明确和发现问题,以及导致问题的因果关系,也称为因果图。图 11-9 就是一个用鱼骨图表示因果关系的例子。

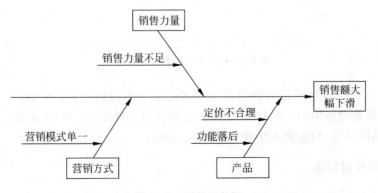

图 11-9　因果图举例

3．战略目标集转化法

战略目标集转化法由 William King 于 1978 年提出，他认为组织的整个战略目标是一个由使命、目标、战略等组成的信息集合，信息系统的规划过程就是把组织战略目标转化为信息系统战略目标的过程。组织的使命明确了组织是什么，为什么存在；组织目标可以定性也可以定量，是根据组织的使命制定的；组织的战略则是为了实现目标而制定的总方针。信息系统战略集则由系统目标、系统约束以及系统发展战略构成。

采用战略目标集转化法进行信息系统战略规划的过程如下。

（1）识别组织战略集：描绘出组织各类人员结构，例如经理、雇员、供应商、顾客、债权人、政府代理机构等；识别每类人员的目标，明确每类人员的使命和战略。

（2）将组织战略集转化为信息系统战略。信息系统战略包括系统目标、约束和战略。该转化过程要求对应组织战略集的每个识别元素，明确相对应的信息系统约束，然后提出整个信息系统结构，并交由组织高层审议，判定和调整战略集元素优先次序，评价战略性组织属性。

图 11-10 就是采用上述战略目标集转化过程的一个例子。

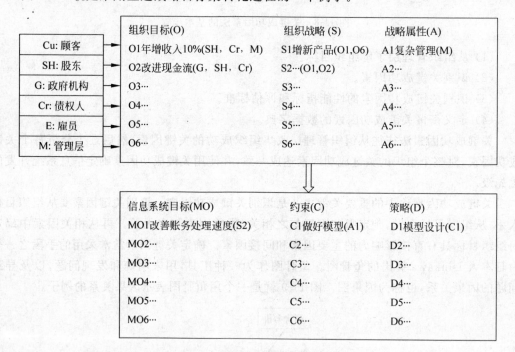

图 11-10 战略目标集转化法步骤

从图中可以看出，组织目标源自某个或者若干个不同的群体，例如组织目标 O1 由股东、债权人以及管理层引出；组织战略 S1 则是根据组织目标 O1 和 O6 制定。以此类推，相对应的信息系统目标、约束和策略就可以被一一列出。

4．企业系统规划法

1）企业系统规划法的基本思想

企业系统规划法（BSP）是由 IBM 公司在 20 世纪 70 年代提出的信息系统战略规划方

法,它的基本思想是通过自上而下的方式识别组织目标,识别业务过程,识别数据,然后再自下而上地设计信息系统目标,如图 11-11 所示。

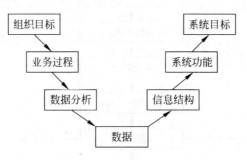

图 11-11 BSP 法的基本思想

2) 企业系统规划法的基本步骤

BSP 法的基本步骤如图 11-12 所示。

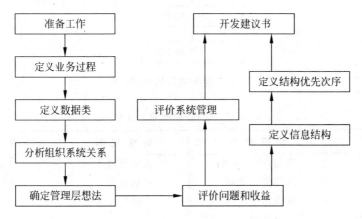

图 11-12 BSP 法基本步骤

(1) 准备工作

组织要成立由组织高层为首的信息系统开发委员会,并在下面设定规划小组,组员应该包括信息系统专家和组织职能部门的主要管理负责人员。在准备阶段要提出工作计划,并且对组织全员进行动员,从而获得人们对信息系统建设的支持。

(2) 定义业务过程

组织的业务过程是指逻辑上相关的一组活动的集合。定义业务过程可以帮助理解组织如何完成其使命和目标,为定义所需的信息结构和确定开发优先次序等提供依据。按照业务过程构建的信息系统独立于组织结构,也就是说当组织结构发生改变时,信息系统可以不随之改变。业务过程的识别过程如图 11-13 所示。

从图 11-13 可以看出,可以把组织的活动管理对象归为三大类型,即计划/控制类、产品/服务类以及支持资源类。产品/服务类活动是指和产品的生产和销售等直接相关的活动,诸如材料需求活动;支持资源类活动是指与产品生产和销售间接相关的活动,诸如人力资源活动。这几种类型对象的主要活动过程如表 11-3、表 11-4 和表 11-5 所示。

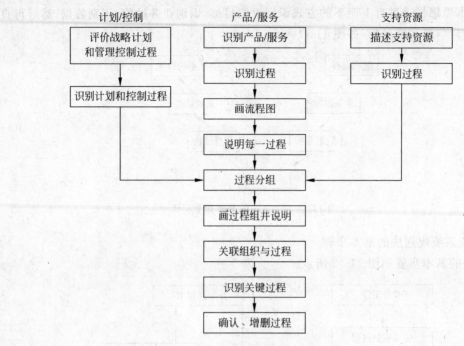

图 11-13　业务过程的识别过程

表 11-3　计划/控制业务过程

战 略 规 划	管 理 控 制	战 略 规 划	管 理 控 制
经济预测	市场/产品预测	预测管理	预测
组织计划	工作资金计划	目标开发	测量与评价
政策开发	雇员水平计划	产品线开发	
放弃/追求分析	运营计划		

表 11-4　产品/服务业务过程

产 生 阶 段	获 得 阶 段	服 务 阶 段	归 宿 阶 段
市场计划	工程设计开发		
市场研究	产品说明	库存控制	销售
预测	工程记录	接受	订货服务
定价	生产调度	质量控制	运输
材料需求	生产运行	包装存储	运输管理
能力计划	采购		

表 11-5　支持资源类管理对象业务过程

管 理 对 象	产 生 阶 段	获 得 阶 段	服 务 阶 段	归 宿 阶 段
财务会计	财务计划 成本计划	拨款,应收款	银行业务 会计	支付
人力资源	人力资源计划	招聘,调动	培训	解除合同,退休

其中,产品/服务类是组织的关键。任何一个产品都具有其生命周期,也就是经过由产生到退出的过程,可以把这个过程分为 4 个阶段,即产生阶段、获得阶段、服务阶段和归宿阶段。产生阶段的活动主要是与管理对象的请求和计划相关联的活动;获得阶段的活动主要是对管理对象的开发活动,比如说产品的生产;服务阶段的活动主要是对管理对象的存储和服务等延续活动,比如说库存控制;归宿阶段的活动主要是对管理对象的终止活动,比如产品的销售。表 11-4 中的每个阶段都有一些相关的过程。

对于已经确定的过程,应该写出简单的过程说明,以描述它们的职能,比如说对于表 11-4 中的采购过程,应该描述清楚如何选择和评价供应商,如何安排和实现订货,以及如何接受和验货等活动,从而实现以合理的价格及时获得满足需求的材料。

识别业务过程是 BSP 法的核心,识别的结果应该包含过程组及过程表、过程简要说明、关键过程表以及产品/服务过程流程图。

（3）定义数据类

定义数据类是指从逻辑性惯性出发,对由过程产生、控制和使用的数据进行分析和归并,减少数据冗余。定义数据类的常用方法是实体法,即根据组织活动确定组织实体,然后把这些实体进行归类。和组织活动相关的实体包括顾客、产品、材料、供应商、顾客、雇员等,根据确定的实体,可以进一步发现业务过程中所涉及的每个实体所包含的数据,用于后续工作。可以把与组织经营活动相关的数据归纳为 4 种类型,即存档类数据、事务类数据、计划类数据和统计类数据。

存档类数据。记录组织资源等状况,反映实体现状。一般而言,存档类的某个数据仅和一个实体直接相关。

事务类数据。反映的是由于生命周期过程中的活动而引起的存档类数据变更,这类数据的产生往往会涉及多个归档类数据,以及时间和数量等数据。

计划类数据。反映目标、资源转换过程等计划值,包括战略计划、预测、操作目程、预算等数据和模型。

统计类数据。用于对组织进行度量和控制的历史数据和综合数据。

可以通过实体/数据类矩阵来定义组织的数据类,如表 11-6 所示。

表 11-6　实体/数据类矩阵

实体 数据类	产品	客户	设备	材料	供应商	资金	雇员
存档	产品 (规范、构成)	客户(信誉)	设备(负荷)	材料	供应商	财务会计	雇员档案
事务	产品订货	产品运输	进出记录	材料订购	材料入库	应收业务 应付业务	人员调动 薪金制度 改变
计划	产品计划	市场计划	能力计划 设备计划	材料需求 计划	采购计划	财务预算	人员计划
统计	产品需求 统计	销售统计	利用率	材料需求 历史	供应统计	财务统计	人员统计

（4）分析组织系统关系

分析组织系统关系的实质是明确组织的各职能部门和业务过程的关系，关系可以用主要负责、主要参与和一般参与三种关系。比如说，销售科作为一个职能部门和销售这个业务过程的关系就是主要负责，财务部门和该过程的关系只是一般参与关系。

可以把组织中所有的职能机构和业务活动的关系罗列出来。在系统分析阶段，可以按照业务活动对各个机构做进一步调查。

（5）定义信息结构

信息系统结构的定义是对系统长期目标的描述，它通过过程/数据类矩阵进行定义。整个定义过程分为三个步骤：建立过程与数据类的关系矩阵；确定基本的子系统；确定数据流向和基本子系统之间的关系，对每个子系统命名。

在 U/C 矩阵中，描述了过程和数据类的关系，C 代表的是创建关系，U 代表的是使用关系。在最初的 U/C 矩阵中，数据类和过程的排列是随机的，U、C 在矩阵中的排列也是分散的。通过改变顺序，尽量使得 C 集中到对角线上排列，最终把相关过程生成的数据集中到一个区域，不同的集中区域对应的过程就构成了一个子系统，如图 11-14 阴影部分所示。

分组	过程 \ 数据类	计划	财务	产品	部件目录	物料单	原料库存	成品库存	设备	工作令	机器负荷	材料供应	工序	客户	销售区域	订货单	成本	职工
经营计划	经营计划	C	U	U					U								U	
	审查及控制	U	U															
	财务计划	C	U														U	U
	获取资金		C															
技术准备	产品研究			U											U			
	产品预测	U→		U										U	U			
	产品设计			C	C	U								U				
	产品工艺			U	C	C												
生产运作	材料采购				U	U												
	材料接收				U	U	U											
	库存控制				U	U	C	C	U									
	工序设计			U	U	U				C			C					
	调度			U	U	U				U	C	U						
	能力计划					U				U		C	U	U				
	材料需求				U		U					C						
	作业计划					U				U	U	U	U					
销售	销售区域管理			U										C		U		
	销售			U										U	C	U		
	订货服务			U										U	U	C		
	运输			U				U								U		
财会	普通会计		U	U										U			U	U
	定价													U		C		
	成本会计	U	U											U				
人事	人事计划		U															C
	招聘																	U
	考核																	U
	补偿		U															U

图 11-14　U/C 矩阵

11.4　信息系统开发模式

在第 11.2 节中提到信息系统开发生命周期,系统生命周期的不同变体便形成了不同的系统开发模式。系统开发模式就是指系统开发活动一系列的步骤及执行过程。信息系统开发模式的发展源于 20 世纪 50 年代,到现在经过发展已经具有多种系统开发模式存在,下面介绍其中的几种。

11.4.1　瀑布模式

1. 瀑布模式的思想

瀑布模式(Waterfall Model)由 Winston Royce 于 1970 年提出,它是一种线性模式,提出了系统开发的系统化的顺序方法,也称作生命周期法,其工作流程如图 11-15 所示。

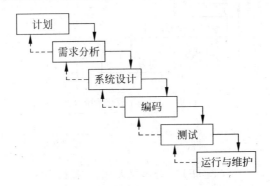

图 11-15　瀑布模型的工作流程

2. 瀑布模式的特点

瀑布模型的主要特点如下。

(1) 每个阶段间具有顺序性和依赖性。后一个阶段工作开始的前提是前一个阶段的工作必须完成,前一个阶段的输出文档是后一个阶段的输入文档。

(2) 推迟实现的观点。瀑布模型把系统开发的逻辑设计和物理实施严格地分离开来,也就是说在系统的分析和实施阶段只考虑目标系统的逻辑模型,在实施阶段才进行程序编码实现。

(3) 质量保证观点。为保证系统质量,瀑布模型要求在每个阶段都必须完成高质量的文档,也就是说在每个阶段都必须完成规定的文档,而且要对文档进行阶段审核,以及早发现问题,及时纠正错误。

3. 瀑布模式存在的问题

瀑布模式的主要问题如下。

(1) 存在假设,即项目开始之前,需求可以完整而且清晰地描述。

(2) 所有的需求在系统开发的每个阶段都应同时考虑,而且系统开发在一个周期内完成。

（3）在系统实施之前，过于强调系统分析和设计文档的完整性，一旦出现需求的改变，需要对大量文档进行修改。

（4）系统开发周期长，而且用户参与程度低，不利于及时发现错误。

11.4.2　原型模式

1. 原型模式的主要思想

原型模式（Prototype Model）的主要思想是最快地建立一个能够反映用户主要需求的软件原型，让用户感受拟开发系统的概貌，在用户评价和新需求的基础上对原型反复完善，直到最终建立一个符合用户需求的系统。原型模式由 Bally 等人在 1977 年提出。原型模式的主要思想和工作过程如图 11-16 所示。

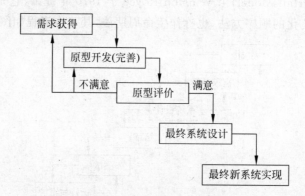

图 11-16　原型模式的工作流程

原型模式具有丢弃型、样品型和渐增式演化型三种形式。丢弃型是指最终系统的设计和开发重新开始，原型已经完成了为用户演示的目的，不再保留。样品型是指原型模式与最终产品相似，满足用户需求的原型可以作为最终系统供用户使用。渐增式演化型是指把原型作为最终产品的一部分，经过用户试用后提出增加系统能力的需求，开发人员根据需要不断迭代完善并最终交付使用。

2. 原型模式的主要特点

原型模式从原理和流程方面都比较简单，它具有如下特点。

（1）强调用户参与整个过程，容易及早发现和改正问题。

（2）符合人们认识事物的客观规律。原型模式强调的是“获得需求—开发—评价—再获得需求—改进—再评价”的循序渐进过程，符合人们认识事物的一般规律。

（3）需要先进开发工具支持，开发效率高。

3. 原型模式的局限性

原型模式存在一定的适用范围和局限性，主要在以下方面。

（1）原型模式不适合大型复杂的系统。因为大型复杂的系统必须经过严密的系统分析和设计,需要建立复杂的逻辑模型才能实施开发。

(2)原型模式强调演进,系统文档不够完备,短期而言也许能够满足用户需求,但长远来说,系统在维护和完善方面会存在问题。

11.4.3 增量模式

增量模式(Incremental Model)是瀑布模型的顺序特征和快速原型法的迭代特征相结合的产物。增量模式的思想是把软件看成是一系列相互联系的增量,在软件开发过程中的每次迭代,都是完成其中的一个增量,其过程如图 11-17 所示。

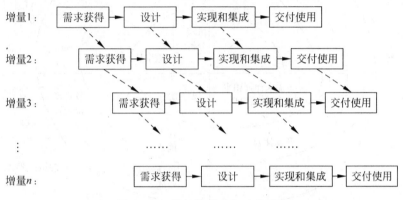

图 11-17 增量模型开发过程示意

增量模式和原型模式在本质上都是迭代的过程,但是增量模式强调的是每一个增量均发布一个可操作的产品。增量模式引入了增量包的概念,无须等到所有需求都确定,只要某个需求的增量确定后就可以进行增量开发。一般来说,第一个增量是核心产品,实现基本需求。增量模式可以有效地控制技术风险,如果增量之间存在交集但又没有很好地处理,则需要进行全面地分析。

11.4.4 螺旋模式

螺旋模式(Spiral Model)是瀑布模式和原型模式相结合的产物,它在瀑布模式和原型模式的基础上增加了风险分析,通常用于大型系统开发。螺旋模式的过程如图 11-18 所示。

螺旋模式的每一个周期都包含计划、风险分析、建立原型和用户评价 4 个阶段,周而复始,直到实现最终产品,所以,迭代过程是螺旋模型的第一特征。计划阶段主要进行系统目标的确定、方案选择以及约束条件设定等活动;在风险分析阶段要评估所在螺旋周期内的风险,在必要的情况下,可以通过建立一个原型来确定风险的大小,以此决定是继续按原有目标执行,还是要修改目标或者终止项目;建立原型阶段的任务是在确认无风险后,建立一个原型实现本轮螺旋的目标;用户评价阶段既要对前一阶段的工作成果进行评价,又要制定下一轮的工作计划。

螺旋模式利用快速原型作为降低风险的机制,使得在每一次迭代中都能够利用原型,让开发者和用户较好地了解风险,同时在总体框架上又具有瀑布模式所固有的顺序特征以及边开发边评审的特点。螺旋模型同样具有一些缺点,如果每次迭代执行效率不高,致使迭代

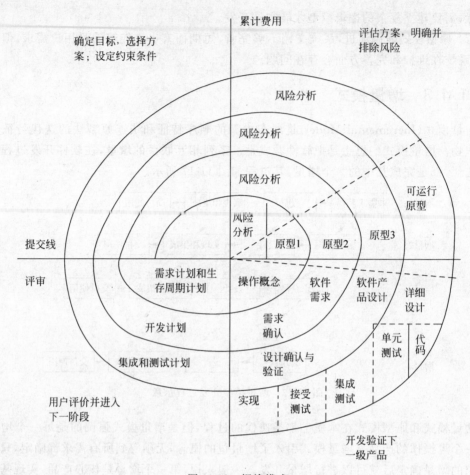

图 11-18　螺旋模式

次数过多，就会增加成本和风险，并会推迟系统提交时间。

11.5　信息系统开发方法论和建设策略

11.5.1　信息系统开发方法论

从分析要素角度出发，可以把信息系统的开发方法归为三种，即面向过程的方法（结构化方法）、面向数据的方法（信息工程方法）以及面向对象的方法。

1. 结构化系统开发方法论

结构化系统开发方法论（Structured System Development Methodology）是到目前为止最为普遍和成熟的系统开发方法论，其基本思想是用系统工程的思想和工程化方法，按照用户至上的原则结构化、模块化，自顶向下地对系统进行分析和设计，最后又自底向上地逐步构建整个系统。结构化信息系统分析和设计方法详见第 12 章。

2. 信息工程方法论

信息工程方法论(Information Engineering Methodology)方法是 20 世纪 80 年代末 90 年代初,以著名的管理大师 James Martin 为代表的美国学者,基于数据模型理论和数据实体分析方法之上,融合"数据稳定性原理"所提出的信息系统建设的方法论,1993 年马丁提出"面向对象信息工程"(Object Oriented Information Engineering, OOIE)的理论与方法,其主题数据库、数据环境以及信息工程的需求分析和系统建模方法,已经成为组织信息系统建设的主流方法论之一。

信息工程方法有以下三条非常重要的原则。

(1) 所有信息系统的开发建设都应该以数据为中心,不应该以处理为中心。

(2) 数据结构是稳定的,而业务流程是多变的。

(3) 最终用户必须真正参加信息系统的开发。

Martin 阐述了一整套自顶向下规划(Top-Down Planning)和自底向上设计(Bottom-Up Design)的方法,他在《信息系统宣言》一书中提出了"信息工程"组成的 13 块构件,如图 11-19 所示。

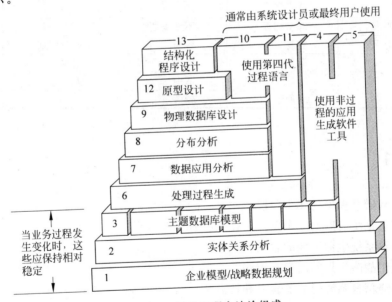

图 11-19　信息工程方法论组成

信息系统工程方法要求首先要制定一个全面的信息系统战略规划,定义组织运营过程汇总所需要的全部信息系统。这个规划包括系统需要支持业务功能和活动的定义、系统用来存储信息的数据实体,以及组织准备用来支持信息系统的技术基础设施。随着项目的不断进行,在规划阶段所定义的活动和数据会得到进一步细化,在每一个步骤中,都要创建过程模型和数据模型以及这些模型集成的方式。

长期以来,用于经营业务的数据类型发生变化的可能性很小,但是收集数据的过程是不断发生变化的,所以信息系统工程方法更加侧重于数据,但它依然包含过程,只是它强调过程之间的依赖关系,而极少关心数据的输入输出。信息系统工程方法论使用了结构化方法的许多概念,并把这些概念提炼成一种更加严格、全面的方法。和结构化方法相比较,信息工程方法使用集成化的 CASE 工具,提供更加完全的生命周期支持。

3. 面向对象方法论

面向对象方法论(Object-oriented Methodology)是由面向对象的程序设计方法逐步演化和发展起来的。面向对象的信息系统开发方法的详细描述请见第 13 章。

11.5.2 组织建设信息系统的策略

在一个组织中,建立信息系统时可以有多种策略供选择,可以根据自身的经济状况、信息技术实力以及要解决的实际问题等采取相应的策略。信息系统建设策略包括:自行开发、程序外包、项目外包和购买商用软件包等。这几种策略各有特点,如表 11-7 所示。

表 11-7 信息系统不同开发策略比较

特征 \ 开发策略	自行开发	程序外包	项目外包	购买商用软件
系统分析设计能力要求	非常需要	非常需要	不太需要	不需要
编程能力要求	非常需要	不太需要	不太需要	不需要
系统可维护性	容易	容易	比较困难	困难
程序可维护性	容易	困难	困难	非常困难
费用	小	适中	大	小
风险	一般	较大	大	小

习题 11

1. 解释诺兰模型的几个阶段。
2. 信息系统发展的 4 个阶段是什么? 有哪些特点?
3. 解释系统生命周期的含义。
4. 组织战略规划的内容有哪些?
5. 解释信息系统规划的含义和特点。
6. 信息系统规划的原则、内容和步骤是什么?
7. 信息系统规划的方法有哪些?
8. 说明关键成功因素的基本思想和步骤。
9. 说明战略目标集转化法的过程。
10. 说明企业系统规划法的思想和步骤。
11. 企业系统规划法如何定义过程和数据类?
12. 信息系统的开发模式有哪些? 各有哪些特点?
13. 信息系统开发方法论有哪些?
14. 组织建立信息系统的策略有哪些? 各有哪些特点?

第 12 章
结构化信息系统开发

过去提到信息系统开发,一般仅指软件系统的编程实现。自从使用信息系统生命周期模型指导信息系统的建设过程之后,系统开发一般指系统分析、设计和实施整个过程以及所包含的相关活动。本章详细阐述了如何采用结构化方法进行信息系统开发。

结构化方法产生于 20 世纪 70 年代中期。"结构化"一词首先出自结构化程序设计,即仅用顺序、判断或分支、循环等三种结构反复嵌套来构造程序,并避免使用 GO TO 语句。在这一程序设计思想指导下,一个程序可按自顶向下、逐步求精的方法从粗到细完成设计和构建。将这一方法引入到系统设计中来,即将一个软件按照功能进行逐层分解,每个功能对应一个程序模块(如函数),这些模块之间尽可能彼此独立,上层模块调用下层模块,从而形成自顶向下逐层调用的软件结构,就是结构化系统设计的基本思想。利用该方法将复杂问题化为多个简单问题,然后各个击破,从而使系统复杂性得到有效管理。更进一步,为了使所设计的软件系统满足用户的要求,在设计之前,先要正确理解和准确表达用户的需求,这就是系统分析阶段的基本任务。结构化系统分析同样强调按照系统的观点对企业活动由表及里地进行分析,调查清楚系统的逻辑功能后,使用数据流图从抽象到具体一层一层地抽丝剥茧,用这种方式将系统功能描述清楚。总之,结构化方法是以"自顶向下,逐层分解"为宗旨的一种系统工程方法。

12.1 系统分析

12.1.1 系统分析的任务

系统分析的基本任务是:系统分析师与用户在一起沟通,充分了解用户的要求,并把双方的理解用系统说明书表达出来。系统说明书也称为需求规格说明书,当文档审核通过之后,将成为系统设计的依据和将来验收系统的依据。在系统说明书中描述了拟建的新信息系统的逻辑结构,新系统来源于原系统,却又要高于原系统。

通俗地讲,系统分析是要回答新系统"做什么"这个关键性的问题。只有明确了问题,才有可能解决问题。否则就会方向不明,费力不讨好。因此系统分析是研制信息系统最重要的阶段,同时也是最困难的阶段。其困难体现在三个方面:问题领域的理解、人与人之间的沟通和环境的不断变化。由于系统分析师对系统的业务领域可能缺乏足够了解,业务领域中的各种信息及处理流程如同一堆乱麻,很难理出头绪,更谈不上分析制约现系统的"瓶颈"

并提出改进方案。另一方面,由于用户往往缺乏计算机方面的知识,不了解计算机能做什么和不能做什么,对信息系统的功能容易造成很多误解。此外一些用户虽然精通自己的业务,但却往往不善于把业务过程明确地表达出来,不知道该给系统分析师介绍些什么。总之系统分析师与用户的知识构成不同、经历不同,双方的畅通交流存在困难,因而系统调查容易出现遗漏和误解。这些误解和遗漏是研制系统的隐患,会使系统开发偏离正确方向。最使系统分析师困惑的是环境的变化。系统分析阶段要通过调查分析,抽象出新系统的概念模型,锁定系统边界、功能、处理过程和信息结构,为系统设计奠定基础。但是,信息系统生存在不断变化的环境中,政策法律的变化、企业体制的改革、竞争的需要等都会对系统提出新的要求。在系统分析阶段,要完全确定系统需求是困难的,有时甚至是办不到的。

为了克服这些困难,就要求系统分析师具备较高的综合素质。系统分析师要与各类人员打交道,是用户和技术人员之间的桥梁和"翻译",他们应有较强的系统观点和较好的逻辑分析能力,能够从复杂的事物中抽象出系统模型,指出不合理业务流程,提出改革方案。他们还应具备较好的口头和书面表达能力,具有较强的组织能力,善于与人共事。

12.1.2 系统分析的步骤

针对一个具体的信息系统建设项目,系统分析应按照以下步骤进行。

1) 收集信息,掌握企业业务流程

分析阶段首先进行系统初步调查,通过观察、面谈等多种调查手段收集大量信息,并完成企业管理模型的构建,管理模型包括企业组织结构图、业务流程图等。目前一些大型企事业单位通常在信息系统总体规划阶段就已完成这部分工作,其成果可以借鉴。

2) 确定系统范围和初步方案,进行可行性分析

对初步调查所收集的资料进行分析,根据企业目标和领导层意见明确系统要实现的目标和总体功能,并结合现行技术提出多种解决方案。最后对方案进行可行性分析,从中选择最优方案。

3) 详细调查,定义系统需求

对企业展开详细调查,这一过程涉及所有相关岗位的人员及其业务的详细处理过程,不能放过任何细节,系统分析员需要完全融入企业的业务中,并成为相关领域的专家,他甚至比实际业务人员更为精通岗位的职责以及不同岗位之间的内在联系。

在此基础上,系统分析师逐步定义系统的需求,采用不同类型的模型来记录这些需求,并且要不断与用户一起来确保每个模型的完整性和正确性。

4) 提出新系统的逻辑模型

新系统来自于原系统,比原系统更合理、效率更高。系统分析师通过建模对系统有更深入地理解,能够发现某些业务流程中的瓶颈或不合理的操作环节,还能运用新的信息技术解决企业管理中的部分问题。因此系统分析阶段通常存在原有系统的改进,甚至是企业流程再造,这就需要建立新系统的逻辑模型。

5) 书写系统分析报告

系统分析阶段最终要形成书面报告,这就是系统说明书。系统说明书作为技术文档应完整充分地对系统需求进行描述,并给出下一阶段的计划。

6) 评审分析报告

系统说明书作为系统设计阶段的依据,必须经过同行专家和用户的评审,确保内容符合用户要求,新方案正确可行。

12.1.3 初步调查和可行性分析

1. 调查方法

分析阶段的关键内容是理解企业业务和获得系统需求,需求来源于所有与系统相关的人员。在确定了系统相关者之后,系统分析人员就可以从他们那里调查并收集有关的信息。

常用的调查方法有以下几种。

1) 现有资料收集

企业中的大量信息是以文档和表格的形式来存储的,因此调查一开始,分析师应该请求用户提供他们正在使用的各种原始单据和表格,例如教务管理中的新生登记表、期末成绩单等,以及管理工作中的各种统计报表,最好能保证空白表格和填有真实内容的表格各一份。

另外,企业中存在大量业务规则和政策,它们一般以规章制度和下发文件的形式存在,通过收集企业各部门的各类文件能清晰认识各业务岗位职责以及业务处理流程,例如教务管理中的学生手册、图书馆借书条例等。

资料收集的调查方法有助于了解企业信息现状和规范化的业务流程,收集的资料还可以为面谈和讨论提供可视化的帮助。但该方法反映的主要是企业静态状态和书面情况。要了解企业真实的动态活动过程,还必须借助其他方法。

2) 用户面谈

和系统相关者进行面谈是理解企业的业务功能和规则的最有效手段,但同时也是最耗费时间和资源的。为了进行有效的面谈,分析师应按以下 3 个步骤进行组织。

(1) 首先进行面谈准备,包括确定面谈的目标、确定面谈对象、确定面谈问题和协商面谈时间。每次面谈最好只访谈一个用户,并在人员允许的情况下有两名项目组成员一起进行访谈和记录,两个人互相帮助和补充,可以减少疏忽遗漏或误解的几率。面谈的问题应该和面谈对象的日常工作密切相关,比如针对教务员的问题可以是"如何办理教师调课?"、"每天处理这样的事务有多少件?"等,也可以是一些开放性问题,比如"目前这种办事流程有什么不方便的地方?"。在协商面谈时间时,如果能将主要问题提交给面谈对象,可以提高面谈效率。

(2) 然后主持面谈。在有充分准备的前提下,面谈还必须注意沟通和人际关系营造方面的一些事项,例如尽量做到衣着得体、准时到达、按时结束、善于倾听、认真记录等。在面谈过程中,系统分析师应抓住机会深入调查,以确保获得对过程和规则的完全理解,同时可以适时地对一些特殊情况进行即兴询问,比如"如果成绩单登记后发现错误怎么办?"。

(3) 最后是面谈的整理工作。面谈后分析师需要吸收、理解和记录面谈所获得的信息,然后构造企业的管理模型和信息模型。在构造模型的过程中,或许还存在不明确的问题,分析师可以制作一张新的问题列表,为下一轮的面谈做好准备。

用户面谈能获得最真实的信息,挖掘更深层次的用户需求,而且允许分析人员针对个性化的问题进行深入分析。但缺点是占用资源较多,而且成功与否取决于分析师的经验和沟通技巧。

3）实地观察

另一种极为有效的调查方法是直接在用户的工作场所观察他们的活动，并且记录下所观察到的商业过程。资料收集和访谈获得的信息比较抽象，更多是在理性层面上。若直接参与到用户的日常工作中，可以得到更直观的感性认识。

实地观察针对不同业务的用户进行，时间短则几个小时，长则几天，对于难以理解的商业过程，可能需要更长时间。分析师和用户一起工作，能够获得现有商业过程的第一手材料，了解基本的商业需求，并且真实体会到流程中的困难或瓶颈，从而为系统的改进提供思路。使用实地观察的方法，可以克服面谈方法中的沟通障碍。

4）问卷调查

问卷调查方法是通过调查问卷的方式进行信息收集的一种技术。调查表可以帮助分析师回答大量问题，诸如"你每天处理多少件业务？"、"每件业务要花多长时间？"这类可以利用一组选项来回答的有限制问题，以及"业务处理有哪些具体步骤？"这类无限制问题。

问卷调查的好处是使项目开发小组可以从大量的系统相关者处收集信息，即使当他们在地域上分布很广时，仍然可以方便地获得相关资料。但因为问卷的设计和回答要么太受限制，要么太随意模糊，因此其作用是有限的、具体的，适合于调查的最初阶段。

5）联合会议

当以上这些方法获得的需求存在未解决问题，或者存在需求冲突时，通常举行联合会议的方法快速明确系统需求。联合会议的参加人有分析师、需求的所有相关者以及相关部门负责人，他们一起对不明确的系统需求和问题进行沟通和协商，克服部门利益和信息交换屏障，从而获得对问题的一致结论。当存在意见严重不统一且不可调和时，还需要企业最高领导人的直接参与。

2．业务流程分析

通过业务流程分析，可以掌握企业的主要业务和日常工作流程，业务流程分析使用的工具是业务流程图。

业务流程图描述的是企业业务过程，描述主体是业务活动。这些业务活动往往有一定的流动路线，流程涉及一个或多个部门（或角色）之间的协作，来龙去脉清楚。绘制业务流程图的过程也是系统分析师调查了解业务流程的过程。只要把所用符号与用户讲解清楚，用户很容易理解，很容易指出图中的错误或不足，因此业务流程图是系统分析员与用户交流思想的一种工具，还可以根据业务流程图分析业务流程是否合理。

业务流程图的不足是缺乏信息处理的表达能力，对具体活动所处理的数据内容表达不详细，或者说从本质上讲业务流程图表达的不是信息处理模型，而是企业管理模型。图 12-1 描述了图书馆的日常业务流程。

3．确定系统目标和范围

任何信息系统的目标都是支持企业的行为和目标。信息系统的目标并不是凭空想象出来的，而是经过辛苦工作得出的。系统分析员必须与企业管理者和用户进行大量的讨论，才能发现以上这些目标。如果没有用户的协助和合作，只是系统分析员去定义信息系统的目

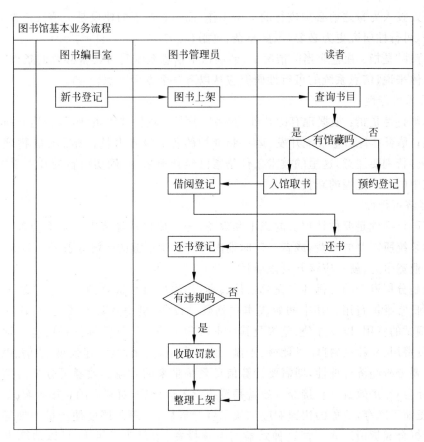

图 12-1　图书馆业务流程图

标,绝不可能取得满意结果。

例如,某便利店信息系统的目标是:帮助收银员提高结账的工作效率,保存好每笔销售记录,更有效地支持商店的操作;某仓库信息系统的目标是:帮助仓库工作人员更有效地实现进货和出货,从而提高仓库的收益,确保库存商品数量的正确性并提高库存率。

信息系统的目标在某种程度上是对企业目标的支持,因此信息系统的范围与企业系统的范围并不一定完全相同。一个公司或组织的业务范围可能很大,信息系统的范围则可以根据信息系统目标和资源约束来确定。如果不能很好地定义信息系统的边界,就会使系统分析师精力分散,导致分析工作的思路混乱和时间延误。

例如,一个图书馆需要建立一套图书流通管理的信息系统,主要目标是提高借书还书的效率和准确性,提供相关分析报告,辅助决策。从目标上看,该信息系统的工作范围是记录每笔业务(图书借阅、图书归还)的具体情况,控制图书库存的变化,提供有关报表等,因资金预算有限,具体的图书采购业务暂不考虑,这样与图书采购有关的工作就不属于该系统的范畴。

4. 可行性分析

在确定系统目标和范围后,系统分析师就可以提出信息系统的初步方案,但在正式开展信息系统项目建设之前,还要对项目的可行性进行研究。事实上,可行性研究是任何一项大型工程正式投入力量之前必须进行的一项工作,而信息系统的建设是一项投资大、时间长的复杂工程,可行性研究更为必要,也更复杂、更困难。

"可行性"是指:在企业当前情况下,研制这个信息系统是否具备必要的条件、项目是否合理。具体来说,信息系统的可行性研究应从以下三个方面考虑。

1)技术可行性

技术可行性是指:根据现有的硬件、网络以及各类软件技术条件,能否达到所提出的目标和功能;是否具备信息系统开发、运行和维护的各类技术人员;所需要的物理资源是否能够获得。特别要注意,这里的技术条件是指已经普遍采用、确实可行的技术手段,而不是正在研究中的没有把握的新技术。

2)经济可行性

经济可行性就是要估计项目的成本和效益,分析项目从经济上讲是否合理。如果不能提供研制系统所需要的经费,或者一定时期内产生不了足够的经济效益或社会效益,或者不能提高企业竞争力,就不应该开发该项目。

首先是分析资金的可得性。先要估计成本,作出项目投资总额。信息系统成本包括初始成本与日常维护费用。其中初始成本包括硬件设备、机房及其附属设施、软件开发或购买、安装调试的费用,以及办公、差旅及其他不可预见费用。日常维护费用包括软硬件维护费用、人员费用、易耗品(打印机耗材、光盘)、内务开销(公用设施、建筑物、通信、电力)等。

其次要分析经济合理性,即需要计算信息系统带来的效益。效益可分为直接经济效益和间接(社会)经济效益。直接经济效益是系统投入运行后,对利润的直接影响,如精简了工作人员,压缩了库存,业务的快速响应加快了资金周转,合理的调度使产量增加等。这些效益可直接折合成货币形式。把这种效益与系统投资、运行费用相比,可以估算出投资回收期,即经过多长时间可以收回投资。但信息系统的效益大部分是难以用货币形式表现出来的社会效益,如系统运行后,可以更及时地得到更准确的信息,对管理者的决策提供更有力的支持,改善了企业(政府)形象,增加了企业的竞争力,提高了客户(社会)的满意度等。这些都是间接效益,尤其涉及政府事务方面的信息系统,更多的是难以用货币形式表现的间接效益。

3)社会可行性

社会可行性是指:所建立的信息系统能否在该单位实现,在当前环境下能否很好地运行。从一个组织内部来讲,信息系统的建立可能导致某些制度,甚至管理体制的变动,对于这些变动,组织的承受能力如何,尤其是从手工系统过渡到人-机系统,这个因素的影响更大。领导者不积极参与、旁观怀疑,中下层怕改变工作性质,由于惰性或惧怕心理而反对采用新技术,最基层职工信息技术素质低下不能胜任新工作,这些人为阻力都是系统失败的关键因素。从组织外部来讲,信息系统运行后,数据采集和输出的方式、票证与报表格式的改变是否能被上级和有关部门认可和接收,运用新技术的企业运营模式是否符合有关国家政策和行业法规。

可行性分析的成果就是可行性报告,报告中应给出分析的结论,如立即开发/改进原系统/不可行等。若结论认为是可行的,则给出系统开发的计划,包括各阶段人力、资金、设备的需求以及进度计划。

12.1.4 详细调查与需求分析

为了便于交流和模型表达,需要借助一定的技术和图示工具对系统进行描述。直观的图表可以帮助系统分析师理顺思路,也有利于改善团队成员的沟通。20世纪70年代以来,出现了多种这样的工具,如组织结构图、业务流程图、数据流图和实体关系图等。需求分析应完成系统在功能和数据两方面的需求定义,主要使用数据流图和实体关系图来表达。其中数据流图是结构化系统分析的主要工具,用于表达系统的功能需求和数据处理流程,它是软件设计和编程的依据。实体关系图用于表达系统中需要存储和处理的数据及其关系,它是数据库设计和实施的依据。

1. 数据流图

结构化系统分析采用介于形式语言和自然语言之间的描述方式,通过一套分层次的数据流图(Data Flow Diagram,DFD),辅以数据字典、小说明等工具来描述系统。图 12-2 是一个简单的示意图。图中,上层数据流图中的一个处理框被分解为一张下层的数据流图。顶层的处理框 P0 分解为第一层数据流图,含有 P1、P2、P3、P4 等处理框。第一层分解图中的处理框又分解为第二层数据流图,例如处理框 P3 被分解为含有 P3.1、P3.2 和 P3.3 等处理框的流程图。这一分解过程如同任务的分解,一项大任务划分为多个小的子任务,而每个子任务又可以由更小的任务组成。

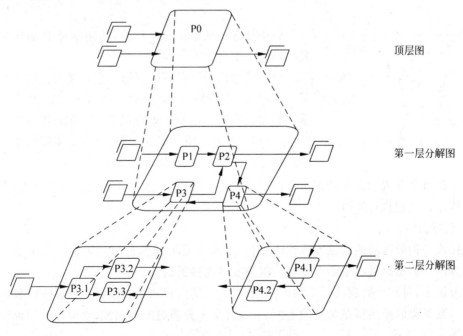

图 12-2 分层的数据流图

结构化系统分析方法就是通过这种自顶向下、逐层分解的方法,利用分解和抽象这两个基本手段控制系统的复杂性,把大问题分解成小问题,然后分别解决,这就是分解。分而治之,正是系统分析的思路。分解按层次进行,先考虑问题最本质的特性,暂时略去具体细节,以后再逐层添加细节,直到最详细的内容。

2. 数据流图的基本成分

数据流图是描述数据采集、存储、处理以及流动过程的图示工具,简称 DFD。数据流图用到 4 个基本符号,即外部实体、数据流、数据存储和数据处理过程。现分别介绍如下。

1) 外部实体

外部实体指系统以外又与系统有联系的人或事物。它表达系统中数据的外部来源和去处,例如顾客、职工、供货单位等。外部实体也可以是另外一个信息系统。

我们用一个正方形,并在其左上角外边另加一个直角来表示外部实体,在正方形内写上这个外部实体的名称。在数据流图中,为了减少线条的交叉,同一个外部实体可在一张数据流图中出现多次,外部实体的表示如图 12-3 所示。

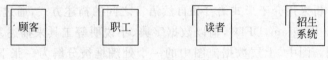

图 12-3　外部实体

2) 数据处理

数据处理代表了对数据的逻辑处理功能,也就是对数据的采集、存储、计算、输出等各种加工功能。在数据流图中,用带圆角的长方形表示处理,长方形分为三个部分,如图 12-4 所示。

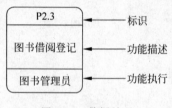

图 12-4　数据处理

标识部分用来标识一个功能,使用字母 P 加数字编码表示,如 P1、P1.1 等。

功能描述部分是必不可少的。它直接表达这个处理的逻辑功能。一般用一个动词加一个作动词宾语的名词表示。恰如其分地表达一个处理的功能,功能名称要短小精悍,既要和企业业务活动紧密关联,又要能体现数据处理的特点,恰当的命名有时需要下一番工夫。

功能执行部分表示这个功能由谁来完成,可以是一个人或一个部门机构,也可以是某个计算机程序。功能执行者可以省略。

3) 数据流

数据流是指处理功能的输入或输出,用一个水平箭头或垂直箭头表示。箭头指出数据的流动方向。数据流可以是票据、消息、报表或其他各类信息。

一般说来,对每个数据流都要加以简单地描述,使用户和系统设计员能够理解数据流的含义。对数据流的描述写在箭头的上方,一些含义十分明确的数据流,也可以不加说明。数据流如图 12-5 所示。

图 12-5　数据流

4）数据存储

数据存储是需要保存的数据的逻辑总称，例如"合同"或"读者"，不是指保存数据的物理地点或物理介质。

在数据流图中，数据存储用右边开口的长方条表示。在长方条内写上数据存储的名字。名字也要恰当，以便用户理解。为了区别和引用方便，每个数据存储有唯一一个标识，用字母 D 和数字组成。同样，为了减少线条的交叉，同一个数据存储可在一张数据流图中出现多次。数据存储如图 12-6 所示。

图 12-6 数据存储

指向数据存储的箭头，表示将数据送到数据存储（存放、写入、修改等）。从数据存储发出的箭头，表示从数据存储读取数据，如图 12-7 所示。

图 12-7 数据的读取与写入

3. 数据流图的绘制

1）数据流图

图 12-8～图 12-10 采用分层的数据流图来表达一个图书馆系统的信息处理流程。图 12-8 是顶层图，把整个图书馆系统看成一个处理功能，顶层图以最抽象的观点描述了系统的功能，标出了最主要的外部实体和数据流。图 12-9 是第 1 层图，即对系统进行划分后归纳的几个基本功能，表示出系统功能的轮廓。随着数据流图的展开，逐渐增加更多的处理和数据流，每个功能的细节一步步被展示。这样做的好处是突出主要矛盾，系统轮廓更清晰，也更符合人们认识事物的思维规律。

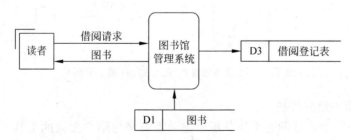

图 12-8 图书馆系统的顶层图（第 0 层图）

借还书管理又可以继续分解为如图 12-10 所示，包括更多的细节。

从图 12-10 中可以看出，P2.3 的数据流较多，这说明其功能较为复杂，可以做进一步分解。例如，根据实际情况，先要验证读者是否合法，然后确认读者是否具备借书资格，记录下借书情况后，还要查找所借图书是否存在预约登记，如果存在则删除该预约，详细过程可以

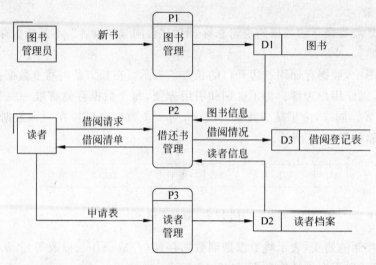

图 12-9   图书馆系统的分解图(第 1 层图)

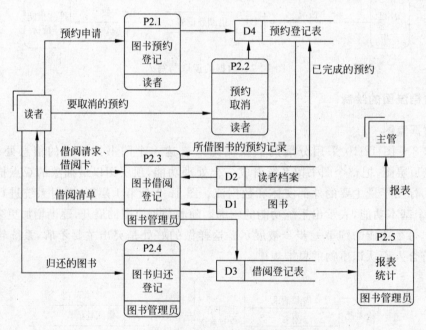

图 12-10   "借还书管理"的分解图(第 2 层图)

在 P2.3 的分解图中绘制清楚。

在系统分析中,数据流图是系统分析员记录需求和与用户交流的工具。这种图用的符号少,通俗易懂。在遵守数据流图语法要求的前提下,为了更清晰地表达实际处理功能,系统分析员应对图的分解、布局作适当调整,使之更清晰,可读性更好。

2) 检查数据流图的正确性

首先从以下几个方面检查数据流图的正确性。

(1) 数据守恒(也称为输入数据与输出数据匹配)。数据不守恒有两种情况,一种是某个处理过程用以产生输出的数据,没有输入给这个处理过程,这肯定是遗漏了某些数据流。

另一种是某些输入在处理过程中没被使用，这不一定是一个错误，但值得再研究一下为什么会产生这种情况，是否可以简化。

（2）在一套完整的数据流图中，任何一个数据存储，必定有流入的数据流和流出的数据流，即每个数据存储涉及写操作和读操作，缺少任何一种都意味着遗漏某些处理。因为数据存储中的数据不会天生就有，肯定是经过某些操作记录后保存下来的；另一方面，数据存储中保存的数据一定是有实用价值的，必定在执行其他操作时需要读取和引用。本条规则适用于系统的整个数据流模型的检查，但单张数据流图中可以出现仅有流入或仅有流出情况。

（3）父图中某一处理框的输入、输出数据流必须出现在相应的子图中，否则就会出现父图与子图的不平衡。当对数据流图中的一个处理进行分解得到子图时，父图该处理的相关的数据流，应该导入到子图中。父图与子图的关系，类似于全国地图与各省地图的关系。在全国地图上标出的主要铁路、河流，在各省地图中肯定继续保留，并且各省地图更详细具体，会添加一些次要的铁路、公路、河流等。

（4）任何一个数据流至少有一端是处理框。换言之，数据流不能从外部实体直接流到数据存储，不能从数据存储直接流到外部实体，也不能在外部实体之间或数据存储之间流动。因为只有借助于人工或机器的处理操作，才能使得数据在系统中流动。例如，数据不会凭空地从一个实体流动到一个数据存储，读者要借书，借书数据不会从读者直接流向借阅信息中，必定经过一个登记处理后才能采集有关数据并存放到数据存储中。

3）注意数据流图的层次划分

从前面的例子，通过系统分析得到了一系列分层的数据流图。最上层的数据流图相当概括地反映出信息系统最主要的逻辑功能，最主要的外部实体和数据存储。这张图应该使人一目了然，立即对系统建立初步印象，知道这个系统的主要功能和与环境的主要联系是什么。

逐层扩展数据流图，是对上一层图（父图）中某些处理框加以分解。逐层扩展的目的，是把一个复杂的功能逐步分解为若干较为简单的功能。逐层扩展不是肢解和蚕食，使系统失去原来的面貌，而应保持系统的完整性和一致性。究竟怎样划分层次，划分到什么程度，没有绝对的标准，但一般认为满足以下标准比较好。

（1）展开的层次与管理层次一致，也可以划分得更细。处理块的分解要自然，要注意功能的完整性。

（2）一个处理框经过展开，一般以分解为4～10个处理框为宜。

（3）最下层的处理过程用几句话能表达清楚。其工作量一个人能承担，若是计算机处理，一般不超过100个程序语句。

4）提高数据流图的易理解性

系统分析师还应努力提高数据流图的易理解性，可以从以下几个方面提高易理解性。

（1）简化处理间的联系。结构化分析的基本手段是"分解"，其目的是控制复杂性。合理的分解是将一个复杂的问题分成相对独立的几个部分，每个部分可单独理解。在数据流图中，处理框间的数据流越少，各个处理就越独立，系统结构就越简单，所以我们应尽量减少处理框间输入输出数据流的数目。

（2）均匀分解。如果在一张数据流图中，某些处理已是最基本的操作，而另一些却还要进一步分解三、四层，这种不均匀的分解通常意味着同一张图中的各个处理功能处于不同的抽象等级,造成的混乱局面使人难以理解。

(3) 适当的命名。数据流图中各种成分的命名与易理解性有直接关系,所以应注意命名适当。处理框的命名应能准确地表达其功能,理想的命名由一个具体的动词加一个具体的名词(宾语)组成,在底层尤其应该如此。例如,"计算总工作量"、"开发票"比较好,但"处理订货单"、"处理输入"则不太好,"处理"是空洞的动词,没有说明究竟做什么,"输入"也是不具体的宾语,而"处理其他情况"几乎等于没有命名。同样,数据流、数据存储也应适当命名,尽量避免产生错觉,以减少设计和编程等阶段的错误。

数据流图也常常要作重新分解。例如画到某一层时意识到上一层或上几层所犯的错误,这时就需要对它们重新分解和归纳。

4. 数据字典

数据流图描述了系统的分解,即描述了系统由哪几部分组成,各部分之间的联系等,但还没有说明系统中各个成分具体的含义。例如,在我们前面的例子中,数据存储"图书"包括哪些内容,数据流图不能提供具体、明确的表达。又如处理框 P2.3"图书借阅登记"具体的过程和业务规则在图上也看不出来。只有当数据流图中出现的每一个成分都给出定义之后,才能完整、准确地描述一个系统。为此,还需要其他工具对数据流图加以补充说明。

数据字典就是这样的工具之一。系统分析中所使用的数据字典,主要用来描述数据流图中的数据流、数据存储、数据处理过程和外部实体。

数据字典中有 6 类条目:数据元素、数据结构、数据流、数据存储、外部实体、处理过程。不同类型的条目有不同的属性需要描述,现分别说明如下。

1) 数据元素

数据元素是最小的数据组成单位,也就是不可再分的数据单位,如卡号、姓名等。对每个数据元素,需要描述以下属性。

- 名称　数据元素的名称要尽量反映该元素的含义,便于理解和记忆。
- 别名　一个数据元素,可能其名称不止一个。若有多个名称,则需加以说明。
- 类型　说明取值是字符型还是数字型等。
- 取值范围和取值的含义　指数据元素可能取什么值或每一个值代表的意思。数据元素的取值可分为离散型和连续型两类。例如"借书卡卡号"是连续的,而"读者类型"取值范围是"教师,学生,社会人员"等,是离散型的。
- 长度　指该数据元素由几个数字或字母组成。如借书卡号由 10 个数字组成,其长度就是 10 个字节。

表 12-1 是数据元素条目的一个例子。

数据元素可以以表 12-1 所示的卡片方式描述,也可以将所有数据元素制作成一个二维表格,编号、名称、类型、长度等各项说明作为表格的列,每行说明一个数据元素,这种格式更便于查找和编辑。

2) 数据结构

当一组数据反复出现在多个数据流和数据存储中时,可以为这一组数据定义一个数据结构条目,然后在描述数据流和数据存储时可以引用该条目。表 12-2 是一个数据结构条目示例。

表 12-1 数据元素条目

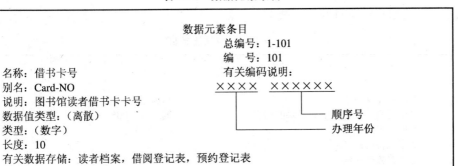

表 12-2 数据结构条目

数据结构条目

名称：读者基本信息　　　　　　　　总编号：2-03
说明：读者常用基本信息　　　　　　编　号：008
结构：　　　　　　　　　　　　　　有关的数据流、数据存储：
　　　借书卡号　　　　　　　　　　　借阅请求
　　　姓名　　　　　　　　　　　　　预约请求
　　　性别
　　　{教师|学生|社会人员}　　　　　D1 读者档案
　　　电子邮箱　　　　　　　　　　　D3 借阅登记表
　　　联系电话　　　　　　　　　　　D4 预约登记表

数据结构的描述重点，是数据元素之间的组合关系，即说明这个数据结构包括哪些成分。这些成分中有如表 12-3 所示的三种特殊情况。

表 12-3 数据元素的关系

结构类型	表达符号	说　　明	举　　例
任选项	〔x〕	可以出现，也可以省略的项	〔曾用名〕
必选项	{x|y|z}	在两个或多个数据项中，必须出现其中的一个，称为必选项	{必修课|选修课}
重复项	x^* 或 ${x}^n$	可以多次出现的数据项	例如，一张处方单可开多种药品，每种药品有品名、规格、数量，这些属性用"处方明细"表示。在处方单中，"处方明细"可重复多次

3）数据流

关于数据流，在数据字典中描述以下属性。

- **数据流的来源**　数据流可以来自某个外部实体、数据存储或某个处理。
- **数据流的去处**　某些数据流的去处可能不止一个，如某个数据流，流到两个处理，两个去处都要说明。
- **数据流的组成**　指数据流所包含的数据元素及其组合关系。一个数据流可包含已定义的一个或多个数据结构条目。
- **数据流的流通量**　指单位时间（每日、每小时等）里的传输次数。可以估计平均数或最高、平均、最低流量各是多少。

表 12-4 是数据流条目的一个例子。

表 12-4　数据流条目

数据流条目	
名称：借阅请求	总编号：3-05
简要说明：登记借书时提供的信息	编　号：005
数据流来源：读者	
数据流去向：P2.3	
包含的数据结构：	流通量：300 份／天
读者基本信息（数据结构 2-03）	
借阅图书*	
书号	
书名	
作者	

4）数据存储

数据存储的条目，主要描写该数据存储的结构，及有关的数据流、查询要求。例如，数据存储 D4"预约登记表"的条目，如表 12-5 所示。

表 12-5　数据存储条目

数据存储条目	
名称：预约登记表	总编号：4-02
说明：读者预约图书要保存的信息	编　号：D4
结构：	
读者基本信息（数据结构 2-03）	有关的数据流：
预约图书书号	P2.1→D4
预约图书书名	P2.2→D4
预约日期	P2.3→D4
	D4→P2.3
	信息量：150 份／月
	联机查询：需要

5）处理过程

关于数据流图中的处理框，需要在数据字典中描述处理框的编号、名称、功能的简要说明，及有关的输入、输出。关于功能的描述，使人能有一个较明确的概念，知道这一框的主要功能。功能的详细描述，还要用"小说明"进一步描述。

表 12-6 是 P2.1"图书预约登记"的条目。

6）外部实体

外部实体是数据的来源和去向。因此，在数据字典中关于外部实体的条目，主要说明外部实体产生的数据流和传给外部实体的数据流，以及外部实体的数量。外部实体的数量对于估计本系统的业务量有参考作用。表 12-7 是描述"读者"这个外部实体的条目。"读者"这个外部实体与图书馆管理系统有很多联系，如读者办借书卡时要填写登记表，预约和借书请求也都来自于读者等。

表 12-6 处理功能条目

处理功能条目	
名称：图书预约登记	总编号：5-007
说明：读者当前在借书籍进行预约	编　号：P2.1
输入：读者→P2.1	
输出：P2.1→D4	
处理：读者提供个人信息，以及预约的图书书号和书名，如果信息正确，则保存到预约登记表中，如果所提供的信息有误，或图书当前有库存，或读者受限不允许预约，则拒绝该项预约，并告知读者。	

表 12-7 外部实体条目

外部实体条目	
名称：读者	总编号：06-001
说明：	编　号：001
输出数据流：	个　数：10000 个
读者→P2.1（预约申请）	
读者→P2.2（取消的预约）	
读者→P2.3（借书请求）	
读者→P2.4（归还的图书）	
输入数据流：	
P2.3→读者（借阅清单）	

在本节的例子中，未画出整个系统的数据流图，因此数据字典的条目并不完善，例如上述外部实体"读者"条目中只列出了经过分解后的子图中的数据流，未分解的处理还会存在大量数据流。一般处理和外部实体描述只要列出最底层图出现的数据流即可。

5. 描述处理逻辑的工具

随着数据流图自顶向下逐层展开，表达的功能越来越具体，到了最底层的数据流图，已经能详细地表达出系统的全部逻辑功能。因此，系统的最小功能单元就是分解到最底层的数据流图的每个处理加工，称为基本处理（功能单元）。

上一节介绍的数据字典补充描述了数据流图中的各个元素，其中包括了对各个处理功能的一般描述，但这种描述是高度概括的。在数据字典中不可能也不应该过多地描述各个处理功能的细节。当基本处理的逻辑功能复杂度较高时，需要采用结构化语言、决策表和决策树三种方式进一步说明。下面分别介绍这三种工具。

1）结构化语言

结构化语言（Structured Language）是受结构化程序设计思想启发而扩展出来的。结构化程序设计只允许三种基本结构。结构化语言也只允许三种基本语句，即简单的祈使句、判断语句、循环语句。与程序设计语言的差别在于结构化语言没有严格的语法规定。

与自然语言的不同在于，结构化语言只有极其有限的词汇和语句。结构化语言使用三类词汇：祈使句中的动词、数据字典中定义的名词以及某些逻辑表达式中的保留字。

例如，某公司给购货在 50 000 元以上的顾客以不同的折扣。如果这样的顾客最近三个月无欠款，则折扣率为 15%，虽然有欠款但与公司已经有 10 年以上的贸易关系，则折扣率为 10%,否则折扣率为 5%。

在数据流图中可能有名为"计算合同额"的处理,在该处理的数据字典条目中,可以增加折扣计算政策的详细描述,使用结构化语言表达如下:

```
如果    购货额在 50 000 元以上
   则    如果    最近三个月无欠款
         则    折扣率为 15%
      否则    如果    与公司交易 10 年以上
            则    折扣率为 10%
         否则    折扣率为 5%
否则    无折扣
```

循环语句表达在某种条件下,重复执行相同的动作,直到这个条件不成立为止。例如,银行信用卡中心每个月底要给客户发出账单,可用循环语句写成:

```
对每一个客户
    计算当月消费总额
    发送电子账单
```

2) 决策树

若一个动作的执行不只是依赖一个条件,而是与多个条件有关,那么这项策略的表达就比较复杂。如果用前面介绍的判断语句,就有多重嵌套。层次一多,可读性就下降;若改用决策树(Decision Tree)来表示,可以更直观一些。前面提到某公司关于折扣率的规定就涉及三个条件:购货额、最近三个月有无欠款、贸易时间是否超过十年。这个规定用决策树可表示如图 12-11 所示。

3) 决策表

对于条件较多,而且在每个条件下取值也较多的判定问题,可以用决策表(Decision Table)表示。其优点是能把各种组合情况一个不漏地表示出来,有时还能帮助发现遗漏和矛盾的情况。如表 12-8 所示是采用决策表来描述公司的折扣政策。

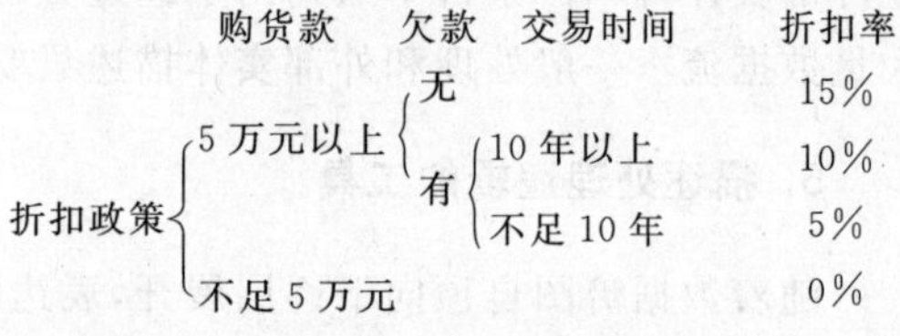

图 12-11 决策树

表 12-8 决策表

条件组合 / 采取行动	1	2	3	4	5	6	7	8
购货款(元)	≥5万	≥5万	≥5万	≥5万	<5万	<5万	<5万	<5万
欠款	有	有	无	无	有	有	无	无
交易时间(年)	>10	<10	>10	<10	>10	<10	>10	<10
无折扣					×	×	×	×
5%折扣		×						
10%折扣	×							
15%折扣			×	×				

4) 工具比较

这三种工具的适用范围可概括比较如下。

（1）决策树适用于 10～15 种行动的一般复杂的决策。有时可将决策表转换成决策树，便于用户检查。

（2）决策表适合于多个条件的复杂组合。虽然决策表也适用于很多数目的行动或条件组合，但数目庞大时使用也不方便。

（3）如果一个判断包含了一般顺序执行的动作或循环执行的动作，则最好用结构化语言表达。

6. 实体关系图

以上一直讨论的是面向过程的建模，主要关注的是系统中的功能需求，对于系统中的数据需求，虽然在数据字典中有所描述，但那只是对数据流图的补充，无法揭示数据的内在联系，尤其不能为系统设计阶段的数据库设计提供有力的依据。而使用实体关系图（E-R 图，Entity-Relationship Diagram）可以对系统的数据进行建模，详见第 6.2.1 节中的概念模型。

12.1.5　新系统逻辑方案的提出

系统分析阶段的任务是明确系统功能。通过对现行系统的调查分析，抽象出现行系统的逻辑模型，分析其存在的问题，如某些数据流向不合理，某些数据存储存在不必要的冗余，某些处理原则不合理等。产生这些问题有各种各样的原因，有的可能是习惯遗留下来的，有的可能是以前的技术落后造成的，还有些可能是某种体制不合理造成的。

例如，图书馆在日常图书流通过程中发现，图书作为一个实体来管理的话，会造成多本相同的图书无法区分，例如同一批次的《C 语言》馆藏有 5 册书，两名读者如果都借了这本《C 语言》，系统是无法辨别哪册书是哪个读者借的。那么在归还书时读者除了提供图书之外，还必须提供借书卡，这种不便利用信息技术是可以改进的。现代图书馆系统会对每册书进行标识，常见标识方法是在书籍登记前为每册书贴上唯一的条码，借还书登记采用条码识别技术实现区分。如果利用条码技术进行改进，将涉及系统处理功能和数据存储的变化，应在新系统的数据流图和实体关系图中进行表达。

调查分析中，要抓住系统运行的"瓶颈"，即影响系统的关键之处，新系统应比原系统更合理、更高效。但对原系统的变动要切实可行，能较快带来效率，尽可能要循序渐进，不要企图一下子做过多的变更，形成不必要的社会和心理上的阻力。

12.1.6　系统分析报告

系统分析阶段的技术文档也称为系统说明书或系统需求规格说明书，其内容包括以下三个方面。

1. 引言

（1）摘要。摘要说明所建议开发的系统的名称、目标和功能。

（2）背景。介绍项目的承担者、用户以及本系统和其他系统或机构的关系和联系。

（3）参考和引用资料。为了完成本项目的需求定义而参考的有关资料，如经核准的计划任务书或合同及上级机关的批文，引用的各类管理文件或制度等。

（4）专业术语定义。

2. 项目概述

（1）项目的主要工作内容。新系统是在现行系统基础上建立起来的。设计新系统之前，必须对现行系统调查清楚，掌握现行系统的真实情况，了解用户的新要求和问题所在。说明书中要列出现行系统的目标、主要功能、用户要求等，并简要指出主要问题所在。

（2）系统现状。简要说明现行系统现场工作流程和事物流程概况。若需要反映这些业务流程的业务流程图，可以另附。

（3）系统的功能说明。在现行系统现状调查的基础上，进一步透过具体工作，分析组织内的信息、数据流动的路径和过程，真正弄清用户要解决什么问题，明确系统的功能要求。这里主要通过数据流图（DFD 图）概括说明系统的功能要求，同时编写数据字典对数据流图的元素进行补充说明。

（4）系统的数据说明。从分析实体事物出发，画出整个系统的实体关系图（E-R 图），概要地表达实体之间的联系，建立数据的逻辑模型。

3. 实施计划

对于项目开发中应完成的各项工作，按系统功能（或子系统）划分，指定专人（或小组）分工完成，指明每项任务的负责人。给出每项工作任务的预定日期和完成日期，规定各项工作任务完成的先后顺序，逐项列出本项目所需要的工作量以及经费的预算。

系统说明书一旦审议通过，则成为有约束力的指导性文件，成为用户与技术人员之间的技术合同，成为下一阶段系统设计的依据。系统说明书的审议应由研制人员、企业领导、管理人员、局外系统分析专家共同进行。审议通过之后，系统说明书就成为系统研制人员与企业对该项目共同意志的体现。若有关人员在审议中对所提方案不满意，或者发现研制人员对系统的了解有比较重大的遗漏或误解，就需要返回详细调查，重新分析。

12.2　系统设计

12.2.1　系统设计的内容

系统分析阶段要回答的中心问题是系统"做什么"，即明确系统功能，这个阶段的成果是系统的逻辑模型。系统设计阶段要回答的中心问题是系统"怎么做"，即如何实现系统说明书规定的系统功能。在这一阶段，要根据实际的技术条件、经济条件和社会条件，确定系统的实施方案，即系统的物理模型。

系统设计的基本任务大体上可以分为两个方面：总体设计，详细设计。

1. 总体设计

复杂的信息系统可以划分为一些具体而简单的任务，这些具体任务合理地组织起来构成总任务。这称为总体设计或概要设计。总体设计完成的是软件结构的设计，是系统的骨架,本章介绍采用结构化设计方法进行软件的总体设计,其基本任务如下。

(1) 将系统划分成模块。

(2) 决定每个模块的功能。

(3) 决定模块的调用关系。

(4) 决定模块的接口,即模块间信息的传递。

总体设计是系统开发过程中关键的一步。系统的质量及一些整体特性基本上是这一步决定的。系统越大,总体设计的影响越大。认为各个局部都很好,组合起来就一定好的想法是不实际的,这是因为系统具有"整体大于部分之和"的特性。

2. 详细设计

为各个具体任务选择适当的技术手段和处理方法这便是详细设计。详细设计包括代码设计、数据库设计、输入设计、输出设计、图形用户界面设计、模块详细设计和计算机系统配置设计。如果说总体设计是骨架,那么详细设计就是血肉。

12.2.2　总体结构设计

俗语说:"条条道路通罗马"。根据一个逻辑模型,可以提出多个物理模型。在设计物理模型时,首先要考虑满足用户的需求,考虑是否对用户关心的数据进行了有效的存储和处理。然后要考虑系统的执行效率、响应时间能否符合用户要求。此外,还要考虑系统的可靠性、安全性、易用性、经济性和可变更性等。而这些特性中尤其以可变更性是系统设计时首要考虑的因素,这是因为信息系统的变化是本质存在的,系统的修改是否方便直接关系到系统的生命周期。一个可变更性好的系统,维护相对容易,生命周期较长。

增强系统的可变更性,要从设计系统结构着手。所谓结构就是系统的组成要素及其要素之间的关系,良好的系统具有结构简单的特点,即系统中各组成元素分工明确、易于理解;元素之间接口简单清晰,并且稳定性好。

为了使系统容易修改和易于理解,需要注意以下几个问题。

(1) 把系统划分为一些部分,其中每一部分的功能简单明确,内容简明易懂,易于修改。我们把这样的部分称为模块。

(2) 系统分成模块的工作按层次进行。首先,把整个系统看成一个模块,按功能分解成若干个第一层模块,这些模块互相配合,共同完成整个系统的功能。然后按功能再分解第一层的各个模块。依次下去,直到每个模块都十分简单。

(3) 每一个模块应尽可能独立,即尽可能减少模块间的调用关系和数据交换关系。当然,系统中的模块不可能与其他模块没有联系,只是要求这种联系尽可能少。

(4) 模块间的关系要阐明。这样,在修改时可以追踪和控制。

总之,一个易于修改的系统应该由一些相对独立、功能单一的模块按照层次结构组成,这就是结构化设计的基本思想。

1. 结构图

1) 模块

模块(Module)一词使用很广泛。通常是指用一个名字就可以调用的一段程序语句。

可以将它理解为类似"子程序"的概念,例如 C 程序设计中的函数、过程。

　　模块具有输入和输出、逻辑功能、运行程序、内部数据 4 种属性。模块的输入、输出是模块与外部的信息交换。一个模块从它的调用者那里获得输入,把产生的结果再传递给调用者。模块的逻辑功能是指它能做什么事,它是如何把输入转换成输出的。输入、逻辑功能、输出构成一个模块的外部特性。内部数据和程序代码则是模块的内部特性,在总体设计阶段,主要关心模块的外部特性,模块的内部属性则是后面详细设计阶段要解决的问题。

　　模块用长方形表示。模块的名字写在长方形内,如图 12-12 所示。模块的名字由一个动词和一个作为宾语的名词表示。模块的名字应恰如其分地表达这一个模块的功能。

计算工资

图 12-12　模块的表示方法

　　2) 结构化设计

　　结构化设计采用结构图(Structured Chart,SC)描述系统的模块结构及模块间的联系。图 12-13 是结构图的一个例子。该图描述借阅登记功能的子模块划分,以及调用模块时的数据交换。

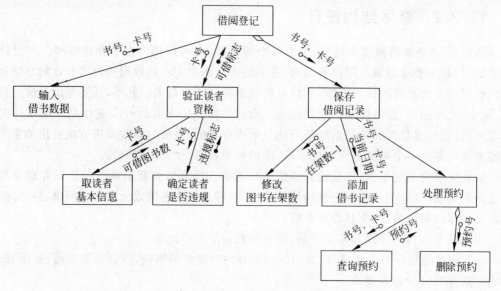

图 12-13　结构图示例

结构图中的主要成分如下。

- 模块　用长方形表示。
- 调用　从一个模块指向另一个模块的箭头,表示前一个模块调用后一个模块。箭尾的菱形表示有条件地调用,弧形箭头表示循环调用。
- 数据　用带圆圈的小箭头表示从一个模块传递给另一个模块的数据。
- 控制信息　带涂黑圆圈的小箭头表示一个模块传送给另一个模块的控制信息。

　　结构图的层数称为深度。一个层次上的模块总数称为该层的宽度。深度和宽度反映了系统的大小和复杂程度。

　　模块结构图可以由数据流图转换而来。但是,结构图与数据流图有着本质的差别:数据流图着眼于数据流,反映系统的逻辑功能,即系统能够"做什么";结构图着眼于控制层次,反映系统的软件结构,即如何实现系统的总功能。

结构图也不同于程序流程图(Flow Chart)。后者用于说明程序的步骤,说明先做什么、再做什么,是反映系统动态特征的模型。结构图描述各模块的"责任",是反映系统静态特征的模型。如同一个公司的组织机构图,用于描述各个部门的隶属关系与职能。

2. 模块的联系

结构化设计的基本思想,就是把系统设计成由相对独立、功能单一的模块组成的层次结构。为了衡量模块的相对独立性,提出了模块间的耦合(Coupling)与模块的内聚(Cohesion)两个概念。这两个概念从不同侧面反映了模块的独立性。耦合反映模块之间连接的紧密程度,而内聚指一个模块内各元素彼此结合的紧密程度。如果所有模块的内聚都很强,模块之间的耦合自然就低,模块的独立性就强,反之亦然。

在一个大程序中,软件系统被分解成许多模块。划分方法不同,模块间的联系程度就不同。我们希望模块内部联系越紧越好,模块间联系越少越好。耦合、内聚两个概念从不同的角度反映这种联系。

12.2.3　代码设计

1. 代码的作用

代码是用来表征客观事物的一个或一组有序的符号,它应易于被计算机和人识别与处理。代码也简称为"码"。

编码就是用数字或字母代表事物。编码的历史可以追溯到古代。从古代常用来传递信息的烟信号到现代的电传打字机,都需要对所用的符号(烟、字母等)的含义有约定。没有代码是难以想象的。这个问题过去不太受重视,今天却成了信息技术中的核心问题之一,成为现代化管理的基础工作之一。通过编码,建立统一的信息语言,有利于提高标准化水平,使资源共享;有利于采用集中化措施以节约人力,加快处理速度,便于检索。具体讲,代码有以下功能。

(1) 鉴别功能。这是代码最基本的特性。任何代码都必须具备这种基本特性。在一个信息分类编码标准中,一个代码只能唯一地标识一个分类对象,而一个分类对象只能有一个唯一的代码。

(2) 分类。当按分类对象的属性(如身份、特性、用途等)分类,并分别赋予不同的类别代码时,代码又可以作为分类对象类别的标识。这是利用计算机进行分类统计的基础。

(3) 排序。当按分类对象产生的时间、所占空间或其他方面的顺序关系分类,并赋予不同的代码时,代码又可以作为排序的标识。

(4) 专用含义。当客观上需要采用一些专用符号时,代码可提供一定的专门含义,如数学运算的程序、分类对象的技术参数、性能指标等。

代码可以是数字型、字母型和数字字母混合型。数字型代码是用一个或多个阿拉伯数字表示,结构简单,使用方便,也便于排序,但缺点是对象特征的描述不直观。字母型代码是用一个或多个字母表示的代码。当使用有意义的字母时,便于记忆,也称为助记码,例如,铁道部制定的火车站站名字母缩写码中,BJ 代表北京,HB 代表哈尔滨。另外,字母型代码容量大，但缺点是容易出现重复和冲突。混合型代码是由数字、字母、专用符号组成的代码。这种代码基本上兼有前两种代码的优点。但是，这种代码组成形式复杂，计算机输入不便，录入效率低，错误率高。

2．代码的种类

代码的种类很多，总的可以分为有实义代码和无实义代码两种。无实义代码主要采用顺序码，有实义代码包括系列顺序码、层次码、特征组合码、矩阵码等。实际应用中，常常根据需要采用两种或两种以上基本代码的组合。下面介绍几种最常用的代码。

1）顺序码

顺序码是一种无实义代码。这种代码只作为分类对象的唯一标识，只代替对象名称，而不提供对象的任何其他信息。顺序码是一种最简单、最常用的代码。这种代码是将顺序的自然数或字母赋予分类对象。例如，"人的性别代码"（按国家标准 GB 2261—80）规定：1 为男性，2 为女性。

顺序码的优点是代码简短，使用方便，易于管理，易于添加，对分类对象无任何特殊规定。缺点是代码本身没有给出对象的任何其他信息。通常，非系统化的分类对象常采用顺序码。

2）系列顺序码

系列顺序码是一种特殊的顺序码。它将顺序码分为若干段并与分类对象的分段一一对应，给每段分类对象赋予一定的顺序代码。例如，国家标准《国务院各部、委、局及其他机构名称代码》（GB 4657—84）采用的就是系列顺序码，用三位数字表示一个机构，第一位数字表示类别标识，第二位和第三位数字表示该机构在此类别中的数字代码，如 300～399 为国务院各部，700～799 表示全国性的人民团体。

这种代码的优点是能表示一定的信息属性，易于添加；缺点是空码较多时，不便于机器处理，不适用于复杂的分类体系。

3）层次码

层次码是以分类对象的从属层次关系为排列顺序的一种代码。代码分为若干层，并与对象的分类层次对应。代码左端为高位层次代码，右端为低位层次代码。每个层次的代码可采用顺序码或系列顺序码。例如图书分类码中，TP3 表示计算机技术类，TP31 表示计算机技术下的软件类别，TP311 是软件类下的程序设计和软件工程，TP312 表示软件类下的程序语言，逐层进行编号。

层次码可以方便地表示事物之间的隶属关系，但弹性较差。

4）特征组合码

这种码由两个或两个以上的段组成，每个段能够描述事物的一种特征。例如，高校的教务系统需要为每门课程编码，可以使用一位表示课程类型（选修课/必修课），一位表示课程特征（理论课/实践课），一位用来区分课程性质（公共课/专业课），两位表示课程的开设学院。这样，通过代码可以识别出事物的多个特性。18 位的中华人民共和国居民身份证号也是一种特征组合码。特征组合码的结构具有一定的灵活性，但缺点是代码容量的利用率低。

5）自检码

自检码由原来的代码（本体部分）和一个附加的校验码组成。校验码用来检查代码的录入和转录过程中是否有差错。它和代码本体部分有某种唯一的关系，它是通过一定的数学算法得到的。

在没有编码对照表的环境中,使用自检码是非常有必要的,比如居民身份证号,很多信息系统都会将它作为人员的唯一性标识,这种标识不像有些系统的内部实体(如零件)会提供一个编码描述对照表来强制输入的规范性,几乎没有一个系统可以提供这样一个身份证号码表来验证所登记的是否是一个合法号,所以只能靠校验码来完成部分验证功能,身份证号的最后一位就是校验码。

3. 代码的设计原则

代码设计必须遵循以下基本原则。

(1) 唯一性。一个对象可能有多个名称,也可按不同的方式对它进行描述。但在一个编码体系中,一个对象只能赋予它一个唯一的代码。

(2) 合理性。代码结构应与相应的分类体系相对应。

(3) 可扩充性。应留有充分的余地,以备将来不断扩充的需要。编码的可扩充性是衡量信息系统是否具有生命力的一个重要因素,考虑不周的编码体系将会成为制约系统发展的瓶颈。

(4) 简单性。结构尽可能简单,尽可能短,以减少各种差错。

(5) 适用性。代码尽可能反映对象的特点,以助记忆,便于填写。

(6) 规范性。国家或行业有关编码标准是代码设计的重要依据,已有标准必须遵循。在一个代码体系中,代码结构、类型、编写格式必须统一。

(7) 系统性。有一定的分组规则,从而在整个系统中具有通用性。

12.2.4　数据库设计

在系统分析阶段,我们已经提出了数据的原始信息结构,即实体—关系图,这个实体模型是独立于具体的数据库管理系统的。系统设计中,我们需要根据所选择的数据库管理系统来进行物理数据库的设计。数据库厂商提供的数据库管理系统基于三大数据模型:层次模型、网状模型和关系模型,一般的信息系统广泛使用的是基于关系数据模型的数据库产品(如 Access、Oracle、Sybase、SQL Server),因此在这里我们只介绍和关系模型有关的数据库设计问题。

1. 关系数据模型

关系数据模型把数据看成是二维表中的元素,而这个由行和列组成的二维表就是关系。用关系表示实体和实体之间联系的模型称为关系数据模型。

通俗地讲,关系就是二维表格,表格中的每一行称为行、元组或记录,每一列是一个属性值集,称为字段或属性,表格中的一个单元就是一个字段值或属性值。

在关系数据模型中,每一个表必须有一个唯一性的键码(key)。该键码是一个字段和字段集,它们的值在一张表的所有行中只出现一次。如果某个字段或字段集是唯一的,那么也称它(们)是表的主键(primary key)。

实体和实体之间的联系都使用关系来表示,比如医生和处方对应为两个表,医生表含有医生姓名、编号、科室、职称、职务等属性字段,其中编号是主键;处方表有处方单号、日期、患者姓名、年龄、性别、药品名称、药量和医生编号等字段,处方单号是主键。它们之间的关系也在表中反映,如处方表中有"医生编号"的描述,这里"医生编号"是外键(foreign key),当一个字段或字段集不是所在表的主键,而是其他表的主键时,称为外键。

要从实体关系图设计关系数据库模式时,可以按照以下步骤来完成。

(1)为每个实体类型创建一张二维表。

(2)为每张表选择或发明一个主键。

(3)添加外键来表示实体间一对多的关系。

(4)创建一张新表来表示尚未分解的多对多的关系(拆为两个一对多关系)。

(5)确定各个关系模式中属性的数据类型、约束、规则和默认值,考虑域完整性。

例如,图书馆 E-R 图经讨设计,形成三张表,分别如下:

读者表(卡号、姓名、性别、类型、邮箱)

图书表(书号,书名,作者,价格,馆藏总量,在架数量)

借阅表(卡号,书号,借书日期,到期日期,还书日期)

其中,带下划线的为主键,卡号是读者表的主键,借阅表中的卡号称为外键。借阅表的关键字为复合关键字,由"卡号＋书号＋借书日期"唯一确定一条记录。各表存储数据后的效果如表 12-9 至表 12-11 所示。

表 12-9　读者表

卡　号	姓　名	性　别	类　型	邮　箱
2007100001	李蒙	男	学生	li. meng@888. com
2007100002	张进	男	学生	zhang. jin@abc. com
…	…	…	…	…
2009100121	田园	女	学生	tian. yuan@bistu. edu. cn

表 12-10　图书表

书　　号	书　　名	作者	价格	馆藏总量	在架数量
TP312C/1154	C 程序设计教程	谭浩强	29	10	8
TP316/439	计算机操作系统	郁红英	32	5	2
…	…	…	…	…	…
TP311.13/294	数据库系统及应用	崔巍	30	5	3

表 12-11　借阅表

卡　　号	书　　号	借书日期	到期日期	还书日期
2007100001	TP312C/1154	2010-5-20	2010-7-20	2010-7-1
2007100001	TP316/439	2010-9-18	2010-11-18	
…	…	…	…	…
2009100121	TP312C/1154	2010-9-1	2010-11-1	

2. 数据库物理设计

数据库物理设计的内容是设计数据库的存储结构和物理实现方法。在层次模型和网状模型时代,数据库物理设计的内容非常复杂,要考虑很多实现的细节,而关系数据库的物理设计要简单得多,甚至在一些像 Access 这样的桌面数据库管理系统,几乎没有多少物理数据库设计的内容。物理数据库设计主要包括以下几方面。

1) 估算数据库的数据存储量

数据存储量也就是数据库规模,可以利用需求分析阶段采集的数据需求,对数据库的大小作一个粗略的估算,并可以对数据的增长速度做出预测,以便为数据库分配足够的空间。

2) 设计数据库设备

根据数据库的规模和硬盘等资源的情况来考虑如何部署数据库设备,同时必须考虑日志设备的安排。从安全、可靠的角度考虑,数据库设备和日志设备应该安排在不同的物理存储介质上。

3) 安排数据库的存储

从数据库管理的角度考虑,数据库是创建在一个设备上,还是创建在两个设备上?是否使用数据段技术?应该为数据库申请多少空间?为事务日志申请多少空间?

4) 设计索引

当需要根据某个字段值进行检索时,建立索引能够提高查询性能,但它同时也会降低其他性能。因此,要根据用户需求和应用的需要来合理使用和设计索引。

5) 设计备份策略

在设计数据库时,就要考虑到备份策略。可以根据实际情况设计分阶段的备份策略,比如,在数据库建立初期,数据录入量较大,更新也相对比较频繁,可以设计一种策略;而在数据库相对稳定后,又采取另外一种策略。

数据库设计的好坏,直接影响到日后数据库的使用。一个设计得好的数据库,不仅可以为用户提供所需要的全部信息,而且还可以提供快速、准确、安全、可靠的服务,数据库的管理也会相对简单一些;相反,一个设计得不好的数据库,可能需要经常进行修改、调整,不仅使数据库管理很复杂,而且更重要的是数据库不能为用户提供可靠的服务。

12.2.5　输入输出和用户界面设计

输入输出设计的重要性是显而易见的。管理信息系统只有通过输入才能采集到有价值的数据,只有通过输出才能为用户服务。输入设计的目标是保证向系统输入正确的数据。输出设计的目标是保证系统能为用户提供准确、及时、适用的信息。

1. 输入设计

输入设计的内容如下。

1) 确定输入数据内容

输入数据的内容设计,包括确定输入数据项名称、数据内容、精度、数值范围。

2) 确定数据的输入方式

数据的输入方式与数据发生地点、发生时间、处理的紧急程度有关。如果发生地点远离计算机机房,发生时间是随机的,又要求立即处理,则采用联机分散输入方式。对于数据发生后可以不立即处理的,可以采用集中批量输入。

3) 输入数据的正确性校验

这也是输入设计的一项重要内容。我们已经强调,输入设计最重要的问题是保证输入数据的正确性。对数据进行必要的校验,是保证输入正确性的重要环节。

4)确定输入设备

常用的输入设备有键盘、鼠标、条形码阅读器、智能读卡器、磁性墨水字符识别机、光电阅读器、语音识别仪、图像扫描仪等。随着信息技术的发展,输入方式和设备也在不断更新,可以根据实际应用场景选择合适的输入设备。

"输入的是垃圾,输出的必然是垃圾"。在此前提下,应做到输入方法简单、迅速、经济、方便。为此,输入设计应遵循以下原则。

(1)最小量原则。这就是在保证满足处理要求的前提下使输入量最小。输入量越小,出错机会越少,花费时间越少,数据一致性越好。

(2)简单性原则。输入准备、输入过程应尽量容易,以减少错误的发生。

(3)早检验原则。对输入数据的检验尽量接近原数据发生点,使错误能及时得到改正。

(4)少转换原则。输入数据尽量用其处理所需形式记录,以免数据转换时发生错误。

2.输入数据的校验方法

数据在输入过程中,不可避免地会出错,应尽早地进行正确性校验,输入数据有多种校验方法,下面介绍常用的一些方法。

1)重复校验

这是将相同的内容重复执行多次,比较其结果。例如,由两个或更多操作员录入相同的数据文件,比较后找出不同之处予以纠正。

2)视觉校验

一般在原始数据转换到介质以后执行。例如,从终端上键入数据,在屏幕上校验之后再送到计算机处理。视觉校验一般查错率可达到 $75\% \sim 85\%$。

3)分批汇总校验

对重要数据,如传票上的金额,其数量可以进行分批汇总校验。将原始传票按类别、日期等分成若干批,先手工计算每批总值,输入计算机后,计算机再计算总值,二者对照进行校验。

4)控制总数校验

分批汇总校验是对部分重要数据进行的,控制总数校验则是对所有数据项的值求和进行校验,其出错位置的确定比分批汇总校验精确。

5)数据类型校验

这是指校验数据是数字型还是字符型,还可以组合运用界限检查、逻辑检查等方法进行合理性校验。

6)格式校验

格式校验也称错位校验,就是校验各数据项位数和位置是否符合事先的定义。例如,若规定姓名最大位数是 30 位,那么第 31 位应为空格,否则认为数据错位。

7)逻辑校验

逻辑校验检查数据项的值是否合乎逻辑。例如月份应是 $1 \sim 12$,日期应是 $1 \sim 31$。逻辑校验检查数值是否合乎业务上的要求,也称合理性校验。

8)界限校验

界限校验指检查某项数据是否在预先指定的范围之内。分范围校验、上限校验、下限校验三种。例如,某商品单价在50元以上,1000元以下,在此范围之外属错误。

9) 记录计数校验

这是通过记录的个数来检查数据的记录有无遗漏和重复。

10) 平衡校验

这是校验相关数据项之间是否平衡。例如,检查会计的借方与贷方、报表的小计与总计是否相符。

11) 对照匹配校验

指核对输入中的重要代码是否是正确的事物代码。例如,销售订单中的客户账号若在客户档案文件中找不到,就可以确定录入有问题。

12) 代码自身校验

这是最常用的一种校验,已在代码设计一节介绍。

3. 输出设计

输出设计包括以下几方面的内容。

1) 确定输出内容

用户是输出信息的主要使用者。因此,进行输出内容的设计,首先要确定用户在使用信息方面的要求,包括使用目的、输出速度、频率、数量、安全性要求等。根据用户要求,设计输出信息的内容,包括信息形式(表格、图形、文字),输出项目及数据结构、数据类型、位数及取值范围,数据的生成途径,完整性及一致性的考虑等。

2) 选择输出设备与介质

常用的输出设备有显示终端、打印机、写卡器、磁带机、磁盘机、绘图仪、缩微胶卷输出器、多媒体设备等。输出介质有纸张、IC卡、磁带、磁盘、缩微胶卷、光盘、多媒体介质等。这些设备和介质各有特点,应根据用户对输出信息的要求,结合现有设备和资金条件选择。

3) 确定输出格式

提供给人的信息都要进行格式设计。输出格式要满足使用者的要求和习惯,达到格式清晰、美观、易于阅读和理解的要求。

报表是最常用的一种输出形式。报表的格式因用途不同而有差异,但一般由三部分组成:表头、表体和表尾。表头部分主要是标题;表体部分是整个表格的实体,反映表格的内容;表尾是一些补充说明或脚注。

报表的输出,根据需要可采用不同的形式。对于单个用户一次性使用的表格,因为没有保留价值,可以在显示终端上输出。对于多个用户需要多次使用的表格,可打印输出。打印输出的报表,要考虑时间划分、装订等问题。需要长期保留的输出报表,可采用磁盘文件形式输出,以便存储。

除各种格式的报表之外,图形化的输出也是信息系统重要的输出形式,其中包括曲线图、直方图、饼图等。这些输出特别适用于中高层管理人员或决策人员,因为他们往往关心的不是具体精确到小数点的数值,而是总体的具有概括性的分析结果,能为将来的决策提供支持。比如直方图可以非常直观地显示出全年12个月的销售情况,便于观察和对比;饼图或扇形图擅长描述各部分数据占总数据的比例情况,孰重孰轻,一目了然;曲线图能为某些发展趋势的了解及预测提供帮助,比如股票分析如果没有曲线图简直就不可想象。

采用何种输出形式要根据输出的内容要求和具体使用人员的管理层次和喜好来定,好的设计应该提供数据的多种表现形式,需要时可以方便地在它们之间切换。

4. 用户界面设计

人与计算机进行信息交流就是人机对话。这里讲的人机对话,是指人通过屏幕、键盘等设备与计算机进行信息交换,控制系统运行。因此,人机对话设计也称为用户界面设计。绝大多数的输入、输出都以人机对话的方式实现,因此输入输出设计必须进行用户界面设计。

用户界面的设计好比商品的包装设计、商店的橱窗布置,给用户一个直观的印象。因此,用户界面设计的好坏,关系到系统的应用和推广。友好的用户界面,是信息系统成功的条件之一。

1) 用户界面设计注意事项

用户界面设计的基本原则是为用户操作着想,而不应从设计人员的设计方便性来考虑。因此,用户界面设计应注意以下几点。

(1) 对话要清楚、简单,用词要符合用户观点和习惯。

(2) 对话要适应不同操作水平的用户,便于维护和修改。这是衡量对话设计好坏的重要标准。用户开始使用时,要让操作人员觉得系统在教他如何使用,鼓励他使用。随着用户对系统越来越熟悉,又会觉得太详细的说明、复杂的屏幕格式太啰嗦。为适应不同水平的用户,应提供可选择的操作方式。

(3) 错误信息设计要有建设性。使用者判断用户界面是否友好,其第一印象往往来自当发生错误时系统有什么样的反应。在一个好的错误信息设计中,用词应当友善,简洁清楚,并要有建设性,即尽可能告知使用者产生错误的可能原因。

(4) 关键操作要有强调和警告。对某些要害操作,无论操作人员是否有误操作,系统应进一步确认,进行强制发问,甚至警告,而不能一接到命令立即处理,以至造成严重的后果。这种警告,由于能预防错误,更具有积极意义。

2) 图形用户界面设计注意事项

近年来,随着 PC 机上多视窗(Multi Windows)、鼠标、光笔及支持超文本的 Web 浏览器的使用,图形用户界面(Graphical User Interface,GUI)已成为一种流行的界面设计技术,并成为信息系统用户界面的主流。

图形用户界面有容易学习使用、操作方便、图形丰富、多窗口操作等优点。但是,图形用户界面也有缺点。与文字指令界面相比,图形形式的指令不能表达复杂的复合指令。指令数目太多时,不容易在屏幕上安排菜单。对于熟练的使用者而言,键盘输入的速度要快于鼠标选择的输入。

图形用户界面设计,应注意以下几条原则。

(1) 用户界面的各个画面设计在整体上应保持相同或相似的外观。例如,按钮和选择项的位置,尽可能安排在同样的地方,便于用户熟练掌握屏幕上的信息。

(2) 用户界面使用的词汇、图示、颜色、选取方式、交流顺序,其意义与效果应前后一致。

(3) 允许纯键盘输入方式,输入的移动顺序应从左至右,然后从上至下。这样熟练用户可以方便地使用快捷的键盘方式录入。

(4) 要正确使用图形的表达能力。图形适合用来表达整体性、印象感和关联性的信息,而文字适用于表达单一的、精确的、不具关联性的一般资料。滥用图形表示有时会造成画面混乱,反而使用户不易理解。

(5)由于图形对象占用系统资源较多,处理速度较慢,因此在时间响应要求高,而硬件资源档次较低的环境中,不宜采用图形界面。

12.2.6 功能详细设计

总体设计将系统分解成许多功能模块,并决定了每个模块的外部特征:功能和接口。而功能的详细设计则要确定每个模块的内部特征,即内部的执行过程,包括局部的数据组织、控制流、每一步的具体加工要求及种种实现细节。通过这样的设计,为编写程序制定一个周密的计划。当然,对于一些功能比较简单的模块,也可以直接编写程序。

处理过程设计的关键是用一种合适的表达方法来描述每个模块的执行过程。这种表示方法应该简明、精确,并由此能直接导出用编程语言表示的程序。一般使用传统的程序流程图、盒图等图示工具。

1. 流程图

流程图(Flow Chart)也称程序框图,是历史最久、应用最广的一种图形表示方法。流程图包括以下三种基本成分。

(1)加工步骤,用方框表示。

(2)逻辑条件,用菱形表示。

(3)控制流,用箭头表示。

图形表示的优点是直观、形象,所以容易理解。但从结构化程序设计的角度看,流程图不是理想的表达工具。缺点之一是表示控制的箭头过于灵活。使用得当,流程图简单易懂;使用不当,流程图可能非常难懂,而且无法维护。流程图的另一个缺点是只描述执行过程,而不能描述有关数据。

使用如图 12-14 所示的几种标准结构(对应于结构化程序设计的三种标准结构)反复嵌套而绘制的流程图,称为结构化流程图(Structured Flow Chart)。图 12-15 就是这样一个流程图。

2. 盒图

盒图(NS 图)是结构化程序设计出现之后,为支持这种设计方法而产生的一种描述工具。它用如图 12-16 所示的 5 种基本成分,分别支持结构化程序设计方法的几种标准控制结构。图 12-17 等效于图 12-15。

在 NS 图中,每个处理步骤用一个盒子表示。盒子可以嵌套。盒子只能从上头进入,从下头走出,除此之外别无其他出入口,所以盒图限制了随意的控制转移,保证了程序的良好结构。

与流程图相比,NS 图的优点在以下几方面。

(1)它强制设计人员按结构化程序设计方法进行思考并描述其方案。

(2)图像直观,容易理解设计意图,为编程、复查、测试、维护带来方便。

(3)简单易学。

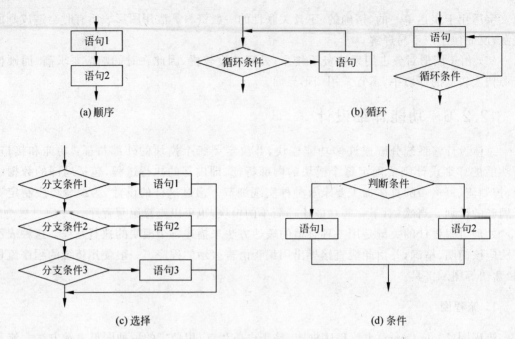

图 12-14　标准结构流程图

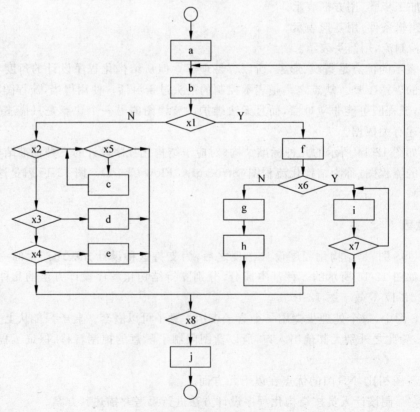

图 12-15　结构化流程图

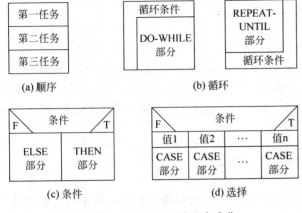

(a) 顺序 (b) 循环

(c) 条件 (d) 选择

图 12-16 NS图的 5 种基本成分

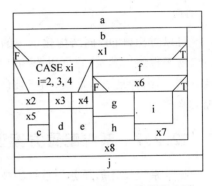

图 12-17 与图 12-15 等价的盒图

3. 程序设计语言

程序设计语言(Program Design Language,PDL)是用来描述模块内部具体算法的非正式的、比较灵活的语言,也称为伪代码(Pseudocode)。其外层语法是确定的,而内层语法不确定。外层语法描述控制结构,用类似一般编程语言的保留字,所以是确定的。内层语法故意不确定,可以按系统的具体情况和不同层次灵活选用。实际上,可用自然语言来描述具体操作。图 12-15 描述的算法可用 PDL 表述如下。

```
执行 a
REPEAT UNTIL 条件 x8
        执行 b
        IF 条件 x1
        THEN BEGIN
                执行 f
                IF 条件 x6
                THEN
                        REPEAT UNTIL 条件 x7
                                执行 i
                        ENDREP
                ELSE BEGIN
                        执行 g
                        执行 h
                END
                ENDIF
        ELSE CASE OF 条件 xi
                WHEN 条件 x2 SELECT
                        DO WHILE 条件 x5
                                执行 c
                        END DO
                WHEN 条件 x3SELECT 执行 d
                WHEN 条件 x4SELECT 执行 e
        ENDCASE
        ENDIF
```

```
ENDREP
执行 j
END
```

可以看出,PDL 同结构化语言的想法是一致的。PDL 的优点是接近自然语言(英语),所以易于理解。其次,它可以作为注释嵌套在程序中成为内部文档,提高程序的自我描述性。第三,因为是语言形式,易于被计算机处理,可用行编辑程序或字处理系统对 PDL 进行编辑修改。

12.2.7　系统配置方案设计

技术系统设计的任务与系统的技术结构有关。经过分析确定的技术结构应支持企业的信息结构和系统结构所需要的软件、硬件产品及网络通信设备等主要的技术配置。

技术系统的设计所包含的内容涉及系统的硬件和软件配置设计、计算机网络系统的设计等。

1. 计算机系统的选择

计算机系统的选择,即通常所说的"系统选型",是系统设计的主要内容之一。在系统分析阶段,根据对企业的调查分析,提出过计算机系统的初步配置方案。那时提的方案主要是逻辑配置,强调系统对计算机的功能要求,不涉及具体的计算机型号。经过系统分析与设计阶段之后,对计算机的要求已经清楚了。这时提出的计算机配置方案不再是"逻辑"的,而是"物理"的,设备的型号、数量、安装地点应该都是具体的了。

计算机系统的选型应该根据系统当前的目标与中长期目标的需要,保证实用又不失先进性。选择计算机系统要考虑系统的功能要求、容量要求、性能要求、网络通信要求、市场考虑、经济和技术等方面的约束等。

计算机设备的选择一般应准备几种方案,对每种方案在性能、费用等方面进行比较说明,形成选择方案报告,供讨论决策。

2. 网络设计

1) 网络总体设计

网络设计是当前企业级信息系统设计中不可缺少的重要内容。网络设计同样遵从自顶向下的设计方法。网络总体设计涉及以下内容。

- 根据需求确定设计目标。
- 确定网络系统的主要性能。
- 选择传输设备,确定交换方式。
- 设计网络拓扑结构。
- 选择网络硬件及软件配置。
- 确定网络类型、协议、控制流和路径选择方案。

网络总体设计过程一般会经过反复。最后得到的综合平衡方案应能满足给定的性能指标,且经济代价较低。

2) 网络配置与设计原则

网络的配置与设计应遵循以下原则。

(1) 先进性。网络设计应采用当前流行的,而且适应发展的新技术产品,应符合国际或公认的工业标准,具备开放性,便于不同网络产品的互联。

(2) 可扩充性。网络的覆盖范围、传输速率、支持的最大节电不仅要满足目前系统的要求,而且要考虑组织今后的发展需要,在网络设计时要充分考虑网络的扩展性。

(3) 保护现有资源。尽可能利用现有设备,保护已有的投资,同时重视网络系统软件的选择,使应用平台统一。

(4) 可靠性和安全性。网络的可靠性和安全性是网络系统的头等大事,网络应有能力长期不间断地运行。

12.2.8　系统设计报告

系统设计阶段最后要编写的技术报告也称为系统设计说明书。系统设计说明书既是系统设计阶段的工作成果,也是下一阶段系统实施的重要依据。

系统设计说明书包括以下几方面的内容。

1. 引言

说明项目的背景、工作条件及约束、引用资料和专门术语。

2. 系统总体技术方案

这是最主要的部分,包括以下几方面。

(1) 模块设计。用结构图表示系统模块层次结构,说明主要模块的名称、功能。

(2) 代码设计。说明所用代码的种类、功能、代码表。

(3) 输入设计。说明输入的数据项目、输入要求、输入的承担者、输入设备、输入校验方法。

(4) 输出设计。说明输出的数据项目、输出的接受者、输出的设备、介质等。

(5) 数据库设计。说明数据库设计的目标、容量要求、性能规定、运行环境要求、逻辑设计方案、物理设计方案。

(6) 网络设计。说明系统的网络结构、功能设计。

(7) 安全保密设计。

(8) 实施方案说明。

系统设计说明书还要说明实施的计划安排,给出各项工作(包括文件编制、用户培训等)的预定开始日期和完成日期,规定各项工作完成的先后次序及工作完成的标志。经费预算中,逐项列出本开发项目实施需要的各项经费(包括办公费、差旅费、机时费、资料费、设备租金等)。

除用户、系统研制人员外,还应邀请有关专家、管理人员审批实施方案。并将评审意见及审批人员名单附于系统设计说明书之后。经批准后,实施方案方可生效。

12.3　系统实施

12.3.1　系统实施的任务

系统实施是信息系统开发的最后一个阶段。这个阶段的任务,是实现系统设计阶段提出的物理模型,按实施方案完成一个可以实际运行的信息系统,交付用户使用。系统设计说明书详细规定了系统的结构,规定了各个模块的功能、输入和输出,规定了数据库的物理结构。这是系统实施的出发点。如果说研制信息系统是盖一幢大楼,那么系统分析与设计就是根据盖楼的要求画出各种蓝图,而系统实施则是调集各种人员、设备、材料,在盖楼的现场,根据图纸按实施方案的要求把大楼盖起来,把一幢可实际使用的楼交给用户。

具体来讲,系统实施阶段的任务包括以下几个方面。

1. 硬件准备

硬件设备包括计算机主机、输入输出设备、存储设备、辅助设备(不间断电源等)、网络通信设备等。这一阶段购置、安装、调试这些设备。这方面的工作要花费大量的人力、物力。

2. 软件准备

软件设备包括系统软件、数据库管理系统以及一些应用程序。这些软件有些需要购买和安装,有些需要组织人力开发,这也需要相当多的人力、物力和时间。对于需要开发的信息系统来讲,编写程序是这一阶段的最主要任务。

3. 人员培训

人员培训主要指用户的培训。用户包括主管人员和业务人员。系统投入运行后,这些用户将在系统中工作。这些人多数来自现行系统,精通业务,但往往缺乏计算机知识。为保证系统调试和运行顺利进行,应根据他们的基础,提前进行培训,使他们适应并逐步熟悉新的操作方法。有时,改变旧的工作习惯比软件的更换更为困难。

4. 数据准备

基础数据的收集、整理、录入是一项既繁琐,劳动量又大的工作。而没有一定基础数据的准备,系统测试不能很好地进行。有些基础数据在旧的信息系统中存放,需要导出并转换为新系统需要的格式和结构,这需要额外编写一些数据转换程序来完成。

由于软件准备是实施工作中工作量和难度最大的任务,本章将作详细介绍。

12.3.2　程序实施的顺序

系统的实施有许多工作要做。就程序的编写和数据库的实现而言,事情也很多。结构图中有大大小小很多模块,先实现哪些模块呢? 是先实现上层模块,还是先实现下层模块? 通常有以下三种实施顺序。

1. 输入（Input）、处理（Process）、输出（Output）的实施顺序

按照数据的约束关系，先实现输入数据的程序或模块，然后实现处理数据的模块，最后实现产生输出结果的模块。这种 IPO 实施策略的主要优点是简化了测试。因为最先完成的输入程序可以用来为后续处理程序和输出程序准备输入数据，加快了开发进程。缺点就是输出部分程序滞后实现，不方便查看输出以验证数据处理模块产生的结果。

2. 自顶向下的实施顺序

结构化方法主张自顶向下实现，尽量先实现上层模块，逐步向下，最后实现下层最基本的模块。即首先调试整个系统的结构及各模块间的接口，确保系统结构和各模块接口的正确性。

自顶向下实施的主要优点是能够保持正在工作的程序是一个完整的程序，随着开发的深入，程序越来越复杂，功能越来越完善。但缺点是底层可以共享的模块不能早期开发出来供多个模块使用。

3. 自底向上的实施顺序

传统方法是先实现下层模块，实现一部分就调试一部分。这种方法往往造成返工。单个模块调试通过了，系统联调却不一定能通过，原因是模块之间的接口可能有问题。

自底向上的方法可以克服自顶向下的缺陷，但带来的是缺乏完整系统，不便于尽早地测试程序。

实际项目的实施都不是上述的"一刀切"方法，可能是多个方法的综合。例如可以把整个实施方案分成若干个版本（Version），首先实现系统的轮廓或框架，在此基础上按照版本的设计不断添加新的功能，逐步完善，最后达到物理模型所要求的全部功能。在实现上层模块时，与这些模块有直接调用关系的下层模块只作为桩模块（Stub）出现，只有它的名字及有关参数传递关系。这样，虽然这些桩模块的内部功能还没有实现，但可以测试系统结构的正确性，保证接口的通畅。

12.3.3　编写程序

编程（Coding）就是为各个模块编写程序。这是系统实现阶段的核心工作。在系统开发的各个阶段，程序设计技术是最成熟的，也是人们已掌握得较好的一项工作。根据结构化方法设计了详细的方案，又有了高级语言，初级程序员都可以参加这一阶段的工作。当然，程序员的水平决定了程序的水平。

1. 好程序的标准

一般认为，好程序应具备下列素质。

（1）能够工作。

（2）调试代价低。

（3）易于维护。

（4）易于修改。

（5）设计不复杂。

（6）效率高。

第（1）条当然是最基本的。一个根本不能够工作的程序当然谈不上"好"，即使谈执行速度、程序长度等指标也毫无意义。第（2）条"调试代价低"，即花在调试上的时间少。这一条是衡量程序好坏，也是衡量程序员水平的一个重要标志。国外有人做过试验，选两个题目，找 12 个有经验的程序员来编写和调试程序。结果发现最差的程序员与最好的程序员的调试时间之比是 28∶1。第（3）、（4）、（5）条要求程序可读性强、易于理解。

在相当长的一个时期里，人们认为程序是用于给机器执行而不是给人阅读的。因而，程序员中存在严重的低估编程方法、不注意程序风格的倾向，认为可以随意编写程序，只要结果正确就行了。读这种程序像读"天书"。可读性（Readability）是 20 世纪 70 年代提出的新概念，主张程序应使人们易于阅读，编程的目标是编出逻辑上正确而又易于阅读的程序。程序可读性好，自然易于理解、易于维护，并将大大降低隐含错误的可能性，从而提高程序的可靠性。

要使程序的可读性好，程序员应有一定的写作能力。他应能写出结构良好、层次分明、思路清晰的文章。有人说："对于程序员来说，最重要的不是学习程序设计语言 C、Visual Basic 等，而是英语（日语、汉语）"。程序员在写程序时应该记往：程序不仅是给计算机执行的，也是供人阅读的。

要使程序可读性好，总的要求是使程序简单、清晰。几十年来，人们总结了使程序简单、清晰的种种技巧和方法，具体如下。

（1）用结构化方法进行详细设计。

（2）程序中包含必要的注释。

（3）清晰的程序结构。

（4）良好的编程风格。

下面分别介绍。

2. 结构化程序设计

结构化程序设计被称为软件发展中的第三个里程碑，其影响比前两个里程碑（子程序、高级语言）更为深远。结构化程序设计的概念和方法、支持这些方法的一整套软件工具，构成了"结构化革命"。这是存储程序计算机问世以来，对计算机界影响最大的一个软件概念。

对于什么是"结构化程序设计"，至今还没有被普遍接受的定义。通常认为结构化程序设计包括以下 4 方面的内容。

1）限制使用 GO TO 语句

从理论上讲，只用顺序结构、选择结构、循环结构这三种基本结构就能表达任何一个只有一个入口和一个出口的程序逻辑。为实际使用方便，往往允许增加多分支结构、REPEAT 型循环等两三种结构。程序中可以完全不用 GO TO 语句。这种程序易于阅读、易于验证。但在某些情况下，例如从循环体中跳出，使用 GO TO 语句描述更为直截了当。因此，一些程序设计语言还是提供了 GO TO 语句。无限制地使用 GO TO 语句，将使程序结构杂乱无章，难以阅读，难以理解，其中容易隐含一些错误。

2）逐步求精的设计方法

在一个程序模块内，先从该模块功能描述出发，一层层地逐步细化，直到最后分解、细化成语句为止。

3）自顶向下的设计、编码和调试

这是把逐步求精的方法由程序模块内的设计推广到一个系统的设计与实现。这正是本书介绍的结构化方法的来源。

4）主程序员制的组织形式

这是程序开发团队的组织形式。一个程序开发团队的必要成员是主程序员一人，辅助程序员一人，文档管理员（或秘书）一人。其他技术人员按需要随时加入组内。主程序员负责整体项目的开发，并负责关键部分的设计、编码和调试。辅助程序员在细节上给主程序员以充分的支持。这种组织方式的好处在于显著减少了各子系统之间、各程序模块之间通信和接口方面的问题。把设计的责任集中在少数人身上，有利于提高程序质量。

3．必要的程序注释

程序适当加注释，是提高程序可阅读性的有力手段。注释可以出现在程序的任何位置，但要与程序结构配合起来，效果才好，并且需要注意以下几点。

（1）每个文件的开始部分应指明程序编写者、最后修改日期等信息，以利于管理。

（2）注释必须与程序一致，否则它毫无价值，甚至使人感到莫明其妙，所以修改程序时，要注意对注释进行相应的修改。

（3）所有过程的开始部分都应有描述其功能的简要注释。这些注释并不描述细节信息（如何实现功能），这是因为细节有时要频繁更改。这样就可以避免不必要的注释维护工作以及错误的注释。细节信息由代码本身及必要的内部注释来描述。

（4）对程序段作注释，而不是对每个语句作注释，注释不是重复程序语句，而应提供从程序本身难以得到的信息。

4．清晰的程序结构

1）简单、直接地反映意图

把要做的事情直截了当地说清楚，让人一目了然地、准确地知道你说的事情，不需要过多的想象和技巧。一些程序员在编写程序时过分追求算法的巧妙性，而忽视了程序的可读性和可理解性，这会带来后期维护的困难，因为系统一旦交付，大部分程序员会转移到其他项目中，维护人员可能不是程序的编写者。

2）表达式的书写应一气呵成

只要从计算逻辑上可以写成一条程序语句，就不要分成多条语句，因为这样可能会增加使用临时变量，理解要困难一些，而且在将来难以预料的维护修改中有可能更动这几行的次序，或者插入其他语句，容易造成逻辑上的错误。另外，在表达式中适当添加括号，也可以减少误解。

3）嵌套不宜过深

过深的嵌套使程序变得臃肿难读，实际上这反映出的问题是设计者思路不清楚。循环、分支层次建议不要超过 5 层，有多路分支时尽量使用 CASE 语句替代 IF 语句，尽量不采用递归模式。

4）尽量使用局部变量

全局变量会增加模块的耦合度，带来维护的困难，因此不要为了"多快好省"而随意使用全局变量。

5. 良好的编程风格

1) 文件名、过程名、变量名应规范化

理解变量的含义是理解程序逻辑的关键。在一个系统中,涉及的变量、过程、文件很多,编写程序的人也很多。因此,在编写程序之前,应对名称制定统一的规范标准。例如,对于函数和过程的名称也都有一些好的建议,比如最好使用动宾词组,单词的第一个字母采用大写,像 QueryByCardNo、CreateDatabase、MoveFirst 等都是符合规范的过程名,能够让读者见名知义。

变量名应显式说明。同一变量名不要具有多种含义。一个变量在不同程序段中表示不同的含义,即使计算机不混淆,也不便于人的阅读理解,修改程序时也容易造成错误。

常量和宏定义统一大小写模式,比如全部以大写字母来表示,中间可根据意义的连续性用下划线连接,例如 MAX_LENGTH。此外,每个常量或宏定义的右侧必须有一简单的注释,说明其作用。

2) 统一的书写格式

采用缩排式书写程序有助于阅读。缩进的空格数在一个编程小组中也应该统一起来,这对于组内的代码重用有好处。此外,虽然很多语言允许一行多条语句,但为了方便程序的跟踪调试,以及提高可读性,最好一行一句。

3) 不要直接使用数字

任何程序总是免不了与数字打交道,尤其像一些上下限数字,在判断条件或循环条件中经常会出现。初学者以为直接书写数字既简洁又易懂,但这种方式会带来变更性的降低,如果多处出现关于某数字的处理,维护也变得繁琐,容易出错。因此不要直接使用数字,尽量可以使用常量代替数字。当然,在灵活性要求很强的系统中,还可以将它们设置为数据库中的一张参数表,需要时从表中读取或者根据变化重新设定参数值。

12.3.4 系统测试

1. 测试的概念

人们常常有一种错觉,认为程序编写出来之后就接近尾声了,或者认为一个程序输入一些数据运行一两次就"通过"了。事情并没有这么简单。据统计,一个较好的程序员,在他交付的程序中,错误率为 1%,而一个水平低的程序员编写的程序,可能每个语句都含有一两个错误。在一个大型的软件系统中,"错误百出"是不必大惊小怪的,这是由于人类本身能力的局限。人免不了要犯错误。当然这并不是说可以姑息系统开发中的错误。恰恰相反,随着信息技术在国民经济一些重要领域的应用日益广泛,软件系统的任何错误,都可能造成生命财产的重要损失。问题的关键是尽早发现和纠正这些错误,减少错误造成的损失,避免重大损失。

目前,检查软件有静态检查和动态检查两种常用方法。

静态检查指人工评审软件文档或程序,发现其中的错误。这种方法手续简单,是一种行之有效的检验手段。据统计,30%~70%的错误是通过评审发现的,而且这些错误往往影响

很大。因此,这是开发过程中必不可少的质量保证措施。

动态检查就是测试(testing),即有控制地运行程序,从多种角度观察程序运行时的行为,发现其中的错误。也就是说,测试是为了发现错误而执行程序。测试只能证明程序有错误,而不可能证明程序没有错误。

根据 Glen Myers 的定义,测试的目的如下。

(1) 测试是指"用意在发现错误而执行一个程序的过程"。

(2) 一个好的测试用例是指这个测试用例有很高的概率可以发现一个尚未发现的错误。

(3) 一个成功的测试是指它成功地发现了一个尚未发现的错误。

2. 测试的类型

测试有模块测试、集成测试、确认测试、系统测试 4 种类型。

1) 模块测试

模块测试是对一个模块进行测试,根据模块的功能说明,设计一些测试数据来检验模块是否有错误。这种测试在各模块编程后进行。

模块测试通常由编程人员自己进行,一般可以使用集成开发环境中的模块测试功能,一定程度上达到自动化测试的效果。

2) 集成测试

集成测试也称为联合测试,即通常说的程序联调。集成测试可以发现总体设计中的错误,例如模块接口的问题。因为各个模块单独执行可能无误,但组合起来相互产生影响,可能会出现意想不到的错误,所以在模块测试完成后,要将整个系统作为一个整体进行联调。集成测试方法有两种,即根据模块结构图由上到下或由下到上进行测试。

3) 确认测试

确认测试检验系统说明书的各项功能与性能是否实现,确认是否满足用户需求。确认测试的方法一般是列出一张清单,左边是需求的功能,右边是发现的错误或缺陷。因为通过确认测试后,用户就可以验收系统,进行费用支付,所以也称为验收测试。

常见的验收测试有所谓的 α 测试和 β 测试。但前者由使用者在应用系统开发所在地与开发者一同进行观察记录,后者由用户在使用环境中独立进行。

4) 系统测试

系统测试是对整个系统的测试,将硬件、软件、操作人员看做一个整体,检验它是否有不符合系统说明书的地方。这种测试可以发现系统分析和设计中的错误,具体包括:功能测试、可靠性测试、强度测试、性能测试、恢复测试、启动/停止测试、配置测试、安全性测试、可使用性测试、安装测试、兼容测试、容量测试以及文档测试。

3. 测试技术

传统的测试方法分为"白箱测试"和"黑箱测试"两种。

白箱测试把测试对象看做一个透明的盒子,它允许测试人员利用程序内部的逻辑结构及有关信息,设计或选择测试用例,对程序所有逻辑路径进行测试。通过在不同点检查程序的状态,确定实际的状态是否与预期的状态一致。因此白盒测试又称为结构测试或逻辑驱动测试。

黑箱测试是把测试对象看做一个黑盒子,测试人员完全不考虑程序内部的逻辑结构和内部特性,只依据程序模块的详细说明,检查程序的功能是否符合它的功能说明。一般指输入正确时,看是否有正确的输出,因此也叫做功能测试或数据驱动测试。

4. 测试用例的设计

穷举所有可能的数据输入来测试一个软件是不可行的,那么测试用例的选择就是测试的关键所在。好的测试用例应以尽量少的测试数据发现尽可能多的错误。下面介绍几种测试用例的设计方法。

1) 语句覆盖法

一般来讲,程序的某次运行并不一定执行其中的所有语句。因此,如果某个含有错误的语句在测试中并没有执行,这个错误便不可能发现。为了提高发现错误的可能性,应在测试中执行程序的每一个语句。语句覆盖法就是要选择这样的测试用例,使得程序中的每个语句至少能执行一次。

2) 判断覆盖法

判断覆盖是指设计测试用例,使程序中的每个判断的取"真"值和取"假"值各一次,从而保证每一个分支至少通过一次。判断覆盖比语句覆盖的覆盖能力稍强。

3) 条件覆盖

条件覆盖是指执行足够的测试用例,使得判断中的每个子条件获得各种可能的结果,即判断语句中的每个条件取"真"值和取"假"值各一次。条件覆盖又比判断覆盖要求更严格。

4) 路径覆盖

设计测试用例,使它覆盖程序中所有可能的路径。路径覆盖的测试功能很强。但对于实际问题,一个不太复杂的程序,其路径数可能相当庞大而且又不可能完全覆盖。

以上这几种方法均属于白箱测试技术,黑箱测试技术的应用有等价类划分法和边界值法。

5) 等价类划分法

对于某个输入数据域的子集合,如果该集合中的各个输入数据对于揭露程序中的错误都是等效的,则称这个集合为等价类。测试某等价类的代表值就等价于对这一类其他值的测试。

等价类划分是一种典型的黑盒测试方法,使用这一方法时,完全不考虑程序的内部结构,只依据程序的规格说明来设计测试用例。等价类划分方法把所有可能的输入数据,即程序的输入域划分成若干部分,然后从每一部分中选取少数有代表性的数据作为测试用例。使用这一方法设计测试用例要经历划分等价类(列出等价类表)和选取测试用例两步。

等价类的划分有以下两种不同的情况。

(1) 有效等价类。是指对于程序的规格说明来说,由合理的、有意义的输入数据构成的集合。

(2) 无效等价类。是指对于程序的规格说明来说,由不合理的、无意义的输入数据构成的集合。

在设计测试用例时，要同时考虑有效等价类和无效等价类的设计。下面以一个简单示例说明等价类划分方法。

例如，在程序的规格说明中，对输入条件有一句话："一次取款不得少于 50 元，最多可取 2000 元"，则有效等价类是"50≤取款额≤2000"，两个无效等价类是"取款额＜50"或"取款额＞2000"。因此可以设计 3 个测试用例，如输入数据分别是取款额为 40、1500、3000。

6）边界值法

经验证明，程序往往在处理边缘情况时犯错误，例如 IF 语句"＞="写成了"＞"，因此检查边缘情况的测试用例效率是比较高的。使用边界值分析方法设计测试用例，首先应确定边界情况。应当选取正好等于、刚刚大于、或刚刚小于边界的值作为测试数据，而不是选取等价类中的典型值或任意值作为测试数据。

例如某个输入条件说明了值的范围是 50～2000，则可以选 49，50，2000 和 2001 为测试用例。

12.3.5　系统调试

测试是为了发现程序存在的错误，调试（Debugging）是确定错误的位置和性质，并改正错误，也称为排错。调试的关键是找到错误的具体位置，一旦找到错误所在位置，修正错误相对容易得多。很多集成开发环境都提供了程序调试功能，利用这些调试功能，并结合下面一些方法可以帮助确定错误的位置。

1. 试探法

分析错误的外在表现形式，猜想程序故障的大概位置，采用一些简单的纠错技术，获得可疑区域的有关信息，判断猜想是否正确。经过多次试探，找到错误的根源。这种方法与个人经验有很大关系。

可以使用集成开发环境中的设置断点技术，在猜想发生错误的地方设置断点，程序执行到该处会进入中断模式，然后观察有关数据是否符合期望。

2. 跟踪法

对于小型程序，可从一开始就采用跟踪法。此外，程序进入中断模式后，也可以使用跟踪法。

在集成开发环境中，使用单步跟踪技术，沿着程序的控制流，从起点或中断点开始一条一条语句地执行，逐步检查中间结果，找到最先出错的地方。

3. 对分查找法

若已知程序中的变量在中间某点的预期值正确，则可以把变量值设置成正确值，运行程序看输出结果是否正确。若输出结果没有问题，说明程序错误在前半部分，否则在后半部分。然后对有错误的部分再用这种方法，逐步缩小查错的范围。

在集成开发环境中，可以设置变量监视，实时显示变量当前值，并可以修改变量值。

4. 归纳法

从错误征兆的线索出发,分析这些线索之间的关系,确定错误的位置。首先要收集、整理程序运行的有关数据,分析出错的规律,在此基础上提出关于错误的假设,若假设能解释原始测试结果,说明假设得到证实;否则重新分析,提出新的假设,直到最终发现错误原因。

12.3.6 系统交付

系统的交付即系统的转换,即工作平台由旧系统切换到新系统,包括把旧系统的文件转换成新系统的文件,数据的整理和录入,也包括人员、设备、组织机构的改造和调整,有关资料档案的建立和移交。

系统转换有三种方式,如图 12-18 所示。

1. 直接转换方式

这种方式是新系统直接替换老系统。这种方式的优点是转换简单、费用最省。但是由于新系统还没有承担过正常的工作,可能出现意想不到的情况,因而风险大。实际应用中,应有一定的措施,一旦新系统出现问题,老系统能顶替工作。

2. 试运行方式

这种方式是一种平行运行方式。在试运行期间,老系统照常运行,新系统承担部分工作,二者可以对照比较,等试运行感到满意时再全面运行新系统,停止老系统的运行。

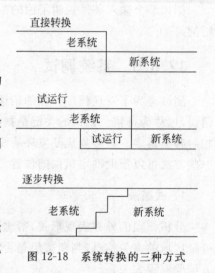

图 12-18   系统转换的三种方式

3. 逐步转换方式

这种方式是新系统一部分一部分地替代老系统,直到全部代替老系统。例如在规模较大的系统转换时,先可以将采购子系统切换到新系统上,然后替换旧的库存子系统,最后替换销售子系统。这种方式避免了直接转换方式的危险性,费用也比平行方式省。但是这种方式存在新旧子系统之间接口复杂等问题,必须事先充分考虑。当新、老系统差别太大时,不宜采用这种方式。

实际工作中,这几种方式可以混合使用。例如,系统中不很重要的部分采用直接转换方式,重要部分采用试运行方式。这样,各种方式取长补短,可使旧系统平稳地过渡到新系统。

习题 12

1. 系统分析阶段的任务是什么?
2. 系统分析师的职责是什么?他应具备哪些知识和能力?

3. 系统调查有哪些方法？各自的特点是什么？

4. 可行性分析的目的是什么？包括哪几个方面的内容？

5. 结合本校图书馆管理的实际规则,画出图 12-10 中"图书借阅登记"、"图书归还登记"分解的数据流图。

6. 某校"学生登记卡"格式如图 12-19 所示,试用数据字典表示。

_____系　学生登记卡

班　　号		学　　号		入学日期	
姓　　名		曾用名		性别	民族
出生日期				籍　贯	
政治面貌				是否华侨	
本人简历	开始时间	结束年月		在何地	
家庭主要成员	姓名	关系	年龄	职务	工作单位

图 12-19　学生登记卡

7. 根据学生登记卡格式,绘制 E-R 图。

8. 系统说明书包括哪些内容？

9. 系统设计阶段包括哪些工作内容？

10. 模块化设计的主要思想是什么？

11. 什么是模块间的耦合？怎样度量耦合的高与低？

12. 什么是模块的内聚？模块的内聚有哪些情况？

13. 为高校学生设计学号,学号应满足：能区分学生所在的学院；能区分专业；能区分入学年份；能区分班级等。

14. 输入设计和输出设计包括哪些内容？

15. 什么是用户界面设计？应遵守哪些原则？

16. 流程图或盒图的作用是什么？它们和模块结构图有什么关系？

17. 系统设计说明书包括哪些内容？

18. 系统实施包括哪些任务？

19. 程序为什么需要注释？应怎样书写程序注释？

20. 测试的目的是什么？测试包括哪几种类型？

21. 系统转换有几种方式？各自有什么优缺点？

第13章
面向对象的信息系统开发

面向对象(Object Oriented)方法简称 OO 方法,它作为一种新颖的、具有独特优越性的方法,被广泛应用于软硬件开发的各个领域,包括 OO 的体系结构、OO 的硬件支持、OO 的软件开发环境、OO 数据库、OO 程序设计语言等。

面向对象方法起源于面向对象的编程(Object Oriented Programming,OOP)。20 世纪 60 年代末开始出现"对象"(Object)的概念,对象比模块更好地解决了变量的重名和保护问题。20 世纪 70 年代末、80 年代初,由于信息系统规模越来越大,程序日趋复杂,开发管理越来越困难,许多程序设计语言都追求实现"数据抽象"。抽象数据类型对外提供的接口包括一组数据结构以及操作这些数据的方法,而隐蔽了实现细节,OOP 开始大规模应用。由于具有更好的信息封装、更强的抽象能力和可继承性等优异特性,OOP 对于在大型软件开发管理过程中提高软件可靠性、可重用性、可扩充性和可维护性提供了有效的手段与途径。由于系统分析、设计、编程之间的联系,把 OO 概念从 OOP 推广到面向对象分析(Object Oriented Analysis,OOA)和面向对象设计(Object Oriented Design,OOD)是十分自然的。

13.1 面向对象方法概述

13.1.1 引例

先来看一个现实生活中的小例子。设想一个餐馆对外提供顾客就餐的服务,以下使用结构化方法来对该餐馆主要业务建模。业务流程可以简要描述如下:顾客提出就餐请求,点菜产生点菜单,厨房根据传入的点菜单准备饭菜,服务员上菜,最后结算金额,顾客付款并获取收据。这里,顾客是外部实体,餐馆菜单和顾客点菜单是数据存储,整个模型是面向过程的。然后根据这样的分析模型导出设计模型。设计模型的主模块是"提供就餐服务",该模块调用 4 个子模块"点菜"、"做菜"、"上菜"和"结账",而子模块又可以由更小的功能模块组成,如"做菜"包含"备菜"和"炒菜"两个子功能。这种方法就是典型的自上而下基于功能分解的结构化设计方法。该方法得到的模型有着严格的上级模块调用下级模块的控制层次,如图 13-1 所示。

若用面向对象方法处理这个例子,则要考虑的是:完成顾客就餐服务通常会需要涉及哪些人或事(即对象)呢? 每个对象有哪些职责呢? 常识告诉我们,除顾客外必须有服务员、厨师,可能还有帮厨、面点师等服务人员,每个对象各司其职,完成自己分内的操作,或者发送消息请求其他对象的服务,通过一定的协调控制共同完成任务。通过简单分析,得到系统的静态模型如图 13-2 所示,动态模型如图 13-3 所示。

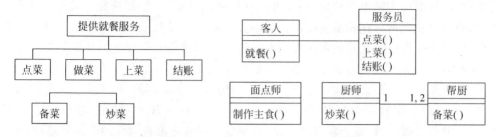

图 13-1 就餐服务的模块化模型   图 13-2 餐馆业务的面向对象模型(类图)

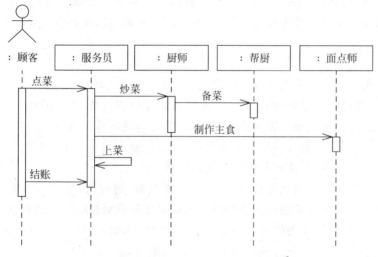

图 13-3 餐馆业务的面向对象模型(顺序图)

从上述例子可以看出,在理解基本需求之后,面向对象方法把分析设计焦点放在执行操作的对象以及对象间的协作上,这种思想也体现在面向对象程序设计中。但此例作为现实生活案例与计算机软件程序还有一定距离。在软件中不仅要考虑功能(即对象的动态行为),还要考虑功能要加工的数据(即对象的静态属性),即"程序=数据+功能",而对象就是包含了数据和数据操作的程序体。

13.1.2 面向对象方法的发展

大体上讲,面向对象方法的发展经历了以下三个阶段。

1. 面向对象编程

由面向对象提到的问题空间到解空间的映射引出了一个难题:现实世界的对象是能够描述的客观存在,计算机中的对象却看不见摸不着,它们究竟是什么?这就要先从面向对象程序设计谈起。假如读者有过 Windows 下可视化程序设计经验的话,不论使用哪一种程序设计语言,普通应用程序通常都有图形用户界面。用户界面中有各种不同的界面元素,例如窗口、按钮、列表框、文本输入框、菜单等。如果利用 Windows 操作系统底层提供的绘图函数来实现这些界面将会相当复杂，需要编写大量程序才能完成图形的显示、位置移动、颜色或图案设置、数据输入输出等功能，但在可视化程序设计中，它们都简化封装成为各种软件对象，从而可以独立地存在和重复使用。利用界面对象对外提供的属性和方法来控制其外观和行为，复杂的人机交互界面可以轻松地由这些能够独立工作的组件组装起来。

实际上，采用面向对象方法编写图形界面并不是面向对象方法的起源。面向对象的概念始于 1966 年的一种高级抽象语言 Simula。为仿真一个实际问题，引入了数据抽象和类的概念。几年后出现的 Smalltalk 语言被认为是第一个真正面向对象的编程语言。它吸取了 Simula 中类的概念，规定一切都是对象，程序设计以尽可能自动化的单元来进行，并开始用于实现基于对象的图形用户界面。随着 20 世纪 80 年代中期一些面向对象语言（如 C++）的出现，对象不仅与名词相关联，还包括事件和过程。可视化编程语言（如 Visual Basic）可以说是面向对象程序设计最为成功的应用之一，面向对象方法由此进入普及阶段。

2. 面向对象设计

一个软件系统包含成千上万行代码以及各种各样的类和组件，它们和程序设计语言相关，大量的细节使得问题很难理解，代码变更及其跟踪更为复杂，难于控制。因此，对于复杂软件，抽取出主线，并事先加以设计建模，利用模型对问题域进行有目的的简化，既能避免被事物的复杂性所淹没，又可以为具体实现提供蓝图，快速而相对简单地帮助开发人员获取对实际解决方案的感性认识，这就是软件系统的设计。

面向对象的设计与结构化设计一样要解决"怎么做"的问题，关注的也是解空间的解决方案，但不同的是，面向对象的设计过程强调的是定义软件对象（类）和这些软件对象如何协作来满足需求，设计模型用类的属性和操作（operation）来描述对象的数据结构和功能，对象之间通过消息进行交互，在设计模型的基础上直接进行面向对象编程。面向对象设计也需要考虑所有与实现有关的问题，比如对选用的编程语言、图形用户界面、数据库等，要考虑它们对于面向对象的支持。

3. 面向对象分析

按照面向对象设计思想，从设计模型到编程语言都以软件对象为基础构造系统。软件系统越能直接反映客观世界的本来面目，转换代价就越小，发生偏差的可能性也就越小，因此软件对象和问题域中的各种事物应具有一致性。面向对象分析就是直接将问题域中客观存在的事物或概念识别为对象，建立分析模型，用对象的属性和服务（service）分别描述事物的静态特征和行为，并且保留问题域中事物之间关系的原貌。

分析模型独立于具体实现，即不考虑与系统具体实现有关的因素。这也是 OOA 和 OOD 的区别所在，它们的任务分别是"做什么"与"怎么做"，或者说"做正确的事"与"正确地做事"。

13.1.3 面向对象方法的主要概念和优势

什么是面向对象的观点？什么是对象？对象是怎么工作的？为什么一种方法会被认为是面向对象的？要回答这些最基本的问题，需要理解面向对象的以下几个最主要的概念。

- 对象（Object）
- 类（Class）
- 封装（Encapsulation）
- 消息（Message）
- 继承（Inheritance）
- 多态（Polymorphism）
- 关系（Relationship）

这些概念在 5.2.2 节程序设计方法中已做过介绍，这里不再赘述。

面向对象方法与前面所介绍的结构化方法相比，其突出优势体现在以下几个方面。

（1）对问题空间的理解更直接，更符合人们认识客观事物的思维规律

系统分析面临的最大挑战是对问题空间的理解，理解的难点在于我们对用户业务是外行。我们需要把握和深入理解问题空间，而且必须尽可能快地做到这一点。在面向对象分析中，可以将问题空间直接映射到模型。例如，将问题空间中的客户、订单等直接映射为"客户"、"订单"等对象，而不是功能和数据流的间接映射。这使得我们对问题空间的理解更直接、更准确、更快速、更容易，减少了语义误差和转换，而且相似的项目可以重用以前的分析结果，及重用以前的一些类和对象。

（2）系统分析和系统设计使用同一模型，不存在过渡困难

结构化方法的主要困难是从分析过渡到设计有双重负担，一是构造方法的转换，二是添加实施细节。这种分析和设计之间的差距是有害的，需求方面的持续变化更是难以反映到设计中。而在面向对象方法中，从分析到设计使用相同的基本表示，尤其是现代的信息系统多数是基于面向对象的开发平台来实现的，因此对象模型是整个开发过程中的一个统一的表示工具。优点是不仅减少了各个阶段模型之间的转换，较好地支持模型到代码的正向工程、代码到模型的逆向工程，而且可以使需求的变化较为容易地同步到模型和代码中。

（3）开发出来的信息系统从本质上具有更强的生命力

需求的不断变化是我们不得不接受的事实。结构化方法基于功能分析与功能分解，而用户的需求变化往往是功能或流程的变化，因此开发出来的系统结构是不稳定的。和功能相比，问题空间的对象较为稳定，它们对潜在变化最不敏感。面向对象方法使代表共性的对象稳定下来，而把不稳定的东西隐藏起来。这样可避免增加复杂性，系统对环境的适应性和应变能力也随之增强。

（4）易于扩充和维护

随着计算机应用的日益普及，软件数量急剧膨胀，软件规模也日趋庞大，结构也越来越复杂。采用结构化方法开发出来的系统是模块层次结构的，而模块的划分具有随意性，不同的开发人员可能分解成不同的软件结构。这样的系统维护起来相当困难，其一是理解的难度，其二是针对需求变化的一个局部修改可能造成水波效应，影响到分散在各个地方的多个软件模块，具有不可预见的危险。

面向对象方法中的类是更理想的模块机制，其封装性好，类对外的接口设计好之后，内部的修改不会影响到其他类，可重用性高。而且在有较大的修改或扩充时，利用多态性的优势，可以在原有类的基础上通过继承机制派生出新类来实现，大大降低了工作量，提高了系统的可维护性和可扩充性。

13.2　统一建模语言 UML

13.2.1　UML 简介

工程师们都需要绘制蓝图。一栋大楼的设计图在绘制时大概只需要几个人,施工时却需要上百的建筑工人;一架飞机设计蓝图时大约需要几十个航空工程师,但制造飞机可能需要几千人。绘制蓝图时不需要购买材料,不需要施工,只是利用图示模型事先规划好,比直接蛮干要便宜得多,而且可以利用蓝图来探究设计方案。

采用面向对象方法来分析和设计信息系统,最主要的图示模型应该能反映问题域的对象/类及其结构,但仅从这一个视角来描述系统是不够的,强大的模型语言应能从各个角度来建立模型,从而获取对系统的完整理解。比如既能反映系统静态结构,又能描述动态功能和过程,既可以表现抽象,也可以深入到具体实现。另外,开发人员应使用统一的图形符号,这对于行业内的交流共享也是非常重要的。

20 世纪 80 年代末,一些方法论学者、研究人员和专家就开始提出面向对象的表示符号和方法。其中具有代表性的有 Coad/Yourdon 的 OOA&OOD、Grady Booch 的 Booch 方法、Jim Rumbaugh 的对象建模技术(Object Modeling Technique,OMT)、Ivar Jaconson 的面向对象软件工程(Object Oriented Software Engineering,OOSE)、Wirstf-Brock 的对象责任方法等。但这数十种面向对象的建模语言独立发展,用户无法区别不同语言之间的差别,难以选择适合各自系统特点的语言,而且使用不同语言建立的模型之间无法通信和合作。建立统一的面向对象的模型和符号成为专家们关心的一件事。Booch、Rumbaugh、Jaconson 和其他一些专业人士通力合作,几经修改,最终完成了统一建模语言(Unified Modeling Language,UML),1997 年 11 月正式被 OMG 采用,成为面向对象模型标准。

这样,UML 统一了面向对象建模的基本概念、术语及其图形符号,为不同领域的人员提供了一个交流的标准,它不仅可以应用于软件开发从分析到测试的各个阶段,还可以支持多种领域的建模,如信息系统、嵌入式实时系统、机械系统、商业系统等。

13.2.2　UML 的主要内容

完整地描述一个复杂系统的体系结构,往往需要从多种侧面来分析和表示,仅靠一张图是没有能力反映复杂问题的。UML 作为一种可视化建模语言,由视图(View)、图(Diagram)、模型元素(Model Element)和通用机制(General Mechanism)等几部分组成。其中视图表示系统的各个方面,由多个图构成。每个图使用了多个模型元素。在此基础上,通用机制为图做进一步补充说明,如注释、元素的语义说明。

UML 定义了以下几种视图,从不同角度反映系统。

- 用例视图(use case view):描述系统的功能需求,是最终用户、分析人员和测试人员看到的系统行为。该视图把系统的基本需求捕获为用例并提供构造其他视图的基础。
- 逻辑视图(logic view):描述系统的基本逻辑结构,是问题的逻辑解决方案,展示对象和类是如何组成系统、实现系统行为的。

- 进程视图（process view）：用于描述系统性能、可伸缩性和吞吐量的设计，包含了形成系统并发与同步机制的线程和进程。
- 实现视图（implementation view）：用于描述系统组装和配置管理，表达软件成分的组织结构，包含用于装配与发布物理系统的构件和文件。
- 部署视图（deployment view）：描述组成物理系统的部件的分布、交付和安装，包含了形成系统硬件拓扑结构的结点。

系统模型中，每一个视图的内容都是由一些图来描述的，UML 1. x 中包含用例图、类图、对象图、顺序图、协作图、状态图、活动图、构件图、部署图 9 种图。对整个系统而言，其功能由用例图描述，静态结构由类图和对象图描述，动态行为由状态图、顺序图、协作图和活动图描述，而物理架构则是由构件图和部署图描述。

1. 活动图

活动图（activity diagram）表述系统业务过程、工作流、操作步骤等各个活动的流程。活动图的应用非常广泛，既可用来描述操作（类的方法）的行为，也可以描述业务流程和对象内部的工作过程。一般在涉及比较复杂的操作时，考虑使用活动图。活动图提供以下几种描述手段。

- 活动。一项业务操作或计算机功能就是一个活动。
- 起点和终点。活动仅有一个起点（用实心圆表示），但可以有多个终点（实心圆外加一个圆圈来表示）。
- 转换。当一个动作和活动结束时，控制流会马上传递给下一个动作或活动，使用转换来说明流的路径。
- 分支。活动图中使用一个菱形的判断标志来表达分支路径，一个判断分支可以有一个输入、两个或多个输出转换，但在活动的具体实例运作中，仅触发其中的一个输出转换。
- 并发。使用一个称为同步条的水平粗线可以将一条转换分为多个并发执行的分支，或将多个转换汇合为一个转换。汇合时，并发的控制流必须都执行到汇合处，取得同步后，才会触发转换，进而执行后面的活动。
- 泳道。泳道用于对一个活动图中的活动进行分组表示。由同一个业务组织负责的多项活动归为一组，使用一个泳道。泳道代表了现实世界的某些实体，每个泳道最终可能由一个或多个类负责实施。活动的转换可以跨越泳道，这种情况反映了实体间的协作。

图 13-4 是活动图的一个示例，它描述了图书馆业务的部分流程。

2. 用例图

用例图（use case diagram）定义了系统的功能需求，它完全是从系统的外部观看系统功能，并不描述系统内部对功能的具体实现。用例实际上就是从用户的角度去定义具有交互过程的系统功能。每个功能与一个或多个参与者（Actor）相连接。参与者是指处于系统之外，需要使用用例的人或事物。一个系统的用例一般有多个，用例图就是用来组织这些用例的。

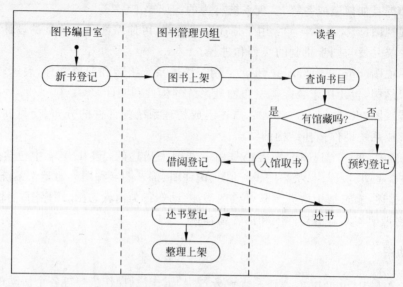

图 13-4 活动图示例

图 13-5 描述了图书馆系统的主要用例,使用者有两种角色:图书管理员和读者,各自可以执行的功能不同。

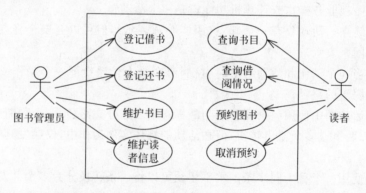

图 13-5 用例图示例

3. 类图

类图(class diagram)描述系统的软件结构,表示系统中的类及其关系。类由属性和操作共同组成。在一个大的系统中,可以根据某种分类方式将类组织在多个类图中。图 13-2 是餐馆管理系统的类图。图 13-6 是一个图书馆系统的类图(未包含属性和方法)。

4. 对象图

对象图(object diagram)描述系统执行过程中某一个特定时刻的一组对象实例及其关系。对象图是对类图的实例化。对象图可以帮助理解类图。图 13-7 是上述类图的部分对象图,表示在处理 1 号读者借阅业务的特定时刻各个对象的具体内容,即对象当前的属性值。该时刻 1 号读者正在登

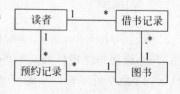

图 13-6 类图示例

记两个借书记录,其中之一是 055 号图书。

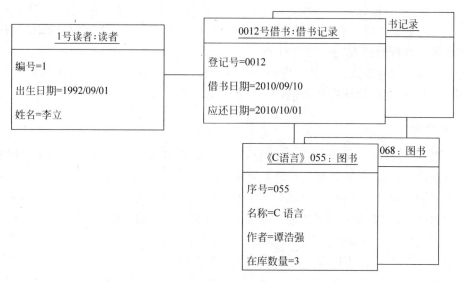

图 13-7　对象图示例

5. 状态图

状态图(state chart diagram)描述对象可能的状态和发生某些事件时状态的转换。

如果一个类的对象具有多种状态,而且这些状态在系统运行中发挥着重要的作用,那么就可以使用状态图。状态图用来描述一个特定对象的所有可能状态及引起状态转移的事件,常用于对系统动态方面建模。

如图 13-8 所示是图书的三种状态。

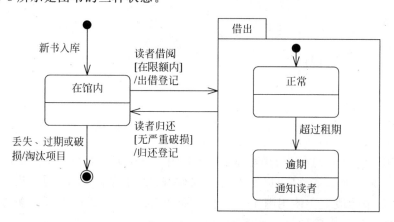

图 13-8　状态图示例

- 初态　状态图的起点,表示对象的初始状态,初态只有一个,用实心圆表示。
- 终态　是状态图的终点,表示一个对象完成必要操作后的最终状态,终态不能是复合状态。用实心圆外加一个圆圈来表示终态。
- 复合状态　一种状态中还嵌套有其他多个状态(子状态)。例如图 13-8 中图书的借出状态就是复合状态,含有"正常"和"逾期"两个子状态。

转换(transition)表示由一种状态到另一种状态的运动,使用带箭头的线来表示。每个转换上有可选标记,标记含有三部分内容:事件[监护条件]/活动(event[guard]/activity)。只有发生指定的事件后才有可能引发状态的改变,但需要监护条件为真时转换才会生效,活动是在转换中执行的行为。

内部活动是指对象在某个状态内部,在不改变状态的情况下对事件做出反应,执行一些操作,遵照转换标记的语法在状态框内书写内部活动。

6. 顺序图

顺序图(sequence diagram)表示一组对象之间的动态协作关系,并反映对象之间发送消息的时间顺序。图 13-3 是餐馆就餐服务的顺序图。

顺序图用来描述为实现一个用例,多个对象之间动态的交互关系,着重体现对象间消息传递的时间顺序,图中自上至下的箭头位置对应消息传递和响应的先后顺序。

每个用例实现的细节至少需要一张顺序图,用例规约中较简单的扩展事件流可以和主事件流合并绘制在一张图上,但如果扩展事件流较为复杂,应为其单独绘制一张顺序图。

顺序图的基本元素有参与者、对象、生命线和消息,如图 13-9 所示。

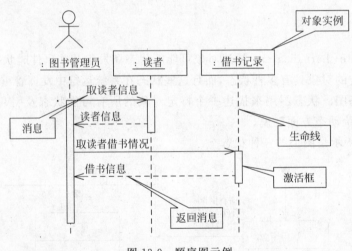

图 13-9　顺序图示例

顺序图中,控制流可以利用交互框架来标示,它是一种标记顺序图区域的方法。框架可以将顺序图中的某个区域框起,并划分成若干片断。每个框架有一个操作符,每个片断有一个监护条件。对于循环操作,可以使用 loop 操作符;对于条件操作,则使用 alt 操作符,并将条件置于每个片段上。使用图 13-10 中的简单例子,可以说明循环和条件操作的图示法,该例子是某公司发运货物的顺序图,根据发运紧急程度选择不同的对象来完成发运任务。

7. 协作图

协作图(collaboration diagram)也表示一组对象之间的动态协作关系,反映收发消息的对象的结构组织。顺序图和协作图是同构的,即两者之间可以相互转换。协作图在 UML 2.0 中改名为通信图(communication diagram)。

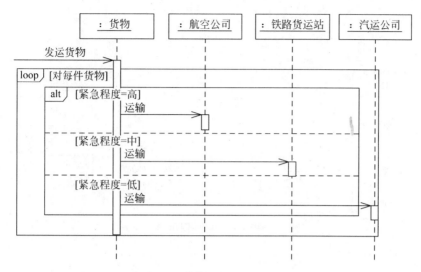

图 13-10 顺序图中的循环和分支

协作图用来描述为实现一个用例多个对象之间的协作关系。与顺序图不同,它着重体现的是对象间消息的连接关系。

图 13-11 是协作图的示例,等价于图 13-3 的顺序图,图中的数字表达执行顺序。

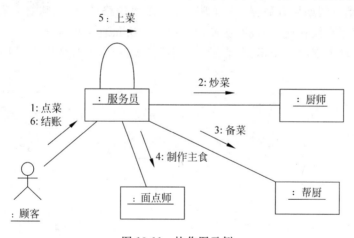

图 13-11 协作图示例

8. 构件图

构件图(component diagram)描述软件构件以及它们之间的关系,表示系统的静态实现视图。

现在的软件远不是从前只需要一个 EXE 文件那么简单,一个大的系统往往由多个代码单元组成,如源代码文件、可执行文件、动态链接库及其他组件(这里统称为构件)。构件及其依赖关系使用构件图来描述。

图 13-12 是一个典型的由 Visual Basic 开发的可执行体的构件图。从图中可以看出,Library 是一个标准的 EXE 可执行程序,它使用了多个组件,如 VB 运行库、用于实现通用对话框的 COM 组件 MSCommDlg、实现数据库的访问 ADO 组件等。

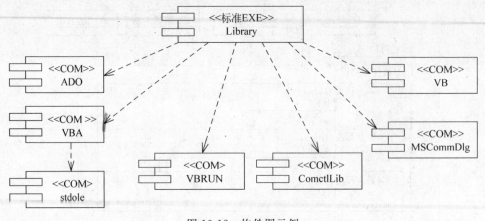

图 13-12　构件图示例

9. 部署图

部署图(deployment diagram)反映了系统中软件和硬件的物理架构,表示系统运行时的处理结点以及结点中构件的配置。

- 结点。包括计算机、打印机、读卡机、POS 终端、通信设备等。结点包括名称、位置及运行的组件。
- 连接。结点间如果有数据交换,则存在一条通信路径,这意味着它们之间有连接关系,应使用直线相连,并说明所使用的通信协议和通信介质。

图 13-13 是部署图的一个示例,表示一个多层(multi-tier)数据库应用系统的典型架构。

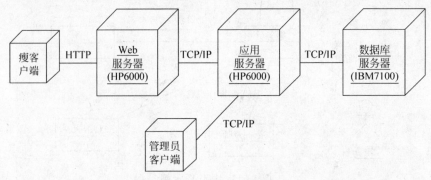

图 13-13　部署图示例

在实际项目中,并不要求使用所有的图。例如,状态图在嵌入式实时系统中普遍存在,但在一些商业业务领域不常见。还有一些图是等价的,比如顺序图和协作图,通常不需要都画出来,或者可以利用建模工具软件直接在二者间进行转换。一般的建议是:在分析与设计过程中至少应该产生用例图、类图和顺序图。

13.3　基于 UML 的系统分析和设计

OOA 和 OOD 的基本任务是:运用面向对象方法,对问题域进行分析和理解,正确认识其中的事物及它们之间的关系,找出描述问题域及系统责任所需的类和对象,定义它们的属性与服务，以及它们之间所形成的结构、静态联系和动态协作过程。最终产生一个符合用户需求并能采用 OOP 进行编程实现的模型。

13.3.1 需求分析

系统需求是新系统必须完成的功能及其特性。通常，系统需求可以分为两类：功能性需求和非功能性需求。

1. 功能性需求

功能性需求描述系统预期应提供的功能或服务，包括系统需要哪些输入、对输入做出什么反应以及系统在特定条件下的行为的描述。比如一个公众图书馆信息系统包括的功能有：借书登记、还书、续借、维护图书信息和读者信息等。在基于 UML 建模中，采用用例（use case）描述系统功能需求。

用例创始人 Ivar Jacobson 认为：用例是对于一组动作序列的描述，系统执行这些动作会对特定的参与者（actor）产生可观测的、有价值的结果。

全部的用例构成系统的用例模型。用例模型完整描述了系统对外可见的行为，即系统可以提供哪些功能给哪些用户。

建立用例建模涉及三个主要步骤：确定参与者，确定用例，描述每个用例。

（1）确定参与者

参与者是系统之外使用系统功能的人或事物，在 UML 中采用小人符号来表示。参与者可以是使用系统的用户，也可以是其他外部系统、外部设备等外部实体。有时为了说明参与者是系统之外的事物，通常在绘图时使用矩形来标出系统边界，组成系统的那些部分被置于矩形框内，而参与者置于矩形之外，与系统进行交互，如图 13-14 所示。

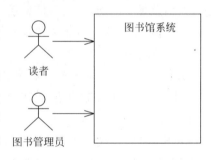

图 13-14 参与者与系统边界

这也是用例建模的第一步，即首先识别出参与者。

在系统环境中，哪些人或物会成为系统的参与者？要正确地回答这个问题，最有效的方法是分析系统的使用者。例如，可以通过以下问题获得启发：

- 谁负责提供、使用或删除信息？
- 谁将使用某项功能？
- 谁对某个特定功能感兴趣？
- 在组织中的什么地方使用系统？
- 谁负责支持和维护系统？

参与者是系统用户的角色抽象，参与者不一定是数据的源头。举个简单的例子，新生入学时需要登记个人信息，若相关表格由学生自行填写，然后由教务人员统一将数据录入到学籍管理系统中，则参与者是教务人员。但是如果学生直接通过网络在线提交个人信息，则学生是参与者。

（2）确定用例

用例就是需求，通过用例名称可以表达系统要完成的工作。为了理解如何确定用例，我们从一个公众图书馆系统的用例开始。在第一个步骤中已经将有关的参与者识别出来了，现在开始在系统边界内添加用例，以对系统的功能建模。

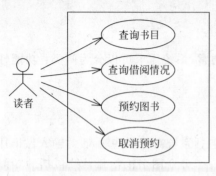

图 13-15　读者的用例

图书馆系统实行开架阅览，并为读者提供了客户端，读者可以查询到馆藏书目和本人在借的图书，对目前已借出无馆藏的图书可以进行预定，也可以取消预定。这项功能也可以通过互联网实现。那么学生是图书馆系统的参与者，系统为读者提供的具体功能如图 13-15 所示。

确定用例的过程中，要注意以下常犯错误。第一，不能混淆用例和用例所包含的步骤。比如"借出图书"功能要经过验证读者信息、检查超出可借数量、保存借书记录、修改图书库存等步骤才能完成，在系统中这些步骤通常不能作为单独的功能对外提供，它们只是一个用例所包含的事件流，或者是用例的子功能。第二，区分业务用例和系统用例。当针对整个业务领域建模时，需要使用业务用例，其中会涉及大量的人工活动。

比如图书馆系统有一项重要工作就是"整理书架"，图书都要放在固定的位置上，读者才能按照目录搜索，这就是业务用例。信息系统作为整个业务系统的一部分，只负责实现系统中涉及信息加工的功能，因而信息系统建模只须识别出系统用例，而无须考虑业务用例。当然，这个过程要建立在对业务领域充分了解的基础上。

（3）描述用例

虽然 UML 定义了用例图来描述用例、参与者及它们间的关系，但用例最主要的内容是文本（用例体），而不是图表（用例图），用例建模的主要工作是书写用例规约（use case specification），而不是画图。

用例规约是以文档形式来详述用例，以期展示出更多的用例"做什么"的细节，有助于深入理解目标、任务和需求。陈述性文本需要一种易于理解的结构化的用例格式，用例模板为一个给定项目的所有人员定义了用例规约的结构。虽然目前没有一个标准化的用例模板，但大多数情况下至少应包含以下内容：用例名、参与者、目标、前置条件、事件流、后置条件、主事件流和备选事件流等，表 13-1 示例了用例规约的书写格式。

前置条件和后置条件分别描述了用例执行前后系统的状态。

- 前置条件（pre-condition）：表述在系统允许用例开始以前，系统应确保为真的条件。这可为后续的编程人员提供帮助，从而确定在用例的实现代码中哪些条件无须再次检验。
- 后置条件（guarantee）：或称为成功保证。表述在用例结束时，系统将要保证的限定条件，一般都是在成功完成用例后成立。

如果前置条件不满足，则用例无法被启动，比如"预定图书"用例的前置条件是读者已正确登录到系统中。一旦用例被成功地执行，可能会导致系统内部某些状态的改变，比如成功地"借出图书"会使库存量减少、借阅记录增加等。某些用例可能没有前置条件或后置条件，比如"查询书目"用例没有后置条件，因为该用例执行后不会改变系统状态。

表 13-1　用例规约

用 例 名 称	借 出 图 书
参与者	图书管理员（主要参与者），读者（次要参与者）
前置条件	图书管理员已被识别和授权
后置条件	存储借书记录，更新图书在架数量
主事件流	1. 图书管理员将读者借书卡提供给系统。 2. 系统验证读者身份和借书资格。 3. 图书管理员将读者所借图书输入系统。 4. 系统记录借书信息，并且修改图书的在架数量。 5. 系统更新读者的借书额度。 6. 重复步骤 3～5，直到图书管理员确认全部图书登记完毕。 7. 系统打印借书清单，交易成功完成。
备选事件流	2a. 非法读者 　　1. 系统提示错误并拒绝接受输入 2b. 读者借书数已达限额 　　1. 系统提示错误并拒绝接受输入 5b. 读者有该书的预约记录 　　1. 删除该书的预约信息 　　……

　　事件流是指当参与者和系统试图达到一个目标时所发生的一系列活动。这些活动包括系统和参与者之间的交互，也可能包括系统为了响应或支持这些交互所执行的内部事务，或者一些为交互做准备的初始化活动。

　　执行一个用例的事件流有多种可能的路线，其中主事件流是指能够满足目标的典型的成功路径。主事件流通常不包括任何条件和分支，符合大多数人员的期望，从而更容易理解和扩展。主事件流有很多同义词：主成功场景、开心路径、基本路径等。

　　完成一个用例除通常的主事件流之外，还会有多种可能出现失败的情况、分支路径或扩展路径，为了不影响用例活动清晰的主线，将这些分支处理全部抽取出来作为备选事件流来描述，或称备选路径。为了区分得更细致，备选事件流还可以分为正常可选事件流和错误异常事件流。比如在"借出图书"用例执行的过程中，如果读者此前对该书进行了预约，则要删除预约，这是备选事件流。

　　备选事件流的书写要遵从主事件流的步骤标号方式。例如在上述主事件流中的第 2 步，可能出现多个分支情况，则在备选事件流中顺序标记每一种分支为 2a、2b、2c、…，各分支的处理可能又包含多个活动步骤，按照缩进格式依次标记为 1、2、…。

2．非功能性需求

　　大多数非功能性需求（如对系统的性能、可靠性、易用性等方面的要求）是和具体功能相关的，因此可以在用例说明中进行描述；而一些通用的非功能性需求（如安全性的需求）可以单独作为补充需求来说明。

13.3.2　面向对象分析

OOP 中,程序由类组成,应该定义哪些类是需要对领域中的事物进行分析,在事物分析的基础上获取一些有意义的概念,它们就是设计软件类的来源。

规模适度的问题域通常有几十个概念类。小的业务领域从业务的术语表中就可以提取到所需要的概念类。术语表和领域模型有助于用户、客户、开发人员和项目相关人员使用统一的词汇,进而避免语义转换和信息失真。而且领域专家也能参与到分析建模,使最终的分析模型更接近于需求。

领域对象分析和模型的建立主要包括以下基本活动。

(1) 发现领域对象,定义概念类。

(2) 识别对象的属性。

(3) 识别对象的关系,包括建立类的泛化关系、对象的关联关系。

当系统的功能流程比较复杂、对象的状态变化较多时,可以利用状态图和活动图等补充模型,进一步为系统行为建模。

1. 识别概念类

实体对象代表了信息系统的核心概念。如何才能发现系统中的所有对象? Wirfs-Brock 名词短语策略是一种常用方法。该策略通过识别有关问题域文本描述中的名词或名词短语,然后将它们作为候选的概念类或属性,通过讨论最后明确最终的模型。其具体步骤如下。

(1) 阅读理解需求文档(或用例规约)。

(2) 反复阅读,筛选出名词或名词短语,建立初始对象清单(候选对象)。

(3) 将候选对象分成三类,即显而易见的对象、明显无意义的对象和不确定类别的对象。

(4) 舍弃明显无意义的名词或短语。

(5) 小组讨论不确定类别的对象,直到将它们都合并或调整到其他两类。

通过阅读"借出图书"用例的主事件流可以获得候选概念类清单,如表 13-2 所示。

表 13-2　候选概念类清单

名 词 类 别	概念类列表			
显而易见的对象	读者　借书卡　图书　借书信息　借书清单			
明显无意义的对象	读者身份			
不确定类别的对象	借书资格　在架数量　借书额度			

对于不确定类别的对象要进行讨论:借书资格是业务规则,不是对象,因此舍弃。借书额度是读者的属性,在架数量是图书的属性,它们都不是对象,也应舍弃。

经过分析会得到最终的对象清单,所有被舍弃的对象应该记录下舍弃原因,以利于将来的审核。

2. 识别类的属性

属性是描述对象静态特征的一个数据项。

可以与用户进行交谈,提出问题,从用户的答案中帮助寻找对象的属性,比如"如何为对象做一般性的描述?"就是该类对象的一般特征。对于图书,一般的描述信息有书名、国际书号、作者、出版日期、价格等。再比如"对象需要长期保存哪些信息?"也是一个很好的问题。随着时间推移,对象的特性一直在变化,旧特性会被新特性所替代,但从历史来看还有其用途的属性则需要长期保存。例如对于一个银行账户,每次交易的日期、金额、地点都需要长期保存。

应使用简单数据类型来定义属性。简单数据类型就是指数字、字符串、日期、布尔、文本等。对于非简单性的属性,需要仔细分析,根据其作用,有可能作为一个单独的对象实现。比如,商品条码可能还包括其他的属性项,如制造者、商品类别等,此外,可能经常要对它进行验证检查。如果需要强调这些内容的话,可以把商品条码设计成独立的对象,让它有自己的属性和服务。

不使用可导出的属性。可导出的属性属于冗余属性,比如年龄可以由出生日期导出。除非导出算法很复杂或有特别的需要,否则应舍弃可导出的属性。

对于每一个属性,应进行适当说明,说明中应包括以下内容。

(1) 属性的名称和解释。有些属性只适用于该问题域,是专业术语,晦涩难懂;有些常用词语在特定环境下字面的含义有所不同,为了提高清晰度,需要对这些属性进行定义。

(2) 属性的数据类型。分析时使用简单类型,如整数、实数、字符串、日期、数组、布尔等,分析阶段因为不考虑技术实现,所以不需要考虑具体语言能支持的数据类型。

(3) 其他要求。如取值范围、默认值等。

3. 识别对象的关联

事实上,组成系统的事物之间是相互制约、相互依赖的,对象间有一定的关联结构。关联(association)表示不同类的对象之间的结构关系,它在一段时间内将多个类的实例连接在一起。关联体现的是对象实例之间的关系,而不表示两个类之间的关系。比如教师与课程存在关系,该关系通过教师对象实例(A 教师)承担课程对象实例(课程 X、课程 Y)的讲授来实现。

多数关联是二元的,即只存在于两个类的实例之间,在图中表示为连接两个类符号的实线路径。关联名称应该反映该关联的目的,并且应该是一个动词词组。关联名称应放置在关联路径上或其附近,如图 13-16 所示。如果某种关联的含义对于开发人员和用户都是非常明确的,则可以省略关联名称。

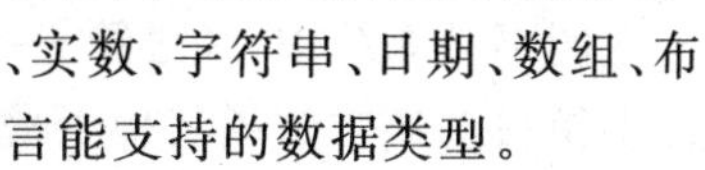

对于关联两端的对象,多重性(multiplicity)指定所在类可以实例化的对象数量(重数),即该类的多少个对象在一段特定的时间内可以与另一个类的一个对象相关

图 13-16　对象关联示例

联。多重性由角色上的数字表达式指出其重数,该数字表达式由一个或多个整数范围组成,它们之间用逗号隔开。一个整数范围由一个整数下限、两个圆点和一个整数上限来表示,单个整数也是有效的范围,其中符号" * "等价于"0..*",含义是指包括零在内的任何数,即对象的数量不受限制。比如在图 13-16 中,某一名读者可以没有借书记录,也可以有多个借书记录,每个借书记录登记有且仅有一名读者。

对象关联的一个常见特例是整体-部分关联。如果对象 a 是对象 b 的一个组成部分,则称 b 为 a 的整体对象,a 为 b 的部分对象,二者对应的关联形式称为整体-部分关联。这种结构可以用"b'has a'a"进行验证。

整体-部分关联是关联中使用较频繁的一种模式,用于对模型元素之间的组成关系进行建模。组成关系在现实生活中可以表现为以下几种形式。

- 客观上或逻辑上的整体事物和它的组成部分(机器和零件、人体和器官、书和章节、图和元素)。
- 组织机构和它的下级组织及部分(公司和子公司、医院和科室)。
- 团体(组织)和成员(科室和医生、班级和学生)。
- 空间上的容器事物及其包容物(车间和机器/工人、教室和设备)。

图 13-17 整体-部分关联示例

图 13-17 是整体-部分关联的一个示例。

UML 对整体-部分关联采用在整体对象一端使用菱形符号表示,通过增加模型细节可以使模型更加明确。

属性和关联识别完成后,得到图书馆系统的类图,如图 13-18 所示。

4.建立类的泛化关系

在图书馆系统中,经过第一轮分析得到了初始的领域模型,但通过进一步了解业务,发现图书馆目前还收藏了其他资源,比如影碟(VCD/DVD)、音乐 CD、电子书等品种,它们和图书一样可以被任何读者借出,有共同的特征。但它们在系统中是有区别的,比如属性项不同、借阅期限不同等,所以需要区别对待。按照面向对象思想,对于这种层次的类属关系,可以采用泛化来表示。

泛化(generalization)是在多个概念之间识别共性,定义超类(一般概念)和子类(特定概念)关系的活动。在领域模型中识别超类和子类具有很重要的价值,可以利用更普遍、更抽象的方式来理解概念,从而使概念的表达简约,帮助理解并减少概念信息的重复。这种将概念划分层次的方式是和人们认识问题的思维方式一致的。

在图书馆案例中,将馆藏资源作为父类(抽象概念),而图书和光盘等是馆藏资源的一种子类(特殊概念),UML 在父类一端加三角形箭头表示,重新构造后的图书馆部分类图如图 13-19 所示。

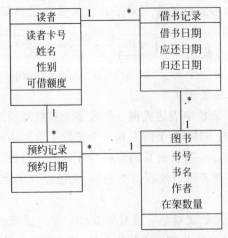

图 13-18 带关联的领域模型

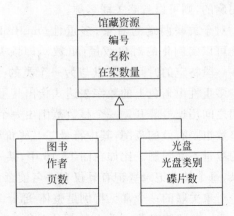

图 13-19 泛化关系

如果类 A 具有类 B 的全部属性和行为,而且还具有自己特有的某些属性或服务,则 A 叫做 B 的特殊类,B 叫做 A 的一般类。这种关系也称为一般-特殊关系、泛化-特化关系或继承关系。

继承关系中,特殊类中不用再重复定义一般类中出现的属性或服务,这样可以简化模型,有效地反映问题空间的分类层次。通过继承,父类的属性和服务可以为子类所用,子类也可以把本来在父类中定义的服务重新定义(即多态性),并建立其特有的新属性和服务。但使用继承时必须确认子类一定是父类的一个特殊类型,即可以用"is-a-kind-of"进行验证,如果存在语义上的不相符,就会产生误解和难以预测的错误。

13.3.3 面向对象设计

设计阶段的主要任务是根据需求定义提出软件的实现方案,即设计模型。面向对象设计的主要模型仍然是类图,但类图只是一个静态模型,而用例的具体实现是动态的程序流程,因此针对每个用例,需要利用 UML 的顺序图来详细设计程序的执行过程。

为了完成详细设计,首先要设计用例的界面,确保可以实现参与者和系统的信息交互。用例事件流对人机交互过程有粗略的描述,界面设计就是要将其落到实处;然后基于对象模型,对界面后台的程序流程进行设计,即识别出用例所包含的子功能,以及完成这些子功能的类,并将子功能的执行流程绘制出来。

1. 创建用户界面原型

用户界面原型只是一个草图,包含用例提到的系统和用户进行交互的必要元素,界面原型不描述太多细节,通常包含以下内容。
- 需要由用户输入到系统中的数据窗口或表格。
- 需要由系统执行的操作按钮。
- 系统应及时做出回应的事件。
- 需要由系统输出给用户的数据窗口或消息。

图 13-20 和图 13-21 演示了图书馆系统中的"登记借书"和"预约图书"用例的界面原型。它们可能不美观,但实现了用例最关键的交互。界面原型可采用各种可视化开发工具(如 Visual Studio)设计,也可以使用专用的界面设计软件。

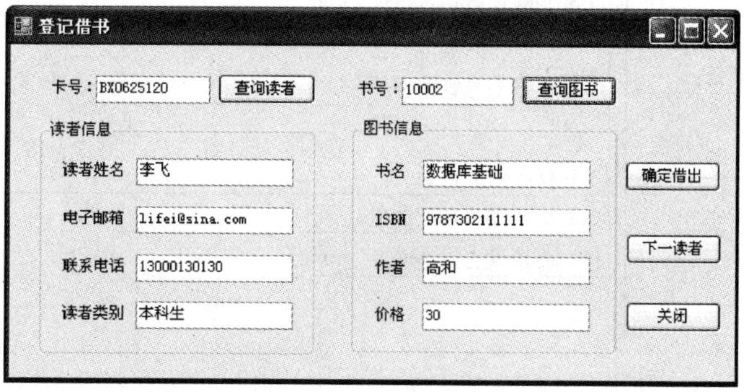

图 13-20 "登记借书"用例的界面原型

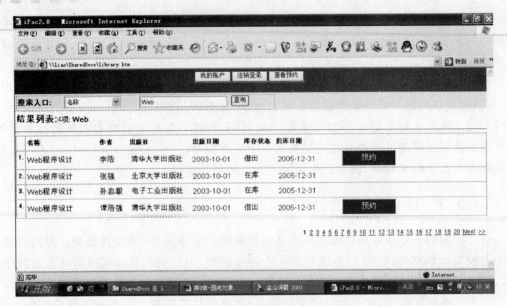

图 13-21 "预约图书"用例的界面原型

2．详细设计用例的实现流程

在用户界面内部是系统对用户操作的响应，具体响应过程需要编写程序来完成。由本章第 2 节可知，面向对象的程序设计以类为基础，任何操作都是某个类的操作，多个类可协作完成一个用例功能，通过绘制顺序图完成这一详细设计任务。

例如，图 13-22 是"登记借书"用例的顺序图。从图中可以看出，图书管理员只和登记借书窗口进行交互，该窗口还需要借助于其他类的操作才能完成各项处理，例如需要利用读者

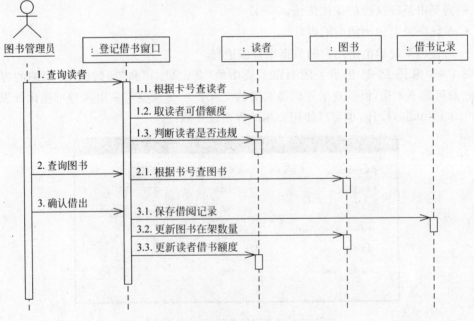

图 13-22 "登记借书"用例的顺序图

对象来验证读者身份和借书资格,需要图书对象提供图书信息,需要借阅对象储存借阅信息。

通过绘制顺序图可明确每个对象的职责,即对象需要完成的操作。对象操作在顺序图中表现为每个对象接收到的消息。例如读者对象接收了 4 条消息:1.1、1.2、1.3 和 3.3,每条消息都代表着读者需要完成的一项操作。

所有用例的详细设计完毕后,就可以汇总得到每个对象需要完成的操作,也就是得到一个包含属性和操作的完整的类图(见图 13-23)。程序员根据类图就可以开始编程实现各个类,并根据界面原型和顺序图实现每个用例功能。

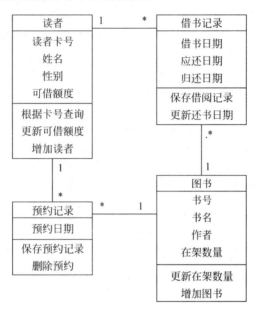

图 13-23 完整的类图

习题 13

1. 面向对象方法的主要思想是什么?
2. 什么是对象? 如何定义一个类?
3. 模块(函数)的封装和类的封装有什么区别?
4. 什么是 UML?
5. 用例图的作用是什么? 为高校课程管理系统绘制用例图。
6. 举例说明一般-特殊关系和整体-部分关系,并使用 UML 表示。
7. 顺序图的作用是什么? 它和程序流程图有什么联系和区别?

第5篇

信息系统的管理

第 14 章

信息系统的项目管理

在信息系统的建设过程中,项目除了包含系统分析、系统设计、系统编码、测试等软件工程工作以外,还包括很多项目管理工作,比如,项目计划的制定、项目的跟踪控制等工作。信息系统的建设是非常复杂的,很多信息系统的失败并不是由于技术问题,而是管理问题。本章简单介绍信息系统建设过程中如何进行项目的管理,同时对信息系统工程监理做一简单介绍。

14.1 项目管理

项目管理是 20 世纪 40 年代以后迅速发展起来的一门科学,是现代管理学中的一个重要分支,已被广泛应用于各行各业。项目管理是从 CPM(Critical Path Method,关键路径法)和 PERT(Program Evaluation and Review Technique,计划评审技术)等网络计划技术开始发展,其理论和技术已经得到极大扩展,成为一门新兴的学科和行业。20 世纪 60 年代初,华罗庚教授将 CPM 和 PERT 等技术介绍到国内,称为统筹方法。一直到 1991 年,国内才成立项目管理研究会。随着计算机技术的发展,软件项目中也逐渐开始使用项目管理的方法。

14.1.1 项目和项目管理

美国项目管理协会(Program Management Institute,PMI)对于项目的定义是: 项目是为完成某一独特的产品或服务所做的一次性努力。从这个定义可以知道,项目一般要涉及一些人员以及由这些人员参与的为达成某个目的所采取的一系列活动,这些活动是一次性的活动,每个项目和其他项目都应该不是完全相同的。

项目管理按 PMI 的定义是: 在项目活动中运用一系列的知识、技能、工具和技术,以满足或超过相关利益者对项目的要求。这个定义指出了项目管理的范畴和要达到的目标。具体来说,项目管理是在项目活动中运用专门的知识、技能、工具和方法,使项目达到预期目标的过程,是以项目作为管理对象,通过一个临时性的、专门的组织,对项目进行计划、组织、执行和控制,并在时间、成本、性能、质量等方面达到预期目标的一种系统管理方法。项目管理贯穿整个项目的生命期,是对项目的全过程管理。

14.1.2 项目管理的成功因素

一个成功的项目管理主要包括以下因素: 项目的范围、时间(进度)、质量(客户满意度或性能)和成本。理想的项目管理,其目标应该是使这 4 个要素做到"多、快、好、省",即指范围大、时间短、质量高、成本低。在实际工作中,这 4 者之间是相互关联的,提高一个指标的同时很可能会降低另一个指标,所以实际上这种理想的情况很难达到。

时间、质量、成本这 3 个要素简称 TQC(Time,Quality,Costs)。一个项目的工作范围和 TQC 确定了,项目的目标也就确定了。只有确保项目在 TQC 的约束内完成工作范围(Scope,S)内的工作,才能真正保证项目的成功。

在实际工作中,工作范围在"合同"中定义,时间通过"进度计划"规定,成本通过"预算"确定,而质量在"质量保证计划"中规定。

这些因素之间的关系可以用下式表达:

$$C = f(Q,T,S)$$

可以把它们用一个三角形表示:C 是面积,其他三个元素是三条边,任何一条边增加长度,都会增加成本,任何三个元素确定后,另外一个元素也就确定了。

注意:时间进度不能被过度压缩。

14.1.3　项目管理的知识体系

国际上的两大项目管理知识体系是:以欧洲国家为主的国际项目管理协会(International PMA,IPMA)和以美国为主的美国项目管理协会(PMI)。成立于 1969 年的美国项目管理协会是全球最大的项目管理专业组织,其编写的《项目管理知识体系》(Project Management Body of Knowledge,PMBOK)将项目管理内容概括为 4 个阶段、5 个标准化过程组、9 个知识领域和 42 个标准过程(PMBOK 2008,第四版)。

1. 4 个阶段

在项目的整个生命周期中,按时间顺序一般会包含 4 个阶段:项目启动、项目规划、项目实施和项目收尾。

项目启动阶段确定项目的目标范围,其中包括开发和被开发双方的合同(或者协议)、软件要完成的主要功能以及这些功能的量化范围、项目开发的阶段周期等。软件的限制条件、性能、稳定性等都必须明确地说明,必须满足客户的要求。项目范围应该进行明确的定义,它是项目实施的依据和变更的输入,只有将项目的范围进行明确定义才能进行很好的项目规划。项目目标必须是可实现、可度量的。这一步如果管理得不好,会导致项目的最终失败。

项目规划是建立项目行动指南的基准,包括对软件项目的估算、风险分析、进度规划、人员的选择与配备、产品质量规划等。它指导项目的进程发展。规划建立软件项目的预算,提供一个控制项目成本的尺度,也为将来的评估提供参考,它是项目进度安排的依据。最后,形成的项目计划书将作为项目跟踪控制的依据。

项目实施是按照制定的计划执行项目,这包括按计划执行项目和控制项目,以使项目在预算内、按进度、使顾客满意地完成。在这个阶段,项目管理过程包括:测量实际的进程,并与计划进程相比较,并发现计划的不当之处。如果在实际进程与计划进程的比较中发现项目落后于计划、超出预算或是没有达到技术要求,就必须立即采取纠正措施,以使项目能恢复到正常轨道,或者更正计划的不合理之处。

项目管理的最后环节就是软件项目的收尾过程。进入项目结束期的主要工作是适当地做出项目终止的决策,确认项目实施的各项成果,进行项目的交接和清算等,同时对项目进行最后评审,并对项目进行总结。本阶段的主要目标是从经验中进行学习,以便能够改进过程。

2. 5个过程组与9大知识领域

5个过程组包括:启动过程组、规划过程组、执行过程组、监控过程组和收尾过程组。9大知识领域包括:范围管理、时间管理、成本管理、质量管理、人力资源管理、沟通管理、采购管理、风险管理和综合管理。过程组和知识领域的关系如表14-1所示。

表 14-1 项目管理过程组和9大知识领域的关系

知识领域	项目管理过程组				
	启动过程组	规划过程组	执行过程组	监控过程组	收尾过程组
综合管理	制定项目章程	制定项目管理计划	指导与管理项目执行	监控项目工作实施整体变更控制	结束项目或阶段
范围管理		收集需求 定义范围 创建工作分解结构		核实范围 控制范围	
时间管理		定义活动 排列活动顺序 估算活动资源 估算活动持续时间 制定进度计划		控制进度	
成本管理		估算成本 制定预算		控制成本	
质量管理		规划质量	实施质量保证	实施质量控制	
人力资源管理		制定人力资源计划	组建团队 建设团队 管理团队		
沟通管理	识别干系人	规划沟通	发布信息 管理干系人期望	报告绩效	
风险管理		规划风险管理 识别风险 实施定性风险分析 实施定量风险分析 规划风险应对		监控风险	
采购管理		规划采购	实施采购	管理采购	结束采购

项目综合管理是为了正确地协调项目各个部分而进行的对各个过程的集成,是一个综合的过程,其核心是在多个相互冲突的目标和方案之间做出平衡,满足项目各利害关系方的要求,因而有时也称为项目集成管理、项目整体管理。

在项目管理中,确定项目的范围是一项困难的工作。所谓的"范围"是指产生项目产品所包括的全部工作及其过程。项目范围管理就是指对项目应当包括或者不包括什么工作内容的定义与控制的过程。项目范围管理的首要任务就是确定并控制哪些工作内容应该包含在项目范畴内,并对其他项目管理过程起指导作用。

时间管理是项目管理中的一个关键职能,也被称为项目进度管理,它对于项目进展的控制至关重要。在项目范围管理的基础上,通过确定、调整合理的工作排序和工作周期,可以在满足项目时间要求的情况下,使资源配置和成本达到最佳状态。需要注意的是,进度是计划的时间表,应该按计划安排项目的进度。

成本管理是项目管理的一个部分,是为了保证在批准的预算内完成项目所必需的诸多过程的集合。

质量管理作为项目管理的一部分,是为了保证项目能够满足原来设定的各种要求,即项目的过程和产品符合预定的规范要求。

人力资源管理的核心是保证有效地发挥项目每个参与人作用的过程。项目人力资源管理不仅要为项目获取合格的人才,更重要的是使所有项目干系人一起高效地工作。

每个项目都面临一些未确定因素的威胁,存在失败的可能。风险管理的目的就是对这些可能进行识别,分析各种不确定因素,并采取相应的应对措施。项目风险管理是要把项目实施过程中有利事件的积极结果尽量扩大,而把不利事件的消极后果降低到最低限度。

对于任何一个项目,不是一个人就能顺利完成的,特别是 IT 项目,对项目成功威胁最大的是沟通的失败。有研究表明,影响软件项目成功的 3 个主要因素是:用户参与、领导支持、需求表述清晰。这些因素都尤其需要沟通交流。项目沟通管理的目标在于及时而适当地收集、传递、存储和处理项目的有关信息。

在项目过程中,有时需要从外部获取产品和服务,因此,存在"采购"行为。如何成功利用外界资源,就是项目采购管理的职责。项目采购管理包括了计划、组织和执行从外界购买项目所需产品和服务的全过程。

14.2　信息系统的软件项目管理

软件项目主要涉及两方面的任务:软件工程和项目管理。软件工程涉及系统的建立,并重点关注如何设计、测试、编码等问题,这些内容在第 4 篇已有详细阐述。这里讨论的信息系统项目管理主要是指信息系统软件的开发管理过程,所以也可称为软件项目管理,它主要涉及如何正确地规划和控制软件工程行为,以满足项目在成本、进度和质量方面的目标,项目管理过程则规定了如何制定计划、设置里程碑、组织全体人员、管理风险、监督进展等任务。

14.2.1　软件项目管理与项目需求管理

1. 软件项目管理

信息系统项目是以信息系统软件开发、集成和实施为主要目的的项目,属于软件项目,具有软件项目的阶段性(紧迫性)、独特性和不确定性等特点。

软件项目管理是根据项目管理科学的理论,结合软件产品开发的实际,保证工程化系统开发方法顺利实施的管理实践,是为了使软件项目能够按照预定的成本、进度、质量顺利完成,从而对成本、人员、进度、质量、风险、文档等进行分析、管理、控制的一系列活动。软件项目管理是软件项目的保护性活动,先于任何技术活动之前开始,持续项目的整个生命周期,贯穿软件项目的定义、开发、维护全过程。

　　软件项目管理的提出是在 20 世纪 70 年代中期的美国,当时美国国防部专门研究了软件开发不能按时提交,预算超支和质量达不到用户要求的原因,结果发现 70% 的项目是因为管理不善引起的,而非技术原因。于是,软件开发者开始逐渐重视起软件开发中的各项管理。到了 20 世纪 90 年代中期,软件研发项目管理不善的问题仍然存在。据美国软件工程实施现状的调查,软件研发的情况仍然很难预测,大约只有 10% 的项目能够在预定的费用和进度下交付。

　　软件项目和其他项目相比,具有很大的独特性,主要表现在以下几方面。

　　(1)软件项目生产无形的产品,是一种逻辑元素,而不是物理元素。

　　(2)软件是开发出来的,而不是制造出来的,是定制的。

　　(3)软件开发过程没有明显的划分。

　　(4)软件项目大都是"一次性"的人力消耗型项目。

　　(5)软件本身具有高度的复杂性。

　　(6)软件缺陷检测的困难性。

　　(7)软件开发没有统一的规则。

　　(8)软件项目需求经常不确定,而且由于需求的变化需要持续修改。

　　软件项目的独特性和软件项目管理能力低下是造成软件项目难于成功的主要原因,强的软件项目管理能力可管理软件项目的独特性,保证软件项目的成功。软件项目管理是项目管理在软件项目中的应用,也包括项目管理的基本内容。

　　软件项目管理的核心是项目规划和项目跟踪控制,简称 PDCA。P 指 Plan,制定计划；D 指 DO,执行计划；C 指 Check,检查项目实际执行情况；A 指 Action,根据检查结果采取纠正措施,可能是纠正不符合实际的计划或者有问题的项目执行。在项目的实施过程中,PDCA 实际是一个工作循环,如图 14-1 所示。

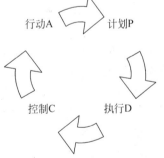

图 14-1　PDCA 循环

2. 项目需求管理

　　软件项目中的需求管理也非常重要,主要是因为软件项目中需求较难获取,而且需求的变化是经常发生、不可避免的,做好软件项目的需求管理,才能让软件项目的开发和管理有一个坚实的基础。在软件项目管理中,工作范围的确定与项目中的需求和软件开发过程的选择都有密切的关系,有了明确的开发过程和需求才能进行有效的工作分解,才能做好项目的计划。

　　软件需求是每个软件开发项目的开端,也是项目建设的基石,还是软件项目最难把握的问题,是关系项目成败的关键因素。

　　有资料表明,软件项目中 40%～60% 的问题都是在需求分析阶段埋下的隐患。软件开发中返工占总费用的 40%,其中 70%～80% 的返工是由于需求方面的错误导致的。所以,如果能解决软件项目的需求问题,将大大减少项目中的缺陷,减少项目中返工的费用,对提高项目质量、降低费用、缩短项目周期作用非常大。

软件需求是指用户对软件的功能和性能的要求,就是用户希望软件能做什么事情,完成什么样的功能,达到什么性能。

软件需求可分为两种类型:功能需求和非功能需求。功能需求是最主要的需求,是需要计算机系统解决的问题,就是对数据处理的要求。功能需求规定了系统必须能够完成的工作。例如:系统要提供用户注册功能;能够进行订单的查询;能够提供病历信息录入;能够打印处方等。系统非功能需求是产品必须具备的一些属性或品质,是一些限制性要求,如性能要求、可靠性要求、安全性要求等。非功能需求比功能需求要求更严格,更不易满足,因为如果不能满足非功能需求,系统将无法运行。例如:系统要能够在 1 秒钟内查询出病人信息;系统能够在 1 分钟内显示出一个月内的出入库统计报表等。

软件项目需求工程包含两部分的工作过程:一是软件需求开发的过程,二是需求管理的过程,如图 14-2 所示。

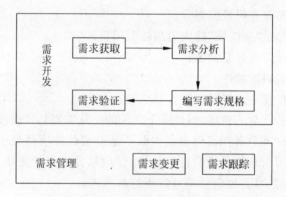

图 14-2　需求工程

需求的开发包括需求获取、需求分析、编写需求规格说明和需求验证 4 个工作步骤,这部分工作主要是在软件开发的系统分析工作中完成,最终要得到一个经过验证和确认的需求规格说明书,详细定义了信息系统项目的各种需求。

需求的管理包括需求变更的管理和需求的跟踪。

需求的变更是经常发生的、而且是不可避免的,但是需求的变更又会影响项目的执行,甚至引起项目的失败,所以要严格控制需求的变更。需求的变更管理就是对项目需求的变更进行控制,既要尽可能找出那些不需要的或者不必要的变更,避免这些需求的变更对项目产生不好的影响,还要能够引入必要的变更,提高项目的适应性。

需求跟踪主要是指在软件项目开发的各个阶段都要对需求进行确认,保证每个阶段的的所有工作成果都符合用户的需求。需求跟踪可以改善产品质量,降低维护成本。需求的跟踪有正向跟踪、逆向跟踪和双向跟踪三种方式。

14.2.2　项目进度管理与软件项目估算

1. 项目进度管理

项目管理中,计划是项目管理的基础,是通向目标的路线图。有了计划,就能按照计划执行项目、根据计划对项目进行监督和控制。在软件项目管理中,有各种各样的计划,如范围计划、进度计划、成本计划、质量计划、配置管理计划、风险计划、沟通计划、采购计划、人力资源计划等,其中进度计划是最核心的计划,它和其他的所有计划都有关系。

项目进度(时间)管理包括的具体过程如下。

- 定义活动。
- 排列活动顺序。
- 估算活动资源。
- 估算活动持续时间。
- 制定进度计划。
- 控制进度-项目跟踪。

1) 定义活动

定义活动要以范围管理中得到的工作分解结构为基础。工作分解结构是把项目的主要可交付产品和项目工作划分为更小的、更容易管理的单元,即形成工作分解结构(Work Breakdown Structure,WBS),它是估计、计划、跟踪和监控的主要依据。

WBS 的表示类型可以是清单形式,也可以是树状图形式。清单形式如下:

```
1   XX 信息系统
    1.1 项目范围规划
        1.1.1 确定项目范围
        1.1.2 获得项目所需资金
        1.1.3 定义预备资源
        1.1.4 获得核心资源
        1.1.5 完成项目范围规划
    1.2 分析/软件需求
    1.3 设计
    1.4 开发
        1.4.1 审阅功能规范
        1.4.2 确定模块化/分层设计参数
        1.4.3 分派任务给开发人员
        1.4.4 编写代码
        1.4.5 开发人员测试(初步调试)
        1.4.6 完成开发工作
    1.5 测试
    1.6 培训
    1.7 文档
    1.8 试生产
    1.9 部署
    1.10 实施工作结束后的回顾
    1.11 软件开发结束
```

树状图的形式如图 14-3 所示。

在进行工作分解时,既可以按软件项目的功能结构(产品)分解,也可以按软件项目开发的阶段分解,或者按混合的方式分解。软件项目的 WBS 和选择的软件开发生命周期密切相关。如果选择纯粹的瀑布模型,则先按阶段分解,然后按产品分解。如果选择增量式模型,则先按产品分解,然后按阶段分解,以后还可能以更小的产品进行分解。

图 14-3 树状 WBS

以 WBS 为基础,最底层的工作包就是我们要找的所有活动。底层工作包仍然可以继续分解,以得到更细小的活动。

2）排列活动顺序

排列活动顺序是分析活动之间的相互依赖关系,并形成文档的过程,为进一步编制切实可行的进度计划做准备。活动排序一般可以用网络图进行描述,有时也称网络分析。常用的网络图类型有:PDM 网络图、ADM 网络图和 CDM 网络图。PDM 网络图如图 14-4 所示,以矩形框表示活动,用箭头表示活动的先后顺序。

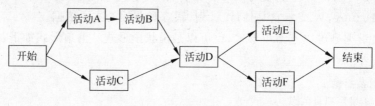

图 14-4 PDM 网络图

3）估算活动时间（项目进度估算）

估算活动时间是估计任务的持续时间（历时估计）,包括完成每个任务的历时估计和项目总历时估计。只有在准确地估算出项目活动的时间后,才能够对项目各方面的工作有比较全面地理解和制定有效的计划,才能实施有效的项目管理。

项目进度估算的基本方法如下。

（1）基于规模的进度估算。

（2）定额估算法。

（3）经验导出模型。

（4）关键路径法（Critical Path Method,CPM）。

（5）工程评价技术（Project Estimate and Review Technique,PERT）。

（6）基于进度表的进度估算。

（7）基于承诺的进度估计。

（8）Jones 的一阶估算准则。

（9）其他策略。

4）编制进度计划

进度计划的编制主要内容是确定项目中的所有活动及其开始和结束时间,并且为每一个活动分配资源和负责完成的人员。简单说就是确定项目中每一个活动什么时候开始,什么时候结束,由谁负责,使用多少资源完成。项目的进度计划是项目实施的基础,也是监控项目实施的基础,是项目管理的基准。

编制项目进度计划的步骤如下。

（1）进度编制。

（2）资源调整。

（3）成本预算。

（4）计划优化调整。

（5）计划基线。

下面就是使用甘特图编制的进度计划，如图14-5所示。

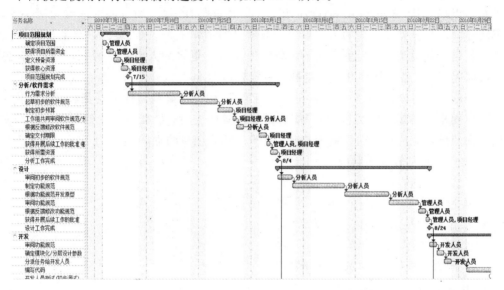

图 14-5 甘特图表示的项目进度计划

2. 软件项目估算

软件项目估算是预测软件开发项目所需的总工作量、成本和时间进度的过程，估算是计划的基础。有效的软件估算，特别是软件成本估算，一直是软件工程和软件项目管理中最具挑战性、最为重要的工作之一。

软件项目管理中，项目的估算和度量是重要而且不容易做好的工作，不像一般的工程项目，软件的测量和估算需要更多的经验数据和专门的方法。做好了估算，软件项目管理中最重要的进度计划才能有效编制；做好了度量和测量，才能正确获取项目进度情况，才能进行有效地跟踪和控制。

在项目的整个生命周期中，需要对项目不断地进行估算。项目的起始阶段，需要通过初步的估计来确定一个项目的可行性。项目的规划阶段，需要通过详细的估计来协助制定项目计划。项目实施阶段，需要定期将实际工作量和估计工作量进行比较，使项目经理及时调整资源和计划。

软件项目的估算不同于其他类型的项目，准确的估算不容易做到，这是由软件项目的独特性所决定的。但是，如果没有比较准确的估算，就无法制定可行的项目计划，项目管理也无法有效进行。

1）软件项目估算定律

帕金森定律（Parkinson's Law）说明了项目的工作量估计过高会产生的问题。帕金森定律的内容是：工作总是用完所有可以利用的时间。如果过高估计工作量，则会使员工容易达到目标，工作会松懈。

可靠性零定律（Weinberg's Law）则说明了工作量估计过低会产生的质量问题，可靠性零定律的内容是：如果一个系统不要求是可靠的，那么它能满足任何其他目标。这说明了在工作量估计过低的情况下，项目人员会通过减少质量工作、降低系统的质量来满足项目的其他目标。特别是不要故意估计过低来为员工增加压力。

布鲁克斯定律（Brooks'Law）则说明了如果进度估计不准，项目的进度就无法保证，甚至无法补救。布鲁克斯定律的内容：在一个延迟的工作上投入更多的人，可能导致该项工作更加延迟。这说明了项目的进度不能单纯地靠投入更多的人力和资源来进行压缩，各种统计数据表明：正常的软件开发进度最多只能被压缩 25%。

对于软件项目来说，准确地估算还是有可能的，但是准确地估计需要花费时间去做；准确地估算要求一种定量的方法，最好能有估计工具的支持；最准确的估算是以承接当前项目的机构的已经完成项目的数据为基础的估算；随着项目的进展，估算还需要进行改进。

2）软件项目估算的内容

软件估算的内容如下。

- 项目的规模　代码行（LOC），功能点（FP）等。
- 工作量　人天、人月、人年等。
- 工期　时，天，月，年等。
- 生产力　规模/工作量（生产率）。
- 开发成本　人民币、美元。

规模是工作量、成本和进度估计的基础。规模和工作量可以进行转换：软件生产率，工作量＝规模/软件生产率。工作量是成本的主要因素，一般项目的规模估算和成本估算是同时进行的，规模确定了，就基本可以确定项目的成本。工期根据工作量和人员数量估算，但不是线性的。生产率的估算一般使用组织的项目历史数据进行统计平均来得到，但会随人员的增加而下降。

估算的输入数据如下。

- 项目的需求、工作分解结构 WBS。
- 组织的历史项目度量数据。
- 资源要求。
- 资源消耗率，如人员成本：100 元/小时。
- 进度规划，即项目总进度（一般是合同要求）。

估算的结果如下。

- 估算出的各种工作量、成本和工期等。
- 估算的基础和依据。
- 估算的假设。
- 估算的误差变动等。

3）软件项目估算的方法

软件的规模指的是非常普通意义上的程序总的范围，它包含功能集的深度和广度以及程序的难度和复杂性。衡量软件规模的两种主要方法分别是：LOC 方法和功能点法。

（1）LOC方法

代码行（LOC）从软件程序量的角度定义项目规模。这种方法要求功能分解足够详细，要有一定的经验数据，和具体的编程语言有密切关系。LOC的计算公式如下：

LOC = NCLOC + CLOC(非注释行和注释行)

代码行方法的优点主要是简单、明确、容易测量，使用一个简单的工具就可以测量软件所包含的代码行数；缺点主要是不能反映程序的复杂度，而且同一个功能使用不同计算机语言实现时代码行相差非常大，不同语言编写的程序无法比较。

（2）FP方法

功能点（FP）是用系统包含的功能数量来衡量其规模，是基于客观的外部应用接口和主观的内部应用复杂度及总体的性能特征的一种规模度量方法。该方法是由Allan Albrecht在20世纪70年代在IBM工作时发明的自顶向下方法，后来被国际功能点协会集成。这种方法与编程语言、产品设计或开发风格都没有关系，而且可以在生命周期的早期阶段应用。

功能点法的基础是计算机信息系统，由5个主要构件组成。

- 外部输入　用户提供的应用数据。
- 外部输出　提供给用户的面向应用的信息。
- 内部逻辑文件　逻辑主文件。
- 外部接口文件　与其他系统交换信息。
- 外部查询　在线的输入以获得立即的结果。

功能点方法就是对这5种系统主要构件根据它们的复杂度进行初始功能点计数，然后再根据整个系统的复杂度来计算技术复杂度因子，将初始功能点计数与技术复杂度因子相乘，就可以得到最终的功能点数。

功能点方法在项目初期的估算比较容易，但是对已经做完的程序不能使用简单、有效的手段测量出它的功能点数，但是由于功能点和代码行也可以进行转换，我们可以在测量时采用代码行，然后再转换成功能点。功能点和代码行的转换关系如表14-2所示。

表14-2　功能点和代码行的转换关系表

编 程 语 言	每功能点代码行	编 程 语 言	每功能点代码行
Assembler	320	Ada	70
C	128	C++	55
Cobol/FORTRAN	105	Java/Visaul Basic	35
Pascal	90	HTML-3	15

在进行软件项目的规模估算时，还可以采用对象点法、自下而上法、类比法、专家判断法、参数估算法和简单估算法等方法。同时，这些方法中很多也可以对成本和进度进行估算。

自下而上法利用WBS进行估计，对WBS最底层的工作包进行估算，所有工作包都估算完，就得到了整个系统的估算结果。这种方法一般结合Pert方法进行估算，优点是如果活动划分得很好就比较容易估算，缺点是活动本身很费时间，而且很多细节的活动可能没有想到，也缺少活动集成的工作量。

Pert方法是一种基于统计原理的估计方法，是一种简单易用、实效性强的软件估计方法,也是项目管理最早的技术之一。估算的方法是:对于指定的估计单元(可能是规模、进度、工作量、费用等),由估算人给出估计结果,估计结果由 3 个值构成:最乐观值、最悲观值、最可能值,通过下面的计算公式得到估计的结果:

期望值 =(最乐观值 + 4×最可能值 + 最悲观值)/ 6
标准偏差 =(最乐观值 – 最悲观值)/6
结果 = [期望值 – 标准偏差,期望值 + 标准偏差]

最终的估计结果是一个可以接受的估计范围,如果最终的实际值能够落到该范围内,则可以被认为估算是成功的。项目的初期,该范围可以较大,随着估算的不断精确,该范围应该逐渐被有意识地减少,以求得更准确的估计。

类比法是对比类似的历史项目而得到估算结果的方法,有自顶向下举比法和自底向上类比法。这种方法的优点是简单易行,适合在项目初期信息不足时候使用(比如合同期和市场招标),缺点是没有完全发现对比项目的区别时准确性差。

专家判断法也称 Delphi 法,是最流行的专家评估技术,采用多个专家对同一组估算内容进行独立估算的方法,如果经过多次估算,专家意见比较统一,就可以得到比较准确和精确的估算结果。在没有历史数据的情况下,这种方式适用于评定过去与将来,新技术与特定程序之间的差别,但专家"专"的程度及对项目的理解程度是工作中的难点,尽管 Delphi 技术可以减轻这种偏差,专家评估技术在评定一个新软件实际成本时通常用得不多,但是,这种方式对决定其他模型的输入时特别有用。

参数估算法,也称算法模型或者经验模型,是利用历史项目的统计数据推导出一些估算模型,新项目的估算就可以直接使用这些模型进行计算了。比如下面就是一些分别面向代码行和功能点的估算模型:

$E = 5.2 \times (KLOC)^{0.91}$　　　　Walston – Felix 模型
$E = 5.5 + 0.73 \times (KLOC)^{1.16}$　　Bailey – Basili 模型
$E = -13.39 + 0.0545 \times FP$　　Albrecht 和 Gaffney 模型
$E = 60.62 \times 7.728 \times 10^{-8} \times FP^3$　　Kemerer 模型

其中,E 表示估算的结果,是以人月为单位的工作量,KLOC 是指项目代码行数,FP 是项目的功能点数。

COCOMO 模型也是一个能够估算工作量和时间的参数化模型,现在已经发展到 COCOMO II 模型。

14.2.3　质量、风险与配置管理

1. 软件质量管理

软件项目中的质量管理也是非常重要的,质量是软件危机中的主要矛盾,软件的质量会直接影响用户是否会接受软件,直接关系到软件项目的成败。

简单说来,质量就是产品能够满足客户需求;或者说,是从客户的需求出发,到满足客户的需求结束。美国质量管理协会(AQM)对质量的定义:与一种产品或服务满足顾客需要的能力有关的各种特色和特征的总和。ISO 8402 中定义:质量是反映实体满足主体明确和隐含需求的能力的特性总和。ISO8402 定义的软件质量是指:"对用户在功能和性能方

面需求的满足、对规定的标准和规范的遵循以及正规软件某些公认的应该具有的本质"。ANSI/IEEE 将软件质量定义为"与软件产品满足明确的和隐含的需求能力有关的特征和特性的全体"。

质量管理主要就是监控项目的可交付产品和项目执行的过程，以确保它们符合相关的要求和标准，同时确保不合格项能够按照正确方法或者预先规定的方式处理。对于质量管理，普遍认可的定义是："确定质量方针、目标和职责，并在质量体系中通过质量计划、质量控制、质量保证和质量改进使其实施的全部管理职能的所有活动"。

软件质量是各种特性的组合，这些特性通常称为软件质量因素。为了能够评价软件质量，必须定义软件质量因素，以及软件质量评价准则，通常把软件质量因素用特定的软件质量模型来描述。常见的软件质量模型如下。

- McCall 模型(1977 年)。
- Boehm 模型(1976 年)。
- Evans 和 Marciniak 模型(1987 年)。
- Deutsh 和 Willis 模型(1988 年)。
- ISO 9126(1993 年)。

这些软件质量模型的共同特点都是将软件质量因素定义成分层模型。

B. W. Boehm、T. R. Brown 和 M. Lipow 于 1976 年首次提出软件质量模型。他们认为软件产品的质量基本上可从下列 3 方面来考虑：软件的可使用性、软件的可维护性、软件的可移植性。质量模型把软件质量分成若干层次，对于最低层的质量特性，再引入数量化的概念。主要的质量特性有：可存取性、可说明性、准确性、可扩充性、完备性、简洁性、通信性、一致性、与设备无关性、效率、人性化、易读性、可维护性、可修改性、可移植性、可靠性、可理解性、易用性等。

软件质量管理包括决定质量决策、目标和责任的全面管理职能的所有活动，以及通过诸如质量系统中的质量计划编制、质量保证、质量控制和质量提高等手段对这些活动的实施。软件质量管理的对象既包括软件开发过程的质量，也包括软件产品的质量。

软件质量管理的过程主要包括制定质量计划、软件质量保证、软件质量控制等三个主要过程。

质量计划确定项目应达到的质量标准，并决定为满足质量标准而应该进行的工作。质量是计划出来的，而不是检查出来的，只有制定出切实可行的质量计划，严格按照规范流程实施，才能达到规定的质量标准。质量形成于产品或服务的开发过程中，而不是事后检查(测试)出来的。

软件质量保证(Software Quality Assurance，SQA)，SQA 类似于过程警察，主要职责是：检查开发和管理活动是否与已定的过程策略、标准和流程一致，检查工作产品是否遵循模板规定的内容和格式。SQA 是为了提供信用、证明项目将会达到有关质量标准而开展的有计划、有组织的工作活动。质量保证会贯穿于整个项目的始终，在项目开发的过程中几乎所有的部门都与质量保证有关。质量保证部门一般应该是独立于项目组的一个机构。独立的质量保证组是衡量软件开发活动优劣与否的尺度之一。质量保证组的主要工作是项目审计，是项目的监视机构和上报机构。

质量的死对头是缺陷，缺陷是混在产品中的人们不喜欢、不想要的东西，它对产品没有好处只有坏处。缺陷越多质量越低,缺陷越少质量越高,提高软件质量的基本手段是消除软件缺陷。软件质量控制(Software Quality Control,SQC)的主要工作是消除软件缺陷。消除缺陷的主要方法是评审和测试等质量控制活动。

软件项目中常用的质量控制活动如下。

- 技术评审(Technical Review)或者对等评审(Peer Review)或同行评审。
- 走查和代码走查、代码评审。
- 测试(Test)。
- 缺陷追踪。

技术评审的目的是尽早和有效地消除软件工作产品中的缺陷,并可对软件工作产品和其中可预防的缺陷有更好地理解。技术评审可以在任何开发阶段执行,不必等到软件可以运行之际,越早消除缺陷就越能降低开发成本;技术评审是提高生产率和产品质量的重要手段。技术评审主要是检查软件产品是否符合其技术规范,软件产品是否遵循项目可用的规定、标准、指导方针、计划和过程,软件产品的变更是否被恰当地实现,以及变更的影响等。技术评审会以正式会议的形式进行,事先要有充分的准备。

走查通常也以会议的形式进行,但较随意、不要求准备,由开发者引导同行走一遍产品,从而发现缺陷。

软件排错的主要手段之一是程序员自己审查代码,代码走查可以发现更多和不容易发现的软件缺陷。代码评审是由同行或者他人审查自己的代码,以发现程序中的缺陷和其他不符合要求的方面。

测试是为了发现软件中的错误而执行程序的过程,一个成功的测试是发现了至今未发现的错误的测试。软件测试的类型有:单元测试、集成测试、验收测试和系统测试等。

缺陷追踪是从缺陷发现开始,一直到缺陷改正为止的全过程的跟踪,是一种最终消灭缺陷的有效方法,相关缺陷的统计数据也是反映质量情况和改进质量的依据。

常见的质量体系有 ISO 9000 和软件成熟度模型(CMM)软件成熟度模型集成(CMMI)。

2. 软件项目风险管理

对于一个项目来说,如果所有的事情都能够像项目计划中预期的那样顺利进行,项目的实际执行过程与计划之间没有差异,这种理想的情况几乎是不存在的。导致这种差异存在的原因,就是现实世界中的不确定性,任何项目都有一定的不确定性,风险管理的本质就是关注不确定性并及时处理差异。

在软件项目中,由于软件项目的独特性,各种不确定性会更多,软件项目成功的一个非常重要的方面就是要管理这些不确定性。在软件开发的几十年中,人们无数次地得出结论,即软件开发是一项高风险的投资。通过积极的风险管理,许多风险会降至最小甚至完全避免,否则许多这类小风险也会导致一个项目的瘫痪。

风险是损失发生的不确定性,是对潜在的、未来可能发生损失的一种度量。项目风险有三个要素:风险事件、事件发生的概率和事件的影响。风险事件是指那些不愿意发生的或者没有规划的事件,它可能导致无法实现项目目标,例如软件项目中采用的新技术不能满足项目要求。风险事件发生的概率越大,事件的影响越大,那么项目的总体风险就越大。

风险因素是指能够引起或者增加风险事件发生的机会或影响损失的严重程度的因素,

是造成损失的内在或者间接的原因。

风险管理是指在项目中不断对风险进行识别、评估、制定应对策略、监控风险的过程，以便最大限度地满足项目的目标。风险管理可以有效地控制项目的成本、进度、产品需求，可以阻止意外的发生，增加项目成功的可能性，即使不能阻止问题的出现，也可以降低危害的程度。

风险管理包括 4 个过程：风险识别、风险评估、风险规划和风险控制。

风险识别是试图系统化地确定对项目计划的威胁，识别已知的和可预测的风险。风险识别的方法有德尔菲方法(专家法)、头脑风暴法、风险条目检查表等方法。

风险条目检查表法是利用检查表作为风险识别的工具，根据风险要素建立软件项目的风险条目列表，列表中列出所有与风险因素有关的提问，根据这些提问以使管理者集中识别常见的、已知的、可预测的风险。

美国的软件工程研究所(Software Engineer Institute，SEI)将风险分为三大类，分别是产品工程、开发环境和项目约束。每一类风险又分为若干元素，每个元素包含多个属性，可以从属性出发识别风险。

产品工程包括需求、设计、编码和单元测试、集成和测试、工程规格；开发环境大类包括管理过程、管理方法、开发过程、开发系统和工作环境；项目约束包括资源、客户、合同和项目接口。需求又包括稳定性、完整性、清晰性、有效性、可行性、前瞻性和衡量性等属性。

风险识别的结果是一个初始的风险列表。

评估风险是为确定风险发生的概率而进行的估计和评价，项目风险后果严重程度的估计和评价，项目风险影响范围的分析和评价，以及对于项目风险发生时间的估计和评价。风险评估的方法可以有定性的风险评估和定量的风险评估。在评估完成后，要对识别出来的风险列表按照风险后果的严重程度进行排序。

规划风险则是针对风险分析的结果，为提高实现项目目标的机会，降低风险的负面影响而制定风险应对策略和应对措施的过程。即制定一定的行动和策略，来对付、减少、以至于消灭风险事件。

降低风险的主要策略有：回避风险、转移风险、损失控制、自留风险。

- 回避风险是对所有可能发生的风险尽可能地规避，采取主动放弃或者拒绝使用导致风险的方案。
- 转移风险是为了避免承担风险损失，有意识地将损失或与损失有关的财务后果转嫁出去的方法。
- 损失控制包括损失预防和损失抑制两方面。损失预防是采取措施预防风险造成的损失。损失抑制则是采取措施减少造成的损失。
- 自留风险是指由项目组织自己承担风险事故所致损失的措施。自留风险分主动自留风险和被动自留风险两类，或者全部自留风险和部分自留风险两类。

最终要得到一个包含了风险应对策略的风险列表，这个列表中最终应该只保留对项目影响最大的若干风险，称为 TOP 10 风险清单(不一定就非得是 10 个)。一个项目中一般只要管好风险最大的若干个风险就足够了。但是要注意，TOP 10 风险清单(如表 14-3 所示)在项目进程中会改变。

表 14-3　TOP 10 风险清单

风险排名(严重程度)	风　险	风险应对策略
1	需求的逐渐增加	1. 利用软件原型来收集高质量的需求 2. 将需求规格置于明确的变更控制下
2	有多余的需求	1. 在项目要旨陈述中说明软件不需要的部分 2. 设计的重点放在最小化上 3. 评审中有专门核对多余需求的检查项
3	发布软件质量低	1. 开发用户界面原型,保证用户满意 2. 使用符合要求的开发过程 3. 对所有的需求、设计和代码进行技术评审 4. 制定测试计划,确保系统测试能测试所有功能 5. 系统测试由独立的测试员来完成
…	…	…

控制风险的内容是实施和跟踪风险管理计划,保证风险计划的执行,评估降低风险策略的有效性。要监控预测的风险是否真的发生了,如果发生,就要确保针对风险而制定的风险消除步骤正在合理使用。还要监视剩余的风险和识别新的风险,收集可用于将来的风险分析信息。

风险管理是一个连续的过程。在整个项目执行过程中,随着项目的进展风险会发生变化,有些风险会消失,有些风险会更严重,还会出现新的风险,所以在项目的整个执行过程中,需要一直不断地进行风险的识别、风险的分析、风险的规划,以及进行风险的跟踪和控制。

风险管理推荐的措施包括:在软件项目计划中要包括风险管理计划,任命风险管理负责人专门管理风险,使用 TOP 10 风险清单来管理主要的风险,要为每项风险制订风险管理计划,还要建立匿名风险汇报渠道。

3. 软件配置管理

软件配置管理(Software Configuration Management,SCM)是指通过执行版本控制、变更控制等规程,以及使用合适的配置管理软件,来保证所有配置项的完整性和可跟踪性。配置管理会记录软件产品的演化过程,确保软件开发者在软件生命周期中的各个阶段都能得到精确的产品配置,最终保证软件产品的完整性、一致性、追溯性、可控性。配置管理是对工作成果的一种有效保护,与任何一位项目成员都有关系,因为每个人都会产生工作成果。

软件研发和管理过程中会产生许许多多的工作成果,例如文档、程序和数据等,它们都应当被妥善地保管起来,以便查阅和修改。这些工作成果就是配置管理中要管理的对象,称为配置项。配置项主要有两大类:一种是属于产品组成部分的工作成果,例如源代码、需求文档、设计文档、测试用例等;另一种是在管理过程中产生的文档,例如各种计划、监控报告等,这些文档虽然不是产品的组成部分,却是项目管理的重要文档。

配置管理的主要功能包括版本管理和变更管理。软件项目执行过程中,配置项的每次改动都会形成一个配置项的版本,而配置管理的目的则是记录配置项的每个版本,也就是每次的变化,并且能够在以后查询到这些变化和这些变化的内容,这就记录了配置项的变化过程。变更的管理则是对配置项的更改过程进行管理,对于已经通过评审的配置项来说,变更就不能随意进行,因为变更会引起一系列的连锁反应,会造成工作的延迟和返工。对于每一个变更请求,都要严格进行评审,只有那些必须进行的变更才能通过评审。评审通过的变更,在实现时也需要经过严格的流程控制,保证变更被正确实现。实现变更时有两个主要的受控操作,一个称为签出(CheckOut),一个称为签入(CheckIn)。签出是变更前获得最新配置项版本的过程,而签入则是变更完成后提交配置项新版本的过程。

常见的配置管理软件有:Rational 的 ClearCase、微软的 Visual Source Safe(VSS)、开源的 Harvest、CVS、PVCS、Subversion 等。VSS 可以进行简单的源代码管理和文件的变更管理,非常简单易学,是国内用得非常多的一种配置管理软件,但是它的功能较为简单,而且只支持 Windows 平台,安全性方面也有较大问题。CVS 是著名的开放源代码的配置管理工具,功能和性能都比 Visual Source Safe 高出一筹,安全性也不存在问题。ClearCase 是软件行业公认的功能最强大、价格最昂贵的配置管理软件,ClearCase 主要应用于复杂产品的并行开发、发布和维护,其功能划分为 4 个部分:版本控制(Version Control)、工作空间管理(Workspace Management)、构造管理(Build Management)、过程控制(Process Control)。

14.2.4 项目跟踪控制与项目组织

1. 项目跟踪控制

在建立项目的各种计划以后,项目组就开始执行计划,根据计划开始各项项目活动,于是进入项目实施阶段。在项目的实施过程中,还要对项目的执行进行跟踪和控制。

项目跟踪控制中跟踪的目的就是提供对项目进展情况的了解,控制则是当项目的进展与计划严重偏离时,采取适当的纠正措施。

监控的任务包括进度、成本、范围、质量、风险等,是各类在综合计划中包含的目标。项目执行过程中的跟踪和控制非常重要,如果没有跟踪和控制,项目的范围会很大、成本会成倍增长、风险也会增加、进度也会推迟、质量也无法保证。

项目跟踪控制的过程如下。
- 建立跟踪控制的标准(达到的目标)。
- 观察项目的性能(采集数据)。
- 将项目的实际结果与计划进行比较(性能分析)。
- 如果实际的项目同计划有误差时,采取必要的修正措施。
- 控制反馈,将修正计划通知有关人员和部门。

建立跟踪控制的标准是建立一个偏差的可接受范围,主要是要对项目的范围、成本、进度、资源、质量和风险等方面建立一个偏差的可接受范围。在跟踪项目进展时,只有跟踪的对象超出了可接受范围,才认为出现偏差,需要进行控制。

跟踪采集主要是在项目生存期内根据项目计划中规定的跟踪频率,按照规定的步骤对项目管理、技术开发和质量保证活动进行跟踪,监控项目的实际情况,记录反映当前项目状态的数据。

性能分析是根据采集的数据,分析项目目前的进展情况与计划情况有没有差异,如果有差异,差异会有多大。性能分析的主要技术有:图解控制法和净值分析法。

图解控制法是利用各种表示计划和实际执行情况的统计图来直观地观察项目进展与计

划的差异,比如,可以使用跟踪甘特图观察进度的差异。

净值分析法也称为已获取价值分析法、盈余分析法,简称 EVA 方法,是一种利用成本会计评估项目进展情况的一种方法。

净值分析法是对项目实施的进度、成本状态进行绩效评估的有效方法。它综合了范围、成本、进度的测量和分析,是通过计算实际花在一个项目上的工作量,来预计该项目所需成本和完成该项目的日期的方法。

通过性能分析发现计划与实际执行有偏差时,需要找出出现偏差原因。原因一般有两种,一种是制定的计划不符合实际,所以在执行时才会出现偏差;另一种情况是项目的执行出现了问题。当计划有问题时,应该在项目控制时进行项目计划的修改,以后项目的执行按新的计划;如果是项目的执行有问题,则应该采取措施纠正项目的问题,使项目的执行重新回到计划上来。

2．软件项目的组织

项目组织是由一组个体成员为实现一个具体项目目标而协同工作的队伍,项目组织的根本使命是在项目经理的领导下,群策群力,为实现项目目标而努力工作。

项目管理的组织具有一定的特殊性,会围绕项目本身来组织人力资源,称为项目组。项目组是临时的,项目一开始启动,就要建立项目组,而项目结束时,项目组则会解散;项目组是柔性的,项目组的人员需求是和项目的进展密切相关的,进展到项目的一个具体阶段时,会需要这个阶段的相关人员,人员的需求不是一成不变的。项目组的设置必须有助于项目各部分和人员的协调、控制和沟通。

项目管理的体制是基于团队管理的个人负责制,项目经理是整个项目组中协调、控制的关键。

项目管理的要点是创造和保持一个使项目顺利进行的环境,使置身于这个环境的人们能在集体中协调工作,以完成预定的目标。

组织结构的主要类型包括三大类：职能型、项目型、矩阵型。

1）职能型

组成项目团队的成员是由各个职能部门临时抽调的,每个成员在行政关系上是属于职能部门,项目工作也不离开职能部门,项目间的协调由各职能部门的经理来完成,如图 14-6 所示。这种方式最大的缺点是：当项目的利益和职能部门的利益有冲突时,部门经理和职员会首先考虑部门利益,不利于项目的执行;优点是利于各职能部门在项目间进行资源共享和资源调配。

2）项目型

项目型团队的组织是以项目为核心的,职员只属于项目团队,项目经理有最大的控制权,如图 14-7 所示。这种团队方式最有利于项目的执行,但是不利于团队之间的合作和资源共享。另外,对于职员来说,项目团队在完成项目后会解散,比较没有安全感,也不利于事业的持续性,所以会有所顾虑。

3）矩阵型

矩阵型团队结合了以上两种方式的优点,职员是属于职能部门的,但加入项目后即属于项目团队,项目团队解散后重新回到职能部门,如图 14-8 所示。这样,既在一定程度上保证了项目团队以项目为中心,也打消了职员的顾虑。

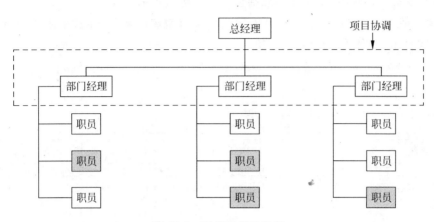

图 14-6 职能型项目组织

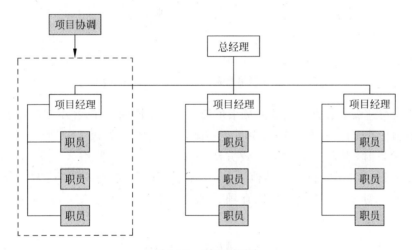

图 14-7 项目型团队

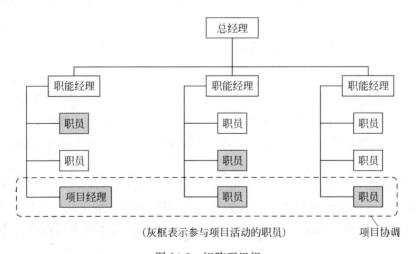

（灰框表示参与项目活动的职员）

图 14-8 矩阵型组织

矩阵型又分为弱矩阵型、平衡型和强矩阵型三类组织形式。

图 14-9 是一个大型的信息系统开发项目的项目组织的例子,在这个团队中,包含一个独立的测试组和一个独立的质量保证组。

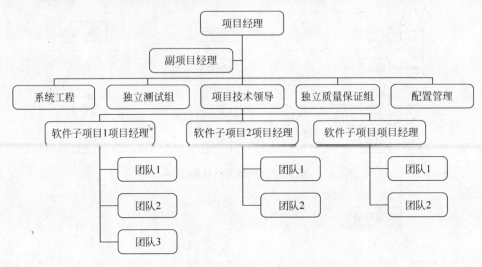

图 14-9 · 大型信息系统开发项目的团队组织

项目组的组建需要各种不同的人员来负责项目中不同的工作,在小型项目中,同一个人员可以同时担任几个职务,软件项目中可能需要的人员类型如表 14-4 所示。在组织一个中等规模的项目时,引入人员的最有效方法是在需求分析阶段编入资深人员,然后在体系结构阶段和设计阶段安排加入其他人员,在需求分析和安排体系结构时,2 到 5 个人的小组效率最高。对于小型项目,可以在项目的开始就引入所有人员,让所有人员都参与整个项目。

表 14-4 项目组中的人员类型

缩　写	角色名称	缩　写	角色名称
PM	项目经理	CE/TL	配置工程师小组负责人
DM	开发经理	PL	项目负责人
AR	体系结构设计师	DV	开发人员
SE	软件工程师	QA	质量保证/测试人员
SE/TL	软件工程师小组负责人	TS	工具制作者
PC	产品顾问	RS	风险管理负责人
CE	配置工程师		

项目经理是项目的负责人,是项目组织的核心,是项目团队的灵魂。项目经理对项目进行全面的管理,他的管理能力、经验水平、知识结构、个人魅力都对项目的成败起着关键的作用。

14.2.5 常用项目管理软件简介

在项目管理中,使用各种支持项目管理的软件可以帮助我们进行项目管理,提高项目管理的质量和效率,常用的项目管理软件有以下几种。

1. CA-SuperProject

Computer Associates International 公司的 CA-SuperProject 是一个项目管理软件,性能较高,能够支持在 UNIX 或 Windows 环境。这个软件包能支持多达 160 000 多个任务的大型项目。许多评论人员因为它在大型项目及小型项目两方面的优异表现而予以高度评价。CA-SuperProject 能创建及合并多个项目文件,为网络工作者提供多层密码入口,进行计划审评法(Pert)的概率分析。而且,这一程序包含一个资源平衡算法,在必要时,可以保证重要工作的优先性。

2. Microsoft Project

微软公司的项目管理软件 Project,也是非常常用的软件,占领了项目管理软件包市场的大量份额。Microsoft Project 的主要优点是它与微软其他产品(Access、Excel、PowerPoint、Word)很相似,非常易于使用。Microsoft Project 的缺点是它的关键路径处理,用户不太容易查看,并且它也不如其他一些软件包能处理多个项目及子项目。

3. Project Scheduler

Scitor 公司的 Project Scheduler 软件是一个易于操作、基于 Windows 的项目管理软件包,它获得《电脑杂志》的"编辑选择奖"(Editor's Choice Award)。Project Scheduler 具备传统项目管理软件的所有特征,图形界面设计完好,报表功能强大,制图方面也是如此。比如甘特图,能用各种颜色把关键任务、正或负的时差、已完成的任务以及正在进行的任务区别开来。任务之间建立图式连接极为方便,任务工时的修改也很容易。资源的优先设置及资源的平衡算法非常实用。

4. Sure Trak Project Manager

Sure Trak Project Manager 是 Primavera Systems 公司的产品。该公司也生产一种叫做 Project Planner 的优质尖端项目管理软件包。Sure Trak Project Manager 是一个高度视觉导向的程序,具有优异的放缩、压缩及拖入功能。它的基本结构,比如柱形、图表、色彩和数据结构便于调整,定制模板也容易创建。

5. Time Line

Symantec 公司的 Time Line 软件是有经验的项目经理的首选。它的报表功能以及与 SQL 数据库的连接功能都很突出。日程表、电子邮件的功能,排序和筛选能力以及多项目处理都是精心设计的。Time Line 最适于大型项目以及多任务项目,但不如其他软件包便于初学者使用。

14.3 信息系统工程监理

14.3.1 信息系统工程监理的概念与作用

1. 信息系统工程监理的概念

20 世纪 90 年代以来,从中央到地方,从政府到企业,纷纷投入了大量的资金从事信息工程建设和信息系统的建设,但这其中真正按进度、质量要求、投资预算完成且用户(业主)满意的,只占极少数,不足 20%,即便是一些搞得比较好的工程项目,也或多或少地存在一些问题,如项目可行性论证不充分;用户需求不全面、不准确;用户要求一变再变、工程进度一拖再拖;甲乙双方的合同书条文不规范,缺乏可执行性,或存在二义性,出现争执时,双方各执一词、争执不下;缺少设备、系统监理评测验收;工程结束后,承包方没有提交与工程有关的文档资料,严重影响了工程的连续性、继承性、可扩展性;工程长时间不能投入正常运行、工程款一再拖欠,承建单位也迟迟拿不到工程款,……。这些情况都会严重地影响信息系统工程项目的质量和进度,不仅损害了合同签约双方(建设单位和承建单位)的利益,还给国家和社会造成了许多不应有的损失。

究其原因,由于信息系统工程建设具有投资大、周期长、高风险的特点,科技含量高,所涉及的领域宽广;而且在信息系统工程建设中,很多业主单位,包括政府部门在实施电子政务过程中,了解和熟悉信息技术的人才不多,缺乏自身对信息系统工程控制能力,这就使得业主和承建方在信息系统工程建设中存在严重的信息不对称,很难保证工程的有效性、安全性和可靠性,所以许多业主单位对由专业的第三方监理单位对信息系统工程进行监理提出了迫切的要求。

为保障信息系统工程签约双方的利益,确保国家信息产业更加健康、有序地发展,"信息系统工程监理"就应运而生了。

2002 年 9 月,国务院发布《振兴软件产业行动纲领》(国办发[2002]47 号文件),明确提出"国家重大信息化工程实行招标制、监理制"。2002 年 11 月,信息产业部发布《信息系统工程监理暂行规定》(信部信[2002]570 号文件)。2003 年 3 月,信息产业部发布《信息系统工程监理单位资质管理办法》和《信息系统工程监理工程师资格管理办法》(信部信[2003]142 号文件)。

以上规定和管理办法明确指出了监理范围和监理内容,监理单位和监理工程师的权利与义务,监理单位资质申请、评审和审批的管理办法,监理工程师资格取得的管理办法等。

国家信息产业部《信息系统工程监理暂行规定》中对信息系统工程监理这一概念进行了明确,所谓信息系统工程监理是指依法设立且具备相应资质的信息系统工程监理单位,受业主单位委托,依据国家有关法律法规、技术标准和信息系统工程监理合同,对信息系统工程项目实施监督管理。

信息系统工程监理是信息系统工程领域的一种社会治理结构,是独立第三方机构为信息系统工程提供的规划与组织、协调与沟通、控制与管理、监督与评价方面的服务,其目的是支持与保证信息系统工程的成功。

监理机构应协助业主制定项目的总体规划和技术方案,以及设备选型方案。在信息系统工程进入现场施工阶段后,监理机构应对整个工程实施的进度、质量、费用,以及合同进行监督。在工程项目验收之后,建设方往往还会要求监理机构继续协助制定信息化设施的运行管理制度。因此信息工程监理机构的业务范围需要向外延伸,覆盖信息工程项目从立项到试运行的全过程。

2. 信息系统工程监理的作用

信息系统工程监理的作用主要包括以下两方面。

第一,监督控制作用。信息系统工程监理可以帮助业主单位更合理地保证工程的质量、进度、投资,并合理、客观地处理好它们之间的关系。在项目建设全过程中,监理单位依据国家有关法律和相关技术标准,遵循守法、公平、公正、独立的原则,对信息系统建设的过程进行监督和控制,在确保质量、安全和有效性的前提下,合理地安排进度和投资。监理单位是帮助业主单位对工程有关方面进行控制,就是对承建单位项目控制过程的监督管理。

第二,合理地协调业主单位和建设单位之间的关系,这是监理的一项主要工作。在信息系统工程建设中,很多时候业主单位和承建单位在许多问题上存在争议,业主单位和承建单位都希望由第三方在工程的立项、设计、实施、验收、维护等的各个阶段的效果都给予公正、恰当、权威地评价,这就需要监理单位来协调和保障这些工作的顺利进行。另外,还需要协调系统内部关系以及系统外部关系中的非合同因素等,保证项目顺利实施。

14.3.2　信息系统工程监理的内容与人员

1. 信息系统工程监理的主要内容

监理的主要内容是对信息系统工程的质量、进度和投资进行监督,对项目合同和文档资料进行管理,协调有关单位间的工作关系。信息系统工程监理的内容可概括为:三监理、三控制、二管理、一协调。

1) 三监理

事前监理、事中监理、事后监理。

2) 三控制

(1) 质量控制。采购进货、网络施工、软件开发、测试和验收。

(2) 投资控制。硬件投资、软件投资、附属设备投资。

(3) 进度控制。施工工期、软件开发工期。

3) 二管理

(1) 合同管理。采购、系统集成、软件开发。

(2) 信息管理。投资控制、设备控制、施工、软件等,所有的合同和表格均纳入管理范围内。

4) 一协调

一协调即组织协调:通过现场、会议等方式实施用户、业主和监理的三方协调制度。

2. 信息系统工程监理工程师

信息系统工程监理工程师是从事信息系统工程监理的专业技术人员,应当经培训考试合格、并取得《信息系统工程监理工程师资格证书》。

工业和信息化部计算机信息系统集成资质认证工作办公室 2009 年 11 月发布的认定条件包括以下几方面：

（1）参加人力资源和社会保障部、工业和信息化部共同组织的全国计算机技术与软件专业技术资格（水平）考试中的信息系统监理师考试且成绩合格。

（2）符合以下学历及从业要求：

① 硕士、博士研究生毕业后从事信息系统工程相关工作不少于 3 年，且从事信息系统工程监理工作不少于 2 年。

② 本科毕业后从事信息系统工程相关工作不少于 4 年，且从事信息系统工程监理工作不少于 2 年。

③ 专科毕业后从事信息系统工程相关工作不少于 6 年，且从事信息系统工程监理工作不少于 3 年。

（3）参加过的信息系统工程监理项目累计投资总值在 500 万元以上，其中至少承担并完成两个以上信息系统工程监理项目。

14.3.3　工程监理与项目管理和审计的关系

项目管理的基本内涵与工程监理的工作职责是基本一致的。工程监理制是一种符合我们国情的项目管理方式（国外是没有信息系统工程监理的）。项目管理还有着更丰富的内容，如风险管理、沟通管理、人力资源管理、采购管理、综合管理等方面，它们与监理工作的合同管理、信息管理、协调项目团队等职责有一定的交叉，项目管理有着更全面、丰富的知识体系。

信息系统工程监理和信息系统审计的主要区别在于：信息系统工程监理重点监控信息系统项目的建设过程，监督项目是否按预定的进度、预算和质量完成。信息系统审计则是关注信息系统是否能保证所处理信息的真实性、完整性、可靠性、安全性和信息处理的效率，评价信息系统对企业目标的支持程度等。

习题 14

1. 什么是项目？什么是项目管理？

2. 项目管理的成功因素有哪些？它们之间的关系是什么？

3. 项目管理中的 9 大知识领域分别是什么？

4. 为什么软件的项目管理不容易做好？

5. 项目管理 PDCA 分别指什么？PDCA 循环是什么意思？

6. 需求管理包括哪两项工作？

7. 软件需求有哪两种类型？

8. WBS 是什么？信息系统项目中如何进行工作分解？

9. 衡量软件规模时常用哪两种单位？

10. 如何使用 Pert 技术进行估算？

11. 质量保证和质量控制的作用分别是什么？
12. 风险管理的主要步骤是什么？
13. 项目跟踪控制的作用是什么？工作过程是什么？
14. 软件项目的组织形式有哪几种？软件团队中需要什么样的人员？
15. 软件项目管理与软件工程的关系是什么？
16. 信息系统工程监理的主要内容有哪些？
17. 信息系统工程监理和项目管理有什么区别？
18. 常见项目管理软件有哪些？

第15章
信息系统的运行维护与安全

信息系统交付使用,意味着开发阶段结束,进入软件生命周期的最后一个阶段——运行维护阶段。这是"收获"的阶段。人们投入大量的人力、物力开发信息系统,就是为了在系统运行中获及经济效益、社会效益。

信息系统运行管理内容很多。本章先简要介绍运行管理的组织与制度,然后讨论系统的日常管理、系统维护、系统评价等问题。

15.1 信息系统的运行管理

15.1.1 系统运行的组织与人员

早期的信息系统用来处理操作层的具体事务,用电子计算机代替算盘、计算器等,主要用于会计和统计工作。因此系统的运行管理也归相应的职能部门,例如在财务部门内有专人负责或设有计算机室。随着综合性的信息系统出现,其应用涉及企业的多个部门,由一个部门负责系统运行管理制约了系统整体资源的调配和利用,影响了系统效率的发挥。这时出现了与职能部门平行的计算中心或信息中心,这也反映出信息系统在企业中的地位提高了。这种方式有利于信息资源在整个企业共享。但是由于信息中心与职能部门是平级单位,而管理的信息系统涉及企业的多个职能部门,其决策能力不强,不利于工作协调。为此,有的企业进一步提升信息中心的地位,成为由最高层直接领导的比其他职能部门"高半级"的决策支持中心(见图 15-1),并根据具体情况在职能部门设立信息系统室或指定专人管理相应的子系统,业务上由信息中心统一领导。这种方式既有利于集中管理,便于向领导提供决策支持,又能深入了解各部门的需求,有利于企业的信息资源管理。

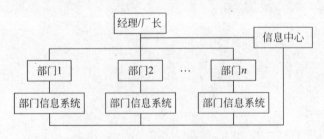

图 15-1　企业中的信息系统部门

　　信息系统管理部门的名称和地位的变化,反映了人们信息意识的提高,信息系统对企业影响的加大。随着信息系统在企业中的作用越来越大,许多企业设立了信息主管(Chief Information Officer,CIO)职务,一般由副总经理或副总裁担任,直接领导企业内信息资源管理部门,全面负责企业信息资源管理。其主要职责是:在企业主管的领导下,主持企业信息资源管理的全面规划,开发信息系统;审批信息资源管理有关的规章制度;选拔、培养有关的技术人员和管理人员;筹措有关经费。

　　信息系统运行管理,首先是人员的管理,其次才是设备、软件和数据的管理。系统主管人员的责任就是组织各方面的人员,保证系统正常运行,确定改善和扩充系统的方向,并组织实施。

　　信息系统运行管理部门的人员包括技术人员和管理人员两大类,如图 15-2 所示。

　　培训是人员管理的一个重要方面。由于信息系统的综合性,两类人员都要进行知识更新,学习新技术。技术人员除了学习新技术,还要学习相关的业务知识。在银行工作的信息技术人员要学习银行的业务知识;在工厂工作的信息技术人员要了解所在工厂的生产及管理情况。另一方面,从管理部门来的人员要逐步了解信息系统的基本原理。系统主管人员要鼓励各类人员的培训学习,由培训计划员负责安排、落实。

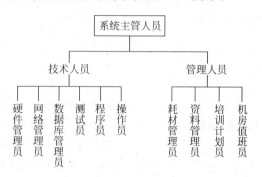

图 15-2　信息系统管理部门的人员构成

15.1.2　系统运行的管理制度

　　为了保证信息系统的正确和安全运行,必须建立和健全信息系统的运行制度。我国国家和地方相继出台了这方面的法律和法规,如《中华人民共和国计算机信息系统安全保护条例》、《中华人民共和国计算机信息网络国际联网管理暂行规定》、《计算机信息网络国际联网安全保护管理办法》。这些法律法规必须严格遵守。除此之外,各企业应根据本身的具体情况建立相关的制度。

1. 机房管理制度

机房必须处于监控之中。机房安全制度应该包括以下内容。

- 进入机房的身份验证和登记。
- 带入带出物品的检查。
- 专人负责启动、关闭计算机系统。
- 监视系统运行状况,详细记录运行信息,异常情况应立即报告。
- 操作人员在指定的计算机或终端上操作,登记操作内容。
- 不越权运行程序,不运行未经批准的程序。
- 系统定期保养和维护。

2. 其他管理制度

除计算机机房之外,还有软件、数据、网络等要素也必须处于监控之中。信息系统运行管理的其他管理制度如下。

- 数据管理制度。
- 密码口令管理制度。
- 防治病毒制度。
- 网络通信安全管理制度。
- 人员调离的安全管理制度。

15.1.3 系统的日常运行管理

系统日常运行的管理工作相当繁琐且重要。只有做好了这些平凡的工作，信息系统才能发挥预期的作用，为管理工作提供所需要的信息。

系统的日常运行管理包括以下几个方面的工作。

1．数据的收集

收集数据是信息系统的基本功能之一。没有数据，信息系统便是无米之炊。没有准确、及时的数据，系统加工能力再强，也不能获得有用的信息。进去的是垃圾，出来的肯定还是垃圾。

数据的收集包括：数据采集、数据校验和数据录入三方面的工作。数据采集要求及时、准确。这项工作通常由各部门的业务人员担任。系统主管人员需要对他们的工作加以指导和帮助，提高他们的技术水平，加强工作责任心，保证数据的质量。

数据校验包括两方面的工作。一是对采集的数据在录入之前的整理和校验，发现某些较为明显不合理的数据，由采集人员改正或剔除。二是对录入的数据，在系统保存和处理之前进行校验。

对数据录入工作的要求是迅速、准确。操作人员的责任在于把业务的实时数据或经过初步校验的数据及时、准确地送入计算机。

2．例行的信息处理和信息服务

例行的信息处理和信息服务，是按照系统研制中规定的各项规程，由技术人员定期或不定期地运行某些程序，如数据备份、同步更新、统计分析、报表生成、与外界的数据定期交换等。这些工作是在系统已有的各种资源的基础上，直接向领导、管理人员及其使用者提供信息服务。

3．设备管理与维护

各种设备的正常运行是系统运行的物质基础，因此需要一定的硬件人员负责计算机及网络设备的运行与维护，包括设备的使用管理、定期检修、备品配件的准备、各种消耗性材料的使用与管理、电源及工作环境的管理等。微型计算机虽然不像大、中型计算机那样需要很多的专职人员来维护，但也要有切实负责的人来管理这些事情。

4．系统运行情况的记录

在信息系统的运行中，需要记载以下资料。

1）信息系统工作数量

包括开机时间、日报、周报、月报的数量，每天、每周、每月数据的增长数量，系统中积累的数据量,数据使用的频率,用户临时要求的数量等。这些数据反映了系统的工作负担及提供信息服务的规模,是反映信息系统功能的最基本数据。

2) 系统工作的效率

为了完成规定的工作,系统占用了多少人力、物力和时间。例如,响应一次业务、编制一次年报要用多长时间。又如,对一项复杂查询,多长时间才能给出所要的数据等。

3) 提供服务的质量

例如,系统所提供报表的使用率如何,格式是否适用;提供信息的精确度是否符合要求;临时提出哪些信息需求,对这些要求哪些能满足,哪些不能得到满足等。

4) 系统的故障情况

系统故障无论大小,都应如实记录,包括发生时间、故障现象、发生时的工作环境、处理的方法、处理结果、负责处理的人员、善后措施、原因分析等。

5) 系统维护升级情况

系统中软件和硬件的维修情况都要详细记载,包括维修工作的内容、时间、执行人员。

以上这些记录是系统评价和维修的重要依据,应该记载完整准确。要通过严格的制度和经常的教育,使所有人员都把记录运行情况作为自己的重要任务,如实记录系统运行的情况。既要记录发生故障的情况,也要记录正常运行的情况。人们往往重视前面一种情况而忽视后面一种情况。但是,没有正常运行的记录,便不能准确地评价系统,例如,通过平均无故障时间来评价系统的可靠性。

15.2　信息系统的维护

15.2.1　系统维护的意义

在信息系统的整个使用期中,都伴随着系统维护的工作。其目的是保证系统正常而可靠地运行,并使系统得到改善和提高,充分发挥系统作用,为用户带来效益。系统维护的任务是有计划、有组织地对系统进行必要的改动,使系统处于最好的工作状态。

信息系统不是那种"一劳永逸"的产品,在它的运行过程中还有大量的维护工作要做,这主要由以下几方面原因引起。第一,即使是精心设计、精心实施、经过调试验收的系统,也难免有不尽如人意的地方,甚至还有错误。系统开发中的某些问题只有在实际运行中才能充分暴露。第二,信息系统的实际运行还可能激发出用户在系统开发之前没有想到的功能要求。事实上许多新产品问世之初,人们不一定充分使用它的功能。例如复印机刚发明时,人们认为它不过是复写纸的代用品,并没有想到它今天这么广泛的应用。同样,信息系统的用户并不完全清楚计算机能做什么、不能做什么。当他看到实际运行的信息系统之后,可能激发出潜在的功能需求。第三,随着管理环境的变化,会对信息系统提出新的要求。只有适应这些要求,信息系统才能生存下来。例如销售系统必须适应税收政策的调整。我国加入WTO后,某些政策的调整也必然影响到一些信息系统。这些因素使得信息系统在运行期间不可避免地会有所改动。另外,信息技术的迅速发展也为信息系统的升级提供了有力的手段,促使信息系统的升级换代。在系统开发初期,由于受技术条件的限制,某些想做而做不到或做不好的事情,或许在其运行阶段可以做到甚至做得更好。

随着信息系统应用的深入发展，以及使用寿命的延长，系统维护的工作量也越来越大。这一阶段的成本在信息系统整个生命周期的比重不断上升，20 世纪 70 年代为 30%～40%，20 世纪 80 年代为 40%～60%，20 世纪 90 年代为 70%。从人力资源的分布看，现在世界 90% 的软件人员在从事软件维护工作，开发新系统的人员仅占 10%。

系统的可维护性是评价信息系统性能的重要指标之一。一个可维护性好的系统，其结构、接口、内部过程应当容易理解，容易对系统进行测试和诊断，有良好的文档，系统的模块化程度高，因而容易修改。提高系统的可维护性，是从系统分析开始贯穿整个开发过程的努力方向，如果到系统维护阶段才引起注意，对该系统而言为时已晚。系统开发者若有维护系统的经历，对系统维护性有切身体会，那么在开发过程中会更自觉地努力提高系统的可维护性，开发出性能更好的系统。

15.2.2　系统维护的对象与类型

1. 构成要素

信息系统维护面向系统的各种构成因素，主要包括以下 4 个方面。

1）应用程序的维护

应用程序是系统维护的主要对象。系统功能主要是通过应用程序实现的，一旦程序有问题或业务发生变化，必然要对程序进行修改和调整。

2）数据维护

数据是系统加工的原材料。数据维护包括数据的更新、备份与恢复，以及由于业务或环境的变化而引起数据结构的调整。

3）代码维护

为适应环境的变化，系统中的各种事物的编码体系需要维护。比如若学校课程体系发生变化，则课程代码需要增加、删除、修改，或需要设置新的编码方法。

4）硬件设备维护

硬件设备维护主要指主机、网络设备和各类外部设备的维护，如设备的检修，易损部件的更换，部件的清洗、润滑等。

信息系统是人机系统，人在系统中占主导地位，人员的变动往往会影响到设备与程序的维护，影响到系统的运行。

2. 系统维护重点

系统维护的重点是应用软件。对软件的维护可以分为以下 4 种不同的类型。

1）纠错性维护

应用程序是人编写的，即使精心设计、严格测试的程序，在运行中也可能发生错误。这种错误往往在某种特定情况下发生，例如遇到从未用过的输入数据组合，错误导致系统运行发生故障或异常，都必须加以纠正。

2）完善性维护

这是为了改善系统功能，或者是应用户的要求而增加新的功能而进行的维护工作。系统经过一段时间的运行之后，发现某些地方可以做得更好或使用更方便，或者效率可以进一步提高等。随着用户对系统的熟悉,这些要求会越来越多。在整个维护工作中,这类维护约占50%。

3) 适应性维护

这是为使系统适应环境的变化而进行的维护工作。一方面,随着信息技术的发展,新的硬件系统不断问世,操作系统版本的更新,或者外部设备及其他部件的更新,为系统提供了效率更高、使用更方便的手段,适应这种变化而对系统进行修改是适应性维护。另一方面,随着系统外部环境的变化,如管理体制的改变、机构的变动、业务流程的变动,系统必须进行某些修改才能适应新环境,这种维护也是适应性维护。

4) 预防性维护

这是一种主动性的维护。对一些使用寿命较长,目前尚能正常运行,但可能要发生变化的部分进行修改,以适应将来的变化。例如将目前运行的专用报表功能改为通用报表生成功能,以适应将来报表格式的变化。

15.2.3　系统维护的管理

1．系统维护工作的特点

系统维护工作有两个鲜明的特点:代价高,对维护人员要求高。

1) 代价高

在系统整个生命周期中,60%~70%的费用花费在系统维护阶段。对此估计不足,往往会发出信息系统"开发得起,养不起"的感叹。

2) 对维护人员要求高

系统维护要解决的问题可能来自系统开发的各个阶段,因此系统维护人员应具备较全面的知识结构,较高的专业水平,熟悉系统开发的整个过程,有较强的系统排错能力。据统计,由于编码造成的错误比例并不高,仅占4%左右。但理解别人的程序,找出错误不是件容易的事,特别是在文档配置不完善、系统分析与设计对系统维护考虑不周的情况下。

2．系统维护的步骤

系统维护绝不是编点小程序、对系统修修补补,而是"牵一发而动全身"的工作。因此,对系统的修改必须按严格的步骤进行。步骤如图15-3所示。

1) 用户用书面形式提出"维护申请报告"

对于纠错性维护,申请报告要完整描述出现错误的环境。对于适应性和完善性维护,报告要提出简要的需求规格说明。

2) 评价维护申请

系统管理员召集相关人员对"维护申请报告"进行核实和评价。对于不妥的维护要求,要

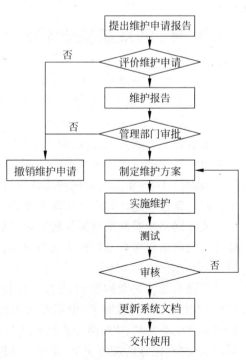

图15-3　系统维护的管理流程

与用户协商,给予修改或撤销。对于合理的维护要求,要编制维护报告送维护控制部门审批。维护报告说明维护的性质、内容、预计工作量、维护的缓急程度、修改可能产生的变化等内容。

3) 管理部门审批维护报告

维护控制部门从整个系统出发,从业务功能合理性和技术可行性两个方面对维护报告进行审查,估计修改可能产生的影响。

4) 系统管理员制定维护计划

根据通过审查的维护报告,系统管理员制定维护计划,内容包括:维护的范围、确定的需求,所需资源,进度安排,验收标准等。

5) 实施维护

程序员根据维护计划进行具体的修改。

6) 测试

为了验证维护工作的质量,修改后必须进行严格的测试。

7) 审核

通过测试后,由用户和管理部门对维护工作进行审核。不能满足维护要求的应返工修改。

8) 更新系统文档

系统维护完成后,要保证文档和软件的一致性,因此应修订系统文档,并保存新版本。

9) 交付使用

将通过审核后的新模块或构件加载系统或替换原来模块,交付用户使用。交付使用前应做好系统备份和数据备份工作,以防不测。

15.3 信息系统安全管理

信息系统是企业和国家的宝贵资源,也是竞争对手和敌对势力攻击的对象。随着互联网的高速发展,网络安全形势也变得愈加严峻,各种病毒、木马等恶意程序以爆发式的形态增长,泛滥于整个互联网安全领域,据杀毒软件公司最新的研究报告称,2008 年网络犯罪分子窃取数据和突破安全防线,致使全球企业付出了 1 万亿美元的代价,而据不完全统计,全世界每年发生网络侵入事件高达二三十万起。

我国自 1986 年发现首例利用计算机网络犯罪以来,案件数量迅猛增加,1986 年我国网络犯罪发案仅 9 起,到 2000 年即剧增到 2700 余起,2008 年突破 4500 起,诈骗、敲诈、窃取等形式的网络犯罪涉案金额从数万元发展到数百万元,其造成的巨额经济损失难以估量,其中计算机网络犯罪在金融行业尤为突出,金融行业计算机网络犯罪案件发案比例占整个计算机犯罪比例高达 61%。

信息系统的安全问题已成为全球性的社会问题,是当前信息系统建设的关键之一。1994 年我国国务院发布了《中华人民共和国计算机信息系统安全保护条例》。根据该条例,信息系统安全是指:"保障计算机及其相关的和配套的设备、设施(含网络)的安全以及运行环境的安全,保障信息的安全,保障计算机功能的正常发挥,以维护计算机信息系统的安全运行。"2009 年十一届全国人大常委会第七次会议表决通过刑法修正案(七),对于惩治网络

"黑客"的违法犯罪行为,刑法加重了相关量刑条款,加大了对盗取账号倒卖虚拟财产行为的打击力度。

信息系统的安全性主要体现在以下几个方面。

(1)保密性。保护信息的存储与传输,确保信息不暴露给未授权者。

(2)可控性。控制授权范围内的信息流向和行为方式。保证合法用户的正确使用,防止非法操作或使用。

(3)可审查性。对出现的系统安全问题提供调查依据和手段。

(4)抗攻击性。抵御非法用户进行系统访问、窃取系统资源、破坏系统运行。

15.3.1 信息系统的脆弱性

计算机信息系统本身存在着许多不完善的地方,还有各种各样的脆弱性表现。脆弱性来源于系统的安全漏洞。例如,已为全球广泛使用的 Windows 操作系统就存在很多安全漏洞。安全漏洞不仅可能存在于软件中,而且可能存在于硬件中、存在于芯片中。早期没有设置信息安全防线的设备不可能提供安全保障,即便后来开发的所谓安全操作系统、数据库、信息网络、防火墙等,仍然可以找到不少的问题。这些问题的出现,不是技术工作者的有意破坏,而是系统脆弱性的客观存在。从根本上讲,这是由于人类对自然规律的认识及其应用能力的局限性。信息系统的脆弱性主要表现为以下几个方面。

1)软件缺陷

服务器守护进程、操作系统及应用程序编制过程中没有考虑对特殊输入的处理,由此造成的漏洞经常是入侵者的利用对象。

2)系统配置不当

例如,操作系统的默认配置照顾了用户的友好性,但易用性同时也意味着容易受到攻击。人们为了程序调试的方便,或使用的方便,往往留有一些默认口令或非正式进入系统的方法。这些"后门"一旦被发现,便成为严重的安全漏洞。

3)脆弱性口令

大部分人的口令由自己的名字组成,或加上生日等简单数字,或与账号相同。攻击者通过猜测口令或拿到口令文件后便可蛮力攻击。

4)信息泄漏

窃听是入侵者的常用方法之一。在服务器上安装窃听软件,就可以获得远程用户的账号和口令。在广播式的局域网上,将网卡配置成"混杂"模式,就可以得到网络上的所有数据包。

5)设计缺陷

最典型的例子就是 TCP/IP 协议,设计时没有考虑安全因素。虽然现在已充分意识到这一点,但已广泛使用,无法被完全替代。再如 Windows NT 中的用户权限,在启动时由系统注册表获得,可以导致许多安全漏洞。

15.3.2 信息系统面临的威胁和攻击

信息系统面临的威胁和攻击,主要表现在两个方面:对实体的威胁和攻击、对信息的威胁和攻击。计算机犯罪和计算机病毒则包括了这两个方面的威胁和攻击。

1) 对实体的威胁和攻击

对实体的威胁和攻击,主要指对计算机及其外部设备、网络的威胁和攻击。对信息系统实体的威胁和攻击,不仅会造成财产的重大损失,而且会造成信息的泄露和破坏。因此,对信息系统实体的保护是保证系统安全的基础,是防止对信息威胁和攻击的重要屏障。

2) 对信息的威胁和攻击

威胁是具有足够的技巧和机会的实施者对系统脆弱性的觊觎和潜在的危害。对信息的威胁和攻击主要有两种:信息泄露、信息破坏。信息泄露是指偶然地或故意地获得信息系统中的信息,造成泄露事件。信息破坏是指由于偶然事故或人为破坏,使系统的信息被修改,导致信息的正确性、完整性和可用性受到破坏。人为破坏的手段有:滥用特权身份、非法使用系统、修改或非法复制系统中的数据。偶然事故包括:软、硬件的故障引起安全策略失效,自然灾害使计算机系统严重破坏,工作人员的误操作使信息破坏或失密。

对信息的攻击有主动攻击和被动攻击两类。

主动攻击是指可能篡改信息的攻击。它不仅能窃密,而且还威胁信息的完整性和可靠性。主动攻击的手法如下。

(1) 窃取并干扰通信线路上的信息。

(2) 返回渗透。截取系统的信息,并将伪信息返回系统。

(3) 非法冒充。窃取合法用户的口令,进行窃取或破坏信息的活动。

(4) 系统内部人员的窃密或破坏系统信息的活动。

被动攻击指窃密的攻击,它是在不干扰系统正常工作的情况下侦获、截取、窃取系统信息。被动攻击不易觉察,其攻击的持续性、危害性都很大。被动攻击的手法如下。

(1) 直接侦获。利用电磁传感器或隐藏的收发设备直接侦获信息系统中的信息。

(2) 截获信息。截获系统运行时散发的寄生信号,如截获计算机显示终端、通信线路电磁辐射信号。

(3) 合法窃取。利用合法用户身份,设法窃取未被授权的信息。

(4) 从遗弃的媒体中分析获取信息,如从信息中心遗弃的打印纸、各种记录、丢失的软盘中获取有用信息。

3) 计算机犯罪

从犯罪学意义上讲,计算机犯罪是指:因行为人的主观罪过,对计算机信息系统(包括硬件、软件、数据、网络以及系统的正常运行状态)的完整性、保密性和可用性造成危害;或者以计算机为工具,应用计算机技术和知识实施触犯刑法而应受到处理的行为。

4) 计算机病毒

计算机病毒是计算机犯罪的一种新的衍化形式。根据《中华人民共和国计算机安全保护条例》,计算机病毒是指编制或者在计算机程序中插入的能自我复制的一组计算机指令或者程序代码,它破坏计算机功能或者毁坏数据,影响计算机使用。计算机病毒有以下特征。

(1) 隐蔽性。计算机病毒是没有文件名的秘密程序,为了防止用户察觉,想方设法隐藏自己,通常"贴附"在正常程序之中,或隐藏在磁盘上较为隐蔽的地方。

(2) 非授权可执行性。只要系统中的某些条件(为日期、逻辑关系)与病毒的触发条件相吻合,病毒就会窃取到系统控制权而运行。

（3）潜伏性。病毒具有依附于某种媒体而寄生的能力，使之能长期隐藏在合法文件和系统中。病毒潜伏性越好，潜伏期就越长，传染范围也越广。

（4）传染性。计算机病毒在系统中会自动寻找适合它传染的其他程序或磁介质，并自我复制，迅速蔓延，在短时间内造成大面积疫情。

（5）可触发性。当系统中的某些条件与病毒的触发条件相吻合时，病毒就会被"激活"。这些条件可能是系统的内部时钟、特定字符、某个文件的使用次数、系统的启动次数等。

（6）破坏性。设计计算机病毒的最终目的就是为了攻击破坏。轻者使工作效率降低，重者导致系统死机、删除文件或破坏系统功能，乃至损坏硬件设备。

15.3.3 信息系统的安全策略和实施

信息系统的安全不是单纯的技术问题，而是信息社会所面临的社会问题，因此，安全管理在安全保护工作中的地位十分重要。先进的安全技术只有在正确有效的管理控制下才能得到有效地实施。据有关专家分析，在整个计算机信息系统安全工作中，管理所占分量高达60％，实体安全占20％，法律和技术各占10％，如图15-4所示。

1. 安全策略

安全策略概述安全目标及达到目的所需要的资源，并分配责任，划分职务，确定管理和安全控制。安全策略的内容主要是确定要保护的对象和要防范的对象，以及在安全防护上能投入多少资源，具体包括以下6方面。

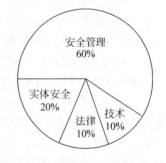

图 15-4 信息系统的安全策略

（1）进行安全需求分析，主要从以下几方面考虑。
- 界定内部网络的边界安全性，若内部网与因特网相连，则需要建立防火墙。
- 保证数据安全。
- 建立有效的身份标识到系统，实现用户的统一管理，在此基础上实行统一的授权管理，实现用户与资源之间严格的访问控制。
- 数据传输时，保证数据完整性和保密性。
- 较全面的审计、记录机制。

（2）评估系统资源。对环境、硬件、软件、数据、人员等划分安全等级，明确防范重点。

（3）进行风险分析，明确保护的重点目标和普通目标。

（4）确定内部信息对外开放的种类和方式，确定各用户的权限和责任，如账户使用方式、访问权限、保密义务等。

（5）明确系统管理人员的责任和义务，如环境安全、系统配置、账户设置与管理、口令管理、网络监控等。

（6）确定针对潜在风险采取的安全保护措施，以及制定安全存取、访问规则等管理制度。

根据确定的安全策略，制定安全体系的具体实施方案。实施方案要提出具体的安全防护措施，如系统标识与认证、资源存取控制、密码加密措施、完整性控制、网络防火墙、数据库安全、防杀病毒、紧急恢复、备份等。

2．安全管理的实施

1）安全管理原则

信息系统的安全管理在行政安排上要坚持以下三个原则。

（1）多人负责原则。从事每一项与系统安全有关的活动都必须有两人或多人在场。这些人应忠诚可靠，能胜任此项工作。

（2）任期有限原则。任何人不要长期担任与安全有关的职务。为此，工作人员应不定期循环任职，强制实行休假制度，并对工作人员轮流培训。

（3）职责分离原则。信息系统的工作人员不要打听、掌握、参与本人职责以外的与安全有关的事情。出于对安全的考虑，以下几对工作应当分开：计算机操作与编程，机密资料的接收与传送，安全管理与系统管理，应用程序和系统程序的编制，计算机操作与传统媒介的保管等。

2）安全管理工作

安全管理应做好以下工作。

（1）制定安全制度和操作规程。安全制度包括机房出入管理制度、设备管理制度、软件管理制度、系统维护制度、备份制度等。操作规程要遵循职责分离和多人负责的原则，各负其责，事事有人管，各人不越权。

（2）重视系统维护的安全管理，严格执行系统维护工作的程序。

（3）制定紧急恢复措施，以便在紧急情况下迅速恢复系统运行。

（4）加强人员管理。对系统的威胁不仅来自外部，也来自内部。而且大多数的安全缺口来自内部，而非外部。内部人员最容易接触敏感信息，他们对机构的运作、结构、文化情况等非常熟悉，因此他们的行动不易被发觉，事后也难以被发现。而各机构的信息安全措施一般都是"防外不防内"，很多公司的防火墙对来自内部人员的攻击毫无作用。因此，对内部人员的教育和管理十分重要，必须建立有利于系统安全的雇用和解聘制度。对系统管理人员不能只看技术，而要全面考核。人员变动时要及时调整相应的授权、修改口令。要向调离人员申明安全保密义务，及时收回有关证件、钥匙等。

（5）用户安全管理。新用户注册时要明确其授权范围。用户登录时要进行身份验证，检查其合法性。对系统文件，要进行访问控制。

（6）物理安全管理。落实机房的安全防范措施，废物箱和碎机的管理，通信设施的安全防护等。

（7）实体访问控制。计算中心的分区控制，机房出入口设置及出控制等。

15.4　信息系统审计与评价

15.4.1　信息系统的审计

与信息系统监理一样，信息系统审计在国内还处于探索阶段。本节对信息系统审计的意义、内容、方法做一些简单介绍。

"审计"一词是指专设机关对各级政府、金融机构、企事业单位的财务收支进行事前和事后的审查。信息系统审计是随信息技术在经济领域的应用发展起来的。信息系统审计最早被称为计算机审计。早期的计算机应用比较简单,计算机审计主要关注的是被审计单位电子数据的取得、分析、计算等数据处理业务,检查交易金额和账户、报表金额,审查其真实性、准确性。

随着计算机技术应用范围的扩大,信息系统的安全性、可靠性与其所服务单位所面临的各种风险的联系也越来越紧密,直接或间接地影响到财务报表的真实、公允。因此,对被审计单位的风险评估必须将信息系统纳入考虑范围。发展到这一阶段,就不仅仅是对电子数据进行审计了,信息系统审计概念随之出现。互联网和电子商务的兴起,更为信息系统审计带来了无尽的商机。

1. 信息系统运行审计

这是对信息系统支持的业务信息或业务数据的审计,检验其正确性、真实性。信息系统运行审计的内容包括以下 4 个方面。

1）内部控制制度审计

严格的内部控制制度,可以保证系统输出信息的正确、完整、及时、有效,防止和纠正舞弊和犯罪行为。信息系统的内部控制系统包括组织和操作控制、硬件和软件控制、安全控制和文件资料控制等一般控制系统,以及输入控制、处理控制、输出控制等应用控制系统。

内部控制制度的审计,首先审核控制目标、控制系统的基本要素、主要环境控制措施、应用系统和应用项目的基本情况。在此基础上确定控制领域、控制点、控制目标和必要的内部控制措施,对控制措施的实施情况进行测试,对内部控制制度的可靠性进行评价。

2）应用程序审计

计算机应用程序的审计是信息系统审计的重要内容。应用程序的审计主要是检查程序的控制功能是否可靠,处理经济业务的方法是否正确。

应用程序的审计分间接审计和直接审计两种。间接审计是把系统看作一个黑盒子,通过调查系统的输入、输出来达到审计目的。审计员选取一些测试数据输入系统,分析相应的输出结果。如果结果吻合,精度有效,就认为工作情况合理。

直接审计强调测试应用程序本身,而不完全是输出结果。审计员既要测试计算机操作,又要测试计算机内部处理是否准确。这种方法的特点是能"通过"计算机。直接审计的关键是设计一系列测试数据,与业务数据一样由计算机处理。测试数据应有针对性,并且不能向系统加进附加信息。

3）数据文件审计

数据文件审计,包括由计算机打印出来的数据文件及储存在各种介质上的数据文件的审计。对后面一种文件的审计,需要用信息技术进行测试。测试包括数据文件安全控制的有效性,控制功能的可靠性,文件内容的真实性和准确性。

4）处理系统综合审计

处理系统综合审计是对信息系统中的硬件功能、输入数据、程序和文件 4 个因素进行综合的审计,以确定其可靠性、准确性。

2. 信息系统开发审计

这是审计信息系统的开发过程,检查开发过程是否科学、规范。

此外,信息系统审计也指以计算机和信息系统为工具,辅助审计工作。

15.4.2　信息系统的运行评价

信息系统投入运行后,要定期或不定期地对系统运行分析评价,检查系统是否达到了预期目标,技术性能是否达到设计要求,各项资源是否得到充分利用,找出系统的长处与不足,为系统的改进提出建议。若结论认为系统已不能适应环境要求,维护现系统不如建设新系统,则意味着现系统生命周期结束,新系统生命周期即将开始。

系统运行评价指标包括以下 3 方面。

1)系统功能
- 预定的系统开发目标实际完成情况。
- 系统功能的实用性和有效性。
- 系统运行结果对各部门的支持程度。
- 系统的分析、预测、控制建议的有效性。
- 各级管理人员的满意程度。
- 人机交互的友善程度。

2)系统性能
- 系统运行的稳定可靠程度。
- 系统的故障恢复性能。
- 系统运行效率。
- 数据传送、输入、输出与加工处理匹配情况。
- 系统的可维护性、可扩展性、可移植性。
- 系统的安全保密性。
- 系统文档是否齐备、匹配。

3)系统效益
- 系统开发成本。
- 系统运行成本。
- 系统经济效益。
- 系统社会效益。
- 财务评价。

习题 15

1. 信息系统日常运行管理包括哪些内容?
2. 试说明信息系统维护的目的与意义。
3. 系统维护包括哪些内容?系统维护分哪几种类型?
4. 信息系统的安全性主要体现在哪几个方面?
5. 查找资料和案例,对信息系统面临的攻击进行分析。
6. 简述信息系统运行评价指标。

参 考 文 献

[1] 陈国青,李一军.管理信息系统.北京:高等教育出版社,2006
[2] 钟义信.信息科学原理.北京:北京邮电大学出版社,1996
[3] 王要武.管理信息系统.北京:电子工业出版社,2003
[4] 周山芙,汪星明,赵苹.管理信息系统(第二版).北京:中国人民大学出版社,2004
[5] 甘仞初,颜志军.信息系统原理与应用.北京:高等教育出版社,2004
[6] 刘红军.信息管理基础.北京:高等教育出版社,2004
[7] 宋克振,张凯等.信息管理导论.北京:清华大学出版社,2005
[8] 周宏仁.信息化概论.北京:电子工业出版社,2009
[9] 李劲东,吕辉,姜遇姬.管理信息系统原理(第二版).西安:西安电子科技大学出版社,2007
[10] 陈庄,刘加玲,成卫.信息资源组织与管理.北京:清华大学出版社,2005
[11] 杨孔雨,聂培尧.计算机网络技术原理.北京:经济科学出版社,2003
[12] 蒋本珊.计算机组成原理.北京:清华大学出版社,2004
[13] 俸远祯,闫慧娟,罗克露.计算机组成原理.北京:电子邮电出版社,1996
[14] 王铁峰,沈美娥,王晓波,王欣.计算机原理简明教程.北京:清华大学出版社,2006
[15] 计算机语言的发展历程.http://bbs.isbase.net/thread-32555-1-1.html
[16] 石峰.程序设计基础.北京:清华大学出版社,2006
[17] 赵雷,朱晓旭.面向对象程序设计基础.北京:机械工业出版社,2003
[18] 王晓彬.C语言程序设计.北京:清华大学出版社,2009
[19] 郑宇军.C#面向对象程序设计.北京:人民邮电出版社,2009
[20] 严蔚敏.数据结构(C语言版).北京:清华大学出版社,2005
[21] 郁红英,李春强.计算机操作系统.北京:清华大学出版社,2008
[22] 萨师煊,王珊.数据库系统概论(第三版).北京:高等教育出版社,2004
[23] 王移芝.大学计算机基础.北京:高等教育出版社,2007
[24] 李红.数据库原理与应用.北京:高等教育出版社,2003
[25] 高怡新.Visual FoxPro程序设计.北京:人民邮电出版社,2006
[26] 黄梯云,李一军.管理信息系统导论.北京:机械工业出版社,2006
[27] 孟小峰,周龙骧,王珊.数据库技术发展趋势.软件学报,2004,15(12):1822—1836
[28] 计算机网络技术讲义.http://www.huibo.org.cn/NetworkTheory
[29] TCP/IP协议.http://www.cnblogs.com/burandanxin/archive/2009/11/11/1601318.html
[30] 计算机应用基础.http://dshw.nenu.edu.cn/Courseware
[31] 安全策略.http://baike.baidu.com/view/305635.htm
[32] Web系统的三层结构.http://www.cnblogs.com/soonet/articles/824989.html
[33] [美]R H 小斯普拉格等.决策支持系统的建立.陆纪兴等译.重庆:科学技术文献出版社重庆分社,1990
[34] George M Marakas.21世纪的决策支持系统.朱岩等译.北京:清华大学出版社,2002
[35] 陈晓红.决策支持系统理论和应用.北京:清华大学出版社,2000
[36] 何玉洁等.数据仓库与OLAP实践教程.北京:清华大学出版社,2008
[37] 陈京民等.数据仓库与数据挖掘技术.北京:电子工业出版社,2002
[38] 杜娟,赵春艳.信息系统分析与设计.北京:清华大学出版社,2008

[39] 甘仞初,颜志军,杜晖,龙虹.信息系统分析与设计.北京:高等教育出版社,2003

[40] 刘仲英,薛华成.管理信息系统.北京:高等教育出版社,2006

[41] 郭宁,郑小玲.管理信息系统.北京:人民邮电出版社,2008

[42] 陈禹等.信息系统分析与设计.北京:高等教育出版社,2008

[43] 戴伟辉,孙海,黄丽华.信息系统分析与设计.北京:高等教育出版社,2004

[44] 常晋义.管理信息系统——原理、方法与应用.北京:高等教育出版社,2009

[45] 史济民,顾春华,郑红.软件工程——原理、方法与应用.北京:高等教育出版社,2009

[46] 林广艳,姚淑珍.软件工程过程.北京:清华大学出版社,2009

[47] 曾凡奇,林小萍,邓先礼.基于 Internet 的管理信息系统.北京:中国财政经济出版社,2001

[48] Kenneth C Laudon,Jane P Laudon. Essentials of Management Information Systems -Managing the Digital Firm(sixth edition). Pearson Prentice Hall,2005

[49] Lonnie D Bentley,Jeffrey L Whitten, System Analysis & Design for the Global Enterprise. McGraw Hill,2008

[50] 邝孔武,王晓敏.信息系统分析与设计(第 3 版).北京:清华大学出版社,2006

[51] 崔巍等.数据库系统开发教程.北京:清华大学出版社,2010

[52] Craig Larman. UML 和模式应用(原书第 2 版).方梁译.北京:机械工业出版社,2004

[53] John W Satzinger 等.系统分析与设计(第 2 版).朱群雄等译.北京:电子工业出版社

[54] Jacobson I 等.统一软件开发过程.周伯生等译.北京:机械工业出版社,2002

[55] Martin Fowler. UML 精粹:标准对象语言简明指南(第 3 版).徐家福译.北京:清华大学出版社,2005

[56] 金旭亮.面向对象编程揭秘.北京:电子工业出版社,2007

[57] 薛华成.管理信息系统.北京:高等教育出版社,2002

[58] 郭宁,郑小玲.管理信息系统.北京:人民邮电出版社,2008

[59] 刘鲁.信息系统:原理、方法与应用.北京:高等教育出版社,2006

[60] 道格拉斯·兰伯特,詹姆斯·斯托克.物流管理.张文杰等译.北京:电子工业出版社,2003

[61] 罗鸿.ERP 原理·设计·实施.北京:电子工业出版社,2002

[62] 周玉清,刘伯莹等.ERP 原理与应用.北京:机械工业出版社,2002

[63] 叶宏谟.企业资源规划——制造业管理篇.北京:机械工业出版社,2002